综合布线

杜思深 主 编

杜 菁 沙炘昱 副主编

清华大学出版社
北京

内 容 简 介

伴随着人工智能、智能建筑、智慧城市等发展战略的实施，5G、互联网+、云计算、物联网、数据中心等都在快速发展，综合布线系统作为承载网络通信的基础设施——数据通信电缆，面临着更高的要求，即 5G 不会取代布线，行业必将更智能。为满足新时期综合布线工程实践的需要，本书以专业角度，分别从综合布线概论、综合布线常用器材及测试工具、综合布线的常用设备、综合布线系统工程设计、综合布线系统工程施工、综合布线系统的保护与安全隐患、综合布线工程的测试与验收、综合布线案例、综合布线常见问题解答等几个方面，来介绍综合布线。

本书是以综合布线系统为主线，以综合布线技术为主题，基于清华大学出版社《综合布线》2006 年第 1 版、2009 年第 2 版、2017 年第 3 版重新编写和修订的。

本书涉及布线产品、网络设备和安装测试工具等，内容详尽，图文并茂，布线设计方案多样，从理论高度指导工程建设及维护。本书既可作为高等院校计算机、通信、楼宇建筑等专业学生的教材，也可供从事综合布线、系统集成等领域的广大工程技术人员参考。

本书封面贴有清华大学出版社防伪标签，无标签者不得销售。
版权所有，侵权必究。举报：010-62782989，beiqinquan@tup.tsinghua.edu.cn。

图书在版编目(CIP)数据

综合布线/杜思深主编. —北京：清华大学出版社，2021.1
ISBN 978-7-302-56865-0

Ⅰ. ①综… Ⅱ. ①杜… Ⅲ. ①计算机网络—布线—高等学校—教材 Ⅳ. ①TP393.03

中国版本图书馆 CIP 数据核字(2020)第 226273 号

责任编辑：桑任松
装帧设计：杨玉兰
责任校对：李玉茹
责任印制：杨 艳

出版发行：清华大学出版社
网　　址：http://www.tup.com.cn, http://www.wqbook.com
地　　址：北京清华大学学研大厦 A 座　　邮　　编：100084
社 总 机：010-62770175　　邮　　购：010-62786544
投稿与读者服务：010-62776969, c-service@tup.tsinghua.edu.cn
质量反馈：010-62772015, zhiliang@tup.tsinghua.edu.cn
课件下载：http://www.tup.com.cn, 010-62791865

印 装 者：三河市君旺印务有限公司
经　　销：全国新华书店
开　　本：185mm×260mm　　印 张：22.75　　字 数：553 千字
版　　次：2021 年 1 月第 1 版　　印 次：2021 年 1 月第 1 次印刷
定　　价：64.00 元

产品编号：088804-01

前　　言

当今世界已经迈进信息化、数字化时代，互联网已经深入我们的日常生活。伴随着智能建筑、智慧城市、大数据等发展战略的实施，5G、互联网+、云计算、人工智能、物联网、数据中心等都在快速发展。综合布线系统作为承载网络通信的基础设施——数据通信电缆，面临着更高的要求，即5G不会取代布线，行业必将更智能，高传输性能、高安全性能、高性价比必将成为整个网络的发展趋势。

网络终端接入介质(数据电缆)已从传统的五类(100MHz)、六类(250MHz)、超六类(500MHz)提高到七类(600MHz)、超七类(1000MHz)、八类(2000MHz)的超高宽频，可支撑30m距离、高达40Gb/s的传输速率。

2015年，美国联邦通信委员会(FCC)重新定义了宽带接入的下限为25Mb/s，这就要求数据电缆能传输更高的带宽，以满足智能家居、智能楼宇、智慧城市、数字生活、数据中心、云计算、物联网、触觉互联网的建设需求。

美国通信工业协会(TIA)TR-42通信布线系统工程委员会对ANSI/TIA-568及国际电工委IEC 61156-9标准征集修订意见。TIA指出：支持平衡双绞线布线下一代以太网应用的性能、测试和八类布线连接的发展。两大标准的修订均将八类布线等各种新技术作为修订过程的主要工作。

目前，已出版的有关综合布线方面的书不少，但大多数书籍的结构和内容较松散，布线系统设计、工程安装和布线标准的理论知识叙述冗长，实践技术介绍不足。

随着新技术的出现和综合布线的发展，特别是最新国际、国内布线标准的发布，如GB 50311—2017综合布线工程设计规范、GB 50312—2017综合布线系统工程验收规范、美国电信工业协会TIA-568-C的发布，现有书籍的内容显得过于陈旧，已不能满足新时期综合布线学习的需要。本书在清华大学出版社出版的《综合布线》2006年第1版、2009年第2版、2017年第3版的基础上，结合用户的反馈意见，进行了重新编写和修订。本书延续了原书的优点和主线，更新了部分内容，特别是新增了第3章综合布线的常用设备，重点介绍网络集线器、网络交换机、网络路由器等。另外，在第8章新增了8.1.4小节"三网融合"的光纤入户内容，第8.3节NB-IoT物联网安防在智能家居中的应用，以满足新时期的需要。

本书由杜思深任主编，杜菁、沙炘昱任副主编，翁木云、段弢、夏小梅参与编写。本书是笔者多年来从事综合布线实践与教学的经验总结，力求重点突出、论述清楚、深入浅出、通俗易懂，注重实际技能的介绍与培训，以便于自学。

由于笔者水平有限，书中不足之处在所难免，希望读者批评、指正。

编　者

目　录

第1章　综合布线概论 1
1.1　综合布线的起源与发展 1
1.2　综合布线标准介绍 2
1.2.1　系统标准的作用 2
1.2.2　综合布线系统标准 3
1.3　综合布线的基础知识 8
1.3.1　综合布线系统的组成与分级 8
1.3.2　综合布线系统的线缆长度 10
1.3.3　信道、带宽、速率及多路复用 11
1.4　综合布线与智能建筑 13
1.4.1　智能化建筑的系统组成和基本功能 13
1.4.2　智能化建筑与综合布线系统的关系 14
1.4.3　综合布线的发展趋势 15
复习思考题 16

第2章　综合布线常用器材及测试工具 17
2.1　综合布线常用的电缆器材 17
2.1.1　双绞线 17
2.1.2　RJ-45接头 23
2.1.3　RJ-45模块 26
2.1.4　配线架 29
2.1.5　线缆管理器 33
2.1.6　面板及安装盒 34
2.1.7　跳线 35
2.2　综合布线常用的光缆器材 36
2.2.1　光纤与光缆 36
2.2.2　光纤连接器 41
2.2.3　光纤配线架 44
2.2.4　光纤管理配件 45
2.2.5　光纤跳线 46
2.2.6　光纤收发器 46
2.3　综合布线常用的其他材料 47
2.3.1　管槽 47
2.3.2　管路配件 49
2.3.3　扎带 51
2.3.4　标签及标签打印机 52
2.4　布线安装工具及测试仪器 55
2.4.1　布线安装工具 55
2.4.2　测试仪器 59
2.4.3　其他常用工具 63
复习思考题 63

第3章　综合布线的常用设备 64
3.1　机柜 64
3.2　电气保护设备 64
3.3　程控电话交换机 66
3.4　网络集线器 66
3.4.1　集线器的工作原理 66
3.4.2　集线器的分类 67
3.4.3　集线器的选用 68
3.4.4　集线器的安装 69
3.4.5　集线器的常见故障 70
3.5　网络交换机 71
3.5.1　交换机的工作原理 71
3.5.2　交换机的分类 73
3.5.3　交换机的选用 74
3.5.4　交换机的应用 74
3.5.5　交换机的常见故障 76
3.6　网络路由器 77
3.6.1　路由器的工作原理 77
3.6.2　路由器的分类 78
3.6.3　路由器的选用 79
3.6.4　路由器的应用 80
3.6.5　路由器的常见故障 81
复习思考题 82

第4章　综合布线系统工程设计 83
4.1　综合布线系统工程设计概述 83

4.1.1 工程建设概述 83
   4.1.2 工程总体规划 87
   4.1.3 工程总体设计 90
   4.1.4 工程类型 98
   4.1.5 工程设计文件 102
 4.2 综合布线系统工程子系统的设计 106
   4.2.1 工作区子系统的设计 106
   4.2.2 水平配线子系统设计 108
   4.2.3 垂直干线子系统设计 125
   4.2.4 设备间子系统的设计 136
   4.2.5 管理子系统的设计 142
   4.2.6 建筑群子系统的设计 163
 4.3 综合布线屏蔽系统工程设计 167
   4.3.1 综合布线屏蔽系统工程概述 167
   4.3.2 综合布线屏蔽系统的工程设计要求 173
   4.3.3 综合布线屏蔽系统工程设计 179
 4.4 千兆以太网技术的大型局域网设计 182
   4.4.1 千兆以太网技术概述 182
   4.4.2 局域网布线系统的设计 184
   4.4.3 局域网网络系统的设计 189
 复习思考题 194

第5章 综合布线系统工程施工 ..196

 5.1 综合布线系统工程施工前的准备 196
   5.1.1 概述 196
   5.1.2 施工前的准备 197
   5.1.3 施工组织机构和技术交底 201
   5.1.4 综合布线工程的施工技术要求 203
 5.2 综合布线系统工程的线缆敷设 209
   5.2.1 建筑物主干线缆的施工 209
   5.2.2 水平子系统线缆的施工 212
 5.3 综合布线系统工程的光缆敷设 215
   5.3.1 光缆敷设的基本要求 215
   5.3.2 光缆的敷设施工 216

 5.4 综合布线系统工程的设备安装 216
   5.4.1 信息插座模块的安装及端接 216
   5.4.2 铜缆配线架的安装与端接 220
   5.4.3 光纤配线架的安装及熔接 223
   5.4.4 屏蔽布线系统的安装与施工 229
 5.5 施工中可能出现的问题 232
   5.5.1 施工常见问题 232
   5.5.2 施工管理应注意的问题 233
   5.5.3 安装中应注意的问题 233
   5.5.4 测试中应注意的问题 236
   5.5.5 六类系统应注意的问题 236
   5.5.6 容易被忽略的重要细节 237
   5.5.7 常见故障及其定位 238
 复习思考题 239

第6章 综合布线系统的保护与安全隐患 240

 6.1 系统保护的目的 240
 6.2 屏蔽保护 241
 6.3 接地保护 243
   6.3.1 接地要求 243
   6.3.2 电缆接地 244
   6.3.3 配线架(柜)接地 244
 6.4 电气保护 245
   6.4.1 过压保护 245
   6.4.2 过流保护 246
   6.4.3 综合布线线缆与电力电缆的间距 246
   6.4.4 室外电缆的入室保护 247
 6.5 防火保护 248
 复习思考题 248

第7章 综合布线工程的测试与验收 249

 7.1 综合布线工程电气性能测试 249
   7.1.1 综合布线系统的测试要求 249
   7.1.2 综合布线系统的测试标准 251
   7.1.3 电缆传输链路的验证测试 263
   7.1.4 电缆传输通道的认证测试 267

7.2 综合布线工程的光纤测试 275
    7.2.1 光纤测试参数 275
    7.2.2 光纤传输通道的测试步骤 281
7.3 综合布线工程测试报告的编制 284
    7.3.1 测试报告的内容 284
    7.3.2 测试样张和测试结果 284
    7.3.3 测试报告范例 286
7.4 综合布线工程验收 292
    7.4.1 综合布线工程验收概述 292
    7.4.2 综合布线工程环境与设备检验 300
    7.4.3 线缆的敷设和保护方式检验 304
复习思考题 307

第 8 章 综合布线案例 309

8.1 智能社区宽带网络系统设计方案 309
    8.1.1 用户需求分析 309
    8.1.2 宽带接入方式比较 312
    8.1.3 FTTx+LAN 的接入方案 317
    8.1.4 "三网融合"的光纤入户 319
    8.1.5 宽带社区综合布线组成 321
    8.1.6 宽带网络交换设备系统 323
8.2 家居布线系统设计方案 325
    8.2.1 为什么需要家居布线系统 325
    8.2.2 家居多媒体配线系统的组成 328
    8.2.3 家用路由器的配置 331
    8.2.4 家居布线设计与安装 336
8.3 NB-IoT 物联网安防在智能家居中的应用 339
复习思考题 341

第 9 章 综合布线常见问题解答 342

9.1 综合布线实施过程中应注意的问题 342
9.2 五类电缆布线中常见的问题 343
9.3 超五类、六类布线中常见的问题 346
9.4 网线短了或者中间断了能接吗 350
9.5 光缆布线中常见的问题 351
9.6 机房机柜理线应注意的问题 352
9.7 布线从业人员的心得体会 354

参考文献 355

第 1 章 综合布线概论

综合布线系统(Premises Distribution System，PDS)又称开放式布线系统(Open Cabling System)，是一种模块化的、灵活性极高的建筑物内或建筑群之间的有线信息传输通道。它能将数据通信设备、交换设备和语音系统及其他信息管理系统集成，组合为一套标准的、通用的、按一定秩序和内部关系构成的统一整体，形成一套标准的、规范的有线信息传输系统。综合布线系统是建筑物智能化必备的基础设施，是一种开放式星形拓扑结构的预布线，不仅易于实施，而且可随需求的变化平稳升级，能够适应较长时间的需求。

1.1 综合布线的起源与发展

综合布线的起源与发展，与建筑物自动化系统的发展密切相关，是在计算机技术和通信技术快速发展的基础上进一步适应社会信息化和经济国际化需求的结果，也是办公自动化进一步发展的结果。

综合布线是建筑技术与信息技术相结合的产物，是计算机网络工程的基础。

传统布线，如电话线缆、有线电视线缆、计算机网络线缆、楼宇监控线缆等，都是各自独立的，各系统分别由不同的厂商设计和安装，布线采用不同的线缆和不同规格、型号的终端插座。由于各个系统的终端插座、终端插头、配线架等设备都无法兼容，所以当办公布局及环境改变，需要移动或更换设备时，就必须重新布线。这样既增加了新线缆的资金投入，又留下了不用的旧线缆，久而久之，会导致建筑物内出现一堆堆杂乱的线缆，造成很大的隐患，且维护不便，改造起来十分困难。

早在 20 世纪 50 年代初期，一些发达国家就在高层建筑中采用电子器件组成控制系统，各种仪表、信号灯以及操作按键通过各种线路接至分散在现场各处的机电设备上，以用来集中监控设备的运行情况，并对各种机电系统实施手动或自动控制。由于电子器件较多，线路又多又长，所以限制了控制点数目。

随着微电子技术的发展，建筑物功能的日益复杂化，到了 20 世纪 60 年代，出现了数字式自动化系统。

20 世纪 70 年代，建筑物自动化系统迅速发展，开始采用专用计算机系统进行管理、控制和显示。从 20 世纪 80 年代中期开始，随着超大规模集成电路技术和信息技术的发展，出现了智能化建筑物。

1984 年，首座智能建筑在美国出现后，传统布线的不足就更加凸显。

随着全球的社会信息化与经济国际化的深入发展，人们对信息共享的需求日趋迫切，因此，需要一个适合信息时代的布线方案。美国 CommScope(康普，前身为 Lucent、Avaya、AT&T)贝尔(Bell)实验室的专家经过多年研究，在办公楼和工厂试验成功的基础上，于 20 世纪 80 年代末率先推出了 SYSTIMAX^{TM} PDS(建筑与建筑群综合布线系统)，并于 1986 年通过了美国电子工业协会(EIA)和电信工业协会(TIA)的认证，于是，综合布线系统很快得到世界的广泛认同，并在全球范围内推广。

此后，美国安普(AMP)公司、美国西蒙(SIEMON)公司、加拿大 NORDX(原北方电讯 Northern Telecom)公司、法国耐克森(Nexans，原 Alcatel 的电缆及部件公司)、德国科隆 (KRONE)公司等，也都相继推出了各自的综合布线产品。

我国在 20 世纪 80 年代末期开始引入综合布线系统。随着综合布线系统在国内的普及，国内厂家(如成都大唐线缆有限公司、南京普天通信股份有限公司、TCL-罗格朗国际电工有限公司等)也相继大量生产综合布线产品。

综合布线技术从 20 世纪 80 年代发展到今天，经历了多个阶段，从同轴电缆时代，到双绞线时代，再到光纤时代。

(1) 同轴电缆时代。20 世纪 80 年代初，在双绞线还没有出现之前，主要采用同轴电缆实现网络数据传输。通常，它只是应用在有线电视网中。但由于它的兼容性和屏蔽性非常好，所以也适合长距离高速数据传输。

(2) 双绞线时代。20 世纪 90 年代初，在美国，朗讯科技公司贝尔实验室首次采用 100Ω 非屏蔽双绞线进行试验，发现它在保证数据传输质量的情况下，完全可以在建筑物中提供一套综合布线系统。事实上，双绞线的传输速度并不高，但在实际工程中，双绞线布线比较方便，而且同一个综合布线工程中可以采用多种方案。至此，基于双绞线的综合布线平台日渐流行，成为综合布线系统未来的发展趋势。

(3) 光纤时代。随着应用程序的增多，应用领域的增加，双绞线传输的速度已远远满足不了需求，慢慢地就出现了速度更高的光纤。在光纤布线中，主要使用点对点结构或者环形结构，而它的连接器主要以 ST 为主、SC 为辅。在国际标准中，规定新系统内建议使用 SC，原有系统可继续使用 ST。目前，市面上的光纤连接器的种类越来越多。其中，一些体积较小、散热较快的小型光纤连接器发展最好，比如 LC 连接器、MT-RJ 连接器、MU 连接器等。

1.2 综合布线标准介绍

1.2.1 系统标准的作用

综合布线系统标准为布线电缆和连接硬件提供了最基本的元件标准，使得不同厂家生产的产品具有相同的规格和性能。这一方面有利于行业的发展，另一方面，使消费者有更多的选择。如果没有这些标准，电缆系统和网络通信系统将会无序地、混乱地发展。

无规矩不成方圆，这就是标准的作用。而标准只是对我们所要做的事提出一个最基本、最低的要求。在所有标准中，一般都会分为强制性标准和建议性标准两类。所谓强制性标准，是指所有要求都必须完全遵守，而建议性标准意味着也许、可能或希望达到。

强制性标准通常适用于保护、生产、管理、兼容，它强调了绝对的、最小限度可接受的要求；建议性标准通常针对最终产品，用来在产品的制造过程中提高生产率。

建议性的标准还为未来的设计要努力达到的特殊兼容性或实施的先进性提供方向。无论是强制性的标准还是建议性的标准，都是同一标准的技术规范。

综合布线标准的要点如下。

1. 目的

(1) 规范一个通用语音和数据传输的电信布线标准，以支持多设备、多用户的环境。

(2) 为服务于政府、教育、国防、交通、能源、电子、建筑、通信、金融等的电信设备和布线产品的设计提供方向。

(3) 能够对商用建筑中的结构化布线进行规划和安装，使之能够满足用户的多种电信需求。

(4) 为各种类型的线缆、连接件以及布线系统的设计和安装建立性能与技术标准。

2. 范围

(1) 适用范围。例如，标准针对的是"商业办公"电信系统或住宅电信系统。

(2) 寿命。布线系统的使用寿命一般要求在10年以上。

3. 标准内容

标准内容为所用介质、拓扑结构、布线距离、用户接口、线缆规格、连接件性能和安装程序等。

综合布线系统标准是一个开放型的系统标准，应用广泛。因此，按综合布线系统进行布线，可以为用户今后的应用提供方便，也保护了用户的投资，使用户投入较少的费用，便能向高一级的应用范围转移。

1.2.2 综合布线系统标准

综合布线系统的标准很多。按照标准及范畴不同，可分为元件标准、应用标准和测试标准；按照制定标准的组织团体不同来分，主要有美国的 ANSI/TIA/EIA-568A/B/C、国际的 ISO/IEC 11801—2017、欧共体的 CENELEC NE 50173、加拿大的 CSA T529、中国的 GB T50312—2016 和 GB T50311—2016 等。在对布线系统进行设计、选件、安装和现场测试时，标准要一致，否则就会出现差异。

1. 美国标准

美国电信工业协会(Telecommunications Industry Association，TIA)和美国电子工业协会(Electronic Industries Association，EIA)受美国国家标准学会 ANSI(American National Standards Institute)委托，从1985年开始，经过不断地编写与合并，在1991年推出了《商务楼电信布线标准》(TIA/EIA-568)。可以说，这是第一份正式的综合布线系统规范；从1991年起，此标准不断修订，在1995年10月推出了《商务楼电信布线标准》(TIA/EIA-568A)，此规范称得上是综合布线系统领域里的圣经；从1995年起，此标准又被进一步补充，分别推出了 TIA/EIA-568-A-Addendum1、Addendum2、Addendum3、Addendum4 和 Addendum5；其中比较有名的为2000年的 TIA/EIA-568-A-Addendum5，它是一个超五类的标准，以及后来编写的 TIA/EIA-568B，它是一个六类布线和光纤布线的标准，由 TIA/EIA-568-B.1、TIA/EIA-568-B.2 和 TIA/EIA-568-B.3 组成。

经过多年的积累，通信应用领域的技术进步使得 568-B 系列布线标准出现了大量的增补内容。通过重新修订，可以将增补内容融入一个新的标准文件中，同时，在新的标准中也可提出其他值得考虑的先进技术。2009 年，TIA 的商业建筑布线小组委员会同意发布最新标准 TIA-568-C。

TIA-568-C 版本系列标准分为如下 4 个部分。

◎ TIA-568-C.0：用户建筑物通用布线标准。
◎ TIA-568-C.1：商业楼宇电信布线标准。
◎ TIA-568-C.2：布线标准第二部分——平衡双绞线电信布线和连接硬件标准。
◎ TIA-568-C.3：光纤布线和连接硬件标准。

原来的 TIA-568B 标准则是针对商业环境的，包括如下 3 个部分。

◎ ANSI/TIA/EIA-568-B.1-2001：商业楼宇电信布线标准第一部分——通用要求。
◎ ANSI/TIA/EIA-568-B.2-2001：商业楼宇电信布线标准第二部分——平衡双绞线布线连接硬件。
◎ ANSI/TIA/EIA-568-B.3-2000：光纤布线连接硬件标准。

通过对比可以发现，原来的 B.1 标准在新的体系中分为 C.0、C.1 两个部分，一个为通用的标准文档，另一个为侧重商业环境的布线标准。这是因为 TR-42 委员会希望以 568-C 的修订为契机，为更好地发展和维护标准打好基础。

像 568-B.1 标准，原先是定位于商业办公建筑的通用布线标准，实际上已被广泛用于其他类型的商业建筑，如机场、学校和体育场馆等设计，因为目前针对这些建筑没有量身定做的标准，所以 568-B.1 成了一个事实上的参照。

另外，布线标准的发展与应用领域息息相关，如新的技术或应用的出现，会导致几个布线标准文档的同时更新，这使得相应的修订工作变得很复杂；同时，在创建新标准的时候，许多已在其他标准文档中实施良好的规范(如数据中心标准必须包括已经在 568-B.1 中明确的分级星形拓扑结构的描述)又需经过标委会长时间的争论才能被接纳，这使得新标准的出台颇为不易。

考虑到上述因素，TIA-568-C.0 被设计成为一个普遍适用的知识库，其中的要求和指导是 TIA 系列标准中重复性的和常规适用的，如认可的媒介、布线长度、极性、安装需求、支持应用等细节。

这样，如果某些适用于特殊环境(如卫生保健、工业)的布线标准暂缺，568-C.0 就可以成为一个通用的标准参考文档。

这样的调整，既简化了标准升级的过程，又可以加快新标准的发展过程。在以后的修订过程中，如涉及普遍性的信息，可以只在 C.0 中进行更新，而不用在多个标准文件中进行复制。而适用于其他建筑环境的标准，例如工业环境、数据中心、学校、医疗设施等，可以集中考虑例外情况，这些专用标准文档应更加简洁和集中，并能够被快速开发出来。

TIA-568-C 各部分的内容特点介绍如下。

(1) 568-C.0 标准(由 TR-42.1 小组委员会负责)。568-C.0 标准将是其他现行和待开发标准的基石，具有最广泛的通用性。例如，目前每个独特的用户环境标准都是基于分级星形拓扑结构的，所以这种共性的要求会保留在 TIA-568-C.0 中。

① 标准中还融合了其他许多 TIA 标准的通用部分，涉及下列标准。

◎ TIA-569-C：通道和空间。
◎ TIA-570-B：家居布线标准。

- ◎ TIA-606-B：管理标准。
- ◎ TIA-607-B：接地和连接标准。
- ◎ TIA-862-A：建筑自动化系统。
- ◎ TIA-758-B：室外设施。
- ◎ TIA-942：数据中心标准等。
- ② TIA-568-C.0 标准细节中亦有不少技术更新。
- ◎ 对布线所处的环境进行 MICE(机械、侵入、气候化学、电磁)分类，以区分一般和极端的工业环境，并采取不同的措施。
- ◎ 屏蔽以及非屏蔽平衡双绞线缆最小安装弯曲半径，统一调整为 4 倍于外径。
- ◎ 平衡双绞线跳线弯曲半径经过修改，以适应较大的线缆直径。
- ◎ 对于超六类布线系统，最大的线对开绞距离被增设为 13mm(与六类保持一致)。
- ◎ 扩展六类(超六类等级)布线系统被增加，确认为合格的媒介类型。
- ◎ 光纤布线性能和测试要求被移入这个标准文档(铜缆布线及测试要求被移入 568-C.2 文件中)。
- ◎ 在 568-C.0 标准中，出现了一些新的术语，这是因为考虑到该标准的通用性，一些习惯术语会与特定环境下的术语有所不同。从传统来说，在不同的标准中，相应空间内的布线往往因为应用环境的不同，有着不同的命名方式。例如，商业楼宇中一条连接到终端插座的线缆叫作"配线线缆"，而在住宅环境被称为"插座线缆"，所以这时候需要一定的对应关系。

(2) 568-C.1 标准(由 TR-42.1 小组委员会负责)。568-C.1 是现有 568-B.1 的修订标准，该标准不是一个独立的文档，除了包括 568-C.0 通用标准部分以外，所有适用于商业建筑环境的指导和要求，都在 C.1 标准中的"例外"和"允许"部分进行说明。这使得 C.1 标准更聚焦于办公用型的商业楼宇，而不是其他建筑环境。

568-C.1 的术语是与 568-C.0 密切相连的，568-C.0 突出了通用性，其概念可用于其他类型建筑物；而 568-C.1 则显示了商业应用环境的特点。

① 主要不同术语间的对应关系如下。

568-C.0 通用术语	568-C.1 商业环境术语
分布点 C	主跳接(MC)
分布点 B	中间跳接(IC)
分布点 A	水平跳接(HC)
设备插座	电信插座
布线子系统 3	室外主干布线
布线子系统 2	室内主干布线
布线子系统 1	水平布线

② 568-C.1 中的技术改进还包括以下内容。
- ◎ 认可了 TIA-568-B.2 附录中定义的六类、超六类(6A)平衡双绞线布线系统。
- ◎ 认可了 850nm 激光优化万兆 50μm/125μm 多模光缆。
- ◎ 原在 568-B.1 中常用的布线信息部分转到了 568-C.0 中。
- ◎ 150Ω 的 STP 布线、五类布线、50Ω 和 75Ω 的同轴布线被取消。
- ◎ 平衡双绞线布线性能和测试要求被取消，而在 ANSI/TIA-568-C.2 文档中体现出来。

(3) 568-C.2 连接硬件标准(由 TR-42.7 小组委员会负责)。此标准针对铜缆连接硬件标准 568-B.2 进行修订,主要是为铜缆布线生产厂家提供具体的生产技术指标。所有有关铜缆的性能和测试要求都包括在这个标准文件中,其中的性能级别主要支持三类,即超五类、六类、超六类。568-C.2 的修订工作受制于 568-B.2 标准的最后一个附录 10(超六类标准,支持万兆铜缆以太网应用)的进度,所以一直比较缓慢。由于现在超六类标准已经出版,TR-42.7 委员会终于可以集中精力加快 568-C.2 标准的修订进程。该标准是最晚出台的 568-C 系列标准成员,2016 年重新定义的网速界限见表 1.1。

表 1.1 TIA 568-C.2 网络标准的网速界限

网线类型	八类网线	七类网线	超六类网线	六类网线	超五类网线
传输速率	40Gbps	10Gbps	10Gbps	1000Mbps	100Mbps
频率带宽	2000MHz	600MHz	500MHz	250MHz	100MHz
传输距离	30m	100m	100m	100m	100m
导体线对	8	8	8	8	8
线缆类型	双层屏蔽	双层屏蔽	屏蔽/非屏蔽	屏蔽/非屏蔽	屏蔽/非屏蔽
应用环境	高速宽带环境	高速宽带环境	大型企业高速应用	大型企业高速应用	办公室家用

(4) 568-C.3 连接硬件标准(由 TR-42.8 小组委员会负责)。此标准针对光缆连接硬件标准 568-B.3 进行修订,主要是为光缆布线生产厂家提供具体的生产技术指标。

目前,568-C.3 标准已经完成并发布出版,与 568-B.3 比较,主要有如下几个变化。

◎ 国际布线标准 ISO 11801 的术语(OM1、OM2、OM3、OS1、OS2 等)被加进来,其中单模光缆又分为室内室外通用、室内、室外三种类型,这些光纤类型以补充表格形式进行认可。

◎ 连接头的应力消除及锁定、适配器彩色编码相关要求被改进,用于识别光纤类型(彩色编码不是强制性的,颜色可有其他用途)。

◎ OM1 级别,62.5μm/125μm 多模光缆、跳线的最小 OFL 带宽提升到 200/500MHz/km(原来的是 160/500)。

◎ 附件 A 中有关连接头的测试参数与 IEC 61753-1 C 级规范文档相一致,这表示与 IEC 相适应的光纤连接头,如 Array Connectors 光纤阵列连接器将适用 568-C.3 标准。

TIA 系列布线标准,过去、现在都对我国的布线行业有着巨大的影响,像我国的国家布线标准 GB 50311、GB 50312 的 2000 年版本,2017 年修订标准均参照了 TIA 的现行标准及修订中的草案。可以预计,TIA-568-C 系列新布线标准实施后,同样会对国内的通信基础建设产生积极的推动作用。

2. 国际标准

国际标准化组织(ISO)和国际电工委员会(IEC)组成了一个世界范围内的标准化专业机构,在信息技术领域中,ISO/IEC 设立了一个联合技术委员会——ISO/IEC JTC1。由联合技术委员会正式通过国际标准草案,分发给各国家团体进行投票表决,作为国际标准正式出版,至少需要 75%的国家团体投票通过才有效。1995 年制定发布了 ISO/IEC 11801

Information Technology - Generic Cabling for Customer Premises(《信息技术——用户房屋的综合布线》)，这个标准把有关元器件和测试方法归入国际标准。目前该标准有两个正式版本及多次修订版本：ISO/IEC 11801:1995、ISO/IEC 11801:2000、ISO/IEC 11801:2002+、ISO/IEC 11801:2008+等，ISO/IEC 11801 的第三个正式版本目前已形成了第二个报审版，也是最大一次改动，将原先分散的多份结构化布线标准都整合到了一起，新的版本将包含六个部分，见表 1.2。

表 1.2 新旧版 ISO/IEC 11801 对照

ISO/IEC 新版本标准号	替代标准号	描　述
ISO/IEC 11801-1	ISO/IEC 11801：2002	结构化布线对双绞线和光缆的要求
ISO/IEC 11801-2	ISO/IEC 11801：2002	商用(企业)建筑布线
ISO/IEC 11801-3	ISO/IEC 24702	工业布线
ISO/IEC 11801-4	ISO/IEC 15018	家用布线
ISO/IEC 11801-5	ISO/IEC 24764	数据中心布线
ISO/IEC 11801-6	ISO/IEC TR24704	分布式楼宇服务设施布线

这个新规范定义了六类、七类线缆的标准和电磁兼容性(EMC)，以及 300m 距离内支持 10Gb/s 数据传输等。

3. 中国标准

2000 年，针对国内布线市场的发展，由信息产业部会同有关部门共同制定了《建筑与建筑群综合布线系统工程设计规范》和《建筑与建筑群综合布线系统工程施工及验收规范》，经有关部门会审，批准作为推荐性标准正式颁布施行，编号分别为 GB/T 50311—2000 和 GB/T 50312—2000。这两个标准的出台，规范了国内的布线施工和布线测试，为网络的迅速发展和普及起到了积极的作用。

为了适应布线系统的发展，解决超五类及 100Mb/s 以上速率的布线问题，2007 年，住房和城乡建设部批准了《综合布线系统工程设计规范》(GB 50311—2007)国家标准，以及《综合布线系统工程验收规范》(GB 50312—2007)国家标准，自 2007 年 10 月 1 日起实施。其中，GB 50311 的第 7.0.9 条为强制性条文，必须严格执行。原来的《建筑与建筑群综合布线系统工程设计规范》(GB/T 50311—2000)同时废止。

2016 年，中华人民共和国住房和城乡建设部批准了《综合布线系统工程设计规范》(GB 50311—2016)国家标准，以及《综合布线系统工程验收规范》(GB 50312—2016)国家标准。本次修订的主要技术内容有：

① 在《综合布线系统工程设计规范》(GB 50311—2007)内容的基础上，对建筑群与建筑物综合布线系统及通信基础设施工程的设计、验收要求进行了补充与完善。

② 增加了布线系统在弱电系统中的应用相关内容。

③ 增加了光纤到用户单元通信设施工程的设计、验收要求，并新增有关光纤到用户单元通信设施工程建设的强制性条文。

④ 完善了光纤信道和链路的测试方法与要求。

⑤ 丰富了管槽和设备的安装工艺要求。
⑥ 增加了相关附录。

上述几种标准有极为明显的差别，如从综合布线系统的组成来看，美国标准把综合布线系统划分为建筑群子系统、干线子系统、配线子系统、设备间子系统、管理子系统和工作区子系统共 6 个独立的子系统。而国际标准则将其划分为建筑群主干布线子系统、建筑物主干布线子系统和水平布线子系统三部分，工作区布线为非永久性部分，当用户使用时，可临时敷设，在工程中不需要设计和施工，所以这一部分不属于综合布线系统工程的范围。

我国在实施综合布线系统之初，多采用美国产品，所以国内书籍、杂志和资料，甚至有些标准一般都以美国标准为基础介绍综合布线系统的有关技术，但上述系统组成与我国标准规定不符，与我国过去通常将通信线路和接续设备组成整体的系统概念不一致，在工程设计、施工安装和维护管理工作中极不方便，这一点希望引起足够的重视。

1.3 综合布线的基础知识

1.3.1 综合布线系统的组成与分级

综合布线系统是一个无源系统，它给网络设备提供了一个无源平台，是网络的底层和基础。对网络应用具有透明性，即布线系统对不同的网络类型、网络操作系统和不同公司的网络产品，提供同样的支持。

综合布线系统是将各种不同的组成部分构成一个有机的整体，而不是像传统的布线那样自成体系、互不相干。依照我国最新的国家标准 GB 50311—2016，综合布线系统可划分成 7 个部分，其中包含 3 个子系统，即配线子系统、干线子系统、建筑群子系统；外加 4 个部分，即工作区、设备间、进线间、管理子系统。

综合布线系统的结构与组成如图 1.1 所示。

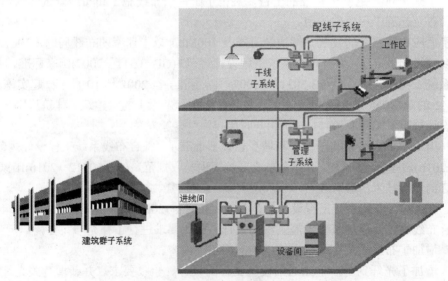

(a) 综合布线系统基本物理结构

图 1.1 综合布线系统基本结构(中国标准)

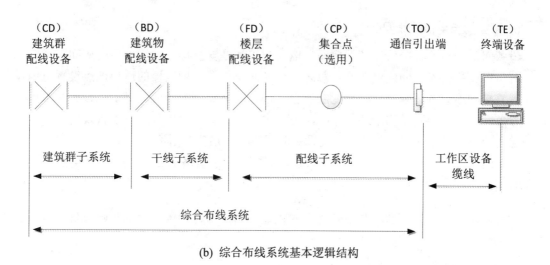

(b) 综合布线系统基本逻辑结构

图 1.1 综合布线系统基本结构(中国标准)(续)

1. 配线子系统

配线子系统，也叫水平配线子系统，由工作区的信息插座至楼层配线设备(FD)的配线电缆或光缆、楼层配线设备和跳线等组成。结构一般为星形结构，它与干线子系统的区别在于——配线子系统总是在一个楼层上，仅与信息插座、管理间连接。

2. 干线子系统

干线子系统，也叫垂直干线子系统，应由设备间的建筑物配线设备(BD)和跳线以及设备间至各楼层电信配线间的干线电缆组成。一般采用光纤及大对数铜缆，将主设备间与楼层电信配线间用星形结构连接起来。

3. 建筑群子系统

建筑群是指由两幢及两幢以上的建筑物组成的建筑群体。建筑群子系统由连接各建筑物之间的综合布线缆线、建筑群配线设备(CD)和跳线等组成。它是将一个建筑物中的电缆延伸到另一个建筑物的通信设备和装置(支持建筑物之间通信所需的硬件)上，其中包括电缆、光缆以及防止电缆上的脉冲电压进入建筑物的电气保护装置。在建筑群子系统中，会遇到室外敷设电缆问题，一般有三种情况——架空电缆、直埋电缆、地下管道电缆，或者是这三种的任意组合，具体情况应根据现场环境决定。

4. 工作区

工作区是综合布线系统的末梢，是邻近用户端的通信线路。工作区由配线子系统的信息插座延伸到工作站终端设备处的连接电缆及适配器组成(包括连接的软线和接插部件等)。

一个工作区的服务面积应按不同的应用功能确定，例如估算为 $20m^2$，或按不同的应用场合调整面积的大小。每个工作区至少设置一个信息插座，用来连接电话机或计算机终端设备，或按用户要求设置。

工作区的每一个信息插座均应支持电话机、数据终端、计算机、电视机及监视器等终端的设置和安装。

5. 设备间与电信配线间

设备间是安装各种电信设备的房间，电信配线间是安装楼层配线设备的房间，当合二为一时可以简称为设备间或电信间。总之，设备间是在每一幢大楼的适当地点设置电信设备和计算机网络设备，以及建筑物配线设备，进行网络管理的场所。对于综合布线工程设计，设备间主要安装建筑物配线设备(BD)，让电话、计算机等各种主机设备及引入设备可以合装在一起。设备间内的所有总配线设备应用色标区别各类用途的配线区。

设备间的位置及大小应根据设备的数量、规模、最佳网络中心等因素综合考虑确定。

6. 进线间

进线间是建筑物外部通信和信息管线的入口部位，可作为入口设备和建筑群配线设备的安装场地。

7. 管理子系统

管理子系统应对进线间、设备间、电信配线间和工作区的配线设备、缆线、信息插座等设施，按一定的模式进行标示和记录。

8. 综合布线系统的分级

综合布线系统线缆主要有铜缆和光缆，铜缆支持的最高带宽较低，因此，布线系统的分级与类别由铜缆的性能决定，见表 1.3，并且 5、6、6A、7、7A 类布线系统应能支持向下兼容的应用。

表 1.3 铜缆布线系统的分级与类别

系统分级	系统产品类别	支持最高带宽(Hz)	支持应用器件	
			电缆	连接硬件
A	—	100K	—	—
B	—	1M	—	—
C	3类(大对数)	16M	3类	3类
D	5类(屏蔽和非屏蔽)	100M	5类	5类
E	6类(屏蔽和非屏蔽)	250M	6类	6类
EA	6A类(屏蔽和非屏蔽)	500M	6A类	6A类
F	7类(屏蔽)	600M	7类	7类
FA	7A类(屏蔽)	1000M	7A类	7A类

1.3.2 综合布线系统的线缆长度

综合布线系统的线缆长度包括水平配线子系统电缆和光缆的长度、垂直干线子系统的电缆和光缆长度、工作区电缆长度以及设备跳线长度。线缆的最大长度如图 1.2 所示。

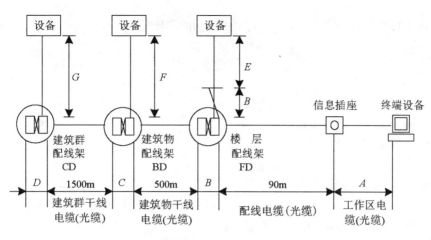

图 1.2 电缆、光缆的最大长度

(1) 图 1.2 中,A 表示工作区电缆的长度;B 表示配线架的跳线长度;C 表示建筑物配线架的跳线长度;D 表示建筑群配线架的跳线长度;E 表示楼层配线架设备的跳线长度;F 表示建筑物配线架设备的跳线长度;G 表示建筑群配线架设备的跳线长度。

(2) 工作区线缆、配线架跳线和设备跳接软线的总长度 $A+B+E \leqslant 10\text{m}$。

(3) 建筑物配线架和建筑群配线架中的跳线总长度 $C+D \leqslant 20\text{m}$。

(4) 建筑物配线架和建筑群配线架中的设备软跳线总长度 $F+G \leqslant 30\text{m}$。

在新版设计标准中,明确提出了建筑群干线、建筑物干线与配线线缆的总长度,数据电缆布线系统信道应由长度不大于 90m 的配线缆线、10m 的跳线和设备缆线及最多 4 个连接器件组成,永久链路则应由长度不大于 90m 配线缆线及最多 3 个连接器件组成。光纤信道应分为 OF-300、OF-500 和 OF-2000 三个等级,各等级光纤信道应支持的应用长度不小于 300m、500m 及 2000m。

它的实际含义是:确定建筑群干线与建筑物干线的总长度,但不再划分这两种干线的具体长度。

事实上,建筑群干线可以看成是建筑物干线在室外的延伸,它们所用线缆的电气性能和光学性能完全一样,只是在保护材料上略有差异。因此,在工程设计中,设计人员事实上一直都不看重这两种干线之间的长度划分,而是从计算机网络的传输距离和电话线的传输距离上分析所用干线的长度极限。

1.3.3 信道、带宽、速率及多路复用

1. 信道

信道即通道,通俗地说,是指以传输媒介为基础的信号通路。具体地说,信道是指由有线或无线提供的信号通路;抽象地说,信道是指定的一段频带,它让信号通过,同时又给信号以限制和保护。通道的作用是传输信号。

通常,将单纯的信号传输媒介信道称为狭义信道。狭义信道按照具体媒介的不同类型,通常可分为有线信道和无线信道。所谓有线信道,是指传输媒介为明线、对称电缆、同轴电缆、光缆及波导等一类能够看得见的媒介。有线信道是现代通信网中最常见的信道之一,

综合布线就是提供信号的有线传输通路，如电话电缆用于市内近程传输、五类对称电缆用于计算机网络等。

2. 带宽

带宽这个名称在描述通信系统时经常出现，而且常常代表不同的含义，因此先说明带宽名称。从通信系统中信号传输的过程来说，实际上，遇到了几种不同含义的带宽。

(1) 信号带宽。由信号能量谱密度或功率谱密度在频域的分布规律确定。

(2) 系统带宽。由电路系统的传输特性决定。

(3) 信道带宽。由信道的传输特性决定。

(4) 物理带宽。指正频率区域，不计负频率区域，如果信号是低频信号，那么，能量集中在低频区域，就是在 $0\sim B$ 频率范围内的能量。

带宽均用符号 B 表示，单位为赫兹(Hz)，计算方法类似，但表示的概念不同，所以用到带宽时，需要说明是哪种带宽。

在综合布线中进行数字信号传输时，经常用到脉冲数字信号带宽(脉冲带宽)，它是指脉冲数字信号的离散频谱上第一个 0 点处对应的频率值。如图 1.3 所示，$B=1/\tau$。

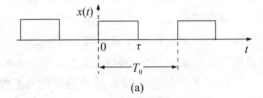

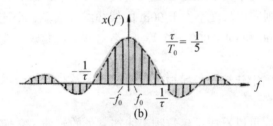

图 1.3 脉冲带宽

一般 $\tau<T_0$，则 $B=1/\tau>1/T_0=f_0=f_b=R_B$，脉冲带宽大于传码率。

当脉冲宽度与脉冲周期相同时，$T_0=\tau$，有 $B=1/\tau=1/T_0=f_0=f_b=R_B$，即脉冲带宽等于脉冲速率和传码率。

在模拟通信中，一般要求信道的带宽大于系统带宽，系统带宽大于信号带宽，否则就会产生信号失真。在数字通信中，由于允许一定的失真存在，所以上述要求可适当放宽。

例如，在数字通信系统中，信号带宽可以小于系统带宽和信道带宽。也就是说，脉冲带宽可以小于传码率。

3. 速率

综合布线中常用的速率概念有两种：码元速率和信息速率。

码元速率 $R_B=1/T_b$ 波特；码元重复频率 $f_b=1/T_b$，在数值上 f_b 与 R_B 相同，但单位不同，f_b 的单位为赫兹(Hz)。有时，f_b 与 R_B 两个符号混用，但要注意，作为码元速率时，单位为波特(B);作为码元重复频率时,单位为赫兹(Hz)。

信息速率指 1 秒钟传输的信息量的多少,单位为比特/秒(b/s)。对于二进制数字信号传输来说,通常认为码元速率和信息速率在数值上相同。

著名的奈奎斯特定理告诉我们,数字信号传输时的码元极限速率为信道带宽的两倍。所以在选择综合布线线缆时,更重要的是注意线缆的频率特性和带宽的大小。也就是说,要选择 100M 网线,即要考虑网线的带宽是否为 100MHz,而不是考虑网线的传输码元速率是否为 100Mb/s、信息速率是否为 100Mb/s。

4. 多路复用技术

利用一条信道实现多路信号同时传输的技术,称为多路复用技术。多路复用技术是为了提高传输效率,提高有效性。多路复用的理论基础是信号分割原理。信号分割的依据在于信号之间的差别,这些差别可以是频率(频分多路复用)、时间(时分多路复用)和码型(码分多路复用)等参量上的。

频分复用(FDM)是一种按频率划分信道的复用方式,它把整个物理媒介的传输频带按一定的频率间隔划分为若干较窄的频带,每个窄带构成一个子信道。只要该子信道的容量适合进行单路数据传输,就可以作为一个独立的传输信道使用。可以利用对正弦波调制的方法,先将各路消息信号分别调制在不同的副载波上,即把各路消息信号的频谱分别搬到相应的小区间,然后把它们一起发送出去。在接收端,用中心频率调到各副载波的带通滤波器上,将各路已调信号分离开,再进行相应的解调,取出各路消息信号。

时分复用(TDM)以时间作为信号分割参量,故必须使各路信号在时间轴上互不重叠。抽样定理为时分复用提供了理论依据。

抽样定理告诉我们,一个频带限制在 f_x 以内的时间上连续的模拟信号 $x(t)$,可以用时间上离散的抽样值来传输,抽样值中包含有 $x(t)$ 的全部信息。当抽样频率 $f_s \geq 2f_x$ 时,可以从已抽样的输出信号 $x_s(t)$ 中不失真地恢复 $x(t)$。

码分复用(CDMA)不同于 FDM 和 TDM。

FDM 中,不同信息所用的频率不同;TDM 中,不同信息是用不同时隙来区分的;而 CDMA 中各路信息是用各自不同的编码序列来区分的,它们均占有相同的频段和时间。

在码分复用中,发送端将发送的信号用互不相干、互相正交的地址码调制,接收端则利用码型的正交性,通过相应的地址码从混合的信号中选出相应的信号。由于收、发的地址码可以多选,从而可以实现多路信号的复用。这种复用就叫码分复用。

1.4 综合布线与智能建筑

1.4.1 智能化建筑的系统组成和基本功能

智能化建筑的系统主要由三大部分构成,即大楼自动化——又称建筑自动化或楼宇自动化(BA)、通信自动化(CA)和办公自动化(OA)。这三个自动化通常称为 3A,它们是智能化建筑中最重要的、必须具备的基本功能。

目前有些地方为了突出某项功能,以提高建筑等级和工程造价,又提出防火自动化(FA)和信息管理自动化(MA),从而形成了 5A 智能化建筑。甚至有的文件又提出保安自动化(SA),

从而出现了 6A 智能化建筑。

但从国际惯例来看，FA 和 SA 均放在 BA 中，MA 已包含在 OA 中，所以通常只采用 3A 的提法。因此，建议今后以 3A 智能化建筑提法为宜。

1. 楼宇自动化(BA)

楼宇自动化主要是对智能化建筑中的所有机电装置和能源设备实现高度自动化及智能化集中管理。具体地说，是以中央计算机或中央监控系统为核心，对房屋建筑内设置的供水、电力照明、空气调节、冷热源、防火、防盗、监控显示和门禁系统以及电梯等各种设备的运行情况，进行集中监控和科学管理。

2. 通信自动化(CA)

通信自动化是智能化建筑的重要基础设施，通常由以程控数字用户电话交换机为核心的通信网和计算机系统局域网(包括软件)组成。这些设备和传输网络与外部公用通信设施联网，可完成语音、文字、图像和数据的高速传输和准确处理。通常，通信自动化由语音通信、图文通信和数据通信三大部分组成。

3. 办公自动化(OA)

办公自动化是在计算机和通信自动化的基础上建立起来的系统。

办公自动化通常以计算机为中心，配置传真机、电话机等各种终端设备，以及文字处理机、复印机、打印机和一系列现代化的办公及通信设备，包括相应的软件，全面而广泛地收集、整理、加工和使用各种信息，为科学管理和科学决策提供服务。

由于利用先进的计算机和通信技术组成的高效、优质服务的人机信息处理系统，能充分简化人们的日常办公业务活动，从而大大提高了办公效率和工作质量。

随着信息网络时代的迅速到来，产生了信息普遍化和家庭化的倾向，这样，对于住宅建筑的要求，不仅是住，而且还要求在这个空间中生活、学习和工作，享受各种生活、办公及信息服务。这就从零散的智能化建筑走向了智能化小区。

智能化小区一般是以住宅建筑为主体，并有相关公共服务设施的房屋建筑。因此，其系统组成和基本功能与智能化建筑既有联系又有区别，但在综合布线系统的设计和安装方面区别不大，所以本书的综合布线概念既可用于建筑综合布线，也可用于建筑小区综合布线。

1.4.2 智能化建筑与综合布线系统的关系

智能化建筑是集建筑技术、通信技术、计算机技术和自动控制技术等多种高新技术之大成者，所以智能建筑工程项目的内容极为广泛，不能与过去通常的土木工程相比。由于采用先进的科学技术，所以在某种意义上赋予了房屋建筑生命力，可以说，综合布线系统是智能化建筑中的神经系统，它们之间的关系极为密切，主要表现在以下几点。

1. 综合布线系统是衡量建筑智能化程度的重要标志

在衡量建筑的智能化程度时，既不看建筑的体积是否高大和造型是否新颖，也不看装修是否宏伟华丽和设备是否齐全，主要看建筑物中的综合布线系统的配线能力，例如设备配置是否成套、技术功能是否完善、网络分布是否合理，以及工程质量是否优良。这些都是决定建筑智能化程度高低的重要因素，因为智能化建筑能否为用户提供高度智能化的服务，取决于传送信息网络的质量和技术。因此，综合布线系统具有决定性作用。

2. 综合布线系统是智能化建筑必备的基础设施

综合布线系统在智能建筑中与其他设备一样，都是附属于建筑物必备的基础设施。综合布线系统把智能化建筑内的通信、计算机和各种设施以及设备，在一定条件下纳入，并相互连接，形成完整配套的有机整体，以实现高度智能化的要求。

由于综合布线系统具有兼容性、可靠性、使用灵活性和管理科学性等特点，所以能适应各种设施当前的需要和今后的发展，使智能化建筑能够充分发挥智能化水平。

3. 综合布线系统必须与房屋建筑融合为整体

综合布线系统和房屋建筑既是不可分离的整体，又是不同类型和性质的工程建设项目。综合布线系统分布在智能化建筑内，必然会有相互融合的需要，同时，彼此也有可能产生矛盾。因此，在综合布线系统的工程设计、安装施工和使用管理的过程中，应经常与建筑工程设计、施工、建设等有关单位密切联系，配合协调，寻求妥善合理的方式来解决问题，以最大限度地满足各方面的要求。

4. 综合布线系统能适应智能化建筑今后发展的需要

房屋建筑工程是百年大计，其使用寿命较长，一般都在几十年以上，甚至近百年或百年以上。因此，目前在建筑规划或设计新的建筑时，应有长期性的考虑，并能够适应今后的发展需要。由于综合布线系统具有较高的适应性和灵活性，能在今后相当长的时期满足客观通信发展要求，为此，在新建的高层建筑或重要的公共建筑中，应根据建筑物的使用对象和业务性质以及今后发展等各种因素，积极采用综合布线系统。对于近期确无需要或因其他因素暂时不准备设置综合布线系统的建筑，应在工程中考虑今后设置综合布线系统的可能性，在主要通道或路由等关键部位适当预留空间，以便今后安装综合布线系统时避免临时打洞凿眼或拆卸地板及吊顶等，且可以防止影响房屋建筑结构的强度和内部环境装修的美观性。

总之，智能化建筑从规划设计直到以后使用的过程中，与综合布线的关系极为密切，必须在各个环节加以重视。

1.4.3 综合布线的发展趋势

回顾历史，综合布线的产生，是因美国贝尔实验室为适应时代对高速传输线路的需求而提出并首先实施的。现在各行各业的办公楼、综合楼、写字楼都实施着综合布线。

伴随5G技术运用范围的逐步扩大及物联网的发展，综合布线是实现建筑智能化的关键技术与核心保障，在大数据与云计算等信息技术背景下，不仅面临着新的问题，同时还表现出了多样化的运用趋势。不久的将来，会出现对于综合布线产品的极大需求，综合布线企业需要根据用户需求，持续创新产品技术以及经营模式，从而走可持续发展之路。

复习思考题

(1) 什么是综合布线系统？
(2) 综合布线与传统布线相比，有哪些优点？
(3) 综合布线为何为布线电缆和连接硬件提供了最基本的标准？
(4) 常用的综合布线系统的标准有哪些？
(5) 画图说明综合布线系统的结构与组成(中国标准)。
(6) 智能化建筑系统主要由哪三大部分组成？
(7) 从通信系统中信号的传输过程来说，实际上遇到了哪三种不同含义的带宽？
(8) 画图说明综合布线系统的线缆长度。
(9) 什么叫码元速率和信息速率？
(10) 信道传输数字信号的极限速率是多少？

第2章 综合布线常用器材及测试工具

综合布线系统中，布线部件的品种和类型较多，按布线部件的外形、功能和特点，粗略可以分为两大类，即传输媒质和连接硬件。综合布线系统常用的传输媒质有：对绞线(又称双绞线)、对绞线对称电缆(简称对称电缆)、同轴电缆和光纤光缆(简称光缆)四种。若按布线部件的技术功能、装设位置和使用等分类则较细。为了便于叙述，下面在对传输媒质和连接硬件分类进行介绍的同时，一并说明其技术功能、装设位置以及适用场合。最后将介绍几种常用的布线安装工具和测试仪器等。

2.1 综合布线常用的电缆器材

2.1.1 双绞线

1. 双绞线的概念

双绞线(Twisted Pair，TP)是综合布线中最常用的一种传输介质，它由两根具有绝缘保护层的铜导线组成。把两根绝缘的铜导线按一定密度互相绞在一起，可降低信号干扰的程度，一根导线在传输时辐射出来的电波会被另一根导线上发出的电波抵消。如果把一对或多对双绞线放在一个绝缘套管中，便成了双绞线，如图2.1所示。

图2.1 双绞线

与其他传输介质相比，双绞线在传输距离、信道宽度和数据传输速度等方面均受到一定限制，但其价格较低廉。

目前，双绞线直径的标准各国有所不同，而大多数厂商常以美国线规(AWG)作为缆线导体直径的标准，常用的双绞线由26号、24号或22号的绝缘铜导线相互缠绕而成，其直径一般为0.4~0.65mm，常用的是0.5mm。

双绞线可分为非屏蔽双绞线(Unshielded Twisted Pair，UTP)和屏蔽双绞线(Shielded Twisted Pair，STP)两种。根据屏蔽层材料和结构的不同，过去，屏蔽双绞线常用的代号有STP、SFTP、FTP等。

UTP是无屏蔽层结构的非屏蔽缆线，它具有重量轻、体积小、弹性好、使用方便和价格适宜等特点，所以使用较多，甚至在传输速率较高的链路上也有采用。但是，它抗外界电磁干扰的性能较差,安装时也会因受到牵拉和弯曲而使其均衡绞度易遭破坏,因此,不能满足EMC(电磁兼容性)的规定需要,另外,在传输信息时向外有辐射,容易泄密。

STP(每对芯线和电缆绕包铝箔,加铜编织网)、SFTP(纵包铝箔、加铜编织网)和FTP(纵包铝箔)对绞线对称电缆都是有屏蔽层的屏蔽缆线,具有防止外来电磁干扰和防止向外辐射的特性,但它们都存在重量大、体积大、价格贵和不易施工等问题,在施工中要求完全屏蔽和正确接地,才能保证特性效果。GB 50311—2000标准的非屏蔽双绞线和屏蔽双绞线对比见表2.1。

表2.1 GB 50311—2000 标准的非屏蔽双绞线和屏蔽双绞线对比

	双 绞 线			
	UTP	STP	SFTP	FTP
性价比	低	高	较高	较高
施工要求	低	高	较高	较高
抗干扰能力	弱	强	较强	较强
数据保密性	一般	好	较好	较好

当双绞线的屏蔽结构只是在双绞线芯线外添加丝网和铝箔时,这些代号能够说明屏蔽的结构。但是,在屏蔽层深入到每对芯线时,这4个代号都变得模糊不清了,因为它们无法准确地说明新出现的屏蔽结构。

为了解决这个问题,GB 50311—2007版国标引用了ISO/IEC 11801—2002中对屏蔽结构的定义,使用"/"作为4对芯线总体屏蔽与每对芯线单独屏蔽的分隔符,使用U、S、F分别对应非屏蔽、丝网屏蔽和铝箔屏蔽,通过分隔符与字母的组合,形成了对屏蔽结构的真实描写。

例如,非屏蔽结构为U/UTP,当前最常见的4种屏蔽结构分别为F/UTP(铝箔总屏蔽)、U/FTP(铝箔线对屏蔽)、SF/UTP(丝网+铝箔总屏蔽,见图2.2)和S/FTP(丝网总屏蔽+铝箔线对屏蔽)。

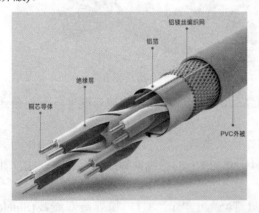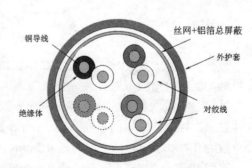

图2.2 SF/UTP 屏蔽双绞线

从原理上说,丝网与铝箔的合理搭配可以充分发挥两种不同材质、两种不同造型的金属材料的组合屏蔽性能。从这个意义上说,新的4组屏蔽符号代表着4个不同等级的屏蔽双绞线。

双绞线既可以传输模拟声音信息，又可以传输数字信号，特别适合距离较短(通常100m内)的数字信息传输。

采用双绞线的局域网络带宽，取决于所用导线的质量、导线的长度及传输技术。在传输期间，信号的衰减比较大，并且波形有畸变。只要精心选择和安装双绞线，就可以在有限距离内达到每秒数百兆位的可靠传输率。当距离很短，并且采用特殊的电子传输技术时，传输速率每秒可达几十到千兆位。

国际标准化组织(ISO)为不同传输特性的双绞线电缆定义了多种规格型号，常用的有以下几种。

(1) 三类(CAT3)：该电缆的传输特性最高规格为16MHz，数据传输最高速率为10Mb/s。一般用在语音信息传输及低速数据传输的应用中。

(2) 四类(CAT4)：该类电缆的传输特性最高规格为20MHz，数据传输最高速率为16Mb/s，目前较少采用。

(3) 五类(CAT5)：该类电缆增加了绕线密度，外套是一种高质量的绝缘材料，传输特性的最高带宽为100MHz，数据传输最高速率为100Mb/s。一般用在语音信息传输及高速数据传输的应用中。

(4) 超五类(CAT5E)：即通常所说的超五类电缆，该类电缆的传输特性稍优于五类电缆，主要表现在数据传输速率可达155Mb/s。一般用在语音信息传输及高速数据传输中。

(5) 六类(CAT6)：带宽会扩展至250MHz以上，能支持1000Mb/s以下的应用。一般用在视频信息传输及超高速数据传输的应用中。

不论是超五类还是六类电缆系统，其连接的结构仍与现在广泛使用的插接模块(RJ-45)相兼容。

(6) 七类(CAT7)：七类电缆系统是一种最新电缆标准，其带宽达600MHz，连接的结构与目前的RJ-45形式完全不兼容，是一种屏蔽的电缆系统。

(7) 八类(CAT8)：八类电缆系统也是一种最新电缆标准，2000MHz的超高宽频，支撑30m距离高达40Gb/s传输速率，其连接的结构与目前的RJ-45形式完全不兼容，它是一种屏蔽的电缆系统。

需要指出的是，线缆的带宽(MHz)和在线缆上传输数据的速率(Mb/s)是两个截然不同的概念。Mb/s是指单位时间内线路传输的二进制码的数量，而MHz是指线路中允许信号的最高频率。对于五类双绞线，其带宽为100MHz，根据奈奎斯特定理，理论上能传输的最大信息速率为200Mb/s，因此，任何应用于五类线的网络系统都应以低于200Mb/s的信号来传输数据，这样才比较稳定可靠。实际线缆的传输性能和线缆施工不可能是理想的，在无特殊技术条件下，传输的信号速率均低于100Mb/s。

另外，在信息传输理论中，通常用增加带宽来提高可靠性，就是在数据传输速率不变的条件下，采用不同的纠错编码技术(增加带宽)提高系统(信道)的性能。所以六类、七类等电缆的传输特性要优于五类。

2. 双绞线的性能指标

对于双绞线(无论是三类、五类、六类、七类、八类，还是屏蔽、非屏蔽等)，我们所关心的是衰减、近端串扰、直流电阻、特性阻抗和衰减串扰比等。下面解释这些名词的具体含义。

(1) 衰减。衰减(Attenuation)是沿链路的信号损失量。一般衰减随信号频率而变化，所以应测量在应用范围内的全部频率上的衰减。衰减测试值参照表 2.2。

表 2.2　各种连接为最大长度时各种频率下的衰减极限

频率 (MHz)	最大衰减值(dB)					
	等　级					
	三 类	四 类	五 类	超五类	六 类	超六类
0.1	—	—	—	—	—	—
1	4.2	4.0	4.0	4.0	4.0	4.0
16	14.1	9.1	8.3	8.2	8.1	8.0
100	—	24.0	21.7	20.9	20.8	20.3
250	—	—	35.9	33.9	33.8	32.5
500	—	—	—	49.3	49.3	46.7
600	—	—	—	—	54.6	51.4
1000	—	—	—	—	—	67.6

(2) 近端串扰。在综合布线系统任意两个线对之间，信号从一线对发送端到另一线对的同一端(近端)的衰减，即近端串扰衰减。近端串扰损耗是测量一条链路中从一线对到另一线对的信号耦合。串扰分为近端串扰 NEXT(Near-End Crosstalk Loss)损耗和远端串扰 FEXT (Far-End Crosstalk Loss)损耗，由于线路损耗中 FEXT 值的影响较小，所以测量仪主要是测量 NEXT。对于 UTP 链路来说，这是一个关键的性能指标，也是最难精确测量的一个指标，尤其是随着信号频率的增加，其测量难度就更大。NEXT 并不表示在近端点所产生的串扰值，它只表示在近端点所测量到的串扰值。NEXT 的测量值参照表 2.3。

表 2.3　特定频率下的 NEXT 测试极限

频率 (MHz)	最小 NEXT 值(dB)					
	等　级					
	三 类	四 类	五 类	超五类	六 类	超六类
0.1	—	—	—	—	—	—
1	40.1	64.2	65.0	65.0	65.0	65.0
16	21.1	45.2	54.6	54.6	65.0	65.0
100	—	32.3	41.8	41.8	65.0	65.0
250	—	—	35.3	35.3	60.4	61.7
500	—	—	—	29.2	55.9	56.1
600	—	—	—	—	54.7	54.7
1000	—	—	—	—	—	49.1

这个量值随电缆长度不同而变，电缆越长，变得越小。同时，发送端的信号也会衰减，对其他线对的串扰也相对变小。实验表明，只有在 40m 内测量得到的 NEXT 值较为真实，如果另一端是远于 40m 的信息插座，它会产生一定程度的串扰，但测试仪可能无法测量到这个串扰值。基于这个可能，对 NEXT 最好在两个端点都进行测量。现在的测试仪都配有相应设备，使得在链路一端就能测量出两端的 NEXT 值。

(3) 直流电阻。直流电阻是指一对环路导线电阻的和。直流电阻会消耗一部分信号，并转变成热量。ISO/IEC-11801 中规定直流电阻不得大于 28.6Ω/305m，每一线对之间的差异不能超过 5%，否则表示接触不良，必须检查连接点。

(4) 特性阻抗。与环路直流电阻不同，特性阻抗包括电阻及频率为 1M～100MHz 的感抗及容抗，它与一对电线之间的距离及绝缘材料的电气性能有关。各种电缆有不同的特性阻抗，对双绞线电缆而言，有 100Ω、120Ω 及 150Ω 几种。

(5) 衰减/近端串音衰减(ACR)。也叫衰减串扰比，在某些频率范围内，串扰与衰减量的比例关系是反映电缆性能的另一个重要参数，较大的 ACR 值表示对抗干扰的能力更强，系统要求至少大于 10dB。

(6) 电缆特性。通信信道的品质是由它的电缆特性(Signal-Noise Ratio，SNR)描述的。SNR 是在考虑干扰信号的情况下，对数据信号强度的一个度量。如果 SNR 过低，将导致数据信号仕被接收时，接收器不能分辨数据信号和噪音信号，最终引起数据错误。因此，为了将数据错误限制在一定范围内，必须定义一个最小的可接收的 SNR。

六类布线主要参数举例：NEXT 在 100MHz 时为 47.3dB，在 250MHz 时为 41.3dB；ACR 在 100MHz 时为 27.5dB，在 250MHz 时为 8.5dB。

3. 超五类、六类、七类双绞线布线系统

(1) 超五类布线。与普通的五类 UTP 比较，超五类的性能超过五类，其衰减更小，同时具有更高的 ACR 和 SNR，更小的时延和衰减，并具有以下优点。

◎ 提供了坚实的网络基础，可以方便地迁移到更新的网络技术上。
◎ 能够满足大多数应用，并且满足偏差和低串扰总和的要求。
◎ 为将来的网络应用提供了传输解决方案。
◎ 充足的性能余量，给安装和测试带来了方便。

比起普通五类双绞线，超五类系统在 100MHz 的频率下运行时，可提供 8dB 近端串扰的余量，用户的设备受到的干扰只有普通五类线系统的 1/4，使系统具有更强的独立性和可靠性。近端串扰、串扰总和、衰减和 SNR 这 4 个参数是超五类非常重要的参数。

(2) 六类布线。六类系统的链路余量已经很小，一般链路的 NEXT 余量只有 2～5dB(与链路长度有关)，使用五类的施工工艺进行六类的施工，很难得到合格的测试结果。例如，现在很多六类线的线缆都使用高质量、转动更轻的线轴，其目的是减小拖拽电缆的拉力。此外，电缆的扭曲、挤压都可能产生不良的后果。在施工过程中，使用劣质的工具、卡线钳、卡刀都会使链路的性能下降，从而不能通过测试。因此，所有准备安装六类系统的用户一定要特别关注施工商或承包商的施工质量。最好的选择是使用有六类施工经验的施工队伍，并且对其已经完成的工程项目进行评估。

(3) 七类布线。七类布线系统只基于屏蔽双绞线。七类线缆采用与超五类和六类双绞

线完全不同的"非 RJ"型 TERA 屏蔽结构,保证能够将所有线对间的串扰削减到 600MHz,TERA 连接件的传输带宽高达 1.2GHz,可同时支持语音、高速网络、CATV 的视频应用。

由于"非 RJ"型七类布线系统采用"全屏蔽"电缆,因此能填补那些以屏蔽的双绞系统为主的地区和部门。全屏蔽解决方案主要应用于严重电磁干扰的环境,如一些广播站、电台等。另外,也应用于那些出于安全目的,要求电磁辐射极低的环境。采用"非 RJ"型七类布线系统,可以受益于其尖端的技术性能,使一些业务部门在市场上获得领先的优势,包括财政、保险和信息传输量需求很大的企业。永远站在技术前沿的教育和某些政府研究机构也有可能采用七类技术。另外,宽带智能小区和商业大楼也是潜在的市场。一根七类电缆的能力可以服务所有的铜缆布线系统的要求,包括代替同轴,不受共享护套的限制,同时享受高性能和低成本。

典型的七类线由 4 对 23AWG 的双绞线组成,每一线对都由金属箔包围,4 对金属箔包围的线对又由整体的编织屏蔽层包围。另有一根排流线可用于设备接地。

下面给出常见的 4 对双绞线包装比较,见表 2.4。

表 2.4 常见的 4 对双绞线包装比较

电缆等级型号	线 规	外径(mm)	重量(kg/305m)
五类非屏蔽	24AWG	4.8	10.5
超五类非屏蔽	24AWG	5.4	11
五类、超五类屏蔽	24AWG	5.6～6.1	12.6
六类非屏蔽	24AWG	6.0	13
六类屏蔽 ScTP	24AWG	6.10	—
超五类室外电缆	24AWG	5.3	12
七类全屏蔽	23AWG	8.5	—

4. 双绞线及双绞线电缆的标识

为了保证双绞线及双绞线电缆安装的一致性,线缆均用色彩编码标识线序。4 对双绞线色彩编码见表 2.5。

表 2.5 4 对双绞线色彩编码

线对编号	色 彩 码
1	白/蓝—蓝/白
2	白/橙—橙/白
3	白/绿—绿/白
4	白/棕—棕/白

25 对双绞线电缆色彩编码见表 2.6。物理结构如图 2.3 所示。

25 对以上的电缆其线对数均为 25 的倍数,如 50 对、100 对、300 对和 600 对等,其中每组 25 线对色彩编码都一样。为了区分每组,也采用同样的色彩编码的标记条捆扎,这样,不管有多少线对的电缆,都可以对其进行标识。

表2.6 25对双绞线电缆色彩编码

线对编号	色彩码	线对编号	色彩码
1	白/蓝—蓝/白	14	黑/棕—棕/黑
2	白/橙—橙/白	15	黑/灰—灰/黑
3	白/绿—绿/白	16	黄/蓝—蓝/黄
4	白/棕—棕/白	17	黄/橙—橙/黄
5	白/灰—灰/白	18	黄/绿—绿/黄
6	红/蓝—蓝/红	19	黄/棕—棕/黄
7	红/橙—橙/红	20	黄/灰—灰/黄
8	红/绿—绿/红	21	紫/蓝—蓝/紫
9	红/棕—棕/红	22	紫/橙—橙/紫
10	红/灰—灰/红	23	紫/绿—绿/紫
11	黑/蓝—蓝/黑	24	紫/棕—棕/紫
12	黑/橙—橙/黑	25	紫/灰—灰/紫
13	黑/绿—绿/黑	—	—

另外,双绞线电缆外皮上都会有一些文字。以AMP公司的线缆为例,该文字是 AMP SYSTEMS CABLE E138034 0100 24 AWG (UL) CMR/MPR OR C(UL) PCC FT4 VERIFIED ETL CAT5 O44766 FT 200307。其中,AMP 代表公司名称;0100 表示 100m;24 表示线芯是 24 号;AWG 表示美国线缆规格标准;UL 表示通过认证的标记;FT4 表示 4 对线;CAT5 表示五类线;044766 表示线缆当前所处英尺数;200307 表示生产年月。

图2.3 常用的双绞线及双绞线电缆

5. 双绞线的安装

双绞线的安装应遵循一些通用原则。

为避免电缆线对的散开和隔离,电缆的安装不可让电缆外皮产生很大的变形,应维护弯曲半径,并避免线对产生绞扭,尽量避免电缆之间的缠绕,4 对双绞线的最大牵引张力为110N(牛顿),室内安装温度范围是-20~60℃,运行温度范围是 0~50℃;电缆应注意防水、防潮、防化学品和防冻;应避免松弛的环路。

2.1.2 RJ-45 接头

1. RJ-45 接头概述

RJ-45 接头(RJ-45 Modular Plug)俗称水晶头,它是铜缆布线中的标准连接器,与插座(RJ-45 模块)共同组成一个完整的连接器单元。这两种元件组成的连接器连接于导线之间,以实现导线的电气连续性。它也是成品跳线里的一个组成部分。在规范的综合布线设计安装中，这个配件产品不单独列出，其实物如图 2.4 所示。

2. RJ-45 接头结构与线对

图 2.4　RJ-45 接头实物

在 TIA/EIA 568-A 的标准中，RJ-45 是 8P8C 结构，即 8 个凹槽和 8 个金属触点。触点以 1 号针至 8 号针的顺序排列，连接的线缆颜色分别为：1 号针为白绿、2 号针为绿、3 号针为白橙、4 号针为蓝、5 号针为白蓝、6 号针为橙、7 号针为白棕、8 号针为棕。其中，奇数号针用来发送信号，偶数号针用来接收信号。在 RJ-45 接头实物中，应按照如下方法观察顺序：将 RJ-45 接头正面(有铜针的一面)朝自己，有铜针一头朝上方，连接线缆的一头朝下方，从右至左将 8 个铜针依次编号为 1~8，如图 2.5(a)所示。

为了减小千兆网线端接器件的电磁信号干扰，对六类水晶头进行特别设计，其中：①八孔整齐排列的是五类水晶头，上下交错的是六类水晶头，如图 2.5(b)所示。②水晶头线孔大小不同，因五类线一般为 24AWG(线径 0.51mm)，六类线一般为 23AWG(线径 0.57mm)。

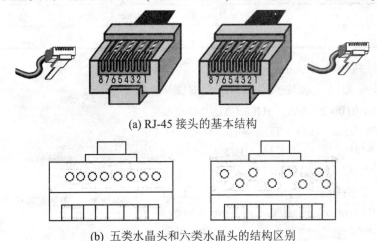

(a) RJ-45 接头的基本结构

(b) 五类水晶头和六类水晶头的结构区别

图 2.5　RJ-45 接头的结构

五类水晶头和六类水晶头定义中所规定的针对号码顺序一致，即第一对为 4 号、5 号针，第二对为 3 号、6 号针，第三对为 1 号、2 号针，第四对为 7 号、8 号针，见表 2.7。注意，针号和定义的针对没有数学关系。

表 2.7　TIA/EIA 568-A 与针对

	针　号							
	1	2	3	4	5	6	7	8
颜色	白绿	绿	白橙	蓝	白蓝	橙	白棕	棕
用途	发信号	收信号	发信号	收信号	发信号	收信号	发信号	收信号
针对	第三针对	第二针对的一个针	第一针对			第二针对的一个针	第四针对	

在 TIA/EIA 568-B 的标准中，由 1 号针至 8 号针的排列顺序为：1 号针为白橙、2 号针

为橙、3号针为白绿、4号针为蓝、5号针为白蓝、6号针为绿、7号针为白棕、8号针为棕。其中,奇数号针用来发送信号,偶数号针用来接收信号。定义中规定第一对为4号、5号针,第二对为3号、6号针,第三对为1号、2号针,第四对为7号、8号针,见表2.8。

表 2.8 TIA/EIA 568-B 与针对

	针 号							
	1	2	3	4	5	6	7	8
颜色	白橙	橙	白绿	蓝	白蓝	绿	白棕	棕
用途	发信号	收信号	发信号	收信号	发信号	收信号	发信号	收信号
针对	第三针对		第二针对的一个针	第一针对		第二针对的一个针	第四针对	

3. RJ-45 接头的分类

RJ-45 接头同样分为非屏蔽和屏蔽两种。

屏蔽 RJ-45 接头外围用屏蔽包层覆盖,如图 2.6 所示,其实物外形与非屏蔽的接头没有区别,如图 2.7 所示。

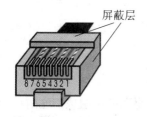

图 2.6 屏蔽 RJ-45 接头

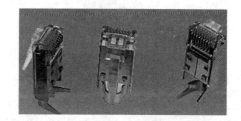

图 2.7 屏蔽 RJ-45 接头实物

还有一种专为工厂环境特别设计的工业用的屏蔽 RJ-45 接头,与屏蔽模块搭配使用,能在大多数恶劣环境下保持其性能。

RJ-45 接头常使用一种防滑插头护套,用于保护连接头、防滑动和便于插拔。此外,它还有各种颜色选择,可以提供与嵌入式图标相同的颜色,以便于正确连接。

4. RJ-45 接头的性能

RJ-45 接头是整个链路中最容易引起串扰的地方,因此,串扰是最值得注意的一个性能指标。从前面的 RJ-45 水晶头的结构中可以看到,8 个整齐排列的触点以及为了连接触点而不得不散开双绞线缠绕的 8 根并行的线芯,这样的结构破坏了双绞线对间均匀缠绕的对称性,也由此出现了线对间的明显串扰情况。为了获得最佳链路性能,在制作 RJ-45 接头时,双绞线拆开的部分应该越短越好。此外,RJ-45 接头上的触点能否与线芯牢固连接,也是保证接头质量的一个重要因素。在 RJ-45 接头压接时,第一压接点不能压接得太重,否则,由于线对交叉而导致的线芯损伤,会影响 RJ-45 接头的特性阻抗,这通常会导致在 RJ-45 接头处出现回波损耗,影响其性能。

5. 双绞线 RJ-45 接头的制作

下面给出双绞线 RJ-45 接头的制作方法,以加深读者对双绞线和 RJ-45 接头的认识。

(1) 利用双绞线剥线器将双绞线的外皮除去 2~3cm。有一些双绞线电缆上含有一条柔软的尼龙线,如果在剥除双绞线的外皮时,觉得裸露出的部分太短,不利于制作 RJ-45 接头,可以紧握双绞线外皮,再捏住尼龙线往外皮的下方剥开,就可以得到较长的裸露线。

(2) 进行拨线的操作。将裸露的双绞线中的橙色线对拨向自己的前方,棕色线对拨向自己的方向,绿色线对拨向左方,蓝色线对拨向右方。

(3) 将绿色线对与蓝色线对放在中间位置,而橙色线对与棕色线对保持不动,即放在靠外的位置。

(4) 小心地剥开每一线对,因为遵循的是 EIA/TIA 568-B 的标准制作接头,所以线对颜色有一定顺序,左起依次为:白橙/橙/白绿/蓝/白蓝/绿/白棕/棕,常见的错误接法是将绿色线对放到第 4 只脚的位置。

(5) 将裸露出的双绞线用剪刀或斜口钳剪下约 14mm 的长度,最后再将双绞线的每一根线依序放入 RJ-45 接头的引脚内。

(6) 确定双绞线的每根线都放置正确后,就可以用 RJ-45 压线钳压接 RJ-45 接头了。RJ-45 接头的保护套可以防止接头在拉扯时造成接触不良。

(7) 制作另一端的 RJ-45 接头。若是直接接入集线器的普通接口,需要使用交叉线,所以另一端的 RJ-45 接头接线顺序有所变化。具体顺序是:白绿/绿/白橙/蓝/白蓝/橙/白棕/棕,按这个顺序再将 RJ-45 接头压好。

2.1.3 RJ-45 模块

1. RJ-45 模块概述

RJ-45 模块是布线系统中连接器的一种。连接器由插座和插头组成,这两种元件组成的连接器连接于导线之间,以实现导线的电气连续性。RJ-45 模块就是连接器中最重要的一种插座。RJ 是 Registered Jack 的缩写,意思是"注册的插座",RJ 描述公用电信网络的接口,常用的有 RJ-11 和 RJ-45,计算机网络的 RJ-45 是标准 8 位模块化接口的俗称。在以往的四类、五类、超五类和六类布线中,采用的都是 RJ 型接口。RJ-45 插座与 RJ-45 连接头是综合布线系统中的基本连接器。

RJ-45 模块的核心是模块化插孔。镀金的导线或插座孔可维持与模块化插头弹片间稳定而可靠的电连接。由于弹片与插孔间的摩擦作用,电接触随插头的插入而得到进一步加强。插孔主体设计采用了整体锁定机制,这样,当模块化插头插入时,插头和插孔的界面处可产生最大的拉拔强度。RJ-45 模块上的接线块通过线槽连接双绞线,锁定弹片可以在面板等信息出口装置上固定 RJ-45 模块。

RJ-45 模块的正视图、侧视图、立体图如图 2.8 所示。

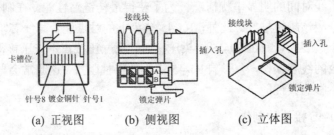

图 2.8 RJ-45 模块的正视图、侧视图、立体图

2. RJ-45 模块的规格

常见的非屏蔽模块高 2cm、宽 2cm、厚 3cm，塑体抗高压、阻燃，可卡接到任何 M 系列模式化面板、支架或表面安装盒中，并可在标准面板上以 90°(垂直)或 45°斜角安装，特殊的工艺设计至少使其具有 750 次重复插拔耐性。模块使用了 T568-A 和 T568-B 布线通用标签。这是国内综合布线系统中应用最多的一种模块，不论是三类、五类，还是超五类和六类，它的外形都保持了相当的一致性。另外，为方便用户插拔安装操作，免打线工具设计也是模块人性化设计的一个体现，这种模块端接时无须使用专用工具，如图 2.9 所示。

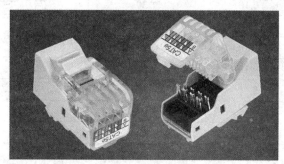

图 2.9　不同设计的免打线工具模块

3. RJ-45 模块的性能指标

RJ-45 模块的性能指标同样包括衰减、近端串扰、插入损耗、回波损耗和远端串扰等。

RJ-45 的性能技术说明：接触电阻为 2.5MΩ；绝缘电阻为 1000MΩ；抗电强度 DC 为 1000V(AC700V)时，一分钟无击穿和飞弧现象；卡接簧片表面镀金或镀银，可接线径为 0.4～0.6mm；插头插座可重复插拔次数不少于 750 次；8 线接触针镀金。

超五类、六类模块的性能指标要求分别见表 2.9 和表 2.10。

表 2.9　超五类模块的性能指标要求

单位：dB

频率(MHz)	衰　减	近端串扰	远端串扰	回波损耗
1	0.10	65.0	65.0	30.0
4	0.10	65.0	63.1	30.0
8	0.10	64.9	57.0	30.0
10	0.10	63.0	55.1	30.0
16	0.20	58.9	51.0	30.0
20	0.20	57.0	49.1	30.0
25	0.20	55.0	47.1	30.0
31.25	0.20	53.1	45.2	28.1
62.5	0.30	47.1	39.2	28.1
100	0.40	43.0	35.1	18.0

表 2.10 六类模块的性能指标要求

单位：dB

频率(MHz)	插入损耗	回波损耗	近端串扰	远端串扰
1	0.10	30	75.0	75.0
4	0.10	30	75.0	71.1
8	0.10	30	75.0	65.0
10	0.10	30	74.0	63.1
16	0.10	30	69.9	59.0
20	0.10	30	68.0	57.1
25	0.10	30	66.0	55.1
31.25	0.11	30	64.1	53.2
62.5	0.16	28	58.1	47.2
100	0.2	24	54.0	43.1

其中，"插入损耗"即为"衰减"。在这些性能指标要求中，串扰是设计时考虑的一个重要因素，为了使整个链路有更好的传输性能，在插座中常采用串扰抵消技术。串扰抵消技术如图 2.10 所示，它能够产生与从插头引入的干扰大小相同、极性相反的串音信号来抵消串扰。如果由模块化插头引入的串音干扰用"++++"表示，那么，插座产生的相反串音用"----"表示。当两个串音信号大小相等、极性相反时，那么总的耦合串音干扰信号大小为零。

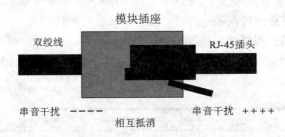

图 2.10 插座串扰抵消技术

4. RJ-45 模块的分类

按安装位置，模块分为埋入型、地毯型、桌上型和通用型 4 个标准。

按屏蔽性能，分为非屏蔽模块和屏蔽模块。典型的非屏蔽模块实物如图 2.11 所示。典型的屏蔽模块实物如图 2.12 所示，结构如图 2.13 所示。

图 2.11 非屏蔽模块实物

图 2.12 屏蔽模块实物

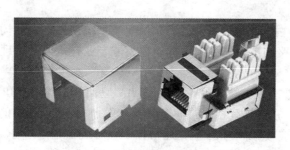

图 2.13　屏蔽模块的结构

2.1.4　配线架

配线架(Patch Panel)是电缆或光缆进行端接和连接的装置。在配线架上可进行互联或交接操作。建筑群配线架是端接建筑群干线电缆、光缆的连接装置。建筑物配线架是端接建筑物干线电缆、干线光缆并可连接建筑群干线电缆、干线光缆的连接装置。楼层配线架是水平电缆、水平光缆与其他布线子系统或设备相连接的装置。其中屏蔽型配线架面板分为16 口、32 口等；非屏蔽型配线架面板分为 6 口、12 口、18 口、24 口、48 口和 96 口。配线架按类型可以分为双绞线电缆(或称铜缆)配线架和光纤配线架(或称配线箱)两大类。光纤配线架的类型又有机架式光纤配线架和光纤接续箱两种。电缆配线架的类型又分 110 型配线架、模块化快速配线架及电子配线架。本节主要介绍电缆配线架。

1. 110 型配线架

110 型连接管理系统由原 AT&T 公司于 1988 年首先提出，该系统后来成为工业标准的蓝本。其中，110 型配线架是 110 型连接管理系统的核心部分。110 型配线架是阻燃、注模塑料做的基本器件，布线系统中的电缆对就端接于其上。

110 型配线架的五类性能要求见表 2.11。

表 2.11　110 型配线架的五类性能要求

单位：dB

频率(MHz)	衰　减	近端串扰
1	0.10	65
4	0.10	65
8	0.10	62
10	0.10	60
16	0.20	56
20	0.20	54
25	0.20	52
31.25	0.03	50
62.5	0.02	44
100	0.07	40

110 型配线架有 25 对、50 对、100 对和 300 对等多种规格，它的套件还包括 4 对连接

块或 5 对连接块、空白标签以及基座。110 型配线系统使用方便的插拔式、快接式跳接，也可以简单地进行回路的重新排列，这样，也为非专业技术人员管理交叉连接系统提供了方便。

110 型配线架主要有 5 种端接硬件类型：110A 型、110P 型、110JP 型、110VP(VisiPatch) 型和 XLBET 超大型。它们具有相同的电气性能，仅线对数量及占用的墙场或面板大小规格有所不同，端接的线缆数每行为 25 对，通常按 100 对或 300 对订购，高密度的卡接式配线架每行为 28 对。每一种硬件都有它自己的特点，如图 2.14 所示。

图 2.14　110 型配线架

(1) 110A 型配线架分为带脚和不带脚两种安装方式，并有 100 对和 300 对两种数量规格。110A 可以应用于所有场合，特别是大型电话应用场合，也可以应用在配线间接线空间有限的场合，在配线线路数目相同的情况下，110A 占用的空间是 110P 的一半。110A 型带脚型配线架如图 2.15 所示。

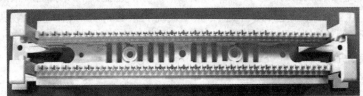

图 2.15　110A 型带脚型配线架

(2) 110P 硬件外观简洁，用简单易用的插拔快接跳线代替了跨接线，因此，对管理人员的技术水平要求不高，但是，110P 硬件不能重叠在一起。尽管 110P 系统组件的价格高于 110A 系统，但是其操作简便，因此可以相应降低成本。110P 配线架由 100 对配线架和相应的水平过线槽组成，并安装在一个背板支架上，110P 型配线架有两种型号：300 对和 900 对。

(3) 110JP 指 110 Cat5 Jack Panels，是 110 型模块插孔配线架，它有一个 110 型配线架装置和与其相连接的 8 针模块化插座，这种设计使在 110 型配线架交叉连接现场的模块端接可避免中间部件的使用并节省劳动力。

(4) 110VisiPatch 配线架是 110 型配线架的改革，其采用独特的反向暗桩式跳线管理，每行 28 对脚。336 线对的 110VisiPatch 配线架与 300 线对的 110P 型配线架的安装尺寸相同，增加了配线密度，减少了线缆混乱，线路管理整洁美观，集成的跳线管理减少了过线槽，背板是绝缘非金属的，不需要接地。其有墙面安装式和机柜安装式，并且可垂直叠加。110VisiPatch 型配线架应用在需要增加配线密度的地方，在要求简洁美观，同时要达到千兆的高速信道性能时使用。

(5) 超大型建筑物进线终端架系统 XLBET 适用于建筑群(校园)子系统,用来连接从中心机房来的电话网络电缆。超大型进线终端架系统最大负载能力为平行安装 300 对线。每个架上有透明指示标签。它主要包括 3 部分：框架模块、配线架模块和保护模块。

2. 模块化快速配线架

模块化快速配线架又称机柜式配线架,是一种宽度为 19 英寸的模块式嵌座配线架,线架后部以一块印刷电路板的 IDC 连接块为特色,这些连接块用于端接工作站、设备或中继电缆。配线架是一种 19 英寸 EIA RS-310 导轨安装单元,可容纳 24、32、64 或 96 个嵌座,其中 24 口配线架高度为 89.0mm。模块化快速配线架使得管理区外观简洁、维护方便,可端接 8 根 4 对双绞线,也可端接一根 25 对双绞线,如图 2.16 所示。

(a) 正面 RJ-45 接口

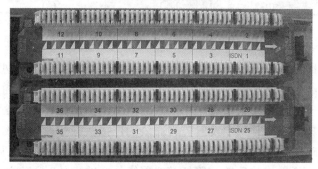

(b) 背面

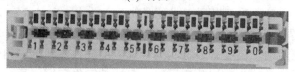

(c) IDC 卡线模块

图 2.16 模块化快速配线架

模块化快速配线架的分类如下。

(1) 1100 G S3 模块配线架,这是一款常见的机柜式配线架,有 24 口、48 口和 96 口等几种端口规格。

(2) PATCHMAX 配线架,可实现铜缆和光纤的无缝集成。它提供前后端电源管理,并可安装在 19 英寸机架或固定在墙壁的支架上。由于采用了独特的安装方式,允许模块在配线架中旋转,从而可以从前面接入 IDC 终端,这是适合 IDC 环境应用的一款机柜式配线架。

(3) 混合多功能配线架,它只提供一个配线架空板,用户可以根据具体情况选择六类、超五类、五类模块或光纤模块进行安装,并且可以混合安装。

模块化快速配线架的六类性能要求见表 2.12。

表 2.12　模块化配线架的六类性能

单位：dB

频率(MHz)	插入损耗	回波损耗	近端串扰	远端串扰
1	0.10	30	75.0	75.0
4	0.10	30	75.0	71.1
8	0.10	30	75.0	65.0
10	0.10	30	74.0	63.1
16	0.10	30	69.9	59.0
20	0.10	30	68.0	57.1
25	0.10	30	66.0	55.1
31.25	0.11	30	64.1	53.2
62.5	0.16	28	58.1	47.2
100	0.20	24	54.0	43.1
200	0.28	18	48.0	37.1
250	0.32	16	46.0	35.1

3. 电子配线架

随着结构化布线工程的普及和布线灵活性的不断提高，用户变更网络连接或跳接的频率也在提高，而布线系统是影响网络故障的重要原因。那么，如何能通过有效的办法实现网络布线的实时管理，使网管人员有一个清晰的网络维护工作界面，这就需要有能实现布线管理的电子配线架。布线管理要实时监视布线的连接状态和设备的物理位置，同时，有任何更改时，能准确地更新布线文档数据。这样做的好处，是连续提供可靠、安全的连接，防止任何无计划的、无授权的更改，降低整个网络系统的事故时间、运行和维护费用，最终能有效地管理整个网络资源，提高布线管理效率。

综合布线实时智能管理系统采用计算机技术实现综合布线的实时自动化和智能化管理。在计算机网络应用中，已经有多种网络管理应用软件能帮助网络管理员监视网络的连接情况。然而，值得注意的是，这些应用绝大多数都工作在网络层，而非物理连接层。只能告诉网络管理员哪个逻辑链路断了，哪个设备不能连接上了，而不能告诉管理员物理错误的位置和问题发生的原因。而一个统一实时的物理层管理系统能够准确、可靠和安全地提供端到端的实时监视和管理。

结构化布线实时智能管理系统由硬件和软件两部分组成。

（1）系统的硬件部分。

① 电子配线架。分超五类性能、六类性能和光纤配线架，在每个配线架端口上方装有内置传感器，是实时接口的一部分。在实时布线中，端口传感器和接口电缆连接器用于提供"实时"网络连接信息。

② 主扫描器、副扫描器。用于实时管理现有的基于 RJ-45 的设备。

③ 实时跳线。实时跳线设计是使用一根带有第 5 组导线的跳线，这条导线的长度与跳线的长度相同，其每一端接有一个监视针脚。实时跳线在实时配线架端口与传感器和扫描

器相连接，并提供电子触点。

④ 实时链路电缆。在每个电子配线架的背面都有一个扁平电缆接口，用来与扫描器相连接。

(2) 系统的软件部分。

结构化布线实时智能管理系统的软件是一套典型的 Client/Server 系统，由服务器端和工作站端构成标准的体系。它的服务器端是构建在 Microsoft SQL Server 7.0 基础上的数据库系统，对各项数据进行标准化的管理。客户端一般是自行研发的系统，承担着数据库系统与管理员之间交互式的管理职责。

结构化布线实时智能管理系统能够自动检查和监视通信机房或者设备间内跳线面板和交叉连接的变化。设计时，在标准机柜中设有电子配线架和硬件设备扫描器，用于扫描网络配线架端口的状态。

安装在机柜中的管理系统可以管理许多端口，配线架上所有端口的移动、增加、改变在机房主机上一目了然，网络管理人员只需按动一个按钮，就可以得到状态跟踪报告记录，并能辅助技术人员进行跳线管理。

在连接方式上，从交换机端口连接电子配线架的端口(例如配线架1)，而客户端的端口连接另一个电子配线架的端口(例如配线架2)。电子配线架1的端口代表交换机上的各个端口，而电子配线架2上的端口代表各个客户的端口。管理员需要做的就是对电子配线架1的端口和电子配线架2的端口实现连接，即实现网络资源的分配。这样，需要改变连接时，所有的改变都发生在配线架之间，减少了交换机的端口更改次数，同时，也便于各个厂商的交换机集中管理。

目前，这类实时管理布线主要有：美国 Avaya 公司的 Systimax SCS iPatch 系统；Panduit (泛达)公司推出的 PanView 综合布线实时智能管理系统；以色列 RIT 公司推出的 PatchView 综合布线实时智能管理系统；美国 iTracs 公司推出的 iTracs 系统；美国 Molex 公司推出的实时布线系统；南京普天智能布线物理层网络管理系统。

2.1.5 线缆管理器

1. 线缆管理器的概念

线缆管理器(Cable Management Panel)是有效管理线缆路由的设备，通常与配线架一起安装。线缆管理器为电缆提供了平行进入 RJ-45 模块的通路，使电缆在压入模块之前不再进行多次直角转弯，减少了自身的信号辐射损耗，同时，也减少了对周围电缆的辐射干扰。线缆管理器使水平双绞线有规律地、平行地进入模块，因此，在后期线路扩充时，不会因为改变一根线缆而引起大量电缆变动，既使整体可靠性得到保证，又提高了系统的可扩充性，如图 2.17 所示。

2. 线缆管理器的分类

(1) 110 系列线缆管理器。110 配线架水平线缆管理环提供跳线的水平管理，提供带脚与不带脚的选择，以及线缆的垂直管理，需要安装在木质背板上。一组 110 配线架垂直线缆管理环安装在支撑背板上，并在底部加上托槽，就构成了一个配线架垂直线缆管理组件。

(2) 机架式垂直线缆管理环。采用低成本材料，可安装于机架的上下两端或中部，完成线缆的前后双向垂直管理。

图 2.17　线缆管理器

（3）机架式水平线缆管理环。安装于机柜或机架的前面，与机架式配线架搭配使用，提供配线架或设备跳线水平方向的线缆管理。

（4）机架顶部线缆管理槽。可安装在机架顶部，为进出的线缆提供一个安全可靠的路径，包括 9 个管理环和 18 英寸的线缆管理带。

2.1.6　面板及安装盒

1. 面板及安装盒的概念

面板及安装盒(Face Plate and Box)是在信息出口位置安装固定模块的装置，其中的插座面板可分为英式(如图 2.18 所示)、美式(如图 2.19 所示)和欧式(如图 2.20 所示)等样式。按照用途，分为密封型、防水型、防尘型等；也可以按照结构分为单口、双口、多口和多功能型(如图 2.21 所示)等。英式面板较适合中国的情况，规格为 86mm×86mm，常见的有白色和象牙色两种。

图 2.18　86 型英式面板

图 2.19　美式面板

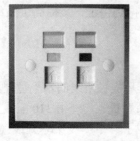

图 2.20　欧式面板

图 2.21　多功能和多口面板

在现有的产品序列中，看到三口或四口的英式面板，就意味着可以安装三、四个模块及对应的双绞线。但从底盒的容量来看，如果要容纳四个模块以及模块后侧保留的全部双绞线，在工程上是有一些问题的，建议在底盒内容纳一、两个模块及它们对应的双绞线。

2. 面板的安装方式

工作区信息插座面板有三种安装方式。

第一种是安装在地面上，要求安装在地面的金属盒应当是密封、防水、防尘的，并可带有升降功能，安装造价较高。

第二种是安装在分隔板上，此方法适用于分隔板位置确定的情况，安装造价较为便宜。

第三种安装在墙上，此方法在分隔板未确定的情况下，可沿大开间四周的墙面每隔一定距离均匀地安装 RJ-45 埋入式插座。此方法与前两种方法相比，在造价、移动分隔板的方便性、整洁度、安装和维护造价上，都是相对较好的。

还有几类面板、安装盒应用在一些特殊场合，如表面安装盒、多媒体面板、区域接线盒和家具式模块面板等。

2.1.7 跳线

1. 电缆跳线的概念

所谓跳线(Patch Cord)，指的是铜连接线，由标准的跳线电缆和连接硬件制成。跳线电缆有 2~8 芯不等的铜芯，连接硬件为 6 针或 8 针的模块插头，或者它们有一个或多个裸线头。一些跳线在一端有一个模块插头，另一端有一个 8 针模块插槽。跳线用在配线架上，交接各种链路，可作为配线架或设备的连接电缆使用。

2. 跳线的分类

(1) 模块化跳线。两头均为 RJ-45 接头，采用 TIA/EIA 568-A 针结构，并有灵活的插拔设计，防止松脱和卡死。模块化跳线长度一般在 0.305~15.25m，最常用的为 0.915m、1.525m、2.135m 和 3.05m。模块化跳线在工作区中使用，也可作为配线间的跳线。

(2) 室内三类语音跳线。用于连接 110 型交叉连接系统终端块之间的电路，适用于管理子系统。

(3) 110 跳线。两端均为 110 型接头，有 1 对、2 对、3 对和 4 对共 4 种。

(4) 117 适配器跳线。仅一端带有 RJ-45 接头，通常应用在电信设施中，用于网络设备与配线架的连接。117 适配器跳线的长度为 4.575m 和 9.15m 两种。

(5) 119 适配器跳线。一端带有 RJ-45 接头，另一端为 1 对、2 对或 4 对的 110 型接头，通常应用在电信设施中，用于网络设备与配线架的连接。119 适配器的跳线长度范围为 0.61~5.49m。

(6) 525 适配器跳线。采用超五类的 25 对双绞线连接，两头为 D 型的 25 对接头。

(7) 此外，还有一种区域布线系统跳线。设计用于模块化设备以及从一个接合点开始的区域布线，线的一端带有 RJ-45 接头，另一端带有 RJ-45 模块。

在综合布线智能管理系统中，还用到了一种标识跳线。它实际上是一条复合跳线或多功能跳线，通常除了 4 对线外，还加了一根导线，这根导线由铜线或光纤组成，用来连接相应的检测设备,对布线系统进行实时监测和管理。

3. 特殊跳线

大多数机柜式配线架用于各种不同的功能,如果标上某个功能,则会引起混淆,或限制综合布线系统的灵活性,所以建议使用彩色跳线,可以迅速精确地识别服务,最大限度地减少增加、移动和改动过程中的错误。特别是应为不同应用指明彩色跳线。建议指定的接插电缆色码如下:灰色——语音;蓝色——局域网(计算机、打印机);绿色——调制解调器;红色——关键(不能拆卸);黄色——辅助计算机服务。

在小型办公网络或家庭网络 DIY 安装中,经常提到双机互联跳线。这种跳线并非综合布线中使用的标准跳线,而是一种特殊的硬件设备连接线,当使用双绞线将两台计算机直接连接或两台 Hub 通过 RJ-45 口对接时,就需要 Crossover(俗称交叉连接线),它遵循一个专门的连接顺序。

A 端	B 端
pin 白橙	白绿
pin 橙	绿
pin 白绿	白橙
pin 蓝	蓝
pin 白蓝	白蓝
pin 绿	橙
pin 白棕	白棕
pin 棕	棕

图 2.22 RJ-45 对接示意

RJ-45 线的对接方法如图 2.22 所示。

4. 跳线的一个重要指标

对于跳线来说,一个重要指标,就是弯曲时的性能,由于 UTP 双绞线一般为实线芯,所以在可管理性能上很差,原因一是线缆较硬,不利于弯曲;二是实线芯线缆在弯曲时会有很明显的回波损耗出现,导致线缆的性能下降。所以对于实线芯的电缆,一般有弯曲半径上的明显要求。

2.2 综合布线常用的光缆器材

2.2.1 光纤与光缆

1. 光纤的概念

以光波为载频,以光导纤维(光纤)为传输媒质的通信方式叫光通信。光通信的主要优点是传输频带宽、通信容量大、传输损耗低、中继距离长、抗电磁干扰能力强、无串话干扰和保密性好;缺点是纤芯细且质脆,抗拉强度极其有限,机械性比金属差,各种操作必须高度精确。

综合布线所用的纤芯通常是由石英玻璃制成的横截面积很小的双层同心圆柱体,它质地脆,易断裂,因此,需要外加保护层。常用的多模光纤(Multi Mode Fiber)芯线的直径是 15~50μm,而单模光纤(Single Mode Fiber)芯线的直径为 8~10μm。纤芯外面包围着一层折射率比芯线低的玻璃封套,以使光纤保持在芯内。再外面是一层薄的塑料外套,用来保护封套。光纤通常被扎成束,外面有外壳保护。

如果没有特别说明,光纤通常指的是玻璃光纤。但光纤并非只有玻璃光纤一种,塑料光纤就是近年来被广泛应用的另一种光纤产品。塑料光纤最主要的优点是成本低、易于加工、重量轻、可绕性好、芯径和数值孔径都比较大等。

2. 光纤的分类及其性能参数

光波在光纤中的传播与电磁波在真空中的传播类似，可能会出现几十种甚至几百种传播模式。

光纤按传输点模数，分单模光纤(只传输一种模式)和多模光纤(传播中会存在多种模式)(见图 2-23)两大类。单模光纤的纤芯直径很小，在给定的工作波长上，只能以单一模式传输，传输频带宽，传输容量大。多模光纤是在给定的工作波长上，能以多个模式同时传输的光纤。与单模光纤相比，多模光纤的传输性能较差。

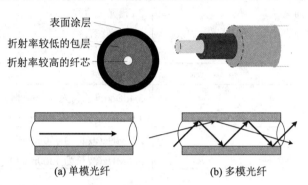

图 2.23 光纤的结构

表 2.13 为常用光纤 ITU-T 与 IEC 命名对应关系，表 2.14～表 2.16 分别为多模光纤的性能参数、单模光纤的性能参数和两者的传输性能比较。

表 2.13 常用光纤 ITU-T 与 IEC 命名对应关系

光纤名称	芯径(μm)	包径(μm)	ITU-T	IEC
多模光纤	50、62.5、85、100	100、125	G.651	A1a、A1b、A1c、A1d、A2a
非色散位移单模光纤	模场直径 8.6～9.5	125	G.652:A、B、C、D	B1.1、B1.3
色散位移单模光纤	模场直径 8.6～9.5	125	G.653	B2
截止波长位移单模光纤	模场直径 8.6～9.5	125	G.654	B1.2
非零色散位移单模光纤	模场直径 8.6～9.5	125	G.655:A、B、C	B4
宽带非零色散位移单模光纤	模场直径 8.6～9.5	125	G.656	B5
微弯光纤	模场直径 8.6～9.5	125	G.657:A、B	C1、C2、C3、C4

表 2.14 多模光纤的性能参数

参数名称	参数值
芯径	62.5±3μm
芯层不圆度	<6%
芯/包同芯度差	<3.0μm
数值孔径(径口率)	0.275±0.015
包层直径	125±1μm

续表

参数名称	参 数 值
包层不圆度	<2.0%
彩色光纤直径	250±15μm
缓冲护套直径	890±50mm
最小抗拉张力	690MPa
光纤最小弯曲直径	1.91cm
安装时光缆的最小弯曲直径	20倍光缆直径
安装后光缆的最小弯曲直径	10倍光缆直径
运行工作温度范围	0～50℃
储存温度范围	−40～65℃
最大温度损耗	3.4dB/km(波长为850nm时) 1.0dB/km(波长为1300nm时)
最小带宽	200MHz(波长为850nm时) 500MHz(波长为1300nm时)
突变折射率	1.496

表 2.15 单模光纤的性能参数

参数名称	参 数 值
包层直径	125.0±1.0μm
包层不圆度	≤1.0%
彩色光纤直径	250±15μm
芯层直径	8.3μm
芯/包同芯度差	≤0.8μm
模场直径	9.3±0.5μm 1310nm
最大衰减	0.40dB/km 1310nm 0.30dB/km 1550nm
最大色散系数	3.5ps/nm-km 1285～1330nm
光纤截止波长	≥1150nm，≥1350nm
宏弯损耗	≥0.05dB，1310nm ≥0.10dB，1550nm
涂层剥削力量	1.3N≤F≤8.9N
最小拉伸张力	689.48MPa

另外，光纤根据折射率，也可分为跳变式光纤和渐变式光纤。

光纤发送和接收时，有两种光源可被用作信号源：半导体发光二极管 LED 和半导体激光二极管 LD。

表 2.16 光纤的传输性能比较

光纤类型	工作波长(nm)	最大衰减(dB/km)	典型衰减(dB/km)	最小带宽(MHz/km)
多模 62.5/125	850	3.4	3.0	200
多模 62.5/125	1300	1.0	0.8	500
单模凹陷型包层	1310	0.4	0.35	—
单模凹陷型包层	1550	0.3	0.25	—

根据光纤的纤径、波长及特点，国际布线标准 ISO/IEC 11801 把多模光纤分为：OM1、OM2、OM3、OM4。OM1 指传统 62.5μm 多模光纤，OM2 指传统 50μm 多模光纤，OM3、OM4 指新增的 50μm 万兆多模光纤。把单模光纤分为：OS1、OS2。OS1 指满足光纤标准 G.652A 和 G.652B 的光纤，即传统的单模光纤；OS2 指满足光纤标准 G.652C 和 G.652D 的光纤，也称单模零水峰光纤或单模低水峰光纤。

综合布线系统光纤信道通常采用标称波长为 850nm 和 1300nm 的多模光纤(OM1、OM2、OM3、OM4)，标称波长为 1310nm 和 1550nm(OS1)、1310nm、1383nm 和 1550nm(OS2)的单模光纤。表 2.17 为常用光纤传输速率及距离，表 2.18 为布线系统等级与类别的选用。

表 2.17 常用光纤传输速率及距离

类型	纤径(μm)	光纤类型	1G 以太网 1000BASE-SX	1G 以太网 1000BASE-LX	10Gbps 以太网 10GBASE	40Gbps 以太网 40GBASE SR4	100Gbps 以太网 100GBASE SR4
OM1	62.5/125	多模	275m	550m	33m	Not supported	Not supported
OM2	50/125	多模	550m	550m	82m	Not supported	Not supported
OM3	50/125	多模	550m	550m	300m	100m(SR4)	100m(SR4)
OM4	50/125	多模	550m	550m	400m	150m(SR4)	150m(SR4)
单模	9/125	单模	5km at 1310nm	5km at 1310nm	10km at 1310nm	N/A	N/A

表 2.18 布线系统等级与类别的选用

业务类型		配线子系统		干线子系统		建筑群子系统	
		等级	类别	等级	类别	等级	类别
语音		D/E	5/6(4 对)	C/D	3/5(大对数)	C	3(室外大对数)
数据	电缆	D、E、EA、F、FA	5、6、6A、7、7A(4 对)	E、EA、F、FA	6、6A、7、7A(4 对)	—	—
	光纤	OF-300 OF-500 OF-2000	OM1、OM2、OM3、OM4 多模光缆；OS1、OS2 单模光缆及相应等级连接器件	OF-300 OF-500 OF-2000	OM1、OM2、OM3、OM4 多模光缆；OS1、OS2 单模光缆及相应等级连接器件	OF-300 OF-500 OF-2000	OS1、OS2 单模光缆及相应等级连接器件
其他应用		可采用 5/6/6A 类 4 对对绞电缆和 OM1/OM2/OM3/OM4 多模、OS1/OS2 单模光缆及相应等级连接器件					

3. 光缆的概念与分类

光缆是由一捆光纤组成的。

按光缆的结构分，有束管式光缆、层绞式光缆、紧抱式光缆、带状式光缆、非金属光缆和可分支光缆。一般12芯以下的采用中心束管式，中心束管式工艺简单，成本低。层绞式的最大优点是易于分叉，即光缆部分光纤需分别使用时，不必将整个光缆断开，只需将要分叉的光纤断开即可。层绞式光缆采用中心放置钢绞线或单根钢丝加强，成缆纤数可达144芯。带状式光缆的芯数可以做到上千芯，它将4~12芯光纤排列成行，构成带状光纤单元，再将多个带状单元按一定方式排列成光缆。

按光缆的用途分，有长途通信光缆、短途室外光缆、混合光缆和建筑物内用的光缆。

按光缆敷设方式分，有室内光缆、架空光缆、直埋式光缆、管道光缆、海底光缆、浅水光缆。综合布线系统中采用的光缆主要依据此分类方式。

(1) 室内光缆。

室内光缆用于垂直、水平子系统的室内应用。

62.5μm/125μm 多模室内光纤如图2.24所示，用于支撑骨干网建设和光纤到工作站应用。

(2) 架空光缆。

架空光缆是架挂在电杆上使用的光缆，这种敷设方式可以利用原有的架空明线杆路，从而节省费用、缩短建设周期。架空光缆一般用于长途二级或二级以下的线路，适用于专用网光缆线路或某些局部特殊地

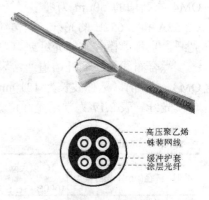

图2.24　多模室内光纤

段。架空光缆的敷设方式有吊线式和自承式两种。架空光缆的结构如图2.25所示。

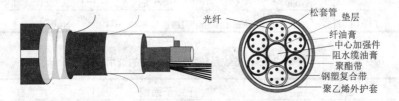

图2.25　架空光缆的结构

(3) 直埋式光缆。

直埋式光缆外部有钢带或钢丝的铠装，直接埋设在地下。根据土质和环境的不同，光缆埋入地下的深度一般为0.8~1.2m。

(4) 管道光缆。

管道光缆敷设一般用在城市地区，对光缆护层没有特殊要求。制作管道的材料可选用混凝土、石棉水泥、钢管和塑料管等。

(5) 水底光缆(海底光缆)。

水底光缆是敷设于水底，穿越河流、湖泊和滩岸等处的光缆。这种光缆的敷设环境很差，所以必须采用钢丝或钢带铠装的结构。水底光缆要求长距离、低衰减地传输，而且适应海底环境。海底光缆需要使用多用途海底光缆接头、特别设计的防氢海底接头盒，以

及光缆配件。

(6) 浅水光缆。

浅水光缆是区别于海底光缆而提出的另一类结构的水下光缆，适合于在海边和浅水中安装，以及无须中继、通信距离比较短的水下敷设使用。这种光缆需要的光纤数不多，但结构简单、成本较低，易于安装和运输，便于修复和维护。

此外，还有一种较特别的光缆产品——吹光纤产品。所谓吹光纤，即预先铺设特制的管道，在需要时，将光纤通过压缩空气吹入。

4. 光缆的主要用料

光缆的主要用料有以下几种。

(1) 纤芯。要求有较大的扩充能力，有较高的信噪比、较低的比特误码率、较长的放大器间距和较高的信息运载能力。

(2) 光纤油膏。指在光纤管中填充的油膏。其作用一是防止空气中的潮气侵蚀光纤，二是对光纤起衬垫作用，缓冲光纤对震动或冲击的影响。

(3) 护套材料。它对光缆的长期可靠性具有相当重要的作用，是决定光缆拉伸、压扁、弯曲特性、温度特性、耐老化特性以及光缆疲劳特性的关键。

(4) 套管材料。套管材料是光缆制造过程中对光纤的第一道机械保护层。

5. 光纤的连接方式

(1) 熔接。用放电的方法，将光纤连接点熔化并连接在一起。一般用于长途接续、永久或半永久固定连接。连接处有一点衰减，但衰减在所有方法中最低。

(2) 机械接合。是用机械和化学的方法将其接合。方法是将两根切割好的光纤的一端放在一个套管中，然后钳起来或黏接在一起，并固定。可以让光纤通过接合处调整，以使信号达到最大。训练有素的人员进行机械接合大约需要 5min 的时间，光的损失大约为 10%。其主要特点是连接迅速可靠。

(3) 模块式连接。这是利用各种光纤连接器件，将站点与站点或站点与光缆连接在一起的方法，连接头要损耗 10%~20%的光源，但使其重新配置系统变得很容易。特点是灵活、简单、方便、可靠。光纤连接器多用这种连接方式。

对于这 3 种连接方法，接合处都有反射，并且反射的能量会与信号交互作用。

2.2.2 光纤连接器

1. 光纤连接器的概念

光纤连接器(Fiber Optic Connector)是光纤通信系统中用量最多的光无源器件，大多数光纤连接器由 3 个部分组成：2 个光纤接头和 1 个耦合器。2 个光纤接头装进 2 根光纤尾端，耦合器对准 2 个光纤接头套管，完成光纤连接。光纤连接器也有单模和多模之分。

2. 光纤连接器的分类

光纤连接器的产品很多，包括 SC 单工、ST 单工、FC 单工、SFF 单工、多信道/多光纤的 SFF 双工、多信道/多光纤的 MT 基型、多信道/多光纤 Escon、多信道/多光纤 FDDI 及其他多信道/多光纤型、军用特种型适配器等。综合布线领域应用最多的光纤连接器是以 2.5mm

陶瓷插针为主的 FC、ST 和 SC 型。

(1) FC 光纤连接器。FC 是英文 Ferrule Connector(金属连接件)的缩写，表明其外部加强方式采用金属套，紧固方式为螺丝扣。此类连接器结构简单，操作方便，制作容易，但光纤端面对微尘较为敏感，且容易产生菲涅尔反射，提高回波损耗，如图 2.26 所示。

(2) ST 光纤连接器。ST 是英文 Straight Trip(直接连接)的缩写。ST 光纤连接器由一对精密模压成型的圆锥形的圆筒插头和一个内部装有塑料套筒的耦合组件组成，插头可连接光纤光缆到设备，如图 2.27 所示。

图 2.26　FC 光纤连接器

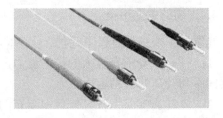

图 2.27　ST 光纤连接器

(3) SC 光纤连接器。其外壳呈矩形，所采用的插针和耦合套筒的结构尺寸与 FC 型完全相同，紧固方式采用插拔销式，无须旋转。此类连接器价格低廉，插拔操作方便，插入损耗波动小，抗压强度较高，安装密度高，如图 2.28 所示。

(4) MU 连接器。MU 连接器是一种直插式连接方式的连接器，实际上是 SC 型连接器的小型化，是以目前使用最多的 SC 型连接器为基础的、世界上最小的单芯光纤连接器。MU 分单芯、双芯和八芯 3 类，其插损、回损、寿命与 SC 型连接器相当，其特点是互换性和重复性好。不足之处在于多芯插拔时需用专用工具，如图 2.29 所示。

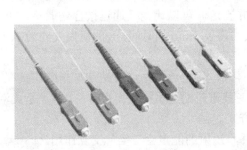

图 2.28　SC 光纤连接器

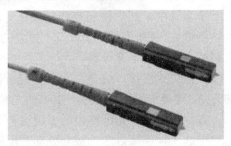

图 2.29　MU 连接器

(5) DIN47256 型光纤连接器。DIN47256 连接器是一款由德国开发的连接器。这种连接器采用的插针和耦合套筒的结构尺寸与 FC 型相同，端面处理采用 PC 研磨方式。与 FC 型连接器相比，其结构复杂，内部有控制压力的弹簧，连接器的机械精确度高，因而插入损耗小。

(6) LC 光纤连接器。LC 型连接器是由贝尔实验室开发的，采用操作方便的模块化插孔(RJ)锁机理制成。所采用的插针和套筒尺寸是普通 SC、FC 等所用的一半，为 1.25mm。

(7) MT-RJ 光纤连接器。这是一种超小型(SFF)连接器，它带有与 RJ-45 型连接器相同的锁机构，通过安装于小型套管两侧的导向销对准光纤。为便于与光纤收发信号机相连，连接器端面光纤为双芯排列设计。这是主要用于数据传输的下一代高密度光纤连接器，如图 2.30 所示。

(8) VF-45 光纤连接器(专门针对局域网应用)。它用一种设有箍套的 V 形凹槽设计取代了箍套。与 SC 的结构相比，VF-45 由 4 个部件组成：底座、上盖、光纤固定器和尾套管，其安装时间可以减少 8～10 倍。VF-45 的优势是简单、安装迅速和价格低，如图 2.31 所示。

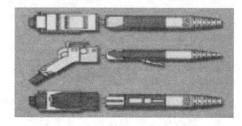

图 2.30　MT-RJ 光纤连接器　　　　　　图 2.31　VF-45 光纤连接器

(9) Opti-Jack 光纤连接器。它是市场上首先推出的小型连接器，是一种双 SFF 结构，采用规则的拉锁电缆和一个插座/插头配置，如图 2.32 所示。

(10) SCDC-SCQC 光纤连接器。它是一种"即连即完成"的连接器，与 SC 类似，通过一个标准的 2.5mm 的陶瓷箍套组装两根或四根光纤。

尽管连接器方式多种多样，但每种连接器并非只能专用，不同的连接器也可以通过两端带有不同连接口的耦合器或跳线进行连接，如 ST-SC 耦合器、ST-MT-RJ 耦合器、ST-MT-RJ 耦合器和 ST-SC 跳线。ST 和 SC 耦合器如图 2.33 所示。

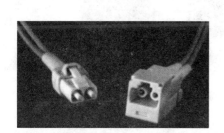
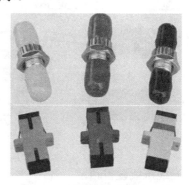

图 2.32　Opti-Jack 光纤连接器　　　　　图 2.33　ST 和 SC 耦合器

另外，塑料光纤连接头和耦合器为塑料光纤布线系统中的光纤连接器件，塑料光纤连接头具有体积小、结构紧凑和安装简单等特点。塑料光纤耦合器则具有较均匀的插拔力，因是全塑料的构造，所以成本较低。

3. 光纤连接器的性能

光纤连接器首先考虑光学性能，此外，还考虑光纤连接器的互换性、重复性、抗拉强度、温度和插拔次数等。

(1) 光纤连接器的光学性能。主要是指插入损耗和回波损耗。插入损耗即连接损耗，是指因连接器的导入而引起的链路有效光功率的损耗。插入损耗越小越好，一般要求不大于 0.5dB。回波损耗是指连接器对链路光功率反射的抑制能力，其典型值应不小于 25dB。实际应用的连接器插针表面经过专门的抛光处理，回波损耗更大，一般低于 45dB。

(2) 互换性、重复性。光纤连接器是通用的无源器件，对于同一类型的光纤连接器，一般都可以任意组合使用，并可以重复多次使用，由此导入的附加损耗一般都小于0.2dB。

(3) 温度。一般要求，光纤连接器必须在-70～-40℃的温度下能够正常使用。

(4) 插拔次数。目前使用的光纤连接器一般都可以插拔1000次以上。

2.2.3 光纤配线架

配线架的概念前面已经给出。光纤配线架(Fiber Panel)就是对光纤进行端接和连接的装置。

光纤配线设备是光纤接入网的关键设备之一，主要分为室内配线设备和室外配线设备两大类。其中，室内配线设备分为机架式(光纤配线架、混合配线架)、机柜式(光纤配线柜、混合配线柜)和壁挂式(光纤配线箱、光缆终端盒、综合配线箱)3种，室外配线设备包括光缆交接箱、光纤配线箱和光缆接续盒 3 种。这些配线设备主要由配线单元、熔接单元、光缆固定开剥保护单元、存储单元及连接器件组成。综合配线产品包含相应的数字配线模块和音频配线模块。

1. 室外光缆接续(端接)盒

室外光缆接续盒主要用于站点和建筑外光缆交接点。通过侧面端口，接续盒可接纳多种光缆外套。光缆进入端口被密封，接续被设计用于机械接续(端接)和熔合接续。接续盒可端接的光缆尺寸为0.64～2.54cm，如图 2.34 所示。

图 2.34 室外光缆接续(端接)盒

2. 光缆进线设备箱

光缆进线设备箱用于大量光缆光纤交接，适用于建筑群(校园主干)子系统。通过底部、侧面和顶部的端口，设备箱可接纳多种光缆外套。光缆进入端口被密封，接续被设计用于机械接续(端接)和熔合接续。设备箱可端接的光缆尺寸为0.64～2.54cm，如图 2.35 所示。

3. 600 型组合式配线箱

600 型组合式配线箱是可以在架上安装的箱体，它可以用于光缆端接或熔接，并使光缆有组织地对接。该配线架包括背角的进线孔、固定缓冲光缆的线缆支持架、保持缓冲光缆最小弯曲半径用的光缆存储线盘、连接头面板、24 个双芯耦合器和两个机械或熔接托架。

600 型组合式配线箱分 600A 组合式和 600B 组合式，配线架适用于管理子系统、水平子系统及建筑群干线子系统。

图 2.35 光缆进线设备箱

600B组合式配线架与600A组合式配线架的区别，是它装有前端入口设备的滑轨，跳线槽已经合并在600B连接配线架内，进而减少了安装所要求的空间。B型光纤配线架如图2.36所示。

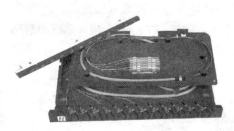

图2.36 B型光纤配线架

4. 高密度端接机架

高密度端接机架结构最多可端接72个双工LC(144条光纤)、72个ST+、72个SC单工或36个SC双工接头。提到高密度光纤端接，必然又要提到小型光纤连接技术，在光纤配线架中采用小型光纤连接器，可以成倍地提高端口的密度。

总之，光纤配线架种类很多，限于篇幅，这里仅介绍常用的几种。值得注意的是，多数型号的光纤配线架均采用了适配板连接方式，由6口ST、SC适配器或12个LC、MT-RJ、VF-45、Opti-Jack组成一个标准配置的适配板。这种适配板安装在连接面板中，构成了光纤配线架光纤连接的关键部分。

2.2.4 光纤管理配件

机架式光纤配线架的管理配件常用的是门和光纤管理系统(Fiber Management System)。光纤管理系统包括熔接式接续适配器组件、基座支架、安装托架、垂直线槽、水平线槽、固定缆夹、光纤保护箱、耦合封装器、弯曲半径引导器等。

(1) 熔接式接续适配器组件。包含带螺丝钉的支持架、适配器盘、接合托盘、PVC管、机械或熔接头组合器。

(2) 基座支架。是将接续盘连到光纤连接盒基座上的支架。

(3) 安装托架。可以承载两个100LIU、两个200LIU或一个400LIU，以直接连接或交叉连接形式排列。该托架可以安装在48.3cm或58.4cm的机架上。

(4) 垂直线槽。用于在一个多单元的光纤交叉连接中把一个LIU竖直地接到另一个LIU上面。

(5) 水平线槽。用来安装接插线，以保证穿过光导互联单元LIU过线槽的软线能够呈水平状态。

(6) 固定缆夹。用于光纤金属网层外套光缆的固定和接地。缆夹包括一个固定支架、两个塑料线夹和合适的接地硬件。

(7) 光纤保护箱。用于架空、直埋、地下管道及需要少量纤芯数光缆的保护。

(8) 耦合封装器。一种用于耦合光纤的、具有密封平头对接结构的封装器，用于拼接、屏蔽、支撑和保护光缆接点。

(9) 弯曲半径引导器。用于光纤连接盒，可以维持光纤最佳的弯曲半径。

2.2.5 光纤跳线

光纤跳线(Fiber Patch Cord)是含有一根或两根纤芯,带缓冲层、渐变折射率的光纤,外套为阻燃聚氯乙烯。光纤跳线可端接 ST、SC、LC、MT-RJ、VF-45、Opti-Jack、FDDI 或 IBM ESCON 等光纤接头,如图 2.37 所示。

 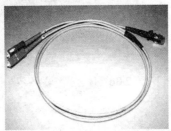 

(a) ST-ST 单芯跳线　　　　(b) MT-RJ 跳线　　　　(c) SC-SC 单芯跳线

图 2.37　光纤跳线

光纤跳线用于光纤设备与光纤设备、光纤设备与信息插座之间的连接。常用的跳线有两种规格,一种是标准外径 3.0mm 的跳线,另一种是 1.6mm 轻型跳线。光纤跳线同样有单模和多模之分,多模光纤跳线又包括 50/125 和 62.5/125 两种。

习惯上,将尾纤软线也称为跳线。它是一条有一个多模或单模的 ST 或 SC 接头的加固外套单芯光纤。跳线的两头端接了光纤头,而尾纤只是一边进行了端接。尾纤软线主要用于各种非标准终端设备的连接。

需要注意的是,由于光纤收发是成对的,所以,大多数网络设备选用的光纤跳线也是成对的,双芯光纤跳线其实是将双芯光纤在 PVC 中进行了内置。

上面所述都是玻璃光纤系列的光纤跳线,在塑料光纤系列中有着不同的构造,如图 2.38 所示。一般塑料光纤跳线中间连接光纤直径为 1mm,这种光纤跳线正如塑料光纤本身一样,具有柔韧性好、耐冲击、重量轻、加工容易、耦合容易、寿命长和使用方便等特点,但必须结合塑料光纤布线系统使用。

图 2.38　塑料光纤跳线

2.2.6 光纤收发器

光纤收发器(Fiber Converter)本身并不属于综合布线系统中的产品,它是布线系统网络周边产品。

光纤收发器(如图 2.39 所示)包含光发射和光接收装置,允许在两个端点之间进行双向信息传递。

典型的光纤收发器使用 PIN 或者雪崩型光二极管,结合一个高增益的放大器,把光信号转换为等量的电信号。

光发射器常用激光发射二极管代替发光二极管,以产生更强的信号,用于长距离传输。

图 2.39　光纤收发器

光纤收发器是为迎合高速以太网络工作组面临的扩展及高速、高带宽需求，由双绞线连接转换成光纤连接的扩展传输而专门设计制造的产品，借助光纤收发器，可以实现 0～100km 内两台交换机或计算机之间的连接。

光纤收发器有单模和多模两种光纤传输模式，连接界面配有多种可选择的光纤接口(ST、SC、MT-RJ 等)和 RJ-45 接口。光纤收发器能够手动设置成全双工、半双工和自动协商工作方式，可用于连接服务器、工作站、Hub 和交换机。

光纤收发器除了可以实现光电信号转换外，还可以完成单多模转换。当网络间需要单多模光纤连接时，可以用 1 台多模光纤收发器和 1 台单模光纤收发器背对背地连接，解决单多模光纤转换问题。而更专业的解决方案，是利用光纤单多模转换模块，它主要实现光信号在单模光纤与多模光纤之间的透明传输。

一般光纤收发器的光纤收发是成对出现的，因此，一个光纤收发器需要接两芯光纤，同样，光纤跳线也是双芯跳线。

光纤收发器还有一种单纤收发器。单纤收发器采用光复技术，使光的发射和接收在同一根光纤中完成，结构分为独立式和模块式两种，方便用户配置。

光纤收发器及光纤收发的发展趋势为：①小型化；②低成本、低功耗；③高速率；④远距离；⑤热插拔；⑥模块的数字化、智能化管理。

2.3 综合布线常用的其他材料

2.3.1 管槽

在综合布线系统中，明敷或暗敷管路和槽道系统是常用的一种辅助设施，有时，把它简称为管槽系统。管槽系统中包括管路材料、槽道(桥架)材料等。

1. 管路材料

管路材料有钢管、塑料管以及室外用的混凝土管和高密度乙烯材料(HDPE)制成的双壁波纹管。

(1) 钢管。

钢管按照制造方法的不同，可分为无缝钢管和焊接钢管(或称接缝钢管和有缝钢管)两大类。

按有无螺纹，分为带螺纹(有圆形螺纹和圆柱形螺纹)和不带螺纹两种。

按表面是否处理，可分为有镀锌(又称白铁管)和不镀锌(又称黑铁管)两种。

按钢管的壁厚不同，分为普通钢管、加厚钢管和薄壁钢管 3 种。普通钢管和加厚钢管统称为水管，有时简称为厚管。薄壁钢管又称为普通碳素钢电线套管，简称薄管或电管。

由于水管的管壁较厚，机械强度高，主要用在垂直主干上升管路、房屋底层或受压力较大的地段，有时也用于屋内线缆的保护管，它是最普遍使用的一种管材。电管因管壁较薄，承受压力不能太大，常用于屋内吊顶中的暗敷管路，以减轻管路的重量，所以使用也很广泛。

钢管具有机械强度高，密封性能好，抗弯、抗压和抗拉能力强等特点，尤其是有屏蔽电磁干扰的功能。管材可根据现场需要任意截锯拗弯，施工安装方便。但是，它存在材料重、价格高且易锈蚀等缺点,所以在一些综合布线的特殊场合中用塑料管代替。

(2) 塑料管。

塑料管由树脂、稳定剂、润滑剂及添加剂配置挤塑成型。目前,按塑料管的主要材料分类,有聚氯乙烯管、聚乙烯管、聚丙烯管、铝塑复合管、交联聚乙烯管、无规共聚聚乙烯管等。

如果加以细分,又有以高、低密度乙烯为主要材料的高、低密度聚乙烯管,以软质或硬质聚氯乙烯为主要材料的软、硬聚氯乙烯管。

此外,按管材结构还可将塑料管划分为以下几种:内壁光滑、外壁波纹的双壁波纹管;内、外壁光滑,中间含有发泡层的复合发泡管;内、外壁光滑的实壁塑料管;壁内、外均呈凹凸状的单壁波纹管。

按塑料管成型外观,又分为硬直管、硬弯管和可绕管等。

近期又有在高密度聚乙烯管内壁附有固体永久润滑剂硅胶层的硅胶管面市,它具有与高密度聚乙烯管相同的物理和机械性能,但其摩擦系数极小。

(3) 铝塑复合管。

铝塑复合管是近年广泛使用的一种新的塑料材料,它以焊接管为中间层,内外层均为聚乙烯,聚乙烯与铝管之间以高分子热熔胶黏合,经复合挤出成型,是一种新型复合管材。

铝塑复合管综合了塑料管和金属管各自的优点,具有稳定的化学性质、耐腐蚀、无毒无污染、表面光洁、无结垢、重量轻、抗应力裂纹以及膨胀系数低、氧渗透率低和弯曲性能好等优点,因而具有良好的使用性能。而且由于其中间铝层具有抗静电性,使铝塑复合管具有防电磁干扰和辐射的能力,也可以用作综合布线、通信线路的屏蔽管道,如图 2.40 所示。

(4) 硅芯管。

硅芯管可作为直埋光缆套管,内壁预置永久润滑内衬,具有更小的摩擦系数,采用气吹法布放光缆,敷管快速,一次性穿缆长度为 500~2000m,可使沿线接头、人孔和手孔相应减少,如图 2.41 所示。

图 2.40 铝塑复合管

图 2.41 硅芯管

(5) 混凝土管。

混凝土管按所用材料的制造方法不同,分为干扰管和湿打管两种。因湿打管有制造成本高、养护时间长等缺点,所以不常使用,较多采用的是干扰管。混凝土管在一些大型电信通信施工中常常使用。

2. 槽道(桥架)材料

槽道按其材料,分为有色金属材料和非金属材料两大类。

槽道按外形和结构,可分为有孔托盘式槽道、无孔托盘式槽道、梯架式槽道、组装式托盘槽道和大跨距电缆桥架等。

(1) 有孔托盘式槽道。简称托盘式槽道或托盘式桥架,如图 2.42 所示。有孔托盘式槽道适用于敷设环境无电磁干扰,不需要屏蔽接地的地段,或环境干燥清洁、无灰、无烟等不会污染的、要求不高的一般场合。

(2) 无孔托盘式槽道。简称槽式槽道或槽式桥架,如图 2.43 所示。无孔托盘式槽道与有孔托盘式槽道的主要区别,是底板无孔洞,具有抑制外部电磁干扰,防止外界有害液体、气体和粉尘侵蚀的作用。因此,它适用于需要屏蔽电磁干扰或防止外界各种气体及液体侵入的场合。

图 2.42　有孔托盘式槽道　　　　　图 2.43　无孔托盘式槽道

(3) 梯架式槽道。又称梯级式桥架,简称梯式桥架。适用于环境干燥清洁、无外界影响的一般场合。不得用于有防火要求的区段,或易遭受外界机械损害的场所,更不得在有腐蚀性液体、气体或有燃烧粉尘等的场合中使用。

(4) 组装式托盘槽道。又称组装式托盘、组合式托盘或组装式桥架。一般用于电缆条数多、敷设线缆的截面积较大、承受荷载重,且具有成片安装固定的空间等场合。

(5) 大跨距电缆桥架。如图 2.44 所示,大跨距电缆桥架比一般电缆桥架的支撑跨度大,且由于结构上设计精巧,比一般电缆桥架具有承载能力大等特点。它适用于炼油、化工、纺织、机械、冶金、电力、电视和广播等工矿企业的室内外电缆的架空敷设。

图 2.44　大跨距电缆桥架

2.3.2　管路配件

管路配件有走线盒及线缆保护产品、管卡、管箍、弯管接头、软管接头、锁紧螺母、生铁浇铸式接线盒、面板安装接线盒、地气轧头和金属安装材料等。

1. 走线盒及线缆保护产品

走线盒在配线间及工作区部位配合管槽,保护线缆盒,引导线缆路由,如图 2.45 所示。

套管则可在线缆需要转弯、裸露的特殊位置提供保护，型号主要有螺式套管、蛇皮套管和金属边护套。

2. 管卡

按外形分，管卡有鞍形管卡(又称骑马攀)、单边管卡、环行管卡、U 形螺栓管卡和钢板卡板等。按材料分，管卡有金属管卡和非金属管卡，如图 2.46 所示。它主要用来固定电管、PVC 管等管形结构的器材。

图 2.45　走线盒

图 2.46　管卡

3. 管箍

管箍又称为管接头、束结等，用来连接两根口径相同的管，它是由带钢焊接而成的。管撅分薄管(电管)管箍和厚管(水管)管箍两种。

4. 弯管接头

弯管接头又叫月弯管接头、月弯、弯头和 90°接头等，如图 2.47 所示。用于连接两根口径相同的线管，并使线管做 90°弯曲，它由带钢弯制并焊接而成。

图 2.47　弯管接头

5. 软管接头

软管接头又叫月弯管接头，如图 2.48 所示，专用于金属软管、防湿软管与电线管或设备的连接。软管接头的一端与同规格的金属软管、防湿软管配合，而另一端为外螺纹管(厚管螺纹)，可与螺纹规格相同的电气设备、管路接头(如直管箍、三通)等相连，通过管路接头再与线管相连。软管接头有封闭式和简易式两种型号。

图 2.48　软管接头

6. 锁紧螺母

锁紧螺母别名纳子，用于在线管末端紧固箱体或安装盒等。

7. 生铁浇铸式接线盒

生铁浇铸式接线盒又称接头箱、分线箱或接线箱，用于连接线管分路，在电源安装中被广泛使用，箱内容纳电线接头。它由箱盖和箱体组成，箱盖用薄钢板冲制，箱体为生铁浇铸，四壁各有一个供装接线管分路的螺孔，螺孔与同规格的线管相配合，表面防锈层有烘漆或油漆。

8. 面板安装接线盒

面板安装接线盒又称为底盒，在墙体安装工作区信息面板时使用。

9. 地气轧头

地气轧头又名地线接头、保护地线等。装在钢质线管的管口下，作为保护接地端子，供连接地线用，确保整条管路的管壁妥善连接。它用钢板冲制而成，线管外径略小，使其安装在线管上，接触紧密而不松动。

10. 金属安装材料

包括钢精轧头、水泥钉、钢钉线卡和膨胀螺栓。

钢精轧头又叫铝片线卡，多用于电力线安装中在建筑物固定护套线时使用。它是用0.35mm厚的铝片冲制而成的条形薄片，中间开有1～3个安装孔。

水泥钉又叫特种钢钉，它具有很高的强度和良好的韧性，可由人工用锤子等工具直接钉入低标号的混凝土、矿渣砌体、砖砌体(砖墙)、砂浆层和薄钢板等，把需要固定的构件固定上去。水泥钉分 T 型和 ST 型，其中 T 型为光杆型，可用于混凝土、砖墙；ST 型杆部有拉丝，仅用于钉薄钢板。

钢钉线卡全称为塑料钢钉电线卡，用于明敷电线、护套线、电话线、电视天线及双绞线。在敷设线缆时，用塑料卡卡住线缆，用锤子将水泥钉钉入建筑物即可。

膨胀螺栓又叫膨胀螺丝，有的地方又叫胀管，如图 2.49 所示，用于在混凝土结构或砖墙上安装管卡、槽位支架和接线盒等。

图 2.49 膨胀螺栓

膨胀螺栓有塑料制品和钢制品两种。塑料膨胀螺栓由木螺丝与塑料胀管组成。塑料胀管又叫塑料塞、尼龙塞和塑料等，通常用聚乙烯、聚丙烯材料制成。在综合布线工程中，广泛使用塑料膨胀螺栓，如信息面板底盒、PVC 管、槽架、铝塑管、小口径电管等明管沿墙、沿柱的固定，挂墙安装支架(如配线架)等。但是，空心楼板、空心砖墙上，则不宜用膨胀螺栓，应采取其他方法，如预埋螺栓、凿孔和钻眼等。

2.3.3 扎带

扎带(Cable Tie)分尼龙扎带和金属扎带两种。在综合布线工程中使用的是尼龙扎带。尼龙扎带由采用 UL 认可的尼龙材料制成，耐酸、耐腐蚀、绝缘性良好，具有耐久性和不易老化的特点，如图 2.50 所示。

使用方法：只要将带身轻轻穿过带孔一拉，即可牢牢扣住。尼龙扎带按紧固方式，分为四种：可松式扎带、插销式扎带、固定式扎带和双扣式扎带。在综合布线系统中，有以下几种使用方法：如果使用不同颜色的尼龙扎带，识别时，对繁多的线路容易加以区分；使用带有标签的尼龙扎带，在整理线缆的同时，可以加以标记；使用带有卡头的尼龙扎带，可以将线缆轻松地固定在面板上。

扎带使用时也可用专门的工具。如图 2.51 所示为设计新颖的扎带工具，它使得扎线的安装极为简单省力。

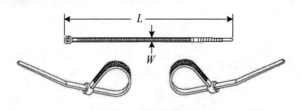

图 2.50　尼龙扎带

图 2.51　用扎带工具进行扎带安装

2.3.4　标签及标签打印机

1. 布线标签的性能要求

布线系统的使用寿命较长，一般为几年至十几年，这就要求标签(Labels)的寿命应与布线系统的寿命一样长。在这么长的时间跨度中，周围环境因素的变化必然会对标签产生影响，出现一系列问题。首先，标签上的字迹很可能会因光线照射而褪色。其次，纸质标签极易受潮，使字迹变得模糊难辨。再次，经常使用的跳线上的标签会受到磨损，或有可能沾染其他污迹而损毁。最后，纸质标签背胶的黏性较差，环境温度较高、较低或经常变化都会加剧背胶黏性强度的下降，造成标签脱落丢失。由此可见，标签的选择也是布线系统中的一个重要环节。

布线标签通常以耐用的化学材料作为基材，而非纸质。例如，美国贝迪(Brady)公司的一种线形标签就选用具有良好伸展性和抗拉性的乙烯基作为标签的基材，其表面部分涂覆白色涂层，作为标识打印区，剩余部分保留足够的长度，缠绕覆盖打印区。这样既不影响查看标识内容，又可有效保护打印的字迹长时间不受潮湿、油污和灰尘的影响。基材的背面涂有丙烯酸压力敏感粘胶，而贝迪公司在粘胶和基材之间又增加了一层加固涂层，强化胶体与基材的连接，确保粘贴时间长久。承载标签的载体主要是底纸，其表面有很薄的石蜡涂层，便于轻松揭下标签，避免残留粘胶影响粘贴效果，非常适合于包扎和在受弯曲的地方使用。这种材料还具有防水、防油污和防有机溶剂的性能，并具有不易燃性。

另外，作为线缆专用的标签，还要满足 UL969 标准所规定的清晰度、磨损性和附着力的要求。UL969 的试验由两部分组成：暴露测试和选择性测试。暴露测试包括温度测试(从低到高)、湿度测试和抗磨损测试。选择性测试包括黏性强度测试(ASTMD1000 测试)、防水性测试、防紫外线测试、抗化学腐蚀测试、耐气候性测试(ASTMG26 测试)以及抗低温能力测试等。只有经过上述各项严格测试的标签才能用于线缆上，从而在布线系统的整个寿命周期内发挥应有的作用。

2. 布线标识的范围

TIA/EIA 606 标准(商业及建筑物电信基础结构的管理标准)要求综合布线系统中的以下位置需要进行布线标识。

(1) 电缆标识。水平和主干系统电缆在每一端都要标识。
(2) 跳接面板/110 块标识。每一个端接硬件都应该标记一个标识符。
(3) 插座/面板标识。每一个端接位置都要标记一个标识符。
(4) 路径标识。在所有位于通信柜、设备间或设备入口的末端进行标识。
(5) 空间标识。所有的空间都要求标识。
(6) 接合标识。每一个接合终止处要进行标识。

3. 综合布线的标签分类

综合布线中可用的标签种类有控制面板标签、永久保护标签、通用标识标签、电线标签、电线标识标签、电线标识套管、电线临时标签和电线标识并联条带。此外,还有热转移标签类的数据通信标签、工作站标签、配线架标签、机架面板标签和电气应用标签等。

按标签产品在布线系统中的使用位置和作用,可分为 110 配线系统标签、薄片状电缆标签、预先打印电缆标签、打印型电缆标签、手写型电缆标签、配线架标签、模块标签、面板标签和表面安装盒标签。

(1) 110 配线系统标签是为 110 配线系统提供的标签,有 9 种颜色可供选择,可以手写、激光打印或由专用标签打印机打印。
(2) 薄片状电缆标签分为线内安装型、吊挂型和旗帜安装型,以满足不同空间和视觉方面的要求。
(3) 预先打印电缆标签已将常用的标识制作完成,配合不同的安装位置使用。
(4) 打印型电缆标签如图 2.52 所示,可使用专用的标签打印机。

11	12	13	14	15
数据	数据		语音	语音

图 2.52 打印型电缆标签

(5) 手写型电缆标签可手工在专用标签材料上书写内容,使用灵活、自由。
(6) 配线架标签安装在配线架前面的标签条放置位上,对配线架端口信息进行标记。配线架示意图如图 2.53 所示。
(7) 模块标签用于模块正面的下方。
(8) 面板标签用于面板的上下方位置,对面板和面板上安装的各个信息出口进行标记。
(9) 表面安装盒标签用于表面安装盒的正上方,对表面安装盒和表面安装盒上安装的各个信息出口进行标记。

TIA/EIA 606-A 标准推荐使用的还有一类电缆标识,是套管和热缩套管。套管类产品只能在布线工程完成前使用,因为需要从线缆的一端套入并调整到适当位置。如果为热缩套管,还要使用热风枪使其收缩固定。套管线标的优势在于紧贴线缆,并可提供最大的绝缘和永久性。另外,热收缩制品加热后,可以紧紧包覆在物体之外,起到绝缘、防潮、密封、防腐和标识等多方面作用，因而在能源、电力、通信、石化、交通、军工和家电等领域得到广泛应用。一些特殊行业，如在电力、核工业等的综合布线系统产品中也有应用。

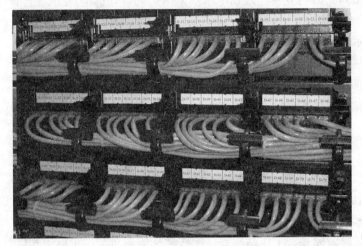

图 2.53　配线架示意图

4．标签的印制

选择合适的标签后，还要考虑如何印制标签。可选的方法如下。

(1) 预先印制的标签。预先印制的标签有文字或符号两种。常见的印有文字的标签包括 DATA(数据)、VOICE(语音)、FAX(传真)和 LAN(局域网)。其他预先印制的标签包括电话、传真机或计算机的符号。这些预先印制的标签可节省时间，使用方便，适合大批量的需求。但这些文字或符号的内容对于以管理为目的的应用还是远远不够的。

(2) 手写标签。手写标签要借助于特制的标记笔，书写内容灵活、方便。但要特别注意字体的工整与清晰。

(3) 借助软件设计和打印标签。对于需求数量较大的标签而言，最好的方法莫过于使用软件程序，例如美国贝迪(Brady)公司的 LabelMark 软件或 Panduit HID Program。这类软件程序在印制标准的标签或设计与印制用户自己的专用标签时，可提供最大的灵活性，能插入公司徽标、条形码、图形、符号和文字(字母和数字)，制作用户自定义的标签，内容变化可谓无穷无尽。使用支持 Windows 平台的点阵式、喷墨或激光打印机可印制任何数量、各种类型的标签。制作高质量标签将使安全施工更加专业。

(4) 用手持式标签打印机现场打印，如图 2.54 所示。在印制少量标签时，有多种类型的手持打印机可以使用。手持式标签打印机可在热缩套管、多种不干胶上印刷英文、数字和符号等，适用于多种尺寸的电线、电缆标记，可免拆更换标记作业，可用于电线、电缆、电动机、启动器、继电器的面板标签，以及控制板元件、电子元件、电路板元件和电容器元件的标签。

其他专用于标识的还有手提式线缆号码烫印机、台式自动号码烫印机等设备。

(1) 手提式线缆号码烫印机为施工现场专用的线缆号码烫印机，它的工作原理是通电至"字"轮轴心的电热芯，加热"字"轮，经过涂有颜料和树脂的色带，烫印字码到 PVC 软管、软片或导线上。尼龙和聚氟乙烯可烫印，并形成清晰的字号，且不褪色、耐水、耐油和耐热。

(2) 台式自动号码烫印机如图 2.55 所示，可在塑料管带和导线上烫印 0～9、A～Z 等系列符号，是传统的烫号工具，被广泛用于厂家车间集中烫号。

图 2.54　手持式标签打印机

图 2.55　台式自动号码烫印机

5. 标签的科学标记内容

在布线施工管理中，标签应与链接和记录结合使用，标签标识是分配给线缆系统每一组件用于区别的唯一"字母-数字"序列。标识与该组件的记录相链接。记录包含标签组件的综合数据。如果组件为线缆线路，记录应确定为线缆类型、两端的设备位置、每端(可以是基座、插孔、面板或配线架)相连各组件的标识和端接位置。记录还确定线缆贯穿的路径标识，以建立路径记录链路。总的来说，要求做到每一组件有一种标识，每一标识链接一项记录，每项记录包含这一组件的综合信息，这个综合信息与资源组件相互关联的任何其他组件记录要进行链接。

2.4　布线安装工具及测试仪器

2.4.1　布线安装工具

布线安装工具(Installation Tools)的种类很多，铜缆布线系统安装工具包括备线工具、剥线工具、端接工具、压接工具、手掌保护器和线槽安装工具等。而光纤布线系统安装工具通常是套管工具箱或工具包组合，方便安装者使用；熔接方式选用光纤熔接机，端接时选用端接套装工具。下面仅介绍一些最重要的布线安装工具。

1. 备线工具

备线工具是准备同轴线和双绞线的工具，工具还带有两个可靠的、彩色编码的压模，能够适应各种介质类型。同轴压模可剥同轴线，双绞线压模可以准备各种 UTP、SCTP 和光纤线缆。屏蔽线缆准备工具包括一个带有刀片的压模，可以精确地剥去外皮和屏蔽层；还包括一个对齐板，可以预对齐线缆，在端接时保证线对处于适当的位置；同时提供压模选件，准备 1 对和 2 对线缆。

2. 剥线工具

常用的剥线工具有光缆剥线器(如图 2.56(a)所示)、电缆剥线器(如图 2.56(b)所示)和 CPT 剥线压线器(如图 2.56(c)所示)。

CPT 提供一种简单有效的方法移去 2、3、4 对线缆的外皮，并且完全不会损害内部导体的绝缘性。CPT 可以用于任何圆形的、外径为 2.54～6.35mm、外皮厚度为 0.380～0.635mm

的线缆。

(a) 光缆剥线器　　　　(b) 电缆剥线器　　　　(c) CPT 剥线压线器

图 2.56　剥线工具

3. 对角切刀

在需要精确地安装切割时，对角切刀可以完成一个极好的平面切割，尤其可用于清理 110 配线架系统中的多余铜导线。

4. 勾线器

勾线器可以放置、归整、分离和移去隔离片或线缆，同时还可用于移去桥接片。

5. 模块化插头压接工具

模块化插头压接工具分手持式模块化插头压接工具和模式化插头自动压接仪两种。

手持式模块化插头压接工具可同时提供切和剥的功效，其设计可保证模具齿与插头的触点精确对齐。简易型 RJ-45 压接工具如图 2.57 所示。

图 2.57　简易型 RJ-45 压接工具

模式化插头自动压接仪可同时压接两个模块化插头，能在 1 小时内完成 200 个双口插头的压接，并有压接质量测试设备。

6. 110 打线刀和 110 多对端接工具

110 打线刀如图 2.58 所示，由手柄和刀具组成。110 型打线刀具是两面式，一面具有打接及裁线的功能，另一面不具有裁线的功能。工具的一面显示清晰的 CUT 字样，用户可以在安装的过程中轻松识别正确的打线方向。手柄握把上的压力旋转钮，可对压力大小做出选择。

110 多对端接工具如图 2.59 所示，这是一种多功能端接工具，可以端接 110 连接块和切割 UTP 线缆，端接工具和体座均可替换，打线头通过翻转，可以选择切割或不切割线缆。工具的腔体由高强度的铝涂以黑色保护漆构成，手柄为防滑橡胶，符合人体工程学设计原理。工具的一面显示清晰的 CUT 字样，使用户在安装过程中轻松识别正确的打线方向。

图 2.58　110 打线刀　　　　　　　图 2.59　110 多对端接工具

7. 双绞线连续器

双绞线连续器为应急配件。它的两头均为 RJ-45 模块接口，用于将两条断开的双绞线连接起来，优秀的接续器按照五类或超五类性能设计。

8. 模块位置延长器

模块位置延长器如图 2.60 所示，为应急配件。它的一头为 RJ-45 模块接口，另一头为 RJ-45 水晶头，用在由于距离太远导致普通跳线或连接线无法与桌面信息出口连接的情况。

9. 模块分离器

模块分离器如图 2.61 所示。它的一头为 RJ-45 模块接口，另一头为插入式线路板结构，可以将一个普通 8 芯 RJ-45 信息出口分为两个 4 芯的 RJ-45 接口大小的信息出口，用于临时增加线路。

图 2.60　模块位置延长器

图 2.61　模块分离器

这些应急配件只能用于维护，如果作为初始的安装，不符合布线标准规范，因为增加了一个转接点就增加了对系统的不良影响。因此，在综合布线设计方案中是不允许使用这类临时器件进行安装的。

10. 音频探测器

音频探测器如图 2.62 所示，通过探测和放大 500~5000Hz 的音频信号，能快速简便地识别链路和进行电缆追踪，电缆技术人员可用它快速地查找语音和数据链路。音频探测器使用非金属探头，进行无干扰的非接触测试，不会在测试配线架时发生短路等危险。

11. 光纤剥线钳

光纤剥线钳如图 2.63 所示，它是一种特殊成型的精确刀具，剥线时保证不伤及光纤，特殊三孔分段式剥线设计，使其剥线迅速。

光纤剥线钳的孔径可以调节，范围为 2.2~8.2mm。

图 2.62　音频探测器

图 2.63　光纤剥线钳

12. 光纤陶瓷剪刀

光纤陶瓷剪刀采用超硬氧化锆陶瓷刀片，锐利且耐磨损，配有碳纤刀柄，使用时绝对不会变形，剪切效果好，是剪切凯佛拉线(Kevlar)最佳的利器。注意只可剪光纤线的凯佛拉层，不能剪光纤内芯线玻璃层及作为剥皮工具使用。

13. 光纤切割工具和光纤切割笔

光纤切割工具如图 2.64 所示，它是由特殊材料制作的光纤切割专用工具，刀口锐利且耐磨损，能够保证光纤切割面的平整性，能尽最大可能地减小光纤连接时的衰耗。

光纤切割笔如图 2.65 所示。光纤切割笔使用了碳化钨笔尖，通过锐利无比的旋转式笔尖来切割光纤。光纤切割工具可用于 MT-RJ 插座和 LightCrimp Plus 连接器组装。

图 2.64　光纤切割工具

图 2.65　光纤切割笔

14. 光纤粘胶

光纤粘胶是光纤熔接的黏合剂，常用的有 QC 光纤粘胶和 EPT-TEK 混合粘胶两种。QC 光纤粘胶是一种单剂粘胶，使用简便，效果迅速，无须烘烤加热或 UV 光纤。EPT-TEK 混合粘胶使用寿命长，适合于热疗及室温的环境。

15. 光纤固化加热炉

光纤固化加热炉如图 2.66 所示。这是早期使用的一种光纤固化技术产品，用于多种接头的加热模块(如 ST、SC 和 FC 等)。加热范围是 60～150℃，每个加热模块可容纳 24 个光纤头。

16. 光纤研磨机

光纤研磨机(见图 2.67)是光跳线生产厂家理想的、具有最佳性价比的接头研磨设备。在进行接头研磨时可精确微调整，得到较好的回波损耗及插入损耗的研磨效果。

图 2.66　光纤固化加热炉

图 2.67　光纤研磨机

17. 直视型单芯光纤熔接机

直视型单芯光纤熔接机(如图 2.68 所示)采用芯对芯标准系统(PAS)进行快速、全自动熔接。它配备有双摄像头和 5 英寸高清晰度彩显，能进行 X、Y 轴同步观察。可以自动检测放电强度，放电稳定可靠，能够进行自动光纤类型识别，并具备自检功能。其选件及必备件有：主机、AC 转换器/充电器、AC 电源线、顶罩、监视器罩、电极棒、便携箱、操作手册、精密光纤切割刀、充电/直流电源和 PS-02 涂覆层剥皮钳。

18. 光纤探测器

光纤探测器如图 2.69 所示。它包括一个手持式 LCD 显示器和一个小型探针。该探针包含一个长寿命 LED 光源和 CCD 视频摄像机。探针适配器头部配有光纤连接器，并可将极小的碎片和端面损伤情况的清晰图像投影在 LCD 显示器上。视频显示可以使用户看到光纤的端面而又不必直接观察光纤，避免了激光照射到眼睛可能造成的损害。

图 2.68 直视型单芯光纤熔接机

图 2.69 光纤探测器

2.4.2 测试仪器

布线系统的现场测试包括验证测试和认证测试两种。

验证测试是测试所安装的双绞线的通断、长度以及双绞线的接头连接是否正确等，验证测试并不测试电缆的电气指标。

认证测试是根据国际上的布线测试标准进行测试，它包括验证测试的全部内容——电缆电气指标(如衰减、特性阻抗等)的标准测试。

因此，布线测试仪也就分为两种类型：验证测试仪和认证测试仪。

1. 验证测试仪

验证测试仪用于施工的过程中，由施工人员边施工边测试，以保证所完成的每一个连接的正确性。此时，只测试电缆的通断、电缆的打线方法、电缆的长度以及电缆的走向。

(1) 简易布线通断测试仪。

简易布线通断测试仪如图 2.70 所示，它需要在线缆两端

图 2.70 简易布线通断测试仪

端接的模块中插入测试，能判断双绞线8芯线的通断情况，以及判断线缆端接是否正确。

(2) 小型手持式验证测试仪。

小型手持式验证测试仪如图2.71所示，可以方便地验证双绞线电缆的连通性，包括检测开路、短路、跨接、反接以及串扰等问题。只需按动测试按键，测试仪就可以自动地扫描所有线对，并发现线缆存在的所有问题。

(3) 单端电缆测试仪。

单端电缆测试仪如图2.72所示，进行电缆测试时，无须在电缆的另一端连接远端单元，即可进行电缆的通断、距离和串绕等测试。这样，不必等到电缆全部安装完毕，就可以开始测试，发现故障可以立即得到纠正，省时又省力。如果使用远端单元，还可查出接线错误以及判断出电缆的走向等。

图2.71 小型手持式验证测试仪

图2.72 单端电缆测试仪

2. 认证测试仪

(1) 为什么要进行认证测试。

目前，不少用户对所安装的双绞线不进行认证测试，而是在网络调试过程中进行检验，当网络可以连通时，就认为所安装的电缆是合格的，这种做法不仅是错误的，而且也十分危险。因为网络在调试时，网络的流量很低，此时用户察觉不到有问题，但当网络流量很高时，就可能很难连上网。网络调试通过，并不表示该电缆符合安装标准，也不表示该电缆在网络正常运行时可以准确无误地工作。另外，目前大部分用户安装的是五类双绞线，运行的网络是10Base-T，但是，10Base-T可以运行并不代表100Base-TX也可以运行。因此，对安装的电缆是否可以支持高速信号，一定要通过认证测试，才可以证明其性能，否则，如果在升级到高速网时，才发现布线系统有问题，就已经不可能或很难进行修复了。

(2) 认证测试仪的精度要求。

认证测试仪的精度是测试仪的一项非常重要的特性。精度决定了测试仪对被测链路测试并判定为通过时的可信程度，即被测链路是否真正达到了所选测试标准的参数要求。

在ANSI/TIA/EIA 568-B标准中，定义了4类精度级别：Ⅰ、Ⅱ、Ⅱe和Ⅲ。其中Ⅰ、Ⅱ级精度针对认证测试五类布线系统的现场测试仪的测量精度要求，Ⅱe级精度针对认证测试超五类布线系统的现场测试仪的测量精度要求，Ⅲ级精度针对认证测试六类布线系统的现场测试仪的测量精度要求。精度等级的定义，对于通道测试或永久链路测试均是有效的。一级精度的测试仪器相对于二级精度的测试仪器来说，测试结果的不准确范围更大。

ANSI/TIA/EIA 568-B标准中定义了一个将现场测试仪的测试结果与实验室设备的结果

进行比较的方法。

从更实际的角度讲，测试仪还要有较快的测试速度。此外，测试仪能否向用户提供有助于找到布线故障的诊断能力，也是十分重要的。测试仪器要能迅速告知用户一条环形链路中的故障部件的位置，这是极有价值的功能。其他要考虑的方面还有：测试结果可转储打印、操作简单易用，以及支持其他类型电缆的测试。

(3) 认证测试报告中的 10 个测试参数。

认证测试依据的测试标准为 TIA TSB-67 Channel/Basic Link、ISO 11801 及各类网络标准相应的布线规范。国际布线标准 ANSI/TIA/EIA 568-B 的 11.2.4.1 中列出了 10 个测试参数。它要求对布线系统的物理特性和电气特性进行测试，物理特性测试如线缆接线图和开路、短路及定位等，电气特性测试如近端串扰、综合近端串扰、回波损耗、衰减串扰比、综合衰减串扰比、传输时延、等效远端串扰和综合等效远端串扰等。在测试过程中，根据现场情况需要，识别和定位被测试链路中的物理故障和电气故障。一份完整的测试报告还需要绘制测试链路的各电气特性图表，最后生成布线认证测试分析报告。

① 线路检查。这种简单的测试，可以查看线到线的连接，验证扭绞在一起的线是否正确。

② 特性阻抗。特性阻抗与环路直流电阻不同，特性阻抗包括电阻及频率为 1M～100MHz 的感抗及容抗，它与一对电线之间的距离及绝缘材料的电气性能有关。各种电缆有不同的特性阻抗。对双绞线电缆而言，有 100Ω、120Ω 及 150Ω 3 种。

③ 长度。标准规定，永久链路的长度不超过 295 英尺(或 90m)，信道长度不应超过 328 英尺(或 100 米)。使用时域反射技术的手持测试仪可检查布线安装的长度。

④ 插入损耗。这是测量一个永久链路或信道中所有组件的总信号损耗。测试仪从布线线路一端输入标定信号，在另一端测量接收到的信号强度。两个强度的比值用分贝表示，就是插入损耗。插入损耗与衰减密切相关，且随温度的变化而变化。

⑤ 近端串扰。测量同一根线缆内一个线对泄漏到其他线对的信号强度。可以测量出一个线对上的信号在同端另一个线对上的泄漏或耦合信号。

⑥ 综合近端串扰。由于多个线对都在按千兆以太网传输，在近端的接收机可能需要解决其他 3 根线对造成的干扰积累。这个测试对线对与线对的近端串扰功率进行测试并累加，以确保这种干扰处在标准要求的范围内。

⑦ 等效远端串扰。既然千兆以太网在发射机的远端有多个接收机，接收机除了受到近端干扰外，还受到线对之间信号泄漏的干扰。因为这种干扰在沿线传播时会衰减，测试仪把这个衰减加回到接收的噪声等级，这样，短距离和长距离的传输可以在同样的基准上测量。

⑧ 综合等效远端串扰。既然在一端的 3 个线对上的传输会泄漏到第 4 个线对，那么，它可能会干扰这个线对在远端的接收机，这个测试累加这种串扰的功率和，以确保它在可接收的范围内。

⑨ 回波损耗。如果一个线对上的信号在传输过程中线路阻抗发生变化，那么信号的一部分会反射回发射机。在每个线对上都进行全双工传输时，在每个线对的同一端不但有发射机，还有接收机。如果这种反射强度足够大，它会干扰发射机。回波损耗就是测量这种阻抗的变化。

⑩ 时延偏离。千兆以太网把一个信号分成 4 部分，并分别在 4 个线对上传输，然后在另一端把 4 个部分还原成原来的信号。这意味着信号的 4 个部分必须同时到达。为降低交叉串扰，水平线缆的 4 根线对的单位扭绞层数不同。扭绞得越紧，相对来说，信号传输距离越长。这样，不同线对上的实际信号传输距离就有微小的差别。如果这个差别太大，原来的信号就不能复原。信号延迟中的最大不同或相位偏移是：信道 50ns，永久链路 44ns。

(4) 常用的认证测试仪。

① Fluke DSP-4300 认证测试仪。

Fluke DSP-4300 认证测试仪如图 2.73 所示。它能为高速铜缆和光纤网络提供更为综合的电缆认证测试。测试仪内部有存储器，方便了电缆编号存储和下载，增强的 6 类通道适配器和永久链路适配器成为其标准配置，提高了准确性和效率。其配置还包括：Cable Manager 软件、语音对讲耳机、AC 适配器/电池充电器、便携软包、使用手册快速参考卡、仪器背带、同轴电缆(BNC)、校准模块、RS-232 串行电缆以及 RJ-45 到 BNC 的转换电缆。

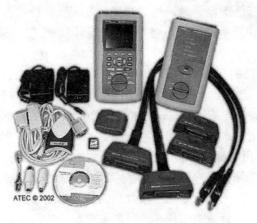

图 2.73　Fluke DSP-4300 认证测试仪

② DSP FTK 光缆测试工具。

DSP FTK(Fiber Test Kit)光缆测试工具如图 2.74 所示。使用一条短的双绞线，将光功率表(DSP-FOM)和 DSP 系列电缆测试仪(OneTouch 网络故障一点通或 LANMeter 企业级网络测试仪)连接起来。在光功率表上选择测量的波长(850nm、1300nm 和 1550nm)，测试仪就开始测量，并显示、存储测试结果。使用 DSP-FOM 光功率表测量光功率(dBm 或 mW)也可以测量光功率损耗(dB)。光功率损耗(或衰减)在光缆链路的端点测量光的能量(输出)，并且与参考的输入(光源)进行比较。该损耗测量减去了测试连接光缆的损耗，提供了光缆链路的真正损耗。使用者可自定义通过或不通过测试限度及测试方向(A-B 或 B-A)。

图 2.74　DSP FTK 光缆测试工具

2.4.3 其他常用工具

综合布线工程既可以看作是一个 IT 集成项目，又可以看作建筑电气安装工程、弱电项目工程的相关工程。因此，在一个大楼综合布线工程中，其施工安排和工具使用与普通的电气安装工程具有类似性。在其他综合布线书籍中，很少提及电气施工常用工具，这很容易造成设计安装工程师和现场管理人员的"眼高手低"。作为一个现场施工的督导人员，务必熟悉布线施工中需要使用的全部工具，有些工具在整个布线安装过程中极少使用，可以向电气安装工程队借用，或将这项工序由用户安排给他们完成。

电气施工常用的工具包括：钳子、起子、扳手、锤子、凿子、墙冲、锯齿凿和斜管凿、钢锯与台虎、直梯和人字梯、管子台虎钳、管子切割器、管子钳、螺纹铰板、低压试电笔、简易弯管器、扳曲器、射钉器(射钉枪)、型材切割机、手电钻、冲击电钻、电锤、数字万用表、接地电阻测量仪(又名接地电阻摇表，简称接地摇表)。

复习思考题

(1) UTP、STP、SFTP 和 FTP 的中文意思是什么？
(2) 三类(CAT3)和超五类(CAT5E)的数据传输速率每秒可达多少兆比特？
(3) 什么是近端串扰？
(4) 写出 25 对双绞线电缆的色彩编码。
(5) 画图说明 RJ-45 接头和模块的线对。
(6) 简述配线架的分类。
(7) 什么叫跳线？在综合布线中，它完成什么工作？
(8) 以光导纤维(光纤)为传输媒质的通信方式叫光通信，光通信有何优、缺点？
(9) 光缆的主要用料有几种？
(10) 光纤的连接方式有几种？
(11) 光纤跳线和铜缆跳线有什么不同？
(12) 什么是管槽系统？管槽系统包括哪几个部分？
(13) 综合布线工程中使用扎带做什么？为什么要用尼龙扎带与金属扎带？
(14) 布线的标签有哪些性能要求？
(15) 光缆和铜缆布线系统的常用安装工具有哪些？
(16) 什么叫验证测试？什么叫认证测试？

第3章 综合布线的常用设备

3.1 机柜

机柜(Rack)广泛应用于综合布线产品、计算机网络设备、通信器材和电子设备的叠放。机柜具有增强电磁屏蔽、削弱设备工作噪音和减少设备占地面积的优点。19英寸标准机柜是最常见的一种机柜。标准机柜的结构比较简单,主要包括基本框架、内部支撑系统、布线系统和通风系统,如图3.1所示。

19英寸标准机柜外形有宽度、高度和深度三个常规指标。虽然19英寸面板设备安装宽度为465.1mm,但机柜的物理宽度通常为600mm和800mm两种。根据柜内设备的多少,高度一般为0.7~2.4m,常见的19英寸机柜成品高度为1.6m和2m。根据柜内设备的尺寸,机柜的深度一般为400~800mm。

如图3.2所示为机架。与机柜相比,机架具有价格相对便宜、搬动方便的优点。不过,机架一般为敞开式结构,不像机柜采用全封闭或半封闭结构,所以自然不具备增强电磁屏蔽、削弱设备工作噪声等特性。

图3.1 800mm宽度的标准机柜

图3.2 600mm宽度的机架

除19英寸标准机柜和机架外,常用的还有挂墙式机柜(如图3.3所示)、ETSI机柜、600mm宽桌面型机柜、自动调整组合机柜及用户自行定制机柜。19英寸标准机柜从组装方式来看,大致有一体化焊接型和组装型两种。一体化焊接型价格相对便宜,焊接工艺和产品材料是这类机柜的关键。组装型是目前比较流行的,包装中都是散件,需要时可以迅速组装起来。

图3.3 挂墙式机柜

3.2 电气保护设备

电气保护是为了尽量减小电气事故对布线网上用户的危害,也尽量减小对布线网本身、连接设备和网络体系等的电气损害。电气保护设备在布线系统中并不是可有可无的,它必须根据环境特点,按规定进行设计和施工。下面就来介绍不同场合和环境中的电气保护设备。

1. 避雷针

雷击一般分直接雷击、感应雷电波侵入和地电位反击等多种形式。电子设备遭雷击破坏，85%是由感应雷引起的。

传统防雷装置由避雷针、避雷带或避雷网及良好的接地系统等装置组成。在机房大楼的顶上设立避雷针，可使楼顶天线系统处于有效保护范围内。

2. 防雷保护器

当电缆从建筑物外部进入建筑物内部时，如果室外铜缆和光缆在楼内暴露长度超过15m，必须用保护器保护电缆。如图3.4所示为建筑物入口保护器，它是一种三类防雷保护器，该保护器有6线和25线两种形式，适用于线对数较少的电缆及特种型号的应用场合。

3. 过压保护器

当建筑物内部电缆易于受到雷击、电力系统干扰，电源感应使电压或地电压升高，影响设备的正常使用时，必须用过压保护器保护线对。过压保护器常见的有碳块保护器、气体保护器与固态保护管保护器。

碳块保护器是最老的一种形式。在目前的布线系统中，过压保护可采用气体保护管或固态保护管。气体保护管使用放电空隙来限制导线和大地之间的电压。当交流电位差超过350V或雷电超过700V时，这一设备进行电弧放电，从而为导线和地之间提供了电流通路。保护单元有3B1D、3B-EW、3C-S、4B-EW、4C-S和4C3S-75系列。

固态保护器(见图3.5)要求的击穿电压较低(60～90V)，而且在使用它的电路中不能有振铃电压。在所有保护器中，固态保护器的价格最高，但它为数据或特殊线路提供了最佳保护。

图3.4　三类防雷保护器

图3.5　固态(过压)保护器

4. 过流保护器

电缆的导线上可能出现这样或那样的电压，如果连接设备为其提供了对地的低阻通路，它就不足以使过压保护器动作，而产生的电流可能会损坏设备或着火。因此，对地有低阻通路的设备必须施加过流保护。在综合布线系统中只有极少数地方需要过流保护，因此使用比较容易管理的熔断器，来完成过流保护。如图3.6所示为一种常见的过流保护器。

5. 保安配线架

为了管理和维护方便，防雷保护器、过流保护器和过压保护器等电气保护设备可直接安装在建筑配线架上，这样的配线架称为保安配线架。保安配线架的安装位置应能够限制建筑物内的导线长度，最大限度地减少通往电源地线各条焊接线的长度。保安配线架在使用中，要对所有的线对提供保护，也要注意对线缆的两端而不是一端进行保护。

保安配线架种类很多，如图3.7所示为489A型多线对保安配线架，对通信设备和线路提供了过流、过压保护，有25对、50对和100对规格。这种配线架可以堆叠使用，最多可堆叠1200对线。

图 3.6　过流保护器　　　　　图 3.7　498A 型多线对保安配线架

3.3　程控电话交换机

程控电话交换机(PBX)同样是布线系统的周边产品之一，它与布线系统中的语音部分紧密相关。

电话交换机系统通常是 4～5000 门的，外线采用用户中继线路与电话局连接的内部电话交换机。按容量和用途划分为 3 种类型：小型用户交换系统，也叫集团电话，容量一般为 4～128 门内线，1～64 中继线；中型用户交换系统，也叫程控电话交换机，容量一般为128～800 门内线，64～256 中继线；大型用户交换系统，容量一般为 800～5000 门内线，中继线视用户情况灵活配置。

中继线是用户与外界沟通的线路，按功能分为入中继、出中继和双向中继等。中继线路类型有模拟线路、数字线路 ISDN PRI(30B+D)和数字线路 ISDN BRI(2B+D)三种。

电话交换机通常通过带 25 对针连接头的电话交换机专用连接线与配线架相连。

3.4　网络集线器

网络集线器和交换机、路由器网络设备并非布线系统产品，但与布线系统紧密相关。

3.4.1　集线器的工作原理

集线器(Hub)是指将多条以太网双绞线或光纤集合连接在同一段物理介质下的设备。Hub 是"中心"的意思，集线器的重要功能，是对接收到的信号进行再生、整形、放大，以扩展网络的传输距离，同时把所有节点集中在以它为中心的节点上。集线器实质是中继器，区别在于集线器能够提供更多的端口服务，所以集线器又叫多口中继器，如图 3.8(a)所示。集线器工作在 OSI 参考模型的第一层，即物理层。

集线器属于纯硬件网络底层设备，功能简单、价格低廉，在早期的网络中随处可见。在集线器连接的局域网中，每个时刻只能有一个端口采用广播方式发送数据，即把从一个端口接收到的比特流从其他所有端口转发出去。因此，用集线器连接的所有终端都处于一个冲突域中，当网络中有两个或多个终端同时进行数据传输时，将会产生冲突，终端间采用 CSMA/CD 机制来检测和避免冲突。

在这种共享式以太网中，每个终端所使用的带宽大致相当于"总线带宽/设备数量"，所以，接入的终端数量越多，每个终端获得的网络带宽越少。在如图 3.8(b)所示的网络中，如果集线器的带宽是 10Mb/s，则每个终端所能使用的带宽约为 3.3Mb/s；而且由于冲突，导致一些数据需要重传，所以，实际上每个终端所能使用的带宽还要更小一些。

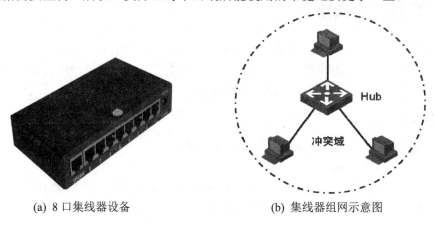

(a) 8 口集线器设备　　　　　　(b) 集线器组网示意图

图 3.8　集线器

在这种共享式以太网中，当所连接的终端数量较少时，冲突较少发生，通信质量可以得到较好的保证；但当终端数量增加到一定程度时，将导致冲突不断，网络的吞吐量受到严重影响，数据可能由于频繁地冲突而被拒绝发送。

在这种共享式以太网中，一个终端发出的数据其余终端都可以收到，这会导致两个问题：一是终端会收到大量不属于自己的数据，需要对这些数据进行过滤，从而影响终端的处理性能；二是两个终端之间的通信数据会毫无保留地被第三方收到，造成一定的网络安全隐患。

在这种共享式以太网中，集线器在同一时刻，每一个端口只能进行一个方向的数据通信，不能进行双向双工传输，网络通信效率低，不能满足较大型网络通信的需求。

3.4.2　集线器的分类

集线器按照对输入信号处理方式的不同，分为无源集线器、有源集线器和智能集线器 3 种。无源集线器对输入信号不做任何处理，对传输距离没有扩展，只是使得连接无源集线器的所有终端都能互通。有源集线器对输入信号能放大或再生，延长了终端间的有效传输距离。智能集线器除具备有源集线器的所有功能外，还具有网络管理和路由功能。在智能集线器网络中，不是每个终端都能收到信号，只有与信号目的地址相同的终端才能收到。

集线器按照总线带宽的不同，分为10Mb/s、100Mb/s和10/100Mb/s自适应3种。在早期组建的网络中，10Mb/s网络几乎成为网络的标准配置，为用户提供长距离信息传输的中继，或作为小型办公室的网络核心。但随着100Mb/s网络的日益普及，10Mb/s网络及其设备越来越少。当网络升级到100Mb/s后，原来众多的10Mb/s设备将无法使用，为此，出现了10/100Mb/s自适应集线器。10/100Mb/s自适应集线器在工作中的端口速度可根据终端网卡的实际速度进行调整，当终端网卡的速度为10Mb/s时，与之相连的端口的速度也将自动调整为10Mb/s；当工作站网卡的速度为100Mb/s时，对应端口的速度也将自动调整到100Mb/s。10/100Mb/s自适应集线器也叫作"双速集线器"。

集线器按照配置形式的不同，可分为独立型集线器、模块化集线器和堆叠式集线器3种。按照端口数目的不同，可分为8口集线器、16口集线器和24口集线器等。

3.4.3 集线器的选用

随着技术的发展，在局域网(尤其是一些大中型局域网)中，集线器已逐渐退出应用，而被交换机代替。目前，集线器主要应用于一些中小型网络或大中型网络的边缘部分。下面以中小型局域网的应用为基础，介绍其选择方法。

1. 集线器速度选择

集线器速度的选择，主要取决于以下3个因素。

(1) 上游设备的带宽。

如果上游设备允许100Mb/s，则选择100Mb/s的集线器。但对于网络连接设备数量较少，而且通信流量不是很大的网络来说，10Mb/s的集线器就可以满足应用需求。

(2) 提供的连接端口数。

由于连接在集线器上的所有终端均争用同一个上行总线，所以连接的端口数目越多，就越容易造成冲突。同时，发往集线器任一端口的数据将被发送至与集线器相连的所有端口上，端口数过多，将降低设备的有效利用率。依据实践经验，一个10Mb/s的集线器所管理的终端数不宜超过15个，100Mb/s的不宜超过25个。如果超过，应使用交换机代替集线器。

(3) 应用需求。

当传输的内容不涉及语音、图像，传输量相对较小时，选择10Mb/s集线器即可。如果传输量较大，且有可能涉及多媒体应用时，应当选择100Mb/s集线器或者10/100Mb/s自适应集线器。注意，集线器不适于传输时间敏感性信号，如语音信号。

2. 集线器端口数目的拓展

当一个集线器提供的端口不够用时，一般有以下两种拓展用户数目的方式。

(1) 堆叠。堆叠是解决单个集线器端口不足时的一种方式，但因为堆叠在一起的多个集线器还是工作在同一个环境下，所以堆叠的层数也不能太多。

(2) 级联。级联是在网络中增加用户数的另一种方式，其使用条件是集线器必须提供可级联的端口，此端口标为Uplink或MDI字样，用此端口与其他集线器进行级联。如果集线器未提供此端口，又必须进行级联时，连接两个集线器的双绞线必须是交叉双绞线。

3. 集线器外形尺寸的选择

为了便于对放入机柜的多个集线器进行集中管理，需要考虑集线器的外形尺寸，否则无法安装在机架上。19 英寸标准机柜可安装大部分的 8 口集线器、16 口集线器和 24 口集线器。在选用集线器时，注意集线器是否符合 19 英寸工作规范，以便在机柜中安全、集中地进行管理。

4. 集线器品牌的选择

像网卡一样，目前市面上的集线器基本是美国品牌和我国台湾品牌。其中高档集线器主要是美国品牌，如 3COM、Intel 等，它们在设计上比较独特，一般几个甚至每个端口配置一个处理器。我国台湾的 D-LINK 和 ACCTON 占据了中低端集线器的主要份额，我国内地的联想、实达、TPLink 等也推出了自己的产品，这些中低端集线器均采用单处理器技术，其外围电路的设计思想大同小异。

目前，随着交换机产品价格的日益下降，集线器市场正日益萎缩。不过，在特定的场合，集线器以其低延迟、低投入的特点，能带来更高的效率，因而交换机不可能完全代替集线器。

5. 集线器接口类型的选择

在选用集线器时，还要注意信号输入口的接口类型：与双绞线连接时需要具有 RJ-45 接口；如果与细缆相连，需要具有 BNC 接口；与粗缆相连，需要有 AUI 接口；当与局域网长距离连接时，还需要具有与光纤连接的光纤接口。早期的 10Mb/s 集线器一般具有 RJ-45、BNC 和 AUI 三种接口。100Mb/s 集线器和 10/100Mb/s 自适应集线器一般只有 RJ-45 接口，有些还具有光纤接口。

3.4.4 集线器的安装

接入设备最重要的是它的接口技术，不同的接口对应于不同的应用环境，不同的应用又对应于相应的接口。

1. 集线器的常见接口

集线器通常提供 3 种类型的接口，即 RJ-45 接口、BNC 接口和 AUI 接口，以连接不同类型电缆构建的网络，一些高档的集线器还提供光纤接口和其他类型的接口。

(1) RJ-45 接口。

RJ-45 接口可用于连接 RJ-45 接头，适用于由双绞线构建的网络，这种接口是最常见的，一般集线器都会提供这种接口。集线器的 RJ-45 接口可直接连接计算机、网络打印机等终端设备，也可以与其他交换机、集线器等集线设备和路由器进行连接。需要注意的是，当连接不同设备时，需使用直通双绞线或交叉双绞线。

(2) BNC 接口。

BNC 接口就是用于与细同轴电缆连接的接口，一般是通过 BNC T 形接头进行连接的。大多数 10Mb/s 集线器都有一个 BNC 接口。

当集线器同时拥有 BNC 和 RJ-45 接口时，既可与双绞线网络连接，又可与细缆网络连接，因此，可实现双绞线和细同轴电缆两个常用的不同传输介质的网络之间的连接。

(3) AUI 接口。

AUI 接口可用于连接粗同轴电缆的 AUI 接头，因此，这种接口用于与粗同轴电缆网络的连接。带有 AUI 接口的集线器比较少，主要是在一些骨干级集线器中才具备。单段粗同轴电缆所支持的传输距离高达 500m，可以将粗同轴电缆作为远距离网络之间连接的传输介质，因此，AUI 接口可以作为一种廉价的远程连接解决方案。

(4) 堆叠接口。

堆叠接口只有可堆叠集线器才具备，是用来连接可堆叠集线器的。一般可堆叠集线器中同时具有两个外观类似的接口，一个标为 UP，一个标为 DOWN。在连接时，用连接线缆从一个集线器的 UP 接口接到另一个集线器的 DOWN 接口。

2. 集线器的安装

安装机架式集线器时，应当先在集线器规定位置安装固定机架；之后，将其放入机柜相应的位置并固定；最后，为机柜中的网线安装导线器，对网线进行捆绑、整理。

机架式集线器一般适用于较大的网络；小型办公室通常没有机柜，集线器只能安装在桌面或者墙面上。

集线器安装在桌面时，可以先将安装支架固定在桌面上。这种安装方式有两种不同的安装方向，一种是让集线器水平放置，另一种是让集线器垂直放置。

集线器在墙面上的安装方式有两种不同的安装方向，一种是把集线器水平固定在墙上，另一种是把集线器垂直安装在墙上。

3.4.5 集线器的常见故障

集线器是局域网中的常见设备，通过观察集线器的指示灯，可以为用户查找网络故障提供方便。但集线器的使用不当或者自身损坏，也会给网络带来故障。下面对集线器的常见故障进行分析。

1. 无法正常工作

(1) 故障现象。网络从 10Mb/s 升级到 100Mb/s 后，网络无法正常工作。

(2) 故障分析处理。在局域网中，当网络的连接范围较大时，可以提供集线器之间的级联，以扩大网络的传输距离。在 10Mb/s 网络中，最多可级联四级，使得网络的最大传输距离增大到近 600m。但当网络从 10Mb/s 升级到 100Mb/s 或者新建一个 100Mb/s 局域网时，如果采用普通的方法对 100Mb/s 集线器进行连接，将使得网络无法正常工作。因为在 100Mb/s 网络中只允许对两个 100Mb/s 集线器进行级联，且两个 100Mb/s 集线器之间的连接距离不能大于 5m，所以 100Mb/s 局域网在使用集线器时的最大传输距离为 205m。如果实际连接距离不符合以上要求，网络将无法连接。

2. 级联时出现故障

(1) 故障现象。某单位自行组建了如图 3.9 所示的局域网。使用了两个 16 口带级联接口的 10Mb/s 集线器，其中集线器 A 通过级联口连接到集线器 B 的第 16 个接口上，集线器 B 通过级联口连接到机房集线器上，其他接口接工作站。给工作站配置 IP 地址后，用 ping 命令进行测试，全部连通。但当接入服务器后，只有集线器 B 所连接的工作站能登录服务器，而集线器 A 所连接的工作站无法登录服务器。

(2) 故障分析处理。通过观察工作站和服务器的网卡指示灯、集线器各端口的指示灯，发现集线器 B 的第 16 个接口与集线器 A 的级联口的指示灯不亮，其他指示灯都正常，说明工作站、服务器与集线器之间的连接正常，因此，问题可能出现在集线器 B 的第 16 个接口或者集线器 A 的级联口。为了检测这两个接口是否正常，将两个集线器的位置进行置换，结果依旧，说明这两个接口正常。之后，将连接集线器 A 的级联口的双绞线换到集线器 B 的另一个普通接口(5 口)上，结果两个集线器的指示灯正常，集线器 A 连接的工作站可以登录服务器了。由此可以看出，有些集线器的级联接口和与之相邻的一个接口不是独立的接口，而是属于同一个接口，但在应用时，如果将其中一个接口作为级联接口使用，另一个接口将无效。

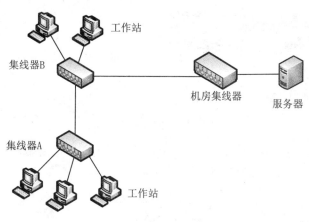

图 3.9 集线器构建的局域网

3. 集线器被烧坏

(1) 故障现象。一台连接两栋楼的集线器经常烧坏。

(2) 故障分析处理。经测试，其中 A 楼的电源系统已经老化，零线绝对电压是 30V，火线绝对电压是 250V，用万用表测量电压仍为 220V；而 B 楼的电源系统正常。连接两楼的集线器要承受 30V 的电势差，很可能因此损坏。解决方法是在 A 楼的交换机房接根地线。

3.5 网络交换机

3.5.1 交换机的工作原理

交换式以太网的出现，有效地解决了由集线器组建的共享式以太网的缺陷，它大大减小了冲突域的范围，增加了终端主机之间的带宽，过滤了一部分不需要转发的数据包。

交换式以太网使用的核心设备是二层交换机，如图 3.10 所示。

二层交换机是按照 IEEE 802.1D 标准设计的局域网连接设备，IEEE 802.1D 又称透明桥接协议，即对终端来说，交换机好像是透明的，不需要因交换机的存在而增加或者改变配置。

二层交换机也采用 CSMA/CD 机制来检测及避免冲突，但与集线器不同的是，二层交换机各个接口会独立进行冲突检测,发送和接收数据,互不干扰。因此,二层交换机中的各个接口属于不同的冲突域,接口之间不会有竞争带宽的冲突发生,终端可以独占接口的带宽,其交换效率大大高于共享式以太网。

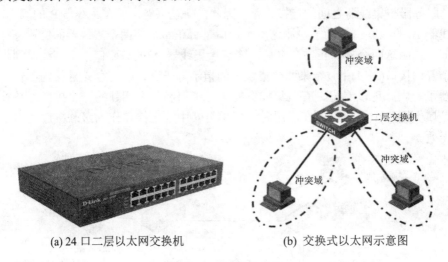

(a) 24 口二层以太网交换机　　　　(b) 交换式以太网示意图

图 3.10　以太网交换机

交换机处理的是遵循 IEEE 802.3 格式的以太网数据帧,其中包含了目的 MAC 地址和源 MAC 地址,以太网数据帧的格式如图 3.11 所示。

7	1	6	6	2	46～1500	4
前同步码	定界符	目的地址	源地址	类型长度	数据/填充	CRC

图 3.11　以太网数据帧的格式

1. MAC 地址学习

为了转发数据帧,交换机需要根据源 MAC 地址进行地址学习、MAC 地址转发表的构建与维护,并根据目的 MAC 地址进行数据帧的转发与过滤。

MAC 地址表的表项包含与交换机相连的终端的 MAC 地址、交换机连接终端的接口等信息。MAC 地址表驻留在交换机的内存中,交换机刚启动时,MAC 地址表中没有表项。当交换机的某个接口收到数据帧时,一方面,交换机记录数据帧中的源 MAC 地址,将其与接收到数据帧的接口关联起来,形成 MAC 地址表项,这就是 MAC 地址学习;另一方面,交换机会把数据帧从所有其他接口转发出去。当网络中所有终端的 MAC 地址都记录在交换机中的 MAC 地址表中后,说明 MAC 地址学习已经完成,此时,交换机已经知道了所有终端的位置。

交换机在进行 MAC 地址学习时,需要遵循以下原则。

(1) 一个 MAC 地址只能被一个接口学习。如果多个接口到达终端,会造成带宽浪费,所以系统设定 MAC 地址只与一个接口关联。如果终端从一个接口转移到另一个接口,交换机在新的接口学习到此终端的 MAC 地址,则会删除原有的表项。

(2) 一个接口可以学习多个 MAC 地址。例如,某接口连接到一个集线器,集线器连接多个终端,则此接口会关联多个 MAC 地址。

2. 数据帧的转发

MAC 地址学习完成后，交换机根据 MAC 地址表项进行数据帧转发，将遵循以下原则。

(1) 对于已知单播数据帧(即数据帧的目的 MAC 地址在交换机 MAC 地址表中有相应的表项)，则从数据帧目的 MAC 地址相对应的接口转发出去。

(2) 对于未知单播帧(数据帧的目的 MAC 地址在交换机 MAC 地址表中无相应的表项)、组播帧、广播帧，则从除源接口外的其他接口转发出去。

3.5.2 交换机的分类

计算机网络交换机(Switch)的种类很多，一般可分为广域网交换机和局域网交换机。广域网交换机主要应用于电信领域，提供通信基础平台。而局域网交换机则应用于局域网络，用于连接终端设备，如 PC 及网络打印机等。

从传输介质和传输速度上看，局域网交换机可以分为以太网交换机、快速以太网交换机、千兆以太网交换机、FDDI 交换机、ATM 交换机和令牌环交换机等多种。

从应用规模上看，又有企业级交换机、部门级交换机和工作组交换机等。一般来讲，企业级交换机是机架式的。部门级交换机可以是机架式的，也可以是固定配置式的。而工作组交换机一般为固定配置式的，功能较为简单。此外，从应用规模来看，作为骨干交换机时，支持 500 个信息点以上大型企业应用的交换机为企业级交换机，支持 300 个信息点以下中型企业的交换机为部门级交换机，而支持 100 个信息点以内的交换机为工作组级交换机。

根据架构特点，可将局域网交换机分为机架式、带扩展槽固定配置式、不带扩展槽固定配置式 3 种。机架式交换机是一种插槽式交换机，其扩展性好，可支持不同的网络类型，如以太网、快速以太网、千兆以太网、ATM、FDDI 及令牌环等，但价格较贵。不少高端交换机都采用机架式结构。带扩展槽固定配置式交换机是一种有固定端口并带有少量扩展槽的交换机，这种交换机在支持固定端口类型网络的基础上，还可以通过扩展其他网络类型模块来支持其他网络类型。不带扩展槽固定配置式交换机仅支持一种类型的网络，可应用于小型企业或办公室环境下的局域网。

按照目前复杂的网络构成方式，网络交换机被划分为接入层交换机、汇聚层交换机和核心层交换机。其中，核心层交换机全部采用机箱式模块化设计，基本上是固定端口交换机，以 10/100Mb/s 端口为主，并且以固定端口或扩展槽的方式提供 1000Base-T 的上游端口。汇聚层交换机有机箱式和固定端口式两种设计，可以提供多个 1000Base-T 端口，也可以提供其他形式的端口。接入层和汇聚层交换机共同构成中小型局域网解决方案。

按照 OSI 七层模型，交换机又分为第二层交换机、第三层交换机和第四层交换机，一直到第七层交换机。第二层交换机最普遍，用于网络接入层和汇聚层。基于 IP 地址和协议进行交换的第三层交换机普遍应用于网络的核心层，也少量应用于汇聚层。部分第三层交换机也同时具有第四层交换功能。第四层以上的交换机称为内容型交换机，主要用于互联网数据中心。

按照交换机的可管理性，又可把交换机分为可管理型交换机和不可管理型交换机，它们的区别在于对 SNMP、RMON 等网管协议的支持。可管理型交换机便于网络监控、流量分析，但成本较高。

按照交换机是否可堆叠，又可分为可堆叠型交换机和不可堆叠型交换机。设计堆叠技术的主要目的是为了增加端口密度。

如图 3.12、图 3.13 所示为常用的两种形式和型号的交换机。

图 3.12　快速以太网交换机

图 3.13　千兆以太网交换机

3.5.3　交换机的选用

交换机作为组建局域网的核心设备，能为子网提供更多的连接接口，扩大网络传输距离。随着通信技术的发展和国民经济信息化的推进，交换机市场呈稳步上升的态势，它具有性价比高、灵活度高、相对简单、易于实现等特点。在选用交换机时要考虑以下几点。

（1）选用可信的技术指标、交换速度、交换容量、背板带宽、处理能力、吞吐量。

（2）设计正确的测试方案，要准备足够的测试接口，才能准确评价交换机的真实性能。

（3）选择正确的产品模块配置，采用分布式交换处理结构，所有接口模块均具有本地自主交换的能力，从而避免了集中式交换结构所存在的中心交换瓶颈问题。

（4）关注延时与延时抖动，选用业界领先的交换机。

（5）考察对组播的支持。交换机应该支持常用的组播协议。

（6）有丰富的接口类型。同时支持千兆以太网、POS 和 ATM 宽带接口的骨干交换机。

（7）交换机要在高性能、可管理、高可靠、高适用性和高性价比的基础上选择产品。

（8）对于主机房的交换机，所选择的规格尺寸要能安装在主机柜中。

3.5.4　交换机的应用

1. 链路聚合

在组建局域网的过程中，连通性是最基本的要求。在保证连通性的基础上，有时还要求具有高带宽、高可靠性等。为此，可以选用链路聚合技术。

链路聚合是以太网交换机所实现的一种非常重要的高可靠性技术，通过链路聚合，多个物理以太网链路聚合在一起，形成一个逻辑上的聚合接口组，数据通过聚合接口进行传输，如图 3.14 所示。链路聚合具有以下优点。

(1) 增加链路带宽。通过把数据流分散在聚合组中各个成员的接口上，实现接口间的流量负载分担，从而有效地增加了交换机间的链路带宽。

(2) 提高链路可靠性。聚合组可以实时监控同一聚合组内各个成员接口的状态，从而实现成员接口间的动态备份。若某个接口有故障，聚合组可及时将数据流从其他接口进行传输。

(3) 进行负载分担。链路聚合后，把同一聚合组内的多条链路视为一条逻辑链路，系统根据一定的算法，把不同的数据流分布到各成员接口上，从而实现基于流的负载分担。

链路聚合配置示例如图 3.15 所示。在交换机上启用链路聚合，以实现增加带宽和可靠性的需求，以 H3C S3610 型交换机为例，配置过程如下。

```
[SWA] interface bridge-aggregation 1
[SWA-Ethernet1/0/1] port link-aggregation group 1
[SWA-Ethernet1/0/2] port link-aggregation group 1
[SWA-Ethernet1/0/3] port link-aggregation group 1
[SWB] interface bridge-aggregation 1
[SWB-Ethernet1/0/1] port link-aggregation group 1
[SWB-Ethernet1/0/2] port link-aggregation group 1
[SWB-Ethernet1/0/3] port link-aggregation group 1
```

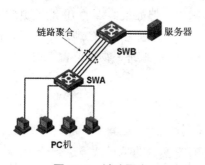

图 3.14　链路聚合

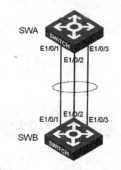

图 3.15　链路聚合配置示例

2. 端口绑定

传统以太网技术并不对用户接入的位置进行控制，用户终端无论连接到交换机的哪个接口都能访问网络资源，这使得网络管理员无法对用户的位置进行监控，对未来的安全控制是不利的。

通过"MAC+IP+端口"绑定功能，可以实现设备对转发报文的过滤控制，提高安全性。

配置绑定功能后，只有指定 MAC 和 IP 的终端，才能在指定端口上收发报文，访问网络资源。

进行"MAC+IP+端口"绑定配置后，当端口接收到报文时，会查看报文中的源 MAC 地址、源 IP 地址与交换机上所配置的静态表项是否一致，如果报文中的源 MAC 地址、源 IP 地址与所设定的 MAC 地址、IP 地址相同，则转发报文；如果报文中的源 MAC 地址、源 IP 地址与所设定的 MAC 地址、IP 地址不同，则丢弃报文。

在交换机上配置"MAC+IP+端口"绑定功能时，要注意绑定是针对接口的，一个接口被绑定后，仅仅是这个接口被限制了，其他接口是不受该绑定影响的。

端口绑定配置示例如图 3.16 所示。

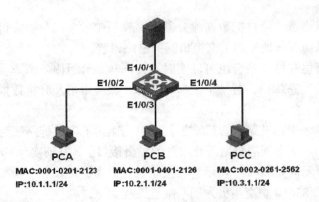

图 3.16　端口绑定配置示例

在交换机上启用端口绑定功能，以 H3C S3610 型交换机为例，配置过程如下。

```
[SW]interface ethernet1/0/2
[SW-Ethernet1/0/2] user-bind ip-address 10.1.1.1 mac-address 0001-0201-2123
[SW]interface ethernet1/0/3
[SW-Ethernet1/0/3] user-bind ip-address 10.2.1.1 mac-address 0001-0401-2126
[SW]interface ethernet1/0/4
[SW-Ethernet1/0/4] user-bind ip-address 10.3.1.1 mac-address 0002-0261-2562
```

端口绑定配置完成后，所有终端都能正常接入网络，但如果终端的 IP 地址更改了，则交换机不允许其报文通过；如果其他终端接入这几个接口，因为 MAC 地址不匹配，也无法访问网络资源。通过端口绑定，使得终端的 IP 地址、MAC 地址、物理位置都得到限定，有利于网络管理和监控。

3.5.5　交换机的常见故障

在网络硬件设备中，交换机的故障较少，下面对交换机的常见故障进行分析。

1. 接口故障

(1) 故障现象。整个网络的运作正常，但个别终端不能正常通信。

(2) 故障分析处理。这是交换机故障中最常见的问题。原因之一可能是光纤插头或者 RJ-45 端口脏了，导致接口污染而不能正常通信；原因之二可能是经常带电插拔，增加了接口的故障发生率；原因之三可能是搬运时不小心，导致接口物理损坏；原因之四可能是水晶头尺寸偏差大，插入交换机时容易破坏接口；原因之五可能是双绞线有一段暴露在室外，被雷电击中，导致所连交换机的接口被击坏。一般情况下，发生接口故障时，个别接口有损坏，先检查出现问题的终端，排除终端故障后，可以更换所连接口，以此来判断是不是接口的问题。若更换接口能解决问题，则再进一步判断接口故障的原因：关闭电源后，用酒精擦洗接口；如果接口损坏，就只能更换接口了。在插拔时建议不要带电操作。

2. 线缆故障

其实，这类故障从理论上讲，不属于交换机本身的故障，但在实际应用中，线缆故障经常导致交换机系统或接口不能正常工作，因此，线缆故障也归入交换机故障。

(1) 故障现象。网络不通。

(2) 故障分析处理。原因之一可能是接头接插不紧；原因之二可能是线缆制作时顺序排列故障，或者不规范；原因之三可能是两根光纤交错连接；原因之四可能是本该使用交叉双绞线，却使用了直连双绞线。

3. 配置不当

(1) 故障现象。网络不通。

(2) 故障分析处理。在排除交换机硬件故障后，网络依旧无法连通。此时，可能是管理员对交换机不熟悉，或者由于各种交换机配置方法不同，在配置交换机时，出现了配置错误。比如 VLAN 划分不正确，导致网络不通；接口被错误地关闭；交换机和网卡模式不匹配等。这类故障有时很难发现，需要积累一定的经验。如果不能快速判断配置错误出现在哪里，可以先恢复交换机的出厂默认配置，然后再一步一步地配置。最好在配置前阅读交换机的用户手册，熟悉每台交换机的配置方法和配置命令。

3.6 网络路由器

3.6.1 路由器的工作原理

1. 路由器概述

随着互联网应用的普及，路由器(Router)在网络中的地位也越来越高。一般来说，异构网络互联及多个子网互联都应由路由器完成。路由器能对不同网络或网段之间的数据信息进行"翻译"，以使它们相互"读"懂对方的数据，从而构成一个更大的网络。

路由器实际是一种用于网络互联的计算机设备，它工作在 OSI 参考模型的第三层(网络层)，为不同网络之间的报文寻径并存储转发。路由器用于连接多个逻辑上分开的网络，所谓逻辑网络，是代表一个单独的网络或者一个子网，当数据从一个子网传输到另一个子网时，可通过路由器的路由功能完成。

路由器提供了将异构网络互联起来的机制，能够将数据报文在不同逻辑网段间转发。路由器根据所收到的数据报头中的目的 IP 地址选择一个合适的路径，将数据报文传送到下一个路由器，路径上最后的路由器负责将数据报文传送到目的终端。网络层数据报头的格式如图 3.17 所示。

4位版本	4位长度	8位服务类型	16位总长度	
16位标识			3位标志	13位片偏移
8位生存时间		8位协议	16位首部校验和	
32位源IP地址				
32位目的IP地址				
IP选项与数据填充				

图 3.17 IPv4 数据报头的格式

2. 路由表

路由器转发数据报文的依据是路由表，如图 3.18 所示。

目的地址/网络掩码	下一跳地址	出接口	度量值
10.0.0.0/24	10.0.0.1	E0/1	0
20.0.0.0/24	20.0.0.1	E0/2	0
20.0.0.1/32	127.0.0.1	InLoop0	0
40.0.0.0/24	20.0.0.2	E0/2	1
40.0.0.0/8	30.0.0.2	E0/3	3
50.0.0.0/24	40.0.0.2	E0/2	0

图 3.18 路由表的构成

每个路由器中都保存着一张路由表，表中每条路由表项都指明数据报文到某子网或某终端应通过路由器的哪个物理接口发送，然后就可以到达该路径的下一个路由器，或者不再经过路由器而传送到直接相连的网络中的目的终端。

路由表包含下列要素。

(1) 目的地址/网络掩码。标识 IP 数据报文的目的地址或目的网络，将目的地址和网络掩码"逻辑与"后，可得到目的终端或者路由器所在网段的地址。

(2) 下一跳地址。更接近目的网络的下一个路由器地址，若只配置了出接口，下一跳地址就是出接口的地址。

(3) 出接口。指明将数据报文从哪个接口转发。

(4) 度量值。说明数据报文需要多大的代价才能到达目的网络，当网络存在多个路径时，路由器根据度量值，选择一条较优的路径发送数据报文。

3. 路由的来源

路由表中的路由有以下 3 种来源。

(1) 直连路由。

直连路由不需要配置，当接口存在 IP 地址，并且状态正常时，由路由进程自动生成。它的特点是开销小，配置简单，无须人工维护，但只能发现本接口所属网段的路由。

(2) 手动配置的静态路由。

由管理员手动配置而成的路由称为静态路由。通过静态路由的配置，可以建立一个互通的网络，但这种配置缺点在于，当网络发生故障后，静态路由不会自动修正，必须由管理员介入。静态路由无开销，配置简单，适合简单拓扑结构的网络。

(3) 动态路由协议发现的路由。

当网络拓扑结构十分复杂时，手动配置静态路由工作量大而且容易出现错误。此时，就需要动态路由协议(如 RIP、OSPF 等)。动态路由协议会自动发现和修改路由，避免人工维护；但协议开销大，配置复杂。

3.6.2 路由器的分类

路由器的种类很多。按连接方式的不同，路由器可分为直连路由和非直连路由。由路由器各网络接口所直连的网络之间使用直连路由进行通信；如果要实现两个局域网的点到点连接，可以选用直连路由。该路由器配置操作简单，特别适合没有专门网络管理员的组织。因为该类型的路由是在配置完路由器网络接口的 IP 地址后自动生成的，所以不再需要其他复杂的配置。如果组织组建的局域网是与其他许多局域网进行互联的，此时，就必须选择使用非直连路由。非直连路由是指人工配置的静态路由，或通过运行动态路由协议而获得的动态路由。其中，静态路由比动态路由具有更高的可操作性和安全性。

根据价格和性能，路由器可分为低端、中端和高端 3 类。高端路由器又称为核心路由器。

低、中端路由器每秒的信息吞吐量一般在几千万至几十亿比特之间，而高端路由器每秒信息吞吐量均在 100 亿比特以上。由于高端路由器设备复杂，技术难度极大，目前国际上只有极少数国家能研制开发。如图 3.19～图 3.21 所示为常见的几种形式的路由器。

图 3.19　4 端口路由器

图 3.20　无线路由器

图 3.21　宽带路由器

3.6.3　路由器的选用

路由器在网络中有着举足轻重的作用。在选用路由器时，应注意安全性、控制软件、网络扩展能力、网管系统、带电插拔能力等方面。

1. 路由器的安全特性

由于路由器是网络中比较关键的设备，针对网络存在的各种安全隐患，路由器必须具有如下安全特性。

(1) 可靠性与线路安全。

可靠性要求是针对故障恢复和负载能力而提出的。对于路由器来说，可靠性主要体现在接口故障和网络流量增大两种情况下。因此，备份是路由器不可或缺的手段之一。当主接口出现故障时，备份接口自动投入工作，保证网络的正常运行。

(2) 身份认证。

路由器中的身份认证主要包括访问路由器时的身份认证、对端路由器的身份认证和路由信息的身份认证。

(3) 访问控制。

对于路由器的访问控制，需要进行口令的分级保护，有基于 IP 地址的访问控制和基于用户的访问控制。

2. 路由器的控制软件

路由器的控制软件是路由器发挥功能的一个关键环节，从软件的安装、参数自动设置，到软件版本的升级都是必不可少的。软件安装、参数设置及调试越方便，用户使用时就越容易掌握，更好地进行应用。

3. 路由器的扩展能力

随着网络应用的逐渐普及，会产生扩大网络规模的要求。因此，要充分考虑网络的扩展能力，主要是路由器支持的扩展槽数目，或者扩展端口数目。

4. 路由器的外形尺寸

如果网络已经完成楼宇级的综合布线，工程要求网络设备上机式集中管理，应选择 19 英寸宽的机架式路由器。如果没有上述要求，可以选择桌面型的路由器。

5. 路由器的端口选择

路由器设备端口的选择很重要，常见的路由器端口至少应包含局域网端口和广域网端口各一个。广域网接口包括同步并口和异步串口，大部分路由器同时具备这两种端口，主要有 E1/T1、E3/T3、E3/T3、DS3、通用串行口(可转换成 X.21 DTE/DCE、V.35 DTE/DCE、RS-232 DTE/DCE、RS-449 DTE/DCE、EIA 530 DTE)、ATM 接口和 POS 接口等网络接口。

3.6.4 路由器的应用

1. 静态路由配置

以 H3C MSR 30-20 型路由器为例，在如图 3.22 所示的网络中，PC 与 Server 之间进行静态路由配置，使得 PC 与 Server 通信。

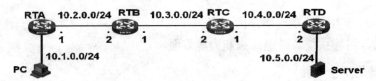

图 3.22 静态路由配置示例

配置过程如下。

```
[RTA]ip route-static 10.3.0.0 255.255.255.0 10.2.0.2
[RTA]ip route-static 10.4.0.0 255.255.255.0 10.2.0.2
[RTA]ip route-static 10.5.0.0 255.255.255.0 10.2.0.2

[RTB]ip route-static 10.1.0.0 255.255.255.0 10.2.0.1
[RTB]ip route-static 10.4.0.0 255.255.255.0 10.3.0.2
[RTB]ip route-static 10.5.0.0 255.255.255.0 10.3.0.2

[RTC]ip route-static 10.1.0.0 255.255.255.0 10.3.0.1
[RTC]ip route-static 10.2.0.0 255.255.255.0 10.3.0.1
[RTC]ip route-static 10.5.0.0 255.255.255.0 10.4.0.2
```

```
[RTD]ip route-static 10.1.0.0 255.255.255.0 10.4.0.1
[RTD]ip route-static 10.2.0.0 255.255.255.0 10.4.0.1
[RTD]ip route-static 10.3.0.0 255.255.255.0 10.4.0.1
```

在网络中配置静态路由时,要注意以下两点。

(1) 因为路由器是逐跳转发的,所以在配置静态路由时,需要注意在所有路由器上配置到达所有网段的路由,否则可能会造成某些路由器缺少路由而丢弃报文。

(2) 在配置静态路由时,下一跳地址应该是直连链路上可达的地址,否则,路由器无法解析出对应的链路层地址。

2. 静态默认路由的配置

默认路由也称为缺省路由,是在没有匹配路由表项时使用的路由,在路由表中,以 0.0.0.0/0 的路由形式出现。在路由器上合理配置默认路由,能够减少路由表中表项的数量,节省路由表空间,加快路由匹配速度。默认路由通常应用在末端网络中,末端网络仅有一个出口连接外部网络。例如,图 3.22 中,PC 和 Server 所在的网络就是末端网络,可以分别用一条默认路由代替上面的三条静态路由。

```
[RTA]ip route-static 0.0.0.0 0.0.0.0 10.2.0.2
[RTD]ip route-static 0.0.0.0 0.0.0.0 10.4.0.1
```

这样就实现了减少路由表中表项数量的目的。

3. RIP 路由的配置

复杂网络一般采用路由协议自动生成路由,无须人工维护,能够在网络拓扑变化时自动更新。以 RIP 协议为例,对如图 3.23 所示的网络进行 RIP 协议配置。

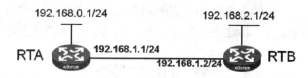

图 3.23 RIP 基本配置示例

配置过程如下。

```
[RTA] rip
[RTA-rip-1] network 192.168.0.0
[RTA-rip-1] network 192.168.1.0

[RTB] rip
[RTB-rip-1] network 192.168.1.0
[RTB-rip-1] network 192.168.2.0
```

在两台路由器的所有接口上使用 RIP,网络连通。

3.6.5 路由器的常见故障

排除路由器故障的基本方法,是沿着从源到目的的路径,查看路由器的路由表,同时检查路由器接口的状态。

1. 接口故障

（1）故障现象。路由器连接终端的物理接口指示灯不亮。

（2）故障分析处理。路由器用串口电缆、双绞线、光纤等连接终端后，要给此接口配置 IP 地址，正确配置后，路由器的物理接口指示灯会亮，表明物理接口正常。当发现路由器的物理接口指示灯不亮时，可以用 display interface 命令查看路由器此物理接口的状态。根据查看结果，发现此物理接口没有配置 IP 地址，原因是将此接口的 IP 地址配置到其他接口了。进行正确配置后，指示灯正常。

2. 链路层协议不匹配

路由器要正常工作，需要数据链路层的支持，一条链路两边的路由器要基于相同的数据链路协议才能正常工作。

（1）故障现象。网络不通。

（2）故障分析处理。以图 3.23 为例，进行 RIP 配置后，发现网络不通。通过检查接口信息，发现 RTA 连接 RTB 接口的数据链路层协议为 HDLC 协议，而 RTB 连接 RTA 接口的数据链路层协议为 PPP 协议，两个路由器基于的数据链路层协议不匹配，无法互通。应将两边的数据链路层协议改为一致。

3. 配置错误

路由器的配置要求较高，在确保接口和数据链路层正常的情况下，可以通过查看路由表检查路由信息，如果某路由没有在路由表中出现，则需要手动配置一些丢失的路由，或者排除一些动态路由选择过程中的故障。

（1）故障现象。网络不通。

（2）故障分析处理。在确保接口和数据链路层正常的情况下，通过查看路由表，检查路由信息，发现有路由缺失。将这些缺失的路由配置完成之后，网络互通。

复习思考题

(1) 机架与机柜有什么区别？
(2) 过流保护器和过压保护器一样吗？
(3) 简述集线器的工作原理。
(4) 集线器根据总线带宽，可以分为哪几种？
(5) 简述交换机的工作原理。
(6) 什么是链路聚合？链路聚合有什么特点？
(7) 什么是端口绑定？端口绑定有什么特点？
(8) 简述路由器的工作原理。
(9) 路由表由哪些要素构成？
(10) 路由表中的路由有几种来源？
(11) 配置静态路由时需要注意什么？
(12) 什么是默认路由？

第4章 综合布线系统工程设计

4.1 综合布线系统工程设计概述

4.1.1 工程建设概述

综合布线系统是建筑物或建筑群内部之间的传输网络。它能使建筑物或建筑群内部的语音和数据通信设备、信息交换设备、安防监控设备、建筑自动化管理设备及物业管理等系统之间彼此相连,也能使建筑物内的信息通信设备与外部的信息通信网络相连接,以实现共享信息资源及满足更高的需求,因此,综合布线系统是建筑物智能化必备的基础设施。

对于现代化的写字楼、综合办公楼及现代化智能社区来说,其信息传输通道系统(布线系统)已不仅仅要求能支持一般的语音传输,还应该能够支持各种网络协议及多种设备的信息互联通信,可适应各种应用的、灵活的、容错的组网方案。因此,一套开放的、能全面支持各种应用系统(如语音系统、数据系统、楼宇自控、保安监控等)的综合布线系统,是现代化楼宇中不可缺少的基础设施,并且可以满足各种不同的网络系统和通信系统应用的要求,包括:

◎ 模拟和数字的话音系统。
◎ 高速与低速的数据系统(1MHz~10GHz)。
◎ 传真机、图形终端、绘图仪等需要传输的图像资料。
◎ 电视会议及安全监控系统。
◎ 建筑物的消防和空调控制系统。

1. 综合布线系统的特点

综合布线系统具有如下特点。

(1) 实用性。

综合布线系统实施后,不但能满足当前通信技术的应用需要,而且也能满足未来通信技术的发展需要,即在系统中能实现语音和数据通信、图像及多媒体信息的传输。

(2) 灵活性。

综合布线系统能满足灵活应用的要求,即在任何一个信息插座上都能连接不同类型的终端设备,如个人计算机、可视电话机、可视图文终端、传真机、数字监控设备、楼宇控制设备及安全防范系统等。

(3) 模块化。

在综合布线系统中,除去敷设在建筑物内的铜缆或光缆外,其余所有接插件都是可扩展的标准件,以方便维护人员的管理和更换。

(4) 扩充性。

综合布线系统是可以扩充的,因为在设计时已考虑更高的应用,以便将来技术更新和发展时,很容易将设备扩充进去。

例如，随着技术的发展，信息交换对传输速度的要求会更高，这时，只需要更换高速的交换机即可，而不需要更换布线系统。

(5) 经济性。

综合布线系统的应用，可以降低用户重新布局或搬迁设备的费用，节省了搬迁的时间，还可降低系统维护费用。

因为，综合布线是一种星形拓扑结构，而这种星形结构具有多元化的功能，它可搭配其他种类结构的网络一起运行，例如总线型拓扑结构(Bus Topology)或是环状拓扑结构(单环或双环 Ring Topology)、星形拓扑结构等。只需在适当的节点上进行一些配线上的改动，即可将信号接入到任一结构上，而不需要移动缆线及设备。

2．综合布线系统的构成

由贝尔实验室于 20 世纪 80 年代初首创的结构化综合布线系统，是在传统布线方法上的一次重大革新，其线缆的传输能力百倍于旧的传输线缆，其接口模式已成为国际通用的标准，并把旧的各种标准兼容在内，因此，用户无须担心当前和将来的系统应用及升级能力。它采用了模块化结构，配置灵活，设备搬迁、扩充都非常方便，从根本上改变了以往建筑物布线系统的死板、混乱、复杂状况。

综合布线系统由以下 6 个子系统组合而成。

- ◎ 工作区子系统(Work Area Subsystem)。
- ◎ 水平配线子系统(Horizontal Subsystem)。
- ◎ 垂直干线子系统(Riser Backbone Subsystem)。
- ◎ 管理子系统(Administration Subsystem)。
- ◎ 设备间子系统(Equipment Subsystem)。
- ◎ 建筑群子系统(Building Subsystem)。

综合布线系统是利用双绞线和光缆将建筑群及建筑物内部的各种设备如计算机、网络设备、程控交换机及自动化控制系统等，通过设备间子系统、垂直干线子系统引到各楼层管理子系统，经跳线的跳接，由水平配线子系统传至终端设备。

综合布线的各子系统如图 4.1 所示。

(1) 工作区子系统(Work Area Subsystem)。

工作区子系统是由终端设备连接到信息插座之间的连线(或软线)和适配器构成的，其中包括装配软线、适配器以及连接所需的扩展软线。在某些终端设备与信息插座(TO)连线时，可能需要特定的适配器，使得连接设备的传输特点与布线系统的传输特点匹配起来，如模拟监控系统通常需要适配器连接设备。

(2) 水平配线子系统(Horizontal Subsystem)。

水平配线子系统由连接各办公区的信息插座至各楼层配线架之间的线缆构成，它将各用户区引至管理子系统。

(3) 垂直干线子系统(Riser Backbone Subsystem)。

垂直干线子系统由连接主设备间至各楼层配线架之间的线缆构成，一般采用光纤及大对数铜缆，将主设备间与楼层配线间用星形结构连接起来。

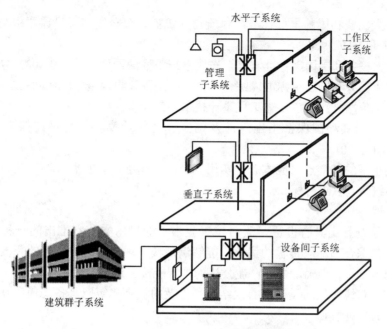

图 4.1 综合布线各子系统示意图

(4) 管理了系统(Administration Subsystem)。

管理子系统分布在各楼层的配线间内,管理各层或各配线区的水平和垂直布线。

(5) 设备间子系统(Equipment Subsystem)。

设备间子系统由主配线架及跳线构成,通过用户程控交换机,将计算机主机及网络设备连接到相应的垂直干线子系统上,对整个大楼内的信息网络系统进行统一的配置与管理。

(6) 建筑群子系统(Building Subsystem)。

建筑群子系统将一个建筑物中的电缆延伸到建筑群的另外一些建筑物中的通信设备和装置上。

3. 综合布线的要求

综合布线系统的可取之处,就在于该系统的先进性、使用的灵活性以及它的经济性。它是一种模块化的、灵活性极高的建筑物内或建筑群之间的信息传输通道。它既能使语音、数据、图像设备和交换设备与其他信息管理系统彼此相连接,也能使这些设备与外部相连接,例如外部网络、电信线路、外部应用系统等。

综合布线系统由相同系列(如超五类、六类、七类和屏蔽等)和符合规格的部件组成,包括传输介质、连接硬件(如配线架、连接器、插座、插头、适配器)以及电气保护设备等。整个系统不仅易于实施,而且能随需求的变化而平稳升级。

综合布线系统的设计应符合以下标准。

◎ 美国电子工业协会/通信工业协会 EIA/TIA 568 工业标准,以及国际商务建筑布线标准。
◎ 建筑通用布线标准 ISO/IEC 11801。
◎ 建筑布线安装规范 CENELECEN 50174。
◎ 电气及电子工程师学会的 IEEE 802 标准。

- ◎ 中华人民共和国邮电部标准：建筑与建筑群综合布线系统设计要求与规范 YD/T 926.1 和 YD/T 926.2。
- ◎ 中华人民共和国国家标准《综合布线系统工程设计规范》(GB 50311-2017)。
- ◎ 中华人民共和国国家标准《综合布线系统工程验收规范》(GB 50312-2017)。
- ◎ 市内电信网光纤数字传输工程设计技术规范。
- ◎ 中华人民共和国保密指南《涉及国家秘密的计算机信息系统保密技术要求》(BMZ1-2000)。

综合布线系统的基准点，应本着"实用、节约、先进、有发展余地"的设计原则进行设计，并使系统达到以下目标。

(1) 先进性。

综合布线系统是由具有世界一流科技试验水平的贝尔实验室推出的一种新型布线系统，该系统以其综合高品质传输的优势，能够满足楼宇现代化办公环境的需要，保证了信息传输的安全、可靠、准确、快捷，被公认为是智能楼宇建筑中最不可缺少的基础设施。

因此，综合布线系统的设计，必须结合所涉及的楼宇建筑应具备的使用功能，以保证整个系统设计的先进性。

(2) 实用性。

设计中应本着实事求是的原则，按照用户对布线系统的要求，并且针对楼宇或建筑群的特点，进行合理的系统组合，不盲目追求大而全，确保其实用性。

(3) 经济性。

在系统设计中，系统的性能与价格的比值，是衡量系统设计质量的一个重要指标。因此，在满足系统先进、实用的前提下，应当通过合理的设计，降低工程造价，用最初的安装花费来降低整个建筑永久的运行维护费用。

(4) 发展性。

综合布线系统作为智能楼宇的最基础，也是最重要的信息高速公路，其使用寿命通常有几十年，应该做到既能满足当今业务的需求，又能适应今后各种技术发展的需要。

4．综合布线系统对布线产品的选用

一个设计合理、实用、先进而又有发展余地的综合布线系统，其布线产品选用也是一个不可缺少的重要环节，应遵循以下原则。

(1) 兼容性。

综合布线系统是一套全开放式的布线系统，它应具有全系列的适配器，可以将不同厂商网络设备及不同传输介质的主机系统，经转换后在同一种传输介质上进行传送(如非屏蔽双绞线或屏蔽双绞线)，并能传输话音、数据、图像、视频、楼宇自控等信号。

(2) 灵活性。

所有信息系统采用相同的传输介质、物理结构采用星形拓扑布线方式，因此，作为公用信息通道，每条信息通道可支持电话、传真、用户终端、工作站等设备的应用，并且满足百兆、千兆及万兆带宽的应用。而所有设备的开通及更改，无须改变布线系统，只需增减相应的网络设备及做必要的跳线管理即可。系统组网也可灵活多样，甚至在同一房间内，可以实现多用户终端、总线、令牌环并存，各部门既可独立组网，又可方便地互联，为合理组织信息流提供了必要的条件。

(3) 可靠性。

综合布线系统应采用高品质的标准材料，通过压接方式，构成一套高标准信息通道，所有器件应通过 ISO 国际标准化组织及 UL、CSR 及 ATM 标准组织的认证，信息通道都要采用专用测试仪器检测线路阻抗及衰减等指标，以保证其电气性能。因为布线系统全部采用物理星形拓扑结构，所以，任何一条线路故障均不影响其他线路的运行，同时为线路的运行维护及故障检修提供了极大的方便，保障了应用系统的可靠运行。各子系统采用相同的传输介质，并使用同一厂商的端到端的产品，因而可互为备用，提高了备用冗余。

在进行综合布线系统设计时，应根据用户近期和远期的通信业务、计算机网络等需求，选用满足用户需求的线缆及相关的连接件。例如，若选用六类标准的布线系统，那么线缆、信息模块、配线架、跳接线及连接线等全部部件必须是六类产品，这样才能保证整个通道是六类标准的布线系统，才能保证传输通道的可靠性。如果采用屏蔽系统，则全部通道中的所有部件都应选用屏蔽的器件，而且应按设计要求做好接地，才能保证屏蔽效果。

(4) 先进性。

综合布线系统采用极富弹性的布线概念，采用光纤与双绞线(UTP、FTP)混合方式，极为合理地构成一套完整的布线系统。所有布线设计均采用世界最新通信标准，信息通道均按国际和国内布线标准采用八芯配置，对于重要部门，可支持光纤到桌面(FTTD)的应用，为将来的发展提供足够的容量。应达到"一次布线，20 年不落后"的目标。

(5) 标准化与售后服务。

综合布线是一种产业，有着自己的行业规范与标准，无论是哪一家布线厂商的产品，都应该是符合标准的产品。当然，所有的布线产品厂商都宣称自己的产品是符合国内外几乎所有标准的，这主要是因为这些标准相互之间是兼容的，如欧洲标准的某些部分就是在国际标准的基础上制定而成的；再者，随着设计水平、测试方法和加工工艺的不断提高，各布线厂商的产品都在推陈出新。可以说，符合标准已不是高要求了，而超标准已是目前的流行语。从这点来说，我们应该选择那些不但符合标准，而且性能更为优越、性价比更高的产品。这是应该首先考虑的一个方面。

此外，目前国内的大多数综合布线系统工程是由国外的综合布线系统厂商在中国的代理商、分销商或系统集成商设计、施工、安装完成的。因此，在建设综合布线工程时，所要考虑的不仅仅是所需产品的品牌，还应评估产品代理商或分销商、系统集成商在设计、安装及测试等方面是否具有足够的资质、实力和良好的业绩，是否具有良好的售后服务机制。

4.1.2　工程总体规划

1. 设计原则

综合布线系统是随着信息交换的需求而出现的一种产业，而国际信息通信标准是随着科学技术的发展，逐步修订、完善的，综合布线这个产业也是随着新技术的发展和新产品的问世，逐步完善而趋向成熟的，因此，在设计智能化建筑的综合布线系统时，提出并研究近期和长远的需求是非常必要的。目前，国际上各综合布线产品都只提出多少年质量保证体系，并没有提出多少年投资保证；为了保护投资者的利益，应采取"总体规划，分步实施，水平布线一步到位"的设计原则，以保护投资者的前期投资。从图 4.1 可以看出，建筑物中的主干线大多数都设置在建筑物弱电井中的垂直桥架内,更换或扩充比较容易;而水平布线是在建筑物的吊顶内或预埋管道里,施工费用高于初始投资的材料费,而且若需要更换水平线缆,就有可能会损坏建筑结构,影响整体美观。

因此,在设计水平配线子系统布线时,应当尽量选用档次较高的线缆及连接件(如选用 1000Mb/s 的水平双绞线),以保证用户在需要高速通信的时候,不需要更换更高性能的水平布线系统,进而保护了投资者的前期投资。

但是,在设计综合布线系统时,也一定要从实际出发,不可盲目追求过高的标准,以免造成浪费,使系统的性价比降低。因为科学技术的发展是日新月异的,很难预料今后科学发展的水平,所以,只要管道、线槽设计合理,更换线缆就相对比较容易。

2. 系统设计

综合布线系统是智能大楼建设中的一项技术工程项目,布线系统设计是否合理,直接影响到智能大楼中信息通信的质量与速度。

如图 4.2 所示为综合布线系统的设计流程(仅供参考)。

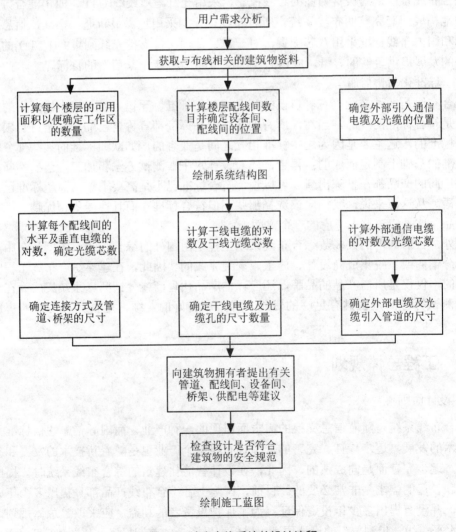

图 4.2　综合布线系统的设计流程

(1) 设计一个合理的综合布线系统工程，一般有7个步骤。
① 分析用户需求。
② 获取建筑物平面图。
③ 系统结构设计。
④ 布线路由设计。
⑤ 可行性论证。
⑥ 绘制综合布线施工图。
⑦ 编制综合布线材料清单。
具体设计中的细节，可用设计流程图来描述。

(2) 对于一个完善而合理的综合布线系统来说，在设计起始阶段，设计人员要做到如下几点。
① 评估用户的通信需求、计算机网络和其他控制系统的需求。
② 针对实际建筑物或建筑群的环境和结构，来评估安装设施。
③ 确定通信、计算机网络、楼宇控制所使用的传输介质。
④ 将初步的系统设计方案和预算成本通知用户单位。
⑤ 在收到最后合同批准书后，完成以下的系统配置、布局蓝图和文档记录：
◎ 电、光缆路由文档(施工图纸)；
◎ 布线材料及辅材文档；
◎ 电缆、光缆的分配及管理；
◎ 设备布局和接合细节；
◎ 电缆、光缆预算；
◎ 施工组织设计；
◎ 订货及到货信息。

如同任何一个工程一样，系统设计方案和施工图的详细程度将因工程项目复杂程度而异，并与可用资源及工期有关。设计文档一定要齐全，以便能检验指定的综合布线系统设计等级是否符合所规定的标准，并在验收布线系统时作为验收依据。

3. 综合管理

通过上述探讨可以说明，一个设计合理的、实用的综合布线系统，能把智能建筑内、外的所有设备互连起来。为了充分而又合理地利用这些线缆及连接件，可以将综合布线的设计、施工、测试及验收等资料采用数据库技术管理。这要求从工程建设开始就利用计算机辅助建筑设计技术，将建筑物的需求分析、系统结构设计、布线路由设计，以及线缆和相关连接件的参数、位置编码、链路及通道的电气性能测试数据等一系列的数据登录入库，使综合布线系统的配线管理成为智能建筑总管理数据库系统的一个子系统。

同时，邀请建设单位的技术人员组织并参与综合布线系统的规划、设计、施工及验收，以便于系统交工后的管理维护和应用。

4. 工程质量

根据对综合布线系统设计、施工的经验，要想将一个优化的综合布线设计方案最终在智能建筑中完美实现，工程组织和实施以及工程质量是十分重要的环节。鉴于此重要性，应注意以下几点。

(1) 进行科学设计，精心组织施工，实行规范化管理。所谓"管理"，是在保证材料品质、保证设计和保证安装工艺等方面有一整套严格的管理制度。

(2) 选择技术实力雄厚和工程经验丰富的公司来施工。一般正规的综合布线公司，必须拥有经验丰富的设计工程师及安装工程师，并有合格的测试仪器及测试规程。只有具备以上条件的公司，才能为用户提供一整套从布线系统设计到安装和测试的完整服务。

当然，真正重要的是，必须对系统集成商进行实力考察，参观系统集成商已完成的和正在实施的综合布线项目，并认真听取建设方的意见及评价。

(3) 最关键的一点，是用户本身必须真正从实际需求出发，首先对自己的综合性业务有所了解；然后根据自己的财力，再委托专业公司进行规划设计和研究，以防止竣工后实际系统性能和数量不够用或设计档次过高及过低，造成系统功能无法实施及浪费。

为避免上述情况的发生，用户可委托专业招标公司来完成招标的全过程，这也是一种较好的尝试。

4.1.3 工程总体设计

综合布线系统，必须依赖于建筑物的业主，以及设计单位的各种专业(包括建筑、结构、安装、暖通、强电等)人员的密切配合，才可能进行合理的设计以及获得完美的实现。

1. 用户信息需求调查及预测

综合布线工程设计的基础是用户对信息的需求，为此，可从两个方面考虑：一方面是从用户对该建筑或建筑群内部及外部的信息类型的需求考虑，例如语音通信、计算机网络、视频信号传输、楼宇自控、保安监控、因特网接入等信息需求；另一方面是从用户对该建筑或建筑群的各个楼层以及楼层内各个房间的使用功能、建筑面积等因素，并结合综合布线标准来预测用户的信息需求。综合以上两个方面，就能基本确定用户对该建筑或建筑群内部及外部信息的需求了。

对于用户信息需求调查和预测，可以从以下几点着手。

(1) 用户对语音通信的要求。一般在建筑物内的每个房间或办公室内，最少需要一个电话信息点，对于有特殊要求的房间或办公室(如领导办公室、销售部门、财务处(室)、保卫部门、监控、消防室等重要部门)，则需要2~3个电话信息点。

(2) 用户对计算机网络的需求。从目前国内计算机网络的发展及应用来看，办公自动化、视频会议和计算机辅助设计已成为建筑物内部数据通信的主要手段，因此，在建筑物内的每个房间或办公室内，应有2~4个数据信息点，或根据工作区数来确定信息点的数量。对于一些保密单位(如研究所、国防企业、部队、金融机构和政府部门等)，按保密法要求，需要内外网分离，所需要的数据信息点就会增加。

(3) 用户对楼宇自控、保安监控的需求。智能化楼宇在现代建筑中越来越多，楼宇自控及保安监控的传输控制信号也越来越多地依赖于综合布线系统的传输介质，以达到自动控制及图像传输的目的。因此，信息点的预留应根据楼宇自控、保安监控系统的要求进行综合考虑。

(4) 对于建筑物中的开放性办公室，应根据办公工位的数量进行信息点的设置，一般一个工位两个信息点(一个语音、一个数据)。

(5) 对于建筑物中的标准办公室,至少应需要两个信息点(一个语音、一个数据)。

(6) 如果不知道建筑物内房间的功能与用途,应根据用户提供的建筑物平面图,计算出每个楼层的面积,换算出工作区的数量,并根据综合布线系统设计标准中的规定(每 $10m^2$ 为一个工作区),换算出信息点(每工作区两个信息点)的数量。

综上所述,用户信息点的数量,是根据用户信息需求及建筑物的功能计算而来,这些信息点的数量是否合理,应反复与用户进行协商,最后作为综合布线系统的设计依据。

2. 综合布线系统工程设计的要点

综合布线系统的结构应是开放式的,它应由各个相对独立的部件组成,在改变、增加或重组其中的一个布线部件时,并不会影响其他子系统,这就是布线系统在结构上的开放性。将计算机与交换机设备通过布线系统相连,可组成计算机网络;将电话机与程控交换机设备通过布线系统相连,可组成电话通信网络;将摄像头与控制主机设备通过布线系统相连,可组成视频监控系统;将楼宇控制单元与控制主机设备通过布线系统相连,可组成楼宇自动控制系统等。换句话来说,综合布线系统能支持多种应用,如传输语音、数据、视频、控制等信号。但完成这些连接所用的设备(装置)不属于综合布线部分。

(1) 布线系统的构成。

综合布线系统采用的主要布线部件有下列几种。

◎ 建筑群配线架(CD)。
◎ 建筑群干线(电缆、光缆)。
◎ 建筑物配线架(BD)。
◎ 建筑物干线(电缆、光缆)。
◎ 楼层配线架(FD)。
◎ 水平电缆、光缆。
◎ 转接点(选用,TP)。
◎ 信息插座(IO)。

综合布线系统的基本构成如图 4.3 所示,其中显示了各部件的连接关系。

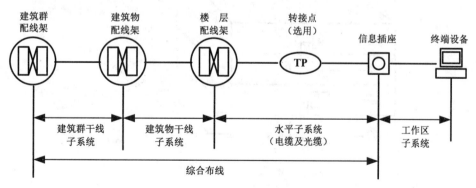

图 4.3 综合布线系统的基本构成

(2) 拓扑结构。

综合布线系统是一种分级星形拓扑结构。对于某一具体的建筑物或建筑群的综合布线系统,其子系统的设置种类和设置数量,依据建筑物或建筑群的相对位置、区域大小、信息插座的密度及通信网络的需求而定。

例如，一个布线区域仅含一栋建筑物，其主配线点就在该建筑物内部，这时，就不需要建筑群干线子系统。相反，对于一栋大型建筑物来说，其信息点的密度很高，也可以被看作是一个建筑群，可以具有一个建筑群干线子系统和多个建筑物干线子系统。这样就组成了如图 4.4 所示的综合布线分层星形拓扑结构，这种拓扑结构具有很高的灵活性，能适应多种应用系统的要求。

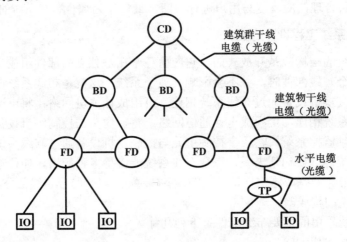

图 4.4　综合布线分层星形拓扑结构

(3) 布线部件的典型应用。

综合布线部件的典型应用如图 4.5 所示，配线架可以设置在设备间或配线间的标准机柜内。根据建筑物关于综合布线系统设计的安装方式及条件，布线系统的电缆及光缆可以敷设在管道、电缆沟、电缆垂直竖井、金属桥架、PVC 线槽、电缆托架等通道中，其设计和安装应符合国家有关标准及规范。

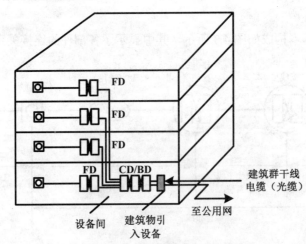

图 4.5　综合布线部件的典型应用

在综合布线系统中，允许将不同功能的布线部件组合在一个配线架中，这种配置在实际应用中是常见的。图 4.6 中，前面建筑物中的建筑物配线架和楼层配线架是分开设置的，而后面建筑物中的建筑物配线架和楼层配线架的功能是组合在一个配线架中，也就是通常所说的建筑物配线架兼作楼层配线架。

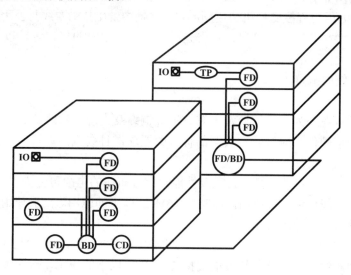

图 4.6　配线架功能组合

(4) 综合布线接口。

综合布线的接口可分为两类，一类为综合布线的内部接口，另一类为公用网的外部接口。这两类接口在建筑综合布线中是必不可少的。

① 综合布线内部接口。

在综合布线系统的每一个子系统的端部，都有相应的接口，用于连接相关的设备，以便组成不同功能的网络。例如，在配线架接口处接入网络交换机，在工作区信息插座处接入计算机，就可组成计算机网络。而配线架上应留有可以与外部业务连接的电缆、光缆的接口部件，其连接方式可以是卡接式或插接式。

外部引入点到建筑物配线架的距离，与设备间或用户程控交换机及网络交换机放置的位置有关，用户可在条件允许和不会产生干扰的情况下，把用户程控交换机及网络交换机放置在同一房间或同一楼层的相邻房间内。但在应用系统设计时，应将这部分的电缆及光缆考虑在内。如图 4.7 所示为综合布线的接口。

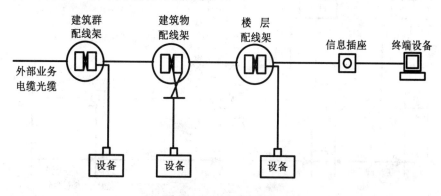

图 4.7　综合布线的接口

② 公用网接口。

为使用公用网业务，综合布线系统应留有与公用网连接的接口，以便建筑物内部使用公用网的信息，如用户程控交换机公用网的接口、帧中继(DDN)专线与公用网的接口、综合业务数字网(ISDN)与公用网的接口、宽带光纤接入与公用网的接口等，以上应用与公用网的接口应符合有关标准的规定。

(5) 布线系统的配置。

① 电缆。

综合布线的电缆分为水平铜缆及光缆、干线铜缆及光缆、软跳线、设备连接线缆。以上所有线缆及连接硬件都应符合有关产品标准的要求，且构成的通道应符合通道测试标准的有关要求。

根据双绞线电缆的特性阻抗(100Ω)及性能，综合布线的电缆可分为以下几类。

◎ 三类双绞线电缆：其传输性能支持 16MHz 以下的应用。一般使用在语音信息传输及低速数据传输的应用中。

◎ 四类双绞线电缆：其传输性能支持 20MHz 以下的应用。目前已不采用。

◎ 五类双绞线电缆：其传输性能支持 100MHz 以下的应用。一般使用在语音信息传输及数据传输的应用中。

◎ 超五类双绞线电缆：其传输性能支持 100MHz 及 622MHz 的 ATM 应用。一般使用在语音信息传输及高速数据传输的应用中。

◎ 六类双绞线电缆：其传输性能支持 1000MHz 以下的应用。一般使用在视频信息传输及超高速数据传输的应用中。

◎ 七类双绞线电缆：其传输性能支持 1GHz 以下的应用。一般使用在视频信息传输及密集型高速数据传输的应用中。

在综合布线设计中，设计工程师需要牢记的一点是：在一个布线通道中严禁使用不同类型的线缆及连接部件，因为标准规定在同一布线通道中使用不同类别的部件时，该通道的传输特性将由最低类别的部件决定。

② 布线系统的线缆长度。

综合布线系统的线缆长度包括水平配线子系统电缆及光缆的长度、干线子系统电缆及光缆的长度、工作区电缆的长度、设备跳线的长度。线缆的最大长度如图4.8所示。

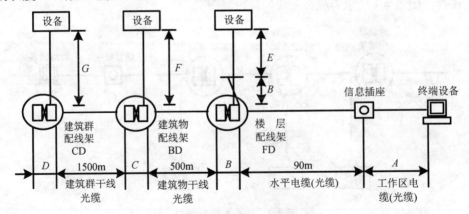

图 4.8　线缆的最大长度

A 表示工作区线缆；B 表示配线架跳线；C 表示建筑物配线架跳线；D 表示建筑群配线架跳线；E 表示楼层配线架设备跳线；F 表示建筑物配线架设备跳线；G 表示建筑群配线架设备跳线。

◎ 工作区线缆、配线架跳线和设备跳接软线的总长度 $A+B+E\leqslant10m$。
◎ 建筑物配线架和建筑群配线架中的跳线总长度 $C+D\leqslant20m$。
◎ 建筑物配线架和建筑群配线架中的设备软跳线总长度 $F+G\leqslant30m$。

在设计综合布线干线子系统时(包括建筑群干线子系统和建筑物干线子系统)，应根据以太网传输协议及用户对网络干线的传输需求，确定采用的干线子系统的传输介质。

表 4.1 列出了铜缆水平配线子系统的传输带宽与传输距离的对照，表 4.2 列出了光缆干线子系统的传输带宽与传输距离的对照(供设计参考)。

表 4.1 铜缆水平配线子系统的传输带宽与传输距离的对照

序 号	铜缆类型	传输带宽(Mb/s)	最大传输距离(m)
1	三类双绞线	10	90
2	超五类双绞线	100	90
3	六类双绞线	1000	90
4	七类双绞线	10000	90

表 4.2 光缆干线子系统的传输带宽与传输距离的对照

序 号	光缆类型	传输带宽(Mb/s)	波长(nm)	最大传输距离(m)
1	62.5/125 多模	100	850	2000
2	62.5/125 多模	1000	850	275
3	50/125 多模	1000	850	550
4	8.3/125 单模	100	1550	40000
5	8.3/125 单模	1000	1550	5000

③ 配线架。

综合布线系统的配线架是用来端接双绞线的一种布线部件。一般情况下，建筑物的每层楼设一组楼层配线架；当楼层的面积超过 $1000m^2$ 时，可增加一组楼层配线架；当某一层的信息点很少时(例如宾馆的大厅、标准客房、会议室等)，可不单独设置楼层配线架，与相邻楼层的配线架合并使用。

④ 信息插座。

信息插座应按照综合布线设计等级和用户需求设置，从目前综合布线的普及与使用情况来看，每个工作区宜设两个或两个以上信息插座。信息插座的安装方式一般为墙壁暗装、墙壁明装、地面暗装、静电地板下明装。无论哪种安装方式，其安装的位置要便于使用。

⑤ 配线间和设备间。

配线间内安装有配线架和必要的有源设备(如网络交换机)，配线间的位置应设置在建筑物的弱电竖井内，或靠近弱电竖井的房间内。

设备间是建筑物内放置电信设备(如用户程控交换机)及应用设备(如网络核心交换机、应用服务器等)的地方，设备间内需安装配线架(如光缆配线架、通信干线电缆配线架等)。

设备间的面积应大于配线间的面积，应有保证设备正常运行的环境。

⑥ 线缆保护。

建筑群干线电缆、干线光缆以及公用网和专用网的电缆、光缆，在进入建筑物时，都应引入保护设备或装置。这些引入电缆、光缆在经过保护设备或装置后，转换为室内电缆、光缆。引入设备或装置的设计与施工应符合国家、邮电、建筑等部门的有关标准。

⑦ 接地及其连接。

综合布线系统的接地及其连接应符合邮电部《工业企业通信接地设计规范》(GBJ 79-85)、国家标准《综合布线系统工程设计规范》(GB 50311-2017)的要求。在应用系统有特殊要求时，还要符合设备生产厂商的要求。

3. 综合布线系统设计等级

建筑物的类型很多，使用功能各异，但归纳起来有以下几类：专用办公楼——政府机关办公楼、金融(银行、证券、保险等)办公楼、科教(研究院、研究所、学校、医院等)办公楼；出售或出租的商住大楼——这种大楼根据使用者的需要进行二次装修；综合型建筑——这是集办公、金融、商业、会议、展览、娱乐于一体的多功能建筑；住宅楼——这是以生活起居为目的的多层及高层建筑。

为了满足现有的和未来的语音、数据和视频的需求，使布线系统的应用更具体化，可将其定义为 3 种不同的设计等级，即基本型、增强型和综合型综合布线系统。这些布线系统应能随需求的变化而转向更高功能的布线系统。

(1) 基本型设计等级。

这是一种价格最低的、经济有效的布线方案，能支持话音或综合型话音/数据产品，并能全面过渡到增强型或综合型设计等级中。

① 基本型设计等级的配置如下。
◎ 每个工作区有一个信息插座。
◎ 每个工作区有一条水平布线(4 对 UTP)。
◎ 完全采用 110A 交叉连接硬件——与未来附件设备兼容。
◎ 每个工作区的干线电缆至少有两对双绞线。

② 基本型设计等级的特色如下。
◎ 是一种富有价格竞争力的布线方案，能支持所有话音和高速数据应用。
◎ 每个工作区有一个信息插座，灵活性及功能有限。
◎ 如果使用卡接式配线架，需要技术人员管理。
◎ 经过认证，可支持所有语音和数据信号的传输。

(2) 增强型设计等级。

这是一种经济有效的布线方案，提供了更高的功能和扩展能力。它支持话音、数据和视频应用，能够过渡到综合型设计等级中。

① 增强型设计等级的配置如下。
◎ 每个工作区有两个或两个以上的信息插座。
◎ 每个信息插座均有独立的水平布线(4 对 UTP)。
◎ 卡接式交叉连接硬件。
◎ 每个工作区的垂直干线电缆至少有 3 对双绞线。

- ◎ 每个工作区建筑群干线电缆至少有两对双绞线。
- ② 增强型设计等级的特色如下。
- ◎ 每个工作区有两个或两个以上的信息插座，不仅灵活，而且功能齐全。
- ◎ 任何一个信息插座都可提供话音和高速数据应用。
- ◎ 如果需要的话，可利用模块化配线架进行管理。
- ◎ 是能为多厂商环境服务的经济有效的布线方案。
- ◎ 使用超五类产品及六类产品时，符合超五类及六类系统规范要求。

(3) 综合型设计等级。

它将光缆纳入建筑物综合布线系统。

① 综合型布线系统的配置如下。

- ◎ 在建筑群、干线或水平布线子系统配置 62.5μm/125μm、50μm/125μm 多模或 8.3μm/125μm 单模光缆。
- ◎ 在每个工作区有两个以上的信息插座。
- ◎ 工作区配备多媒体信息插座。
- ◎ 在每个工作区的干线电缆有 3 对双绞线。
- ◎ 每个工作区对应的干线光缆中推荐至少两芯光缆。

② 综合型设计等级的特色。

除了具备增强型系统的所有特色外，还具备以下特色。

- ◎ 在整个系统内通过光纤支持话音和高速数据应用。
- ◎ 提高了抗电磁干扰(EMI)能力。
- ◎ 通过光缆互连或交连器件，实现光缆用户自行管理。

4. 综合布线系统线缆的分级和类别

(1) 综合布线系统铜缆的分级。

根据中华人民共和国国家标准《综合布线系统工程设计规范》(GB 50311-2017)的规定，综合布线系统铜缆可分为 A、B、C、D、E、F 共六级，它明确规定了线缆的类别，并能支持向下兼容的应用，如表 4.3 所示。

表 4.3 布线系统铜缆的分级与类别

系统分级	支持带宽(Hz)	支持的应用器件	
		电缆	连接硬件
A	100k	—	—
B	1M	—	—
C	16M	三类	三类
D	100M	五类/超五类	五类/超五类
E	250M	六类	六类
F	600M	七类	七类

(2) 综合布线系统光纤的分级。

综合布线系统中的光纤信道分为 A 级光纤 300m(OF-300)、B 级光纤 500m(OF-500)和 C

级光纤 2000m(OF-2000)3 个等级,各等级光纤信道支持的应用长度分别不小于 300m、500m 和 2000m。

5. 布线系统等级与类别的选用

综合布线系统工程在设计时应考虑建筑物的功能、应用网络、业务需求、性能价格、现场安装条件等因素,在综合这些因素后,选择相应的布线等级与类别。

表 4.4 给出了布线系统等级与类别,设计工程师可根据实际情况选用。

表 4.4 布线系统等级与类别的选用

业务种类	配线子系统		干线子系统		建筑群子系统	
	等 级	类 别	等 级	类 别	等 级	类 别
语音	D/E	超五类/六类	C	三类大对数	C	三类室外大对数
数据	D/E/F	超五类/六类/七类	D/E/F	超五类/六类/七类(4 对)	—	—
	光纤	单模或多模	光纤	单模或多模	光纤	单模或多模
其他应用	其他应用是指监控摄像头、楼宇自控现场控制器(DDC)、门禁系统等采用网络端口传输数字信息时的应用					

4.1.4 工程类型

综合布线系统工程类型有两种,即非屏蔽系统与屏蔽系统。而综合布线从使用的材质区分,有两种系统类别,一种是使用非屏蔽双绞线与光缆构成的系统,另一种是使用屏蔽双绞线与光缆构成的系统。

北美标准、美国电子工业协会/通信工业协会 EIA/TIA 568、EIA/TIA 569 标准规定,综合布线系统主要采用非屏蔽双绞线(UTP)。而 1995 年出台的欧洲标准,则规定主要采用屏蔽双绞线(FTP 或 SCTP、STP 等)。国际标准化组织推出的 ISO 11801 标准则推荐按需选择。

随着综合布线系统的广泛应用,我国在多年的实践与应用中,不断地修订和完善自己的标准,并于 2017 年颁布了中华人民共和国国家标准《综合布线系统工程设计规范》(GB 50311-2017),明确规定了综合布线系统的类别、线缆的选用等。综合布线系统选用哪种类型,主要考虑的是外界对布线系统的干扰及用户对保密的要求。

1. 电磁干扰场强度的限值

中华人民共和国国家标准《综合布线系统工程设计规范》(GB 50311-2017)中对电场干扰强度的限值有明确规定:当综合布线系统的周围环境电磁干扰场强高于 3V/m 时,应采用保持一定距离或屏蔽防护的措施,以抑制外来的电磁干扰。

当外部干扰源十分靠近,或发出的频率落在接收频段上时,将产生影响。而当外部干扰达到了干扰水平后,系统就很难自我保护并排除这些干扰。主要外部干扰源有下列几种:电视发射机、无线电话发射机、雷达、移动电话、高压电线、雷击等。为确定外部干扰源的极限值,可进行一些测量,以了解干扰的数值。

对于 UTP 双绞线而言,干扰的场强的极限值根据《综合布线系统工程设计规范》(GB

50311-2017)中的规定：对于计算机局域网引入的 10kHz～600MHz 以下的干扰信号，其场强为 1V/m；对于 600M～25GHz 的干扰信号，其场强为 5V/m。在 GB 50311-2017 规范的 3.5.1 条中规定：综合布线区域内存在的电磁干扰场强高于 3V/m 时，宜采用屏蔽布线系统进行防护。

综合布线系统的传输速率越高，也就是说，传输信息的频率越高，综合布线系统所受到的同频干扰就越大。50M～100MHz 的范围为综合布线系统 D 级的传输频率，可为局域网提供 100Mb/s 的数据信息流，100M～1000MHz 的范围为综合布线系统 E 级的传输频率，可为局域网提供 1000Mb/s 的数据信息流。在这些频段内，如果形成同频干扰，就会直接影响计算机网络的正常工作，所以，应考虑这种干扰对网络的影响。1G～10GHz 的范围为综合布线系统 F 级的传输频率，可为局域网提供 10Gb/s 的数据信息流，而在这个传输频率中，只能采用屏蔽布线系统。这就是为什么七类系统是屏蔽布线系统的原因。

在高层建筑的综合布线系统设计中，如遇到邻近的大功率电台的同频干扰，选用何种传输介质，才能保证更高速率的信号在网络上传输？是采用 UTP、FTP 还是 STP，或者采用光缆作为传输介质呢？各有哪些利弊？应该遵循什么原则来设计综合布线系统，使其既能保证目前 100MHz、1000MHz 或 10GHz 传输带宽上信息的安全运行，又能将干扰信号控制在规定的范围内，同时也能使综合布线系统的造价更加经济合理？这些都是设计综合布线系统时的基本考虑因素。

在综合布线系统工程设计中，采用较多的是 D 级五类/超五类和 E 级六类主流产品，考虑水平线缆的电话数据的排列组合，去掉数据配置低于电话配置的情况，有如图 4.9 所示的几种方案。

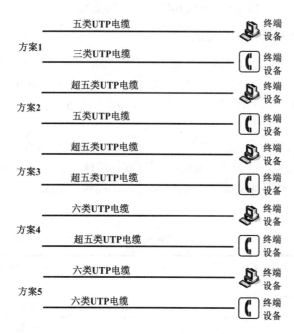

图 4.9　综合布线的电缆组成方案

电话网络与计算机网络采用两根相同类别的双绞线电缆，是为了不限制其使用用途，更适合多媒体网络应用。如果用户有要求，也可以采用电话网络低于计算机网络的配置。

2. 允许辐射干扰场强限制

对于计算机和办公设备等信息处理设备所产生的干扰，其最高允许值由一些标准、法规和法令做出了规定，如邮电部制定的邮电通信法第一百六十条中规定的允许辐射干扰场强限制最高值。

因为综合布线系统所采用的线缆是无源的，所以它的辐射干扰取决于所连接的设备。国际上对信息处理设备在 0.15MHz～1GHz 频率波段上的允许辐射限度做了规定。不同国家/地区控制电磁发射的规定不尽相同。

75M～200MHz 是与电视频段容易形成同频干扰的频段，在中国香港与欧洲标准 EN 55022 中规定最大辐射干扰强度为 40dBμV/m，而美国 FCC 标准规定最大辐射干扰强度可以达到 45dBμV/m，规定此条的目的，是对有源设备提出电磁兼容性要求。有源设备连接到网络后，在限值范围之内，可以免受别的有源设备的影响，也不会干扰网络中的其他设备，如图 4.10 所示。

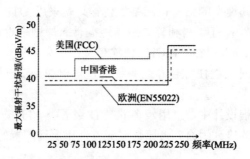

图 4.10 不同国家/地区控制电磁辐射的规定

3. 综合布线系统的环境干扰限值

周围环境的干扰信号场强或综合布线系统的噪声电平应低于下列规定。

(1) 对于计算机网络，CECS 72:97 标准规定引入的 10M～600MHz 干扰信号其场强低于 1V/m；对 600MHz～2.8GHz 的干扰信号，其场强低于 5V/m。而 GB 50311-2017 标准规定低于 3V/m。

(2) 对于电信终端设备，通过信号线、直流或交流电源等引入线，引入的射频 0.15M～80MHz 的干扰信号其强度低于 3V/m(幅度调制 80%，1kHz)。

(3) 对于具有模拟/数字终端接口的终端设备，提供电话服务时，噪声信号电平应符合表 4.5 的规定。

表 4.5 噪声信号电平限值(1)

频率范围(MHz)	噪声信号限值(dBm)
0.15～30	40
30～890	20(注)
890～915	40
915～1000	20(注)

注：噪声电平超过 40dBm 的带宽总和应小于 200MHz。

当终端设备提供音频接口时，噪声信号电平应符合表 4.6 的规定。

表4.6 噪声信号电平限值(2)

频率范围(MHz)	噪声信号限值(dBm)
0.15～30	基准电平
30～890	基准电平+20(注)
890～915	基准电平
915～1000	基准电平+20(注)

注：① 噪声电平超过基准电平的带宽总和应小于 200MHz。
② 基准电平的特征：1kHz 40dBm 的正弦信号。
③ ISDN 的初级接入设备的附加要求：在 10 秒测试周期内，帧行丢失的数目应小于 10 个。
④ 背景噪声最少应比基准电平小 12dBm。

(4) 综合布线系统的发射干扰波的电场强度应低于表 4.7 的规定。

表4.7 发射干扰波的电场强度

频率范围 \ 测量距离	A 类设备 30m	B 类设备
30M～230MHz	30dBμV/m	30dBμV/m
230MHz～1GHz	37dBμV/m	37dBμV/m

注：① A 类设备——第三产业；B 类设备——住宅。
② 较低的限值适用于降低频率的情况。
③ 表 4.7 的标准是对高频率通信设备的要求。

当干扰源信号或计算机网络信号的频率低于 100MHz 时，综合布线系统与其他干扰源的间距应符合如表 4.8 所示的要求。

表4.8 与其他干扰源的间距

其他干扰源	与综合布线接近状况	最小间距(cm)
300V 以下的电力电缆 ≤2kVA	与线缆平行敷设	13
	有一方在接地的线槽中	7
	双方都在接地的线槽中	(注)
300V 以下的电力电缆 2～5kVA	与线缆平行敷设	30
	有一方在接地的线槽中	15
	双方都在接地的线槽中	8
300V 以下的电力电缆 ≥5kVA	与线缆平行敷设	60
	有一方在接地的线槽中	30
	双方都在接地的线槽中	15
荧光灯、氩灯、电子启动器或交感性设备	与线缆接近	15～30
无线电发射设备 其他公用设备	与线缆接近	≥150
配电箱	与配线设备接近	≥100
电梯、变电室	尽量远离	≥200

注：① 双方都在接地线槽中，且平行长度≤10m 时，最小间距可以是 1cm。
② 电话用户存在振铃电流，不能与计算机网络在同一对绞电缆中使用。

当用户对系统无特殊保密要求时,系统发射指标符合表 4.7 的要求。

总之,在综合布线系统中,当计算机数据信号的传输频率大于 100MHz 时,空间电磁干扰源场强的极限值超过 3V/m 限值时,综合布线网络最大辐射干扰强度超过 $40dB\mu V/m$ 时,或者考虑保密要求,需要防止泄漏时,间隔距离达不到要求时,应采用屏蔽措施或采用屏蔽双绞线系统。屏蔽双绞线适合在有适度干扰的环境中高速进行数据传输,屏蔽双绞线符合电磁兼容性标准。当环境干扰源特别强时,采用光缆布线系统较好。但如果符合规定,就应该采用非屏蔽双绞线系统。

4.1.5　工程设计文件

1. 综合布线工程设计文件的编制原则

综合布线工程设计是自动化管理、办公自动化、通信网络等系统设计中的一项独立的内容,是为了适应信息通信网向数字化、综合化、智能化发展的要求,是基本建设过程中的重要环节。

在传统的楼内布线中,话音及数据系统采用各种不同类型的传输介质、配线插座以及接头等设备。例如,话音系统的用户交换机(PBX)通常采用普通对绞线,计算机系统采用双绞线或同轴电缆,监视系统采用同轴电缆等。由于各系统采用的传输介质和连接设备不同,话音及数据等系统设备的移动或升级换代,势必造成重新布线以及办公环境的重新规划。同时,由于各系统互不兼容,也使各系统的维护及管理变得非常复杂,需要投入相当多的人力和物力。

当使用综合布线系统时,计算机网络系统、电话交换机系统、楼宇控制系统、保安监控系统、图像传输系统等,可以使用一套由通用配件组成的配线系统,来完成上述各系统的信号传输工作。综合布线系统具有开放的结构,不再需要为不同的设备准备不同的电缆和复杂的线路标志及管理线路图表,而且,最重要的是,综合布线系统具有更大的适应性、开放性和灵活性,并且可以利用最低的成本,在最小的干扰下,进行工作区设备的重新安排与规划,并为以后的应用打下坚实的基础。

综合布线系统的设计文件编制原则,可归纳为下列内容。

(1) 综合布线系统设施的建设,应纳入建筑与建筑群相应的规划中。在土建等综合工程设计中,对综合布线系统的信息插座的安装,配线子系统、干线子系统的安装,配线间和设备间等,都要有规划。

(2) 综合布线系统工程设计对建筑与建筑群的新建、改建、扩建项目要区别对待。

(3) 综合布线系统应与大楼的办公自动化、通信自动化、楼宇自动化等系统统一规划,并按照各种信息传输的要求,做到合理使用,并且符合相关的标准。

(4) 综合布线系统工程设计时,应根据工程项目的性质、功能、环境条件和用户需求,进行综合布线系统设施和管线的设计。工程设计必须考虑综合布线系统的质量和施工及维护方便等因素。

(5) 综合布线系统工程设计中,必须选用符合国家及国际标准的定型产品。目前综合布线系统采用的器材大部分是国外的产品,但如果没有国内机构认定的有关手续及商检证明,则严禁在施工中使用。

(6) 综合布线系统工程设计,应符合国家、行业、协会等标准,也可以参考国外的新标准。

2. 设计阶段和要求

设计阶段和要求分两种情况:第一种是由承接工程设计单位来完成的,根据国家规定,由承接工程设计单位对整个工程的设计工作负全责;第二种是工程经过招投标程序,确定工程系统集成商及安装单位后,由安装单位承担工程的深化设计。深化设计阶段要在原设计单位指导下进行,而且深化设计的施工图要经过原设计单位会审确认。

(1) 设计单位承担的设计阶段和要求。

① 可行性研究报告或设计方案属于工程立项阶段的设计。综合布线系统工程属于整个工程不可分割的一部分,因此,应配合整个工程立项阶段的设计进行。在可行性研究报告或设计方案的文件中,要明确综合布线的主要技术原则,进行工程估算,计划投资额度等,构成综合布线系统工程的立项依据。

可行性研究报告或设计方案应该有概述、设计依据、设计范围及要求、综合布线选型、系统特性及功能、各子系统的叙述及设备间、楼层配线间、机房内设备、机柜等的安装,以及电源、防雷、接地等内容。

② 扩大初步设计、技术设计阶段属于细化设计阶段,其内容一般有工程背景、设计依据、设计规范、设计目标和原则、综合布线系统设计综述、电源接地及防火等要求,设备间、楼层配线间布置,对土建的工艺要求等。在扩大初步设计、技术设计阶段,应确定综合布线的技术方案原则,应用系统图、各信息插座的布置图、电缆桥架和管线的布置图。

③ 施工图设计阶段,其内容、文字说明可简明扼要,图纸内容要能指导施工实践。对电缆桥架及管线,要有明确的路由走向及尺寸,对信息插座要明确种类、数量及位置。

(2) 系统集成商进行的深化设计内容。

① 深化设计是安装单位进行的深化图纸设计。

② 深化设计是确定供货单位后进行的施工图纸设计。

③ 深化设计的最后交工图纸应具有下列内容。

◎ 信息插座布置及综合布线电缆、管线路由图。

◎ 信息插座点位图(信息插座编号)。

◎ 楼层配线间布置图。

◎ 配线架(柜)设备布置图。

◎ 信息插座在配线架上的布置图。

◎ 设备间(电话机房及计算机房)的布置图。

3. 综合布线的图纸设计

(1) 设计内容。

综合布线系统的设计分为两个基本内容,即系统设计和施工图纸设计。在综合布线系统设计中,主要进行系统的介绍和材料清单的确定,布线系统设计一般由系统集成商来完成。主要内容如下。

① 系统介绍及所采用系统的情况。

② 设计布线系统。

- ◎ 楼宇基本情况介绍。
- ◎ 设计思路。
- ◎ 信息点分布。
- ◎ 设备分布表。
- ③ 设备分布表包括以下内容。
- ◎ 水平配线子系统材料用量的确定。
- ◎ 垂直干线子系统干线材料用量的确定。
- ◎ 系统材料报价单。
- ◎ 系统实施及维护介绍。

(2) 系统图纸的设计。

① 综合布线系统图应包括以下内容。
- ◎ 工作区子系统：各层的插座型号和数量。
- ◎ 水平配线子系统：各层的水平电缆型号和数量。
- ◎ 干线子系统：从设备间配线架到楼层配线架的干线电缆型号和数量。
- ◎ 管理子系统：设备间配线架和楼层配线架所在的楼层、型号和数量。

② 系统图是全面概括综合布线系统全貌的示意图，在系统图中，应有如下要点。
- ◎ 总配线架、楼层配线架以及其他种类的配线架、光纤配线架的数量、类型。
- ◎ 水平电缆(屏蔽电缆、非屏蔽电缆)的类型和垂直电缆(光缆、大对数电缆)的类型。
- ◎ 主要设备的位置，包括电话交换机(PBX)和网络设备(网络交换机)。
- ◎ 垂直干线的路由。
- ◎ 电话局的电话进线位置。

图 4.11 所示为综合布线系统图。

③ 从系统图中可以看出以下几点。
- ◎ 主干系统语音传输采用双绞线，数据部分采用光纤。
- ◎ 水平配线子系统全部采用六类双绞线。
- ◎ 楼层配线架分别管理三层及二层。
- ◎ 根据保密要求，内外网分开。
- ◎ 电话与计算机房设在一个房间内，并且电话与外网在同一个配线架上。
- ◎ 设备间设在一层，并且设备间中的配线架同时兼作一层及二层的楼层配线架。
- ◎ 从图中的产品型号可以看出，采用的是康普公司的产品。
- ◎ 每层信息点数的多少。
- ◎ 光纤配线架、网络设备、楼层配线架的安装位置。
- ◎ 电话进线的位置及数量。

系统图的进一步完善建议由设计院和系统集成商在二次设计时共同完成。在图纸绘制过程中，文字标注建议采用如表 4.9 所示的方式。

(3) 施工平面图设计。

在设计前，应该明确系统采用的是非屏蔽还是屏蔽系统，采用哪个厂家的产品，以及楼层配线间的位置、信息点的数量及分布等信息，以便确定所需的预埋管道的管径，金属线槽的路由、规格及尺寸。有了以上信息，就可以进行平面施工图的设计了。设计中应注意的主要问题如下。

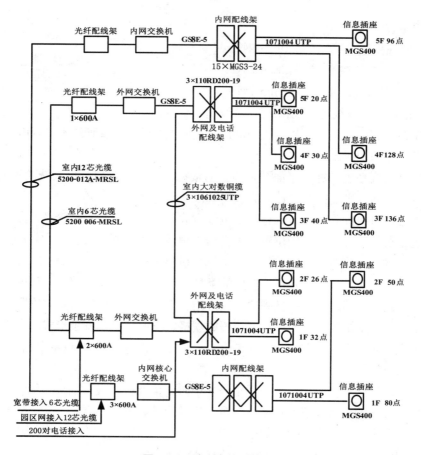

图 4.11 综合布线系统图

表 4.9 文字标注的方式

导线敷设方式的标注		敷设部位的标注		安装方式的标注	
文字符号	名 称	文字符号	名 称	文字符号	名 称
K	瓷片敷设	M	用钢索敷设	W	壁装式
PR	塑料线敷设	AB	沿梁或跨梁敷设	C	吸顶式
MR	金属线槽敷设	C	沿柱或跨柱敷设	FB	嵌入式
SC	穿焊接管敷设	WS	沿墙面敷设	DS	管吊式
MT	穿电线管敷设	CE	沿吊顶面敷设		
PC	PVC 管敷设	SCE	吊顶内敷设		
FPC	穿阻燃半硬聚氯乙烯管敷设	BC	暗敷设在梁内		
CT	用电缆桥架敷设	CLC	暗敷设在柱内		
PL	用瓷夹敷设	W	墙内敷设		
PCL	用塑料夹敷设	FR	地板或地面下敷设		
FMC	穿蛇皮管敷设	CC	暗敷设在屋面或顶内		
DB	直埋敷设				

① 确定预埋管径。
- ◎ 1～2 根双绞线穿 15～20mm 钢管。
- ◎ 3～4 根双绞线穿 20～25mm 钢管。
- ◎ 5～8 根双绞线穿 25～32mm 钢管。
- ◎ 8 根以上双绞线选用线槽。
- ◎ 单根 32mm 的钢管可用两根 20mm 钢管代替，所有金属管线不能以串联方式连接，必须分别走线。

② 综合布线系统的施工平面图是施工的依据，可以与其他弱电系统的平面图在同一张图纸上表示。通过平面图的设计，应该明确以下问题。
- ◎ 电话局进线的具体位置、标高、进线方向、进线管道数目、管径及线缆数量。
- ◎ 电话机房和计算机房的位置，由机房引出线槽的位置。
- ◎ 电话局进线到电话机房的位置，由机房引出线槽的位置。
- ◎ 每层信息点的位置、数量、插座的类型、安装标高、安装位置、预埋底盒的尺寸。
- ◎ 水平线缆的路由，由线槽到信息点之间管道的材料、管径、安装位置、安装方式。如果采用水平线槽，应该标明线槽的规格、安装位置、安装形式。
- ◎ 弱电竖井的数量、位置、大小，是否提供照明电源、220V 设备电源、地线，有无通风设施。
- ◎ 当管理单元设备需要安装在弱电竖井中时，需要确定设备的分布图。
- ◎ 弱电竖井的金属线槽的规格、数量、安装尺寸、安装位置。

③ 设计平面图时，需要考虑如下因素。
- ◎ 弱电线路避让强电、暖通设备、给排水设备。
- ◎ 槽的安装路由和安装位置应便于设备提供厂商的安装调试。
- ◎ 弱电图纸中的设计说明要包含电话线的情况，以及布线材料，还有设备的总体安装说明。

4.2 综合布线系统工程子系统的设计

4.2.1 工作区子系统的设计

1. 概述

在综合布线系统中，将一个独立的需要设置终端设备的区域称为一个工作区。综合布线系统中，工作区由终端设备及连接到水平配线子系统信息插座的连接线(或软跳线)等组成。

工作区的终端设备可以是电话机、计算机、网络打印机、数字摄像机等，也可以是控制仪表、测量传感器、电视机及监控主机等设备终端。工作区的连接线缆不是永久性的，是随终端设备的移动而移动的，但信息插座安装位置及数量应该进行设计、估算。如图 4.12 所示为工作区子系统的示意图。

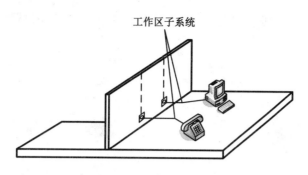

图 4.12 工作区子系统的示意图

2. 工作区信息点及插座数估算

在设计工作区信息点数量前,必须完成用户当前与未来的多种应用,以及对系统需求的分析。工作区信息点的数量确定应从两个方面考虑,一方面要根据建筑物的结构和用途来确定,另一方面应根据用户的信息需求来确定。

根据建筑物的平面施工图,我们首先可以估算出每个楼层的实际工作区域(不包括建筑物内的走廊、公用卫生间、楼梯、管道井和电梯厅等公用区域)的面积,然后再把所有楼层的工作区域的面积相加,就可计算出整个建筑的工作区域的总面积,然后就能估算整个建筑的信息点数量:

$$Z = S \div P$$

其中,Z 为整个建筑工作区信息点总数量;S 为建筑物实际工作区域的面积;P 为单个办公区的面积,一般取 5~10m²。

另外,一栋大中型建筑从土建施工到交付使用一般需要 1~2 年的时间,在这段时间里,新技术、新应用还会不断出现。考虑到这种因素的存在,以及我们所完成的布线项目的实际情况,建议在确定信息点数量后,再增加 2%~3% 的余量,作为估算的信息插座数。

3. 工作区连接件

工作区连接件包括由终端设备连接到信息插座的连线(或软跳线,如图 4.13 所示)、适配器(如图 4.14 所示为视频适配器)及扩展软线(如图 4.15 所示)。

在有些终端设备(如模拟视频信号)与信息插座连接时,可能需要特定的设备,其目的是把连接设备的传输特性与非屏蔽双绞线或屏蔽双绞线布线系统的传输特性匹配起来,通常,称这种特定的设备为适配器型设备,简称适配器。适配器是一种应用于工作区,完成水平电缆和终端设备之间良好电气配合的接口设备(或器件)。

目前,综合布线用的适配器种类很多,还没有统一的国际标准,但各供应商的产品可以相互兼容。应根据应用系统的终端设备,选择适当的适配器。工作区适配器的选用应符合下列规定。

(1) 设备的连接插座应与连接电缆的插头匹配,不同的插座与插头之间互通时应加装适配器。

(2) 在连接不同种类的信号设备时,如数模转换、光电转换、数据传输速率转换等相应的装置,应采用适配器,如图 4.16 所示。

(3) 对于网络规程的兼容,应采用协议转换适配器。

(4) 各种不同的终端设备或适配器均应安装在工作区的适当位置，并应考虑现场的电源与接地。

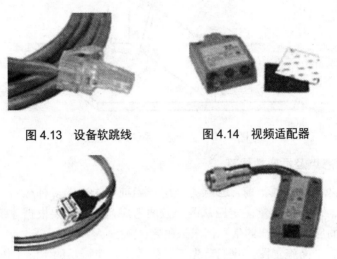

图 4.13　设备软跳线　　　　图 4.14　视频适配器

图 4.15　扩展软线　　　　　图 4.16　接口适配器

4.2.2　水平配线子系统设计

1. 概述

水平配线子系统由连接各工作区的信息插座模块、信息插座模块至各楼层配线架之间的电缆和光缆、配线间的配线设备和跳线等组成，水平配线子系统如图 4.17 所示。

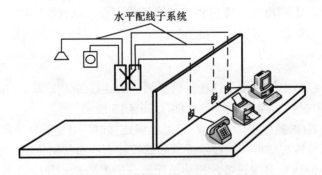

图 4.17　水平配线子系统

水平配线子系统的设计涉及水平布线子系统的传输介质及组件的集成。水平配线子系统的传输介质包括铜缆和光缆，组件包括 8 针脚模块插座以及光纤插座，它们被用来端接工作区的铜缆和光缆。水平配线子系统的设计步骤如下。

(1) 根据用户对建筑物综合布线系统提出的近期和远期的设备需求确定设备的类型和数量。

(2) 根据建筑物建筑平面图，确定建筑物信息插座的数量、类型及安装位置。

(3) 确定每个布线区的电缆类型及计算电缆长度。

(4) 确定每个布线区的布线方式及布线路由图。

(5) 为确定的水平配线子系统订购电缆和其他材料。

水平配线子系统的电缆宜采用 4 对双绞线作为传输介质，包括非屏蔽双绞线和屏蔽双绞线(在干扰源很强及保密要求极高的场合中使用)。但在某些需要高速率数据交换(如设计部门、企业服务器等)的地方，可采用光纤作为传输介质，也就是通常所说的光纤到桌面(FTTD)。

根据综合布线系统的要求，水平配线子系统的电缆(或光缆)应在配线间或设备间的配线装置上进行连接，以构成语音、数据、图像、建筑物监控等系统，并通过配线管理子系统进行管理。

为适应新技术的发展，建议水平配线子系统的传输介质双绞线采用超五类或六类以上铜缆及相应的信息模块，把光缆到桌面作为选项。

2. 水平配线子系统的连接方式

综合布线系统从整体布局上来看，是分级星形拓扑结构，当然，水平部分在应用上有所区别。例如，在语音应用中，电缆的连接方式是星形结构；但在计算机网络应用中的拓扑结构并不一定是星形结构的，它可以通过在水平配线架上的跳接，来实现各种网络结构的应用。因此，水平布线应采用星形拓扑结构，线缆连接有直通及交叉等方式，如图 4.18 所示。

从图 4.18 中可以看出，水平配线子系统的线缆一端与工作区的信息插座端接，另一端与楼层配线间的配线架连接。在水平配线子系统中，可以设置集合点(CP)，也可以不设置集合点，但无论是否设置集合点，水平配线子系统的电缆长度都不应超过 90m。

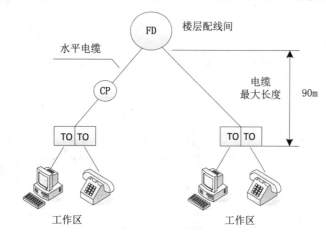

(a) 水平布线应采用星形拓扑结构

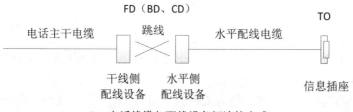

(b) 电话线缆与配线设备间连接方式

图 4.18　水平配线系统线缆连接方式

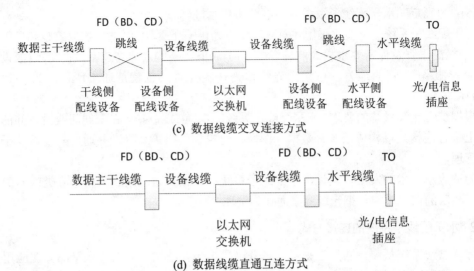

图 4.18 水平配线系统线缆连接方式(续)

3. 信息插座

信息插座是工作区终端设备与水平线缆连接的接口。也就是说，每根 4 对双绞线电缆必须全部终接在工作区的 8 针模块化信息插座上。

综合布线系统可以采用不同传输类型的信息插座和接插线，这些信息插座和接插线是相互兼容的。如在工作区用带有 8 针插头(通常所说的 RJ-45 连接头)的连接线，可连接终端设备；如在工作区用带有 4 针插头(通常所说的 RJ-11 连接头)的连接线，可连接电话机及带有 4 针插头的终端设备。但对于有特殊要求的终端设备，需有适配器才能与信息插座连接。

典型的水平配线子系统布线和工作区终端设备的连接如图 4.19 所示。

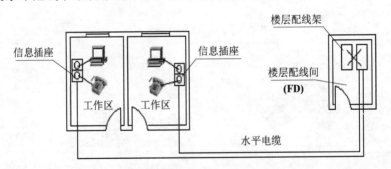

图 4.19 终端设备与水平布线的连接

8 针模块化信息插座是为综合布线推荐的标准信息插座,它的 8 针结构提供了支持语音、数据、图像或三者的组合所需的灵活性。

每个工作区至少要配置一个安装信息插座的插座盒，以便安装单孔或双孔信息插座；对于信息流量较大的工作区，应增加信息插座的插座盒。

信息插座的类型有多种，其安装方式也各不相同。按安装方式分，有嵌入式(暗装)和表面安装式(明装)两种。通常，在新建筑物中应采用嵌入式信息插座，而已有的建筑物宜采用表面安装式信息插座，也可采用嵌入式信息插座。

按信息插座的性能差别，又有多种类型可供选择，如图 4.20 所示。

(a) 六类信息模块

(b) 超五类信息模块

(c) 六类屏蔽模块

(d) 多媒体信息模块

图 4.20 常用的信息插座模块

① 三类信息插座模块。
◎ 支持 16Mb/s 信息传输，适合语音及低速数据应用。
◎ 标准 8 位/8 针信息模块，可装在配线架或工作区插座盒内。
◎ 符合 ISO/IEC 11801 及 TIA/EIA 568 关于三类通道连接件的要求。
② 五类信息插座模块。
◎ 支持 100Mb/s 及 ATM 155Mb/s 信息传输，适合语音、视频及中速数据应用。
◎ 标准 8 位/8 针信息模块，可装在配线架或工作区插座盒内。
◎ 符合 ISO/IEC 11801 及 TIA/EIA 568 关于五类通道连接件的要求。
③ 超五类信息插座模块。
◎ 支持 100Mb/s 及 ATM 622Mb/s 信息传输，适合语音、视频及高速数据应用。
◎ 标准 8 位/8 针信息模块，可装在配线架或工作区插座盒内。
◎ 符合 ISO/IEC 11801 及 TIA/EIA 568 关于超五类通道连接件的要求。
④ 六类信息插座模块。
◎ 支持 1000Mb/s 信息传输，适合语音、视频及高速数据应用。
◎ 标准 8 位/8 针信息模块，可装在配线架或工作区插座盒内。
◎ 安装方式有 45°和 90°。
◎ 符合 ISO/IEC 11801 及 TIA/EIA 568 关于六类通道连接件的要求。
⑤ 七类信息插座模块。
◎ 支持 10Gb/s 信息传输，适合视频及高速数据应用。
◎ 标准 8 位/8 针信息模块，可装在配线架或工作区插座盒内。
◎ 安装方式有 45°和 90°。
◎ 符合 ISO/IEC 11801 及 TIA/EIA 568 关于七类通道连接件的要求。
⑥ 屏蔽插座信息模块。
◎ 屏蔽插座信息模块分为超五类及六类两种。

- ◎ 支持 100Mb/s 及 1000Mb/s 信息传输，适合语音、视频及高速数据应用。
- ◎ 标准 8 位/8 针信息模块，可装在配线架或工作区插座盒内。
- ◎ 符合 ISO/IEC 11801 及 TIA/EIA 568 关于屏蔽通道连接件的要求。

⑦ 光纤插座(FJ)模块。
- ◎ 支持 100Mb/s 及 1000Mb/s 信息传输，适合高速数据及视频应用。
- ◎ 光纤信息插座有单工、双工两种，连接头类型有 ST、SC 及 LC 三种。
- ◎ 可装在配线架或工作区插座盒内。
- ◎ 符合 ISO/IEC 11801 及 TIA/EIA 568 关于光纤通道连接件的要求。
- ◎ 现场端接或熔接。

⑧ 多媒体信息插座。
- ◎ 支持 100Mb/s 及 1000Mb/s 信息传输，适合高速数据及视频应用。
- ◎ 可安装 RJ-45 插座或 SC、ST、LC 和 MIC 型等耦合器。
- ◎ 有带铰链的面板底座，可满足光纤弯曲半径要求。
- ◎ 符合 ISO/IEC 11801 及 TIA/EIA 568 关于铜缆及光纤通道连接件的要求。

综合布线系统信息模块的接线方式是保证整个系统传输特性的基础。符合 ISO/IEC 11801 及 TIA/EIA 568A 标准的 RJ45 模块接线方式有两种，即按 T568A 和 T568B，如图 4.21(a)、(b)所示。其中：G(Green)表示绿；BL(Blue)表示蓝；BR(Brown)表示棕；W(White) 表示白；O(Orange)表示橙。两种接线方式的区别是线对 2 和线对 3 的接法正好相反。在综合布线系统工程一个链路中，只允许一种接线方式(T568A 或 T568B)，其中包括配线架的端接方式。

七类布线 4 对对绞电缆与非 RJ45 模块终接时，应按线序号和组成的线对进行卡接，如图 4.21(c)、(d)所示。

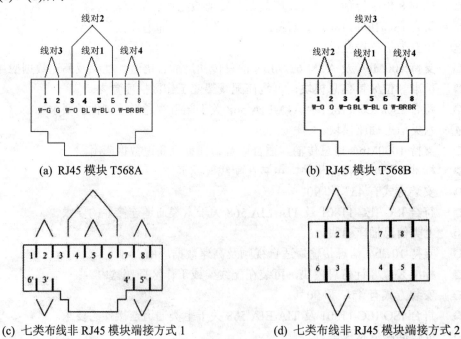

图 4.21　信息插座模块连接图

例如，按照 T568B 接线方式，信息插座引针(脚)与双绞线对的分配如表 4.10 所示。

表 4.10 信息插座引针(脚)与双绞线对的分配

水平布线	信息插座	工作区布线
4 对 UTP 电缆	8 针模块化插座	工作区软跳线 至终端设备

在综合布线系统中，不同的终端应用，所需要的线对数是不同的。对于模拟式语音终端，标准是将触点信号和振铃信号置于信息插座引针的 4 和 5 上(蓝线对)，100 兆数据信号通过插针 1、2、3 和 6 传输数据信号(橙线对和绿线对)，千兆及以上数据信号则需要通过全部 4 对线对传输。

4. 水平配线子系统的线缆

水平配线子系统的线缆是信息传输的介质，按类型，可分为铜缆和光缆两类。而铜缆可分为 4 对铜缆、大对数铜缆(25 对、50 对、100 对)，光缆可分为多模光缆(62.5μm/125μm、50μm/125μm)和单模光缆(9μm/125μm)。

选择水平配线子系统的线缆时，要依据建筑物信息的类型、容量、带宽、传输速率和用户的需求来确定。在水平配线子系统中，推荐采用的铜缆及光缆的类型如下。

◎ 100Ω双绞线，其中有 4、25、50 和 100 对双绞线。
◎ 62.5μm/125μm 多模光纤(Multi Mode Fiber)。
◎ 50μm/125μm 多模光纤(Multi Mode Fiber)。
◎ 9μm/125μm 单模光纤(Single Mode Fiber)。

在水平配线子系统中采用双绞线电缆时，根据需求，可选用非屏蔽双绞线电缆或屏蔽双绞线电缆，也可以采用铜缆和光缆混合方式。随着电子技术的发展，应用系统的设备输出端口都已使用标准接口，如 RJ-45 插座。

下面推荐几种水平配线子系统传输介质选用的解决方案。

(1) 铜缆解决方案。
① 三类解决方案。

三类双绞线的带宽局限在 16MHz 以下，这样就限制了三类铜缆只能使用在低速的应用中。三类铜缆不能保证高速的数据应用，所以一般只用在电话信息传输中。

② 超五类解决方案。

超五类双绞线的带宽为 100MHz 以下，是在 1996 年推出的产品。超五类铜缆能够提供高性能的传输，可适应发展的需要，所以一般用在数据、视频信息传输中。

③ 六类解决方案。

六类双绞线的带宽为1000MHz以下，可组成高性能的布线系统，并能提供最高电气传输性能，同时，也能提高布线系统的灵活性和保障将来的应用，所以，用在高速数据应用、视频应用、数字监控系统等信息量较大的应用中。六类铜缆水平布线子系统将成为综合布线系统的主流传输介质。

④ 七类解决方案。

七类双绞线是ISO 7类/F级标准的一种双绞线，主要为了适应万兆位以太网技术的应用和发展，而且是一种屏蔽双绞线，可提供至少500MHz的综合衰减对串扰比和600MHz的整体带宽，传输速率可达10Gb/s，适用于高速数据、视频传输应用。

⑤ 屏蔽解决方案。

屏蔽双绞线铜缆，一般使用在电磁干扰较大以及数据保密要求比较高的应用中，如政府部门、部队指挥中心、航空航天监测控制以及国防科研等单位。

(2) 光纤解决方案。

① 多模光缆解决方案。

多模光缆可分为两种，一种是62.5μm/125μm的光缆，可支持高达2~5Gb/s的应用，其支持的速率与距离有关，是保证目前及未来应用的光纤到桌面的解决方案，在光纤单点管理系统中，这种类型的光缆水平布线距离不要超过300m。另一种是50μm/125μm的光缆，它的模式带宽比普通62.5μm/125μm光缆的高，可以支持10Gb/s的应用，主要用于楼内主干，也可用在水平配线子系统中。多模光缆作为水平配线子系统的传输介质，主要是为了很好地支持诸如CAD/CAM或图像等高速应用。

② 单模光缆解决方案。

9μm/125μm单模光缆可以支持更为高速的应用，因为支持单模光缆的有源设备价格较高，所以较少应用在水平配线子系统中的光纤到桌面。

如图4.22所示为几种常用的水平配线子系统的电缆和光缆。

另外，在水平配线子系统电缆的选型中，应针对建筑物的不同防火法规，选择相应等级的水平配线子系统电缆。

5. 水平布线模型及电缆用量估算

(1) 水平配线子系统布线模型。

从网络信息传输的可靠性的角度考虑，水平配线子系统的电缆最大长度为90m，这段长度是指楼层配线架上互联设备端口到信息插座之间的电缆长度，如果需要的布线长度超过90米，应加入有源设备，例如集线器、交换机等。另外，10m分配给工作区电缆、设备电缆和楼层配线架上的接插线或跳线。其中，接插线或跳线的长度不应超过5m。

ISO互连信息插座水平布线模型如图4.23所示。

图4.23中给出了电缆长度与配对接头的位置，水平双绞电缆链路包括不大于90m的水平电缆及两个与电缆类别相同的接头，并且给出了通道的最大长度100m。

ISO交叉连接信息插座的水平布线模型如图4.24所示，图中给出了电缆长度和配对接头的位置，水平双绞电缆链路包括不大于90m的水平电缆、不大于5m的接插软线(或跳线)及三个与电缆类别相同的接头，并且给出了通道的最大长度100m。

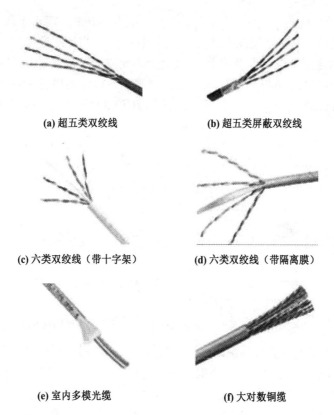

(a) 超五类双绞线　　　　(b) 超五类屏蔽双绞线

(c) 六类双绞线（带十字架）　　(d) 六类双绞线（带隔离膜）

(e) 室内多模光缆　　　　(f) 大对数铜缆

图 4.22　水平配线子系统常用的电缆和光缆

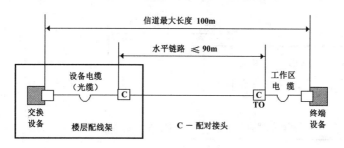

图 4.23　ISO 互联信息插座的水平布线模型

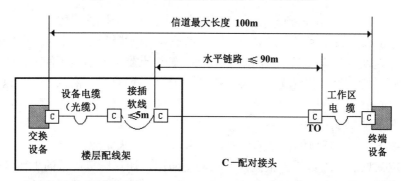

图 4.24　ISO 交叉连接信息插座的水平布线模型

在水平配线子系统的布线中,有时会需要中间转接点(CP),而对于转接点的定义是:水平布线中介与通信间(或楼层配线间)和工作区信息插座间的互联连接硬件。并且规定:CP作为信道中的附加连接,只允许有一个;在CP处不允许交叉连接,否则将会加入两个连接;而且要求通信间和CP之间应至少有15m的距离限制,以保证串音干扰(NEXT)符合规范标准,也就是通常所说的15米法则。ISO互连转接点(CP)到信息插座的水平布线模型如图4.25所示。

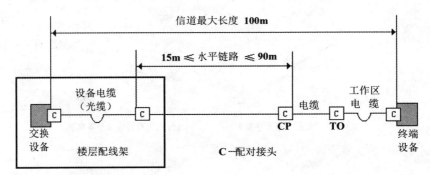

图4.25 ISO互连转接点(CP)到信息插座的水平布线模型

图4.25中给出了电缆长度与配对接头的位置,水平双绞电缆链路包括不大于90m且不小于15m的水平电缆及三个与电缆类别相同的接头,转接点到信息插座中间的电缆采用实心铜缆,并且给出了通道的最大长度100m。

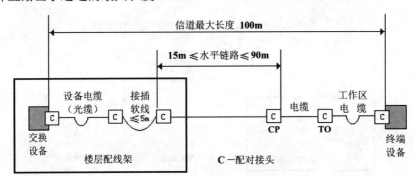

图4.26 ISO交叉连接转接点(CP)到信息插座的水平布线模型

ISO交叉连接转接点(CP)到信息插座的水平布线模型如图4.26所示。

图中给出了电缆长度与配对接头的位置,水平双绞电缆链路包括不大于90m且不小于15m的水平电缆及4个与电缆类别相同的接头,转接点到信息插座中间的电缆采用实心铜缆。标准规定,在一个水平通道中,最多有4个连接,但有些厂商的产品可以允许最多6个连接,而性能指标符合标准(如康普公司)。并且给出了通道的最大长度100m。

(2) 水平布线电缆用量的估算。

水平配线子系统布线电缆用量的估算,可由以下步骤来完成。

① 确定信息插座的数量。根据建筑物的平面图,计算出每层楼的工作区数量,在充分考虑用户对综合布线系统信息量的需求后,决定该建筑物所采用的设计等级,估算出整个建筑物信息点的总数。

② 确定水平配线子系统的布线路由。要根据建筑物的用途、建筑物平面设计图、楼层配线间的位置及楼层配线间所服务的区域、转接点的位置、水平配线子系统的布线方式以及信息插座的安装位置,来设计水平配线子系统的布线路由图。

③ 确定水平配线子系统的线缆类型。综合布线设计的原则,是向用户提供支持语音、数据传输、视频图像应用的传输通道。按照水平配线子系统对电缆及长度的要求,在水平区段,即楼层配线间到工作区的信息插座之间,应优先选择 4 对双绞电缆,在配线间与转接点之间,最好也选用 4 对双绞电缆。因为水平电缆不易更换,所以在选择水平电缆时,应按照用户的长远需求,配置较高类型的双绞电缆。

④ 水平电缆用量的估算。
◎ 确定布线方法及路由。
◎ 确定楼层配线间和二级交接间所服务的区域。
◎ 确认离楼层配线间距离最远的信息插座位置的最长电缆走线(A)。
◎ 确认离楼层配线间距离最近的信息插座位置的最短电缆走线(B)。
◎ 按照可能采用的电缆路由,测量每个最长及最短连接电缆的走线距离,计算平均电缆长度 $AL=(A+B)/2$。
◎ 计算上下浮动电缆长度 $S=AL×10\%$。
◎ 确定配线间端接容差(C,一般取 6m)。
◎ 确定工作区落差长度(D)。
◎ 计算每个服务区域(配线间)的总平均电缆长度 $T=AL+S+C+D$。
◎ 计算每箱电缆走线数(布放信息点数)$N=305(m)÷T$(305m 为每箱双绞线的长度)。
◎ 计算每个服务区域的电缆用量(箱)$M=H÷N$(H 为服务区域的信息点数)。
◎ 填写水平配线子系统设计用电缆工作单(如表 4.11 所示)。

表4.11 水平配线子系统设计用电缆工作单(仅供参考)

服务区序号	服务区域点数 H	最长电缆走线 A	最短电缆走线 B	平均电缆长度 AL	浮动电缆长度 S	配线间端接容差 C	工作区落差长度 D	总平均长度 T	电缆走线数 N	服务区电缆用量 M

◎ 建筑物水平配线子系统总用线量为每个服务区域用线量的总和。
⑤ 建筑物水平配线子系统双绞线电缆估算举例。
◎ 设建筑物中服务区域的信息插座数为 $H=200$ 个。
◎ 水平配线子系统的布线路由及参数如图 4.27 所示。

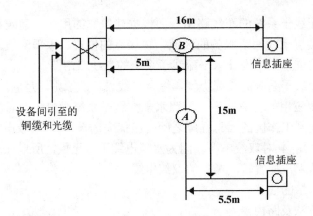

图 4.27　水平配线子系统布线用量的估算方法

A=5m+15m+5.5m=25.5m。

B=16m。

平均长度 AL=(A+B)/2=20.75m。

10%浮动电缆 S=AL×10%=2.75m。

端接容差 C=6m。

工作区落差 D=4.5m。

总平均长度 T=AL+S+C+D=34m。

每箱电缆走线数 N=305m÷T=8.9(取 9 个信息点)。

服务区域信息点数 H=200(个)。

服务区域电缆用量：M=H÷N=22.2(箱)。

取整为：该服务区域水平配线子系统用双绞电缆量为 22 箱。

(3) 水平电缆的订购。

电缆类型的选择是由布线环境决定的，而 4 对双绞电缆可分为非屏蔽双绞电缆和屏蔽双绞电缆两种，并且分别按阻燃、非阻燃分类。

目前，国际与国内生产的双绞线长度不等，一般为 90m～5km。另外，双绞电缆以箱为单位订购，并有两种装箱形式，一种是卷盘形式，一种是卷筒形式。每箱的电缆长度为 305m(1000ft)，如有特殊需求，可按需要的长度订购。在设计综合布线系统时，一定要清楚电缆的型号、订货信息、数量及供货周期等信息，以确保安装后的布线系统能够达到设计要求。

6. 水平配线子系统的布线方式

水平布线是将电缆从配线间连接到工作区的信息插座上，这对于综合布线系统设计工程师来说，就是要根据建筑物的结构特点、用户的需求、布线路由最短、工程造价最低、施工方便以及布线规范等诸多方面进行考虑，才能设计出合理的、实用的布线系统。

在新的建筑物中，所有的管道和电缆都是预埋的(包括强电电缆、楼宇控制电缆、消防电缆、保安监控电缆、有线电视电缆等)，所以，建筑物中的预埋管道比较多，往往要遇到一些具体问题，在综合布线系统设计时，应与相应的专业设计人员相配合，选取最佳的水平布线方式。

水平配线子系统的布线方式一般可分为三种：直接埋管方式；吊顶内线槽和支管方式；适合大开间的地面线槽方式。其他布线方式都是这三种方式的改良型和综合型。

(1) 直接埋管方式。

直接埋管布线方式是在土建施工阶段预埋金属管道在建筑物的结构层里，如图 4.28 所示。这些金属管道由楼层配线间向信息插座的位置辐射，根据通信布线的要求，以及地板厚度和占用地板空间等条件，这种直接埋管布线方式要求采用厚壁焊接钢管，以增加管道的强度。建筑物布线如果采用直埋管道方式布线，要求占空比为 60%，每根直埋管在 30m 处应加装线缆过渡盒，且不能超过两个 90°弯头，弯头半径应至少是管径的 6 倍。

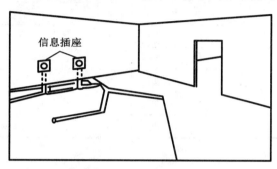

图 4.28　直接埋管方式

在现代建筑物中，工作区域内的房间较多，所需要的信息点的数量也较多，这样，由楼层配线间引出的管道就会很多，常规做法是将这些管道埋在走廊的垫层中，形成排管，经过分线盒埋入房间内信息点所在的位置，如图 4.29 所示。

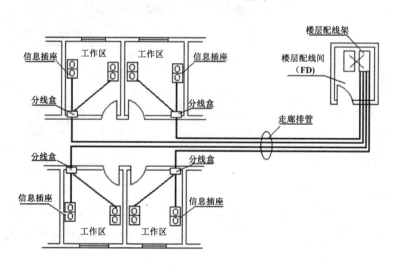

图 4.29　走廊直埋排管布线方式

由于金属排管的数量比较大，敷设在垫层中就必须增加垫层的厚度，否则会造成垫层的开裂，也会增加建筑物的承重与造价。这种布线方式一般在地下层或信息点较少的地方使用。此外，直接埋管的改良方式为将配线间到工作区的管吊在走廊的吊顶中，利用分线盒引入信息点位置。

表 4.12 给出了常用金属管道容纳的最大电缆数。

表 4.12 金属管道能容纳的最大线缆数

公称直径		金属管能容纳的最大线缆数								
毫米	英寸	电缆外径(mm)								
		3.3	4.6	5.6	6.1	7.4	7.9	9.4	13.5	15.8	17.8
16	1/2	1	1	0	0	0	0	0	0	0	0
21	3/4	6	5	4	3	2	2	1	0	0	0
27	1	8	8	7	6	3	3	2	1	0	0
35	1 1/4	16	14	12	10	6	4	3	1	1	1
41	1 1/2	20	18	16	15	7	6	4	2	1	1
53	2	30	26	22	20	14	12	7	4	3	3
63	2 1/2	45	40	36	30	17	14	12	6	3	3
78	3	70	60	50	40	20	20	17	7	6	6

(2) 吊顶内线槽和支管方式。

线槽又称桥架,由金属或阻燃高强度 PVC 材料制成,有开放式和封闭式两种类型,并有各种规格的弯头、三通、变径、上下变径等线槽连接部件。线槽可分为水平布线用的水平线槽,垂直布线用的垂直主干线槽。

常用线槽的规格如表 4.13 所示。

表 4.13 常用金属线槽的规格

单位:mm

宽×厚	壁厚	宽×厚	壁厚
50×50	1.0	150×75	1.5
100×50	1.2	200×100	2.0
150×50	1.2	300×100	2.0
175×50	1.5	300×150	2.0
100×75	1.5	400×150	2.0
100×100	2.0	400×200	2.5

线槽(桥架)通常在吊顶内以悬挂的方式安装,用在大型建筑物或布线较复杂而需要有额外支撑物的场合。

水平桥架由配线间引出,沿走廊或房间吊顶贯穿整个建筑物,电缆沿水平线槽至房间分支点,并通过一段预埋的钢管引至信息点安装位置,如图 4.30 所示。

在设计安装水平线槽时,应尽量将线槽放在走廊的吊顶内,并且让引至各房间的支管集中在走廊,这样,便于水平线缆的安装。一般走廊处于整个建筑物楼层的中间位置,布线的平均距离最短,且避免水平线槽进入房间,这样可以节约费用,降低成本。

水平支管的安装应不能超过两个 90°弯头,弯头半径应至少是管径的 6 倍。水平支管的安装要求如图 4.31 所示。

图 4.30 吊顶内线槽和支管方式

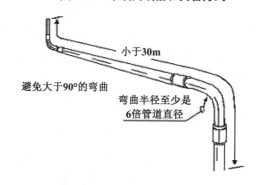

图 4.31 水平支管的安装要求

(3) 地面线槽方式。

地面线槽方式就是由建筑物的配线间引出的线缆走预埋的地面线槽，经出线盒或分线盒到地面或墙面的信息点出口。分线盒或分线箱不依赖墙面或柱面，而是直接在地面垫层或活动地板下，因此，这种方式适用于大开间或需要安装隔断的场合。

在地面布线方式中，为了布线方便，每隔 4~8m 设置一个过线箱或分线盒，直到信息点的出线盒。分线盒或过线箱有两槽和三槽两种类型，均为方正形，可以完成转弯、分支的需要，地面线槽的附件包括各种弯头、支架、连接件、地面插座盒等。地面线槽及附件如图 4.32 所示。

地面线槽方式的优点是：电缆的安装非常容易，因为地面线槽在敷设时每隔 4~8m 就要安装一个过线盒或分线箱，这种布线方式适用于大开间或有隔断并且相对固定的场合，如交易大厅、开发式办公环境、计算机房及多媒体教室等。

地面线槽方式的缺点是：它需要安装在地面垫层中(除有活动地板外)，这样地面垫层的高度至少需要 6.5cm 以上，增加了楼板的承重，不适合信息点较多的楼层。因为信息点过多，所需要的地面线槽就会多，如果路由相同，占用的面积就会增大，不符合建筑物垫层的规范要求，会造成建筑物地面的龟裂。另一缺点是造价高，因为地面信息插座及分线箱是铜质或由不锈钢材料制成的。

在有活动地板的房间内，常采用地面线槽方式布放电缆，可通过分线盒接至信息插座。图 4.33 所示为活动地板地面线槽的安装方式。

地面线槽最大电缆容量数如表 4.14 所示。

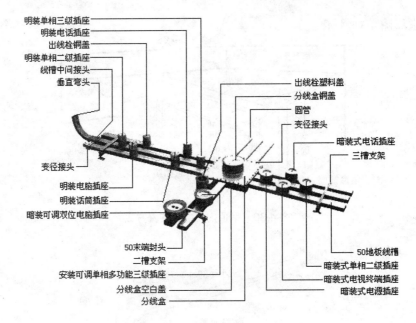

图 4.32 地面线槽及附件

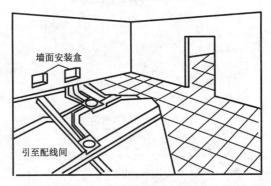

图 4.33 活动地板地面线槽的安装方式

表 4.14 地面线槽最大电缆容量数

型 号	截面积(mm²)	五类双绞线	六类双绞线
0×25	1060	8	8
70×25	1500	16	16
70×38	2300	25	25
100×25	2010	22	22
100×32	2813	32	32
150×38	4780	50	50
200×25	2×2010	2×18	2×18
300×38	2×4780	2×50	2×50
250×50	3×3570	3×50	3×50
400×65	3×6880	3×100	3×100

7. 旧建筑物的布线方式

所谓旧建筑物，指的是已经建好的，并且已经使用的建筑物。为了不损坏这种建筑物的结构与装修，综合布线系统可采用以下几种布线方式。

(1) 护壁板管道布线方式。

护壁板管道是一个沿建筑物护壁板(即通常所说的沿地脚线)敷设的金属管道，如图 4.34 所示。这种布线方式有利于布放线缆，通常，护壁板电缆管道的前面板是活动的，可以移走。信息插座可以安装在沿护壁板管道的任何位置上，如果电力电缆和通信电缆路由是在同一护壁板管道中，必须用接地的金属隔板隔离，以防止电磁干扰。

(2) 地板导管布线方式。

采用这种布线方式时，可用地板上的胶皮或金属导管来保护沿地板表面敷设的裸露的线缆。在这种布线方式中，电缆被安装在这些导管内，导管固定在地板上，而盖板紧固在导管上。地板导管布线方式具有快速和容易安装的优点，仅适用于信息点不多的区域，如小办公室等。图 4.35 给出了地板导管布线方式的示意图。

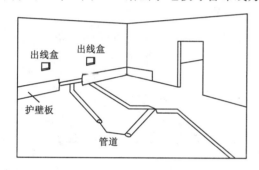

图 4.34　护壁板管道布线方式　　　　图 4.35　地板导管布线方式

(3) PVC 线槽布线方式。

PVC 线槽是一种利用金属模具压制的高强度的塑料制品，这种高强度的塑料制品有各种规格型号可选用，并配有各种连接件，如三通、弯头、阴脚与阳脚、墙面明装盒及连接件等附件，是旧建筑物常用的明装布线方式。

PVC 产品为白色的，与建筑物的墙面颜色一致，安装美观，不影响建筑物内部的整体效果。当然，这需要合理的路由设计及精心施工来保证。

PVC 线槽常用的安装方式是把主线槽固定在建筑物的走廊天花板与墙壁的接合处，进入房间后，沿地脚线引至信息插座的位置。这种布线方式如图 4.36 所示。

8. 水平配线子系统的区域布线法

水平配线子系统的区域布线方式一般适用于大开间的场合，并能组成专用的计算机网络，如设计研究所的专业设计室，大型计算机机房等。

开放办公室布线系统可以为现代办公环境提供灵活的、经济实用的网络布线，因此变得越来越流行。

进行正确的设计和安装后，开放办公室布线系统可以提供可靠的、可重复利用的水平布线结构，它可以既快速又经济地满足布线结构移动和改变。区域布线法是将水平区段分成两个部分。

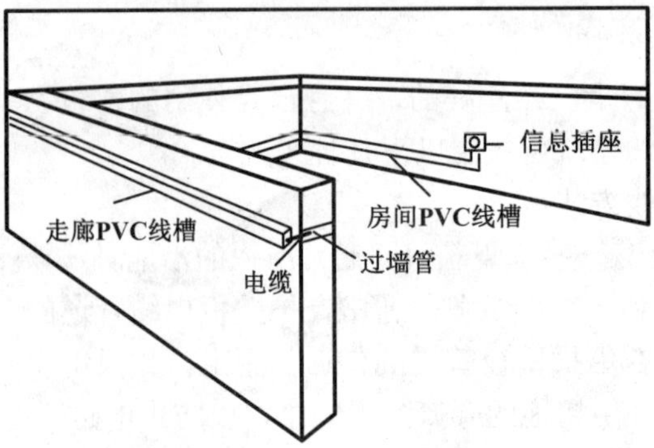

图 4.36　PVC 线槽常用的安装方式

(1) 从楼层配线间(FD)到转接点(CP)之间的固定部分为区域电缆,一般采用 4 对双绞线或光纤。

(2) 从转接点到信息插座之间可调节部分或灵活部分为扩展电缆,一般应采用 4 对双绞线或多股软跳线。

在一个传输通道中,对转接点有以下要求。

◎ 转接点是水平布线中的互连点,转接点不允许交连,同时,在一条水平线上最多只可以有一个转接点。

◎ 为了减少近端串音干扰,转接点应与配线间有最少 15m 的距离。

◎ 每个转接点服务的工作区不要超过 12 个。

◎ 转接点必须安装在可接近的且属永久的地点,如建筑物的墙面上或柱子上,不能安装在天花板或家具上。

在采用区域布线法时,最大电缆长度限制在 100m 之内,100m 信道长度按照布线标准包括 10m 软跳线和 90m 水平电缆,如果增加有源设备信道,长度可增加一倍。区域布线法如图 4.37 所示。

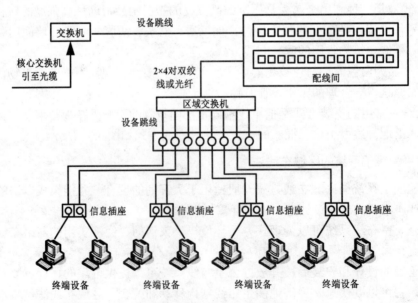

图 4.37　区域布线法

9. 水平配线子系统设计小结

根据前面的讨论,水平配线子系统的设计可分为以下几个步骤。
(1) 调查用户对建筑物综合布线系统提出的近期和远期的需求。
(2) 根据建筑物建筑平面图,确定建筑物信息插座的数量、类型及安装位置。
(3) 确定每个布线区域的布线方式及布线路由。
(4) 确定每个布线区域的电缆类型并计算电缆长度。
(5) 为确定的水平布线子系统订购电缆和其他材料。

4.2.3 垂直干线子系统设计

1. 概述

通常,综合布线由主设备间配线架(DB)、楼层配线架的分配线架(FD)和信息插座等基本元件经电缆连接组成。主配线架设置在设备间,分配线架设置在楼层配线间,信息插座安装在工作区。一般垂直干线子系统由连接主设备间配线架到各楼层配线间配线架之间的线缆构成,这些线缆将主设备间与楼层配线间用星形结构连接起来。垂直干线子系统的线缆类型包括光纤及大对数铜缆。在规模较大的建筑物中,可以设置二级交接间(CP)。

垂直干线子系统是建筑物内综合布线的主馈电缆,是楼层之间垂直线缆的统称,垂直干线子系统布线方式为星形物理拓扑结构。如图 4.38 所示是垂直干线子系统的示意图。在确定干线子系统所需的电缆总对数前,应确定电缆中的资源共享原则。

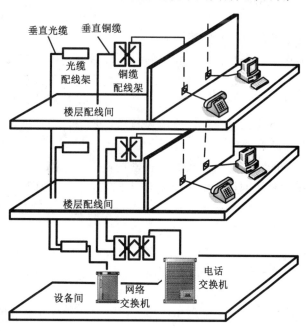

图 4.38 垂直干线子系统的示意图

按照设计等级的标准,对于基本型,每个工作区可选定两对双绞线电缆;对于增强型,每个工作区可选定 3 对双绞线电缆;对于综合型,每个工作区可选定 4 对双绞线电缆。而

综合布线

目前，建筑物综合布线系统中最常用的是综合型设计等级，在这个设计等级中，铜缆主干部分可能仅支持语音的应用，建议每个工作区配两对双绞线并预留电话信息点总数的 25%的余量，以满足语音通信或低速数据通信的需求。而数据通信则通过光缆来完成，在垂直主干光缆的应用上，建议每个交换机的光端口两用两备(数据通信需要两芯光缆进行通信)并考虑余量。

在垂直干线子系统的设计中，应符合以下要求。

(1) 垂直布线走向应选择最短、最安全的路由。

(2) 语音和数据的主干电缆应分开设计。建议设计用铜缆传输语音信号，用光缆传输数据信号。

(3) 主干铜缆、主干光缆的设计应按星形物理拓扑结构。

(4) 垂直干线子系统不允许有转接点。

(5) 干线电缆可采用点对点端接，也可采用分支递减连接。

(6) 建筑物主干线缆(含光缆)的最大长度，应依照最新国家标准。数据电缆布线系统信道应由长度不大于 90m 的配线线缆、10m 的跳线和设备线缆及最多 4 个连接器件组成，永久链路则应由长度不大于 90m 配线线缆及最多 3 个连接器件组成。光纤信道应分为 OF-300、OF-500 和 OF-2000 三个等级，各等级光纤信道支持的应用长度不应小于 300m、500m 及 2000m。

2. 垂直干线子系统的拓扑结构

可以把综合布线系统中各部分的信息连接点定义为节点，把两个节点之间的连接线缆定义为链路。从拓扑学的观点看，综合布线系统可以说是由一组节点和链路组成的，节点和链路的几何图形就是综合布线的拓扑结构。

综合布线中的节点有两类：转接点和访问点。设备间、楼层配线间、二级交换间内的配线架或有源设备等是转接点，它们在综合布线应用系统中负责转接和交换传送的信息。设备间的中心设备和信息插座是访问点，它们是信息传送的源节点和目标节点，目标节点往往与工作区的终端设备连接在一起。终端设备可以是一台数据或语音设备，也可以是一台图像设备或是一个传感器器件。

拓扑结构与建筑物的结构及访问控制方式密切相关，不同的节点连接方式可组成不同的拓扑结构。综合布线系统的拓扑结构主要有星形、总线型、环形、树形等，在设备间、楼层配线间或二级交换间的配线架上，可用接插线或跳线在主干上实现星形、总线型、环形、树形之间的拓扑结构转换。

(1) 星形拓扑结构。

星形拓扑结构由一个中心主节点(建筑物配线架)向外辐射延伸到各个节点(楼层配线架)组成，如图 4.39 所示。由于每条通道从中心节点到从节点的链路与其他的链路相对独立，所以综合布线系统的设计可采用一种模块化的设计方案，主节点采用集中式访问控制策略，主节点可与从节点直接通信，而从节点之间的通信必须通过主节点的转接。

星形拓扑结构一般有两类：一类是中心主节点的接口设备，它是一种具有处理和转接各从节点信息双重功能的设备；另一类是转接中心，仅起从节点间的连通作用，如用户程控交换机(PBX)就是这种星形拓扑结构的典型应用。

目前，计算机网络已成为建筑物中普遍使用的信息交换方式，而综合布线系统中采用的星形拓扑结构为其提供了可靠的、灵活的传输通道。图 4.40 所示是从节点经转接后再与中心主节点(设备间)相连的星形拓扑结构。

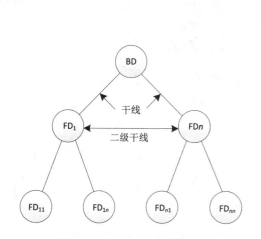

图 4.39　干线星形拓扑结构

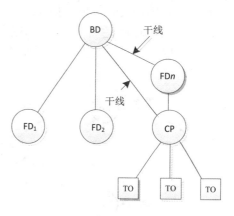

图 4.40　节点经转接后再与中心主节点
(设备间)相连的星形拓扑结构

星形拓扑结构的主要优点是：维护管理容易、重新配置灵活和故障隔离与检测容易。而星形拓扑结构的主要缺点是：安装工程量大、依赖于中心节点。

(2) 总线型拓扑结构。

总线型拓扑结构采用公共干线作为传输介质，所有的分配线架都通过相应的楼层配线间的设备硬件接口直接连接到干线(或称总线)上。任何一个楼层配线间的设备发送的信号都可以沿干线传送，而且能被所有其他配线间的设备接收。图 4.41 是一种总线型拓扑结构，智能建筑中的消防报警系统常采用这种结构。

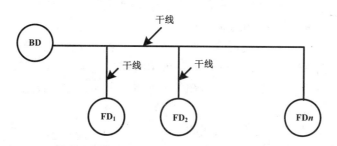

图 4.41　总线型拓扑结构

总线型拓扑结构的优点是：容易布线、结构简单、容易扩充新的节点。而总线型拓扑结构的缺点是：故障诊断与隔离困难。

(3) 环形拓扑结构。

环形拓扑结构的各节点通过各楼层配线间的有源设备相连，形成环形通信回路。各节点之间没有主从关系，如图 4.42 所示。每个楼层配线间的有源设备都与两条链路相连，有源设备可以是核心交换机、网桥及路由器等设备。环形拓扑结构可以是单环，也可以是双环。这种拓扑结构的典型应用是 FDDI 光纤环网。

环形拓扑结构中的每个节点都通过一个有源设备连接到布线通道上，信息以分组的形式发送。环形拓扑结构的优点是：线缆长度短，并且适用光纤。环形拓扑结构的缺点是：节点故障会引起全系统故障，不易做故障诊断及重新配置，拓扑结构影响访问协议。

(4) 树形拓扑结构。

树形拓扑结构实际是星形拓扑结构的发展和扩充，也是一种分层结构。它具有主(根)节点和从(分支)节点，适用于分层控制系统，也是集中控制的一种。各节点按层次进行连接，对处于最高层节点的可靠性要求也最高。图 4.43 就是这种树形拓扑结构的示意图。

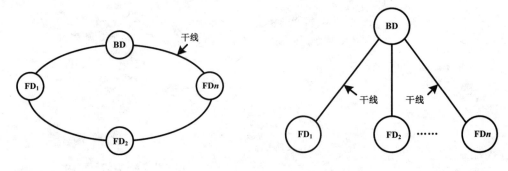

图 4.42 环形拓扑结构　　　　　　　图 4.43 树形拓扑结构

这种拓扑结构与星形拓扑结构的主要区别在于根的存在，当某一个节点发送信息时，主(根)节点接收该信号，并发送到各从(分支)节点。树形拓扑结构的优点是易于扩展及故障容易隔离，树形拓扑结构的缺点是对主(根)节点的依赖性太大。

以上是综合布线系统的一些典型结构，而在实际设计中，除了可以单独采用上述结构外，还常常将几种结构合理地结合起来，即所谓的混合拓扑结构。在拓扑结构的选择上，要考虑建筑物的结构、几何形状、预定用途以及用户意见等方面所能获得的信息。通常，每个建筑群有一个建筑群配线架(CD)，对于比较大的建筑群，可以采用主建筑群配线架和辅建筑群配线架的形式，每个建筑物有一个建筑物配线架，每层楼有一个楼层配线架。

选择综合布线系统拓扑结构的原则如下。

① 可靠性：综合布线系统可能有两类故障，一类是个别节点损坏，这只影响局部；另一类是应用系统本身无法运行。这就需要布线系统在实施时，具有故障隔离和检测功能。

② 灵活性：应用系统的终端分布在各工作区，要考虑这些终端在增加、移动时，很容易重新配置成不同的拓扑结构。

③ 可扩充性：无论新建还是已建的建筑物，在设计综合布线垂直干线子系统时，要预留配线间配线架的安装空间，垂直干线通道应有可扩充的空间，传输介质的选择应考虑发展的需要。

3. 垂直干线子系统的布线距离

在进行综合布线系统设计时，通常将设备间设置在建筑物的中间位置，这样，垂直干线子系统的线缆长度最短，但要根据建筑物的结构和用户的要求综合考虑。但有些建筑物在设计结构时，把用户程控交换机的位置设置在底层或地下层，网络中心设置在另一层，所以在设计垂直干线子系统时，更应考虑干线子系统的最大距离限制。综合布线垂直干线子系统的布线距离如图 4.44 所示。

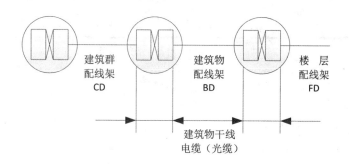

图 4.44 垂直干线子系统的布线距离

综合布线垂直干线子系统的最大传输距离与传输介质有关系。

当采用双绞线时(五类或六类),对传输速率超过 100Mb/s 的高速应用系统,布线距离不应超过 90m。光纤信道应分为 OF-300、OF-500 和 OF-2000 三个等级,各等级光纤信道支持的应用长度不应小于 300m、500m 及 2000m。

当采用 62.5μm/125μm 多模光缆时,波长为 850nm,对传输速率超过 100Mb/s 的高速应用系统,布线距离不应超过 2km;对传输速率超过 1000Mb/s 的高速应用系统,布线距离不应超过 300m。

当采用 50μm/125μm 多模光缆时,波长为 850nm,对传输速率超过 100Mb/s 的高速应用系统,布线距离不应超过 2km;对传输速率超过 1000Mb/s 的高速应用系统,布线距离不应超过 500m。

当采用 9μm/125μm 单模光缆时,波长为 1310nm,布线距离不应超过 2km。

当布线距离超出标准距离限制时,可采用分区域的方式,使每个区域满足标准限制的距离。

4. 垂直干线子系统的电缆类型

根据建筑物的高度、楼层面积和建筑物的用途,来选择垂直干线子系统的电缆类型。在垂直干线子系统中,可以采用以下类型的电缆。

(1) 100Ω 大对数双绞电缆。
(2) 100Ω UTP、FTP 双绞电缆。
(3) 62.5μm/125μm 多模光缆。
(4) 50μm/125μm 多模光缆。
(5) 9μm/125μm 单模光缆。
(6) 50Ω 同轴电缆。

在综合布线垂直干线子系统中,常用的电缆是 100Ω 双绞电缆和 62.5μm/125μm、50μm/125μm 多模光缆。

表 4.15 和表 4.16 列出的是美国康普公司用于垂直干线子系统的部分干线铜缆和光缆。

表 4.15 干线铜缆

产品型号	线 对 数	防火等级	类 别
1010A	25、50、75、100	CMR/MPR	3
ARMM	25~1800	CMR/MPR	3

续表

产品型号	线 对 数	防火等级	类 别
2010	25、50、75、100	CMR/MPR	3
1061C	4	CM	5E
1061C	25	CMR	5
2061	4、25	CMR/MPR	4对5E, 25对5
3051	4	LSZH(HD 405 part1)	5
3061	4、25	LSZH(HD 405 part2)	4对5E, 25对5
1071, 1081	4	CM	6
2071, 2081	4	CMP	6
3071, 3081	4	LSZH(HD 405 part3)	6

表4.16 干线光缆

光缆型号	光纤芯数	防火等级
ACCUMAX	1、2、4、6、8、12	OFNR/LSZH
lazeSPEED	2、4、6、12	OFNR/OFNP/LSZH
OptiSPEED	2、4、6、12	OFNR/OFNP/LSZH
MULTBUNDLE ABC	24、36、48、72	OFNR
HEAVYDUTYH DBC	12	OFNR
ACCURIBBON 3FLX	12～144	OFNR

图4.45所示为部分厂商的大对数铜缆。

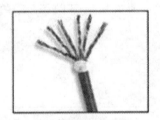

(a) 安普25对超五类铜缆

(b) 丽特25对超五类铜缆

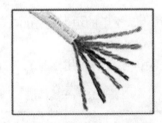

(c) 康普25对超五类铜缆

图4.45 部分厂商的大对数铜缆

5. 垂直干线子系统的设计

垂直干线子系统的设计有以下几个步骤：确定垂直干线子系统的规模；计算每个配线间的干线；估算整个建筑物的干线；确定从每个楼层配线间到设备间的干线电缆路由；确定干线电缆的接合方法。

(1) 确定垂直干线子系统的规模。

垂直干线子系统的线缆是建筑物内的主馈电缆，所以，在大型建筑物内都设有开放型通道或弱电配线间。而开放型通道是从建筑物的最底层到楼顶的一个开放空间，中间没有隔板，如通风道、电梯通道。弱电配线间是上下对齐的每个楼层都有的小房间，在这些房间的地板上都预留有方孔或圆孔，以便于垂直方向电缆的安装，如图4.46所示。

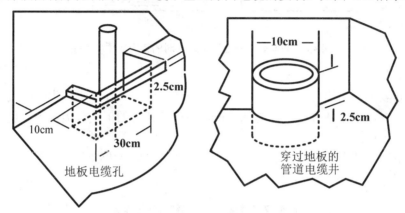

图4.46 配线间的电缆孔和电缆井

垂直干线子系统的电缆安装方式可以是垂直管道安装方式、直接吊装安装方式及垂直线槽安装方式。而最常用的是垂直线槽安装方式，这种安装方式可以有效地保护垂直干线电缆。

通常，综合布线系统把建筑物中的弱电间作为楼层配线间使用，前提是必须保证通风条件良好，并且照明电源齐全。

在确定垂直干线通道和配线间的数目时，主要从所要服务的区域的面积来考虑。如果在给定的楼层所要服务的所有终端都在配线间75m范围内，则采用单垂直干线子系统；不符合这一要求时，则采用双垂直干线子系统，或者采用二级交接间。如果建筑物中的弱电配线间上下未对齐，可以采用管道或桥架连接，如图4.47所示。

(2) 计算每个配线间的干线。

在确定每层的垂直干线电缆类型时，应当根据水平配线子系统所有的语音、数据图像等信息点数量及配线间的线缆集合方式进行计算。

光缆的配置比较简单，而主干大对数电缆的总对数需要根据应用确定。语音主干是星形拓扑结构，而对于不同的电话应用，所需配置的主干线缆的对数也不同，例如模拟电话需要1对，以太网则需要4对等。因此，当用户对信息点需连接语音设备不确定时，取该层全部语音信息点总线对数的一半作为语音主干电缆的对数。例如，某层语音信息点总数为50个，那么，语音主干的对数为50×4÷2，等于100对。而数据主干通常采用光缆，故建议采用"两用两备，留有余量"的原则进行数据主干的规划。

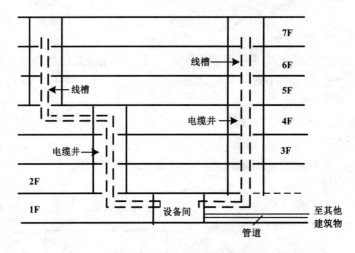

图 4.47 弱电配线间上下未对齐时的管道或桥架连接

(3) 估算整个建筑物的干线。

整座建筑物的干线线缆类别、数量与综合布线系统的设计等级和水平配线子系统的线缆数量有关，在确定了各楼层干线的规模后，将所有楼层的干线分类相加，就可确定整座建筑物的干线电缆的类别和数量。

也可根据填写的垂直干线子系统设计工作单来确定整座建筑物的干线数量，如表 4.17 所示(仅供参考)。

表4.17 垂直干线子系统设计工作单

配线间位置	楼层号(ID)	房间功能	房间数量(间)	工作区数量(个)	信息点类型	信息点数量(个)	铜缆数量(对)	光缆数量(芯)
					语音			
					数据			
					语音			
					数据			
					语音			
					数据			
					语音			
					数据			
					语音			
					数据			
					语音			
					数据			
					语音			
					数据			
					语音			
					数据			
总计								

(4) 确定从每个楼层配线间到设备间的干线电缆路由。

建筑物垂直干线子系统布线通道可以采用设在弱电配线间的电缆孔或电缆井作为垂直通道，利用金属管道、金属桥架等方式进行布线。干线线缆有两种布放方式，一种是垂直布放，另一种是水平布放。而在实际应用中，经常是两种方式混合使用。例如，楼层面积较大，需要设置多个配线间，干线电缆从设备间引出时，先通过垂直电缆竖井，然后利用水平桥架引至各配线间。

① 电缆孔。

干线通道中所用的电缆孔是一根或数根直径为 10cm 的钢管，在混凝土浇筑时嵌入地板中，比地板表面高 5~10cm，以起到防水的作用。电缆扎在预先安装好的钢丝或固定架上。当弱电配线间上下对齐时，可以采用电缆孔方式安装垂直干线电缆，如图 4.48 所示。

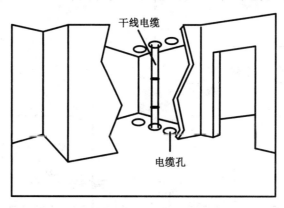

图 4.48　电缆孔安装的方式

② 电缆井。

电缆井是指在弱电配线间内的地板上预留一个方形或长方形的孔，使电缆垂直线槽可以穿过这些孔安装，以便安装垂直干线电缆。如对防火要求较高的建筑，垂直线槽可以采用防火材料制作。线槽的种类和规格很多，在选用时，应根据电缆的数量来决定。图 4.49 所示是一种电缆井安装的方式。

③ 电缆托架。

在多层建筑物中，经常需要使用横向通道，干线电缆才能从设备间连接到各个楼层上的交接间或楼层配线间内。这种电缆托架外形很像梯子，是电缆线槽(或称电缆桥架)的一种，它可以安装在建筑物的墙面上、吊顶内，也可安装在垂直竖井内。如果建筑物没有吊顶，这种方式会影响建筑物的美观。另外，这种电缆托架不防火，并且也不防鼠咬，一般使用在建筑物的设备机房中，如图 4.50 所示。

(5) 确定干线电缆的接合方法。

在设计垂直干线子系统时，重要一点是弄清楚采用哪种接合方法。确定主干线缆如何连接楼层配线间与二级交接间时，通常有三种接合方法供选择，这些方法仅用于语音通信中。

① 点对点端接法。

点对点端接是最简单、最直接的接合方法，典型的点对点端接方法如图 4.51 所示。首先选择一根含有足够数量线对的双绞电缆或选择光缆，用来支持一个楼层的全部通信量，而且这个楼层只需设一个通信接线间；然后从设备间引出这根电缆，经过干线通道，端接于该楼层的一个指定的电信接线间里的连接硬件(配线架)上。因此，这根电缆的长度取决于它要接哪一个楼层以及端接的电信接线间与干线通道的距离。也就是说，电缆长度取决于该楼层距离设备间的高度，以及该楼层上的横向走线距离。

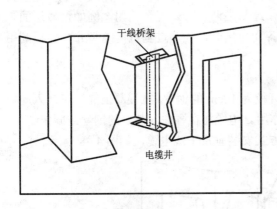

图 4.49　电缆井安装的方式

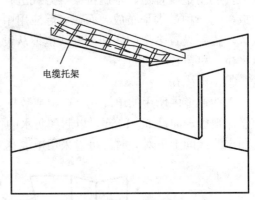

图 4.50　电缆托架安装的方式

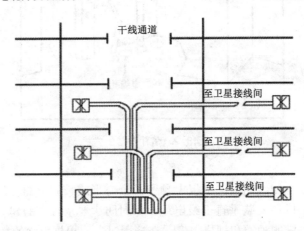

图 4.51　点对点端接

在点对点端接方法中，大楼第三层的干线电缆肯定比第十层的干线电缆短得多。选用点对点端接方法，可能会引起干线电缆的长度各不相同，而且粗细也可能不同。在设计阶段，电缆的材料清单应反映出这一情况。此外，还要在施工图纸上详细说明哪根电缆接到哪一楼层配线间。

点对点端接的主要优点是可以在干线中采用较小、较轻、较灵活的电缆，且不必使用交接盒(或配线架)，缺点是穿过干线通道的电缆数目较多。

②　分支接合法。

顾名思义，分支接合就是干线中的一根特大对数电缆可以支持若干个楼层配线间的通信，经过分配接续设备后，分出若干根小电缆，它们分别延伸到每个配线间或每个二级交接间，并端接于目的地的连接方法。这种接合方法可分为两类，即单楼层和多楼层。

◎　单楼层接合方法：一根电缆通过干线通道到达某个指定楼层配线间，其容量足以支持该楼层所有配线间的信息插座需要，安装人员用适当大小的绞线盒把这根主电缆与若干根小电缆连接起来，供给楼层的各二级交换间。该方法适用于楼层面积大、通信业务量大的场合。
- ◎ 多楼层接合方法：多楼层接合方法通常用于支持 5 个楼层信息插座的需要。一般主电缆向上延伸到中点，安装人员用适当大小的交接盒(或配线架)把这根主电缆与若干根小电缆连接起来，以供上下楼层配线间使用。

综合布线推荐的方法是：当通过接合点后，就采用点对点端接方法，把其他电缆连接到别的楼层配线间中。这可能是一种较经济的处理方法。分支接合法的优点是干线中的主干电缆根数较少，可以节省空间，在某些应用中成本会低。它的缺点是电缆对数过于集中，发生故障时影响面大。典型的分支接合法如图 4.52 所示。

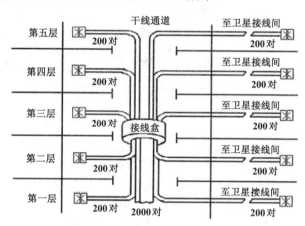

图 4.52 典型的分支接合法

③ 端接与连接电缆。

端接与连接电缆是在特殊情况下使用的技术。第一种可能使用端接的情况不是连接电缆的情况，而是用户希望一个楼层的所有水平电缆端接都集中在该楼层的干线接线间内，以便能更加方便地管理路由线路；第二种可能情况是二级交换间的大小无法容纳传输所需的全部电子设备，换言之，用户虽然知道需要在二级交接间完成端接，而且也采用了这种做法，但还是在干线配线间中实现另一套完整的端接，为此，可以在干线接线间里安装所需的全部连接硬件，建立一个白场与灰场的接口，并用合适的电缆横向连接该楼层的各个二级交接间，如图 4.53 所示。

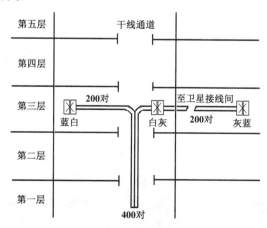

图 4.53 端接与连接电缆

综上所述，在设计干线子系统时，首先选择的是点对点端接方法，也是综合布线垂直干线子系统常用的方法。当然，经过成本分析比较后，可采用其他的接合方法。那么，究竟采用哪一种方法最适合一组楼层或整个建筑物的需要和结构？唯一可靠的决策依据，是了解该建筑物的通道需要，同时，对所需的器材和人力进行成本比较后，再决定采用哪一种接合方法。

4.2.4 设备间子系统的设计

1. 概述

设备间是每座建筑物用于安装进出口设备、进行应用系统管理和维护的场所。设备间是可放置综合布线系统的进出线连接件(配线架)，并提供管理语音、数据、监控图像、楼宇控制等应用系统设备的场所。设备间的位置及大小应根据建筑物的结构、综合布线规模和管理方式以及应用系统设备的数量等进行综合考虑，择优选取。在高层建筑物内，设备间宜设在第二或第三层，高度为 3~18m。典型的设备间如图 4.54 所示。

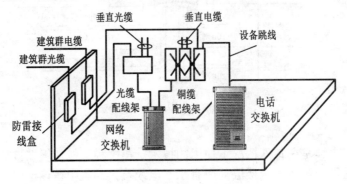

图 4.54 设备间子系统

设备间的主要设备，如电话用户程控交换机、数据处理及应用服务器、网络核心交换机等设备，可以放在一起，也可分别设置。在较大型的综合布线中，一般为计算机主机、用户程控交换机、建筑物自动化控制设备分别设置机房，把与综合布线密切相关的硬件或设备放在设备间，但计算机网络系统中的互连设备，如路由器、交换机等，与设备间的距离不宜太远。

我们重点讨论这些设备合用一个设备间的设计方法。典型的设备间如图 4.55 所示。

设备间内的进出线装置所采用的色标在管理子系统中详细讨论，以区分各类用途的配线区。

2. 设备间子系统的设计

设备间的设计可分以下几个步骤。

(1) 设备间的位置。

确定设备间的位置时，一般应符合下列条件。

① 应尽量建在建筑物平面及其综合布线干线结合体的中间位置。

② 应尽量靠近服务电梯，以便装运笨重设备。

③ 应尽量避免设在建筑物的高层或地下层以及有给水设备的下层。

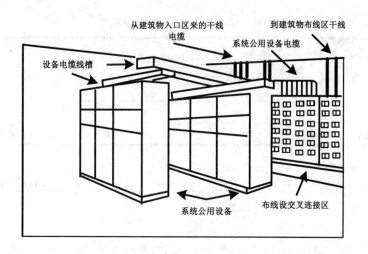

图 4.55 典型的设备间

④ 应尽量远离强振动源和噪声源。
⑤ 应尽量避开强电磁场的干扰。
⑥ 应尽量远离有害气体源以及腐蚀、易燃、易爆物。
(2) 设备间的使用面积。
设备间的使用面积可按照下述的两种方法之一确定。
第一种方法为

$$S = (5\sim7)\sum Sb$$

其中，S——设备间的使用面积(m^2)。

Sb——与综合布线有关的并在设备间平面布置图中占有位置的设备面积(m^2)。

$\sum Sb$——设备间内所有设备占地面积之和(m^2)。

第二种方法为

$$S = KA$$

其中，S——设备间的使用面积(m^2)。

A——设备间所有设备台(架)的总数。

K——系数，一般取值(4.5~5.5)m^2/台(架)。

设备间的最小使用面积不得小于 $20m^2$。

(3) 建筑结构。

设备间的净高依据设备间的使用面积的大小而定，一般为 2.5~3.5m。门的大小至少为高 2.1m，宽 0.9m。

设备间的楼板承重依照设备而定，一般可分为两级。

A 级：不小于 $5kN/m^2$。

B 级：不小于 $3kN/m^2$。

(4) 设备间的环境条件。
① 温湿度。

根据综合布线中有关设备对温度、湿度的要求，可以将温湿度分为 A、B、C 三级，如表 4.18 所示。

表 4.18 设备间的温湿度级别

项目 \ 级别 指标	A 级 夏季	A 级 冬季	B 级	C 级
温度(℃)	22±4	18±4	12~30	8~3.5
相对湿度(%)	40~65		35~70	20~80
温度变化率(℃/h)	≤5 要不凝露		≤10 要不凝露	≤10 要不凝露

设备间可按某一级执行，也可按某些级综合执行。

常用的电子设备能连续进行工作的正常范围是：温度 10~30℃，湿度 20%~80%。超出这个范围将使设备性能下降，寿命缩短。

② 尘埃。

为防止有害气体(如 SO_2、H_2S、NH_3 和 NO_2 等)侵入，设备间内应有良好的防尘措施，尘埃指标依照存放在设备间内的设备要求而定。

设备间的温度、湿度和尘埃对电子设备的正常运行及使用寿命都有很大的影响，过高的温度会使元件失效率增加，使用寿命下降；过低的室温又会使磁介质等发脆、容易断裂；温度的波动会产生"电噪声"，使电子设备不能正常运行。相对湿度过低，容易产生静电，对电子设备产生干扰；相对湿度过高，会使电子设备内部焊点和插座的接触电阻减小。尘埃或纤维性颗粒积聚，以及由于微生物的作用，还会使电子设备的导线被腐蚀断裂。因此，在设计设备间时，除了按《计算站场地技术条件》(GB 2887-2011)执行外，还应根据具体的情况选择合适的空调系统。

热量主要由设备、建筑结构环境、室内工作人员、照明设备、空气交换带入的热量等造成。空调系统的选择是把上述的热源产生的热量总和乘以 1.1，作为空调的负载，据此负载选择空调设备。

③ 照明。

设备间的照明应在距离地面 0.8m 处，其照度不应低于 200lx。

设备间应安装应急照明，此应急照明在距离地面 0.8m 处，其照度不应低于 5lx。

④ 噪声。

设备间的噪声应小于 70dB。

如果长时间在 70~80dB 噪声的环境下工作，不但人的身心健康和工作效率会受到影响，还可能造成人为的操作事故。

⑤ 电磁场干扰。

设备间无线电干扰场频率应在 0.5M~1000MHz 范围内，强度不大于 120dB。

设备间内的磁场干扰场强不大于 800A/m。

(5) 供配电。

① 设备间供电电源应满足下列要求。

频率：50Hz。

电压：380V/220V。

设备间供电电源根据设备的性能，允许的变动范围如表 4.19 所示。

表 4.19　设备供电电源的级别

项目＼指标＼级别	A 级	B 级	C 级
电压变动	-5%～+5%	-10%～+7%	-15%～+10%
频率变化(Hz)	-0.2～+0.2	-0.5～+0.5	-1～+1
波形失真率	<±5%	<±7%	<±10%

设备间内供电可采用直接供电和不间断供电相结合的方式。供电容量值为：将设备间内的每台设备用电量的标称值相加，再乘以系数 3。

从总配电机房到设备间使用的供电电缆，除应符合《电气装置安装工程规范》(GBJ 232-82)中配线工程的规定外，载流量应减少 50%。设备用的配电盘应放置在设备间，并采取防触电措施。

从设备间的配电盘到各种设备的供电电缆，应为阻燃铜芯屏蔽电缆；各电力设备，如空调设备供电电缆，不得与电信双绞线电缆平行布线；交叉布线时，应尽量采取垂直角度，并采用阻燃措施。各设备应选用铜芯电缆，严禁铜铝混用，若不能避免时，应采用铜铝过渡接头连接。

若设备供申电源采用三相五线制不间断电源(UPS)，电源中性线的线径应大于相线的线径，每个电源插座的线径应按设备间应用设备的容量确定。不间断电源应选用智能化不间断电源，以保证应用设备的正常运行。

② 常用的几种供电方式。

第一种：直接供电方式。

直接供电方式就是把市电直接送给配线间的配电柜，经配电柜分配后送给用电设备。对于要求中频电源的应用系统，需要将市电送来的 50Hz 交流电经总配电柜分成两路，一路直接送机房的配电柜，另一路经中频机输出中频交流电后送给配电柜，然后再分送给终端设备。

直接供电方式只适用于电网各项技术指标能满足主机用电要求，并且没有较大负载设备的启停、电磁兼容性很小的场合。直接供电方式的优点是，供电线路简单、设备少、投资低、运行费用小、维修方便等；其缺点是对电网的供电质量要求高，容易受电网负载的影响等。

实际上，由于各种原因的影响，电网的供电质量很难满足主机等应用设备的要求，所以，直接供电方式受到了很大限制。在进行设备间或机房设备供电系统的设计时，设计人员可用下述几种方式来弥补这一不足。

第二种：不间断电源(UPS)。

不间断电源具有稳压、稳频、抗干扰、防止浪涌等功能。当市电供电时，不间断电源的蓄电池储存一定的能量，一旦市电断电，它能快速切换，将蓄电池的直流电逆变为交流电，供给应用系统继续使用。蓄电池储存的能量和应用系统消耗的功率决定了这种持续供电的时间长短。

不间断电源的输出功率分小型、中型和大型几种，有从几百伏安到几百千伏安的产品供选择。不间断电源的延迟时间是它的另一个性能指标，因为设备间的应用系统，如用户程控交换机、网络服务器、网络交换机等设备，运行时间为 7×24 小时，如果供电系统断电，就不能保证这些应用系统正常工作。因此，在选择不间断电源时，应考虑其延迟时间。不间断电源的延迟时间从 10 分钟到几十个小时可供选择。在很多核心设备间(核心机房)、数据中心内，经常采用双机热备的形式来保证应用设备的正常运行。

第三种：直接供电与不间断电源相结合的方式。

为了防止设备间的辅助设备用电干扰用户程控交换机或计算机以及网络互连设备，可将设备间的辅助用电设备由市电直接供电，用户程控交换机或计算机以及网络互连设备由不间断电源供电。

(6) 电源插座的设置。

① 设备间或机房。

新建的建筑物可预埋管道和地面电源盒，电源线的线径可根据负载大小确定，插座的数量可按 40 个/100m^2 考虑(插座必须接地)。

旧(老)的建筑物可重新布线，可以采用明装和暗装两种方式来安装。插座的数量可按 20~40 个/100m^2 考虑(插座必须接地)。

② 配线间。

为了便于管理，配线间可采用集中供电方式，即由设备间或机房的不间断电源提供计算机网络互连设备部分的供电。插座的数量按每平方米一个，或按设备的数量来定。

③ 办公室(工作区)。

办公室一般不考虑不间断电源供电，但有些办公室需要安装服务器，提供资源共享，同时，也为了便于集中管理。可按以下条件配置。

容量：按 60~80VA 考虑。

数量：按 20 个/100m^2 考虑(插座必须接地)。

位置：电源插座距信息插座一般为 30cm。

(7) 安全要求。

设备间或机房的安全要求可分为三类，即 A 类、B 类、C 类。

◎ A 类：对设备间的安全有严格的要求，设备间有完善的安全措施。
◎ B 类：对设备间的安全有严格的要求，设备间有较完善的安全措施。
◎ C 类：对设备间的安全有基本的要求，设备间有基本的安全措施。

设备间的安全要求如表 4.20 所示。根据设备间的要求，设备间的安全可按某一类执行，也可按某些类执行。

表 4.20 设备间的安全要求

安全项目 \ 安全类型指标	C 级	B 级	A 级
场地选择	—	⊕	⊕
防火	⊖	⊕	⊕
内部装修	—	⊕	⊖
供配电系统	⊖	⊕	⊖
空调系统	⊖	⊕	⊖

续表

安全项目 \ 安全类型指标	C级	B级	A级
火灾报警消防设施	⊖	⊕	⊖
防水	—	⊕	⊖
防静电	—	⊕	⊖
防雷击	—	⊕	⊖
防鼠害	—	⊕	⊖
电磁波的防护	—	⊕	⊖

注：—表示无要求；⊕表示有要求或增加要求；⊖表示严格要求。

(8) 结构防火。

对 C 类安全等级设备间，其建筑物的耐火等级应符合《建筑设计防火规范》(TJ16-74)中规定的二级耐火等级。

与 C 类设备间相关的其余基本工作房间及辅助房间，其建筑物的耐火等级应符合《建筑设计防火规范》(TJ16-74)中规定的三级耐火等级。

对 B 类安全等级设备间，其建筑物的耐火等级应符合《高层民用建筑设计防火规范》(GBJ45-82)中规定的二级耐火等级。

对 A 类安全等级设备间，其建筑物的耐火等级应符合《高层民用建筑设计防火规范》(GBJ45-82)中规定的一级耐火等级。

与 A、B 类安全等级设备间相关的其余基本工作房间及辅助房间，其建筑物的耐火等级应符合《建筑设计防火规范》(TJ16-74)中规定的二级耐火等级。

(9) 内部装潢。

设备间装潢材料应符合《建筑设计防火规范》(TJ16-74)中规定的难燃材料或非燃材料，应能防火、吸音、不起尘、抗静电等。

① 地面。

为了方便敷设电力线和电源线，设备间的地面最好采用抗静电活动地板，其接地电阻应小于 1Ω。具体要求应符合国家标准《计算机房用地板技术条件》(GB 6650-86)的要求。

② 墙面。

墙面应选择不易产生尘埃，也不容易吸附尘埃的材料。目前，大多数是在墙面上涂防火乳胶漆或覆盖防火铝塑板。

③ 吊顶。

为了吸音及布置照明灯具，设备间一般要加装吊顶，吊顶的材料应符合防火要求。目前，大多数设备间采用吸音微孔铝合金板、阻燃铝塑板、喷塑石英板等材料做吊顶。

④ 隔断。

根据设备间放置设备及工作的需要，可以将设备间隔成若干个房间，以便安装不同设备。经常采用的是铝合金玻璃隔断。

(10) 火灾报警及灭火设施。

A、B 类安全等级设备间内应设置火灾报警装置，即在设备间内、基本工作房间、活动

综合布线

地板下、吊顶上等地方都安装设置烟感和温感探测器(探头)。

A 类安全等级设备间内设置二氧化碳自动灭火系统,并备有手提式二氧化碳灭火器。

B 类安全等级设备间内,在条件许可的情况下,应设置二氧化碳自动灭火系统,并备有手提式二氧化碳灭火器。

C 类安全等级设备间内,要备有手提式二氧化碳灭火器。

在所有类别安全等级的设备间内,禁止使用水、干粉或泡沫等易产生二次破坏的灭火器。为了在发生火灾或意外事故时方便设备间工作人员迅速疏散,对于规模较大的建筑物,在设备间或机房应设置直通室外的安全出口。

4.2.5 管理子系统的设计

1. 概述

管理子系统通常由配线架和相应的跳线组成,它一般位于一栋建筑物的中心设备机房和各楼层的配线间,在这里,用户可以在配线架上灵活地改变、增加、转换和扩展线路。

管理线缆和连接件的区域称为管理区。管理子系统包括配线架(包括设备间、二级交换间)和工作区的线缆、配线架及相关接插件等连接硬件以及交接方式、标记和记录。

管理区提供了子系统之间连接的手段,使整个综合布线系统及其连接的系统设备、器件等构成一个有机的应用系统。综合布线管理人员可以通过在配线架区域调整交接方式,使整个应用系统有可能安排或重新安排线路路由,使传输线路延伸到建筑物的各个工作区。所以说,只要在配线连接区域调整交接方式,就可以管理整个应用系统终端设备,从而实现综合布线系统的灵活性、开放性和扩展性。管理子系统如图 4.56 所示。

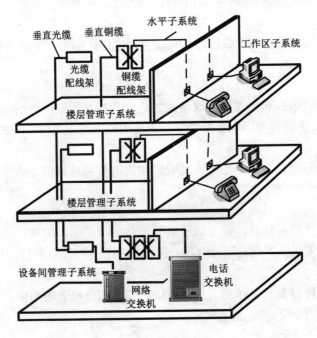

图 4.56 管理子系统

2. 管理子系统的设计要求

管理子系统包括楼层配线间及二级交接间两种。楼层配线间是干线子系统与水平配线子系统转接的地方，应从干线所服务的可用楼层面积考虑，并确定干线通道及楼层配线间的数量。如果给定楼层配线间所服务的信息插座都在 75m 范围之内，可采用单干线子系统；如果超出这个范围，可采用双干线或多干线子系统，也可以采用分支电缆与配线间干线相连的二级交接间。

楼层配线间仅是使用面积比设备间小，当楼层配线间兼作设备间时，其面积不应小于 $10m^2$。常用配线间与二级交接间的面积设置如表 4.21 所示。

表 4.21 配线间和二级交接间的面积设置

工作区数量(个)	配线间		二级交接间	
	数量	面积(m^2)	数量	面积(m^2)
≤200	1	1.2～1.5		
201～400	1	1.2～2.1	1	1.2～1.5
401～600	1	1.2～2.7	1	1.2～1.5

典型的楼层配线间面积为 $1.8m^2$，这一面积可以容纳端接小于 200 个工作区的信息点所需的连接硬件；如果工作区超过 200 个，则在该楼层增加一个或多个二级交接间，其面积要求应符合规定。

如果工作区数量超过 600 个，则需要增加一个配线间，因此，任何一个配线间最多支持两个二级交接间，二级交接间通过水平布线子系统与楼层配线间或设备间相连。

楼层配线间通常还要放置各种不同的电子传输设备、网络互连设备等。这些设备的用电要求质量高，最好由设备间的不间断电源集中供电，或设置专用的不间断电源，其容量与配线间内安装的设备数量有关。

当水平工作区的面积较大时，给定楼层配线间所服务的信息插座离干线的距离超过75m 范围，或每个楼层信息插座超过 200 个时，就需要设置一个二级交接间。二级交接间的设计要求与楼层配线间相同，其面积要求应符合表 4.21 中的规定。

应注意如下两点。

(1) 在设置二级交接间后，干线电缆与水平电缆的连接方式有两种情况，一种情况是二级交接间是水平线缆转接的地方，干线电缆端接在楼层配线间的配线架上，水平线缆一端连接在楼层配线间的配线架上，另一端还要通过与二级交接间配线架连接后，再端接到信息插座上。另一种情况是，二级交接间也可以是干线子系统与水平配线子系统转接的地方，干线电缆直接连接到二级交接间的配线架上，这时的水平线缆一端连接在二级交接间的配线架上，另一端连接在信息插座上。

(2) 配线间和二级交接间是放置楼层配线架(柜)、应用系统设备的专用房间，每一个建筑物配线间的数量可以根据建筑物的结构、布线规模和管理方式而定，并不是每一层楼都有配线间，但每一个建筑物至少有一个设备间。

3. 色标与标记

在每个交接区实现线路管理的方式，是通过在各色标区域之间按应用的要求，采用跳线连接,以达到管理各种应用系统的目的。

色标是区分配线的性质(如水平电缆、垂直电缆、交叉连接等),标识按性质排列的接线模块,表明端接区域、物理位置、编号、容量、规格等信息,以便维护人员在现场能够一目了然地加以识别,保证应用系统的正确运行和灵活运用。

(1) 色标。

管理子系统由交连和互连(或称直连)组成,管理节点提供了同其他子系统相连的方法,调整管理子系统的连接方式,则可安排或重新安排线路路由,因而,传输线路能够延伸到建筑物内不同的工作区域,来实现对传输线路的管理。

在每个交连场实现线路管理的方法,是在各色标场之间接上跨接线或跳线,这种色标用来标明该区域是干线电缆、水平电缆或设备电缆,以便区分各设备间和配线间中下述类型的电缆线路。

- ◎ 绿色:来自电信局的中继线或辅助区域的总机中继线。
- ◎ 紫色:公用设备端接区域(端口线路、中继线路、多路复用器、交换机等)。
- ◎ 黄色:桥接线缆端接区域。
- ◎ 白色:干线子系统线缆。
- ◎ 蓝色:水平配线子系统线缆。
- ◎ 橙色:网络接口。
- ◎ 灰色:设备间或楼层配线间与二级交接间之间的二级干线电缆端接区域。
- ◎ 棕色:建筑群子系统电缆。
- ◎ 红色:关键电话系统。

图 4.57 所示是一个典型的综合布线系统布局。管理点位于设备间和楼层配线间,它们的功能用色标码标识。

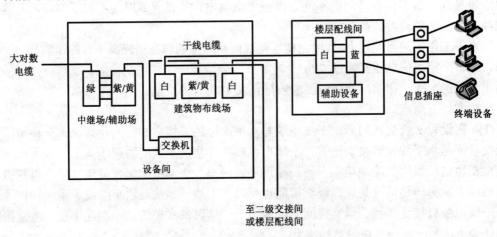

图 4.57 典型的综合布线系统布局

由图 4.57 可以看出如下几点。

① 各色标场通常分配在指定的配线模块,即配线架上,相关色区应相邻放置。
② 连接块与相关色区的对应关系。
③ 相关色区与接插线的对应关系。

综合布线系统 6 个子系统的连接及色标管理如图 4.58 所示，图中建筑物水平电缆采用双绞电缆及光缆，建筑物干线采用双绞电缆及室内光缆，建筑群干线采用室外大对数双绞电缆及室外光缆。

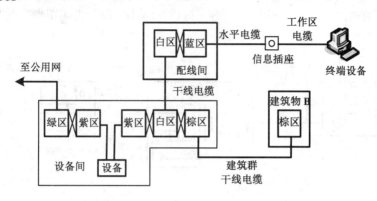

图 4.58　综合布线系统 6 个子系统的连接及色标

(2) 标记。

综合布线系统使用三种标记：电缆标记、区域标记和接插件标记。其中，接插件标记是最常用的标记，这种标记有不干胶标记条或插入式标记两种可供选择使用。

电缆和光缆的两端应采用不易脱落和磨损的不干胶条标明相同的编号。而目前为电缆和光缆做标记时，采用一种叫号码管的标记方式，这种号码管是套在线缆上的，而且不易脱落和磨损，但其规格有限，一般仅适用于 8mm 以下电缆和光缆。另外还有一种是热缩管标记方式，它有不同的大小规格可选用，使用也很方便。

综合布线系统的标记要求书写工整清楚，一般用计算机打印完成，手提式标签打印机是专用的标签打印设备，它可以直接打印出不干胶标记，这种标记一般使用在设备间或楼层配线间的设备跳线中，因为设备跳线是一种软跳线，在出厂时已经安装好连接头，无法安装号码管。

管理子系统的标记和记录应符合下列规定。

① 综合布线系统的每条铜缆、光缆、配线设备、端接点、安装通道和安装空间均应给定唯一的标志，标志中可包括名称、颜色、编号或其他组合。

② 配线设备、线缆、信息插座等均应设置不易脱落和磨损的标识，并应有详细的书面记录和图纸资料。

③ 电缆和光缆的两端均应有相同编号的标记。

④ 设备间、交接间的配线设备宜采用统一的色标，来区分各类用途的配线区。

⑤ 对于规模较大的综合布线系统可采用计算机管理，简单的综合布线系统一般按照图纸资料进行管理，并应做到记录准确、及时更新、便于查询。

上述内容的实施，将会给日后的维护和管理带来方便，有利于提高管理水平和效率，特别是对于较为复杂的综合布线系统，如采用计算机管理，其效果会十分明显。目前市场上已有相应的管理软件可选用。

4. 交叉连接管理方法

在综合布线系统中，交叉连接管理的方法有两种，即单点管理和双点管理。

交叉连接的结构取决于位置、系统布线规范和选用的硬件。交叉连接可以由用户或技术人员进行线路管理与维护。

单点管理位于设备间的一个可以单独管理的交叉连接点，设备间中的交换机直接连接到用户工作区的信息插座上，通常，线路不再进行跳线管理，常用于语音终端的管理。单点管理模型如图 4.59 所示。

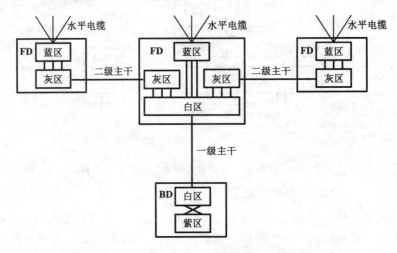

图 4.59　单点管理模型

单点管理还可分为两种，即单点管理单交叉连接方式和单点管理双交叉连接方式。如果没有配线间，第二个交叉连接可安装在用户工作区指定房间的墙壁上。单点管理单交叉连接如图 4.60 所示，单点管理双交叉连接如图 4.61 所示。

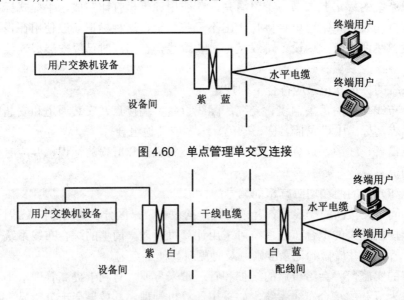

图 4.60　单点管理单交叉连接

图 4.61　单点管理双交叉连接

在综合布线系统的规模比较大时，可设置双点管理。双点管理除了在设备间有一个管理点外，在楼层配线间或用户工作区还有第二个可管理的交叉连接区，这种管理方式适用于数据应用。双点管理模型如图 4.62 所示。

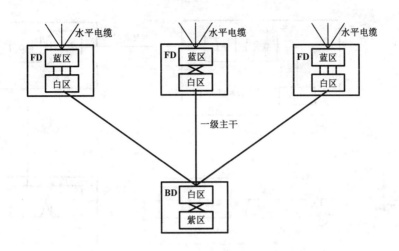

图 4.62　双点管理模型

双点管理还可分为两种，即双点管理双交叉连接和双点管理三交叉连接方式。双交叉连接要经过二级交换设备，一般在管理规模上比较大、比较复杂、有二级交接间的场合，才设置双点管理双交叉连接方式。双点管理双交叉连接如图 4.63 所示。

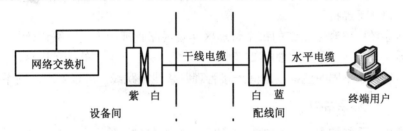

图 4.63　双点管理双交叉连接

若建筑物的规模比较大，而且结构复杂，还可以采用双点管理三交叉连接方式，这种方式如图 4.64 所示。甚至可以采用双点管理四交叉连接方式，如图 4.65 所示。

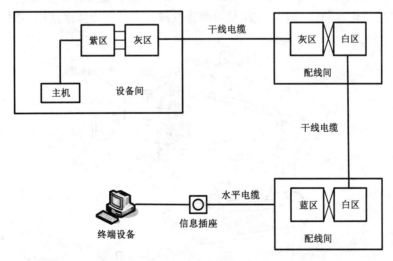

图 4.64　双点管理三交叉连接

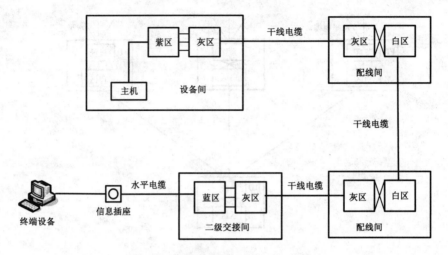

图 4.65 双点管理四交叉连接

综合布线系统管理子系统的连接，规范中要求不能超过 4 次连接，但目前综合布线厂商生产的电缆、配线架及连接器件在设计、测试和制造工艺等技术方面都有很大的提高，已经突破了标准要求的 4 次连接。例如，美国康普公司的布线产品，尤其是六类产品，即支持双点管理四交叉连接方式。

综合布线系统中管理子系统的每个管理区实现线路管理的方法是采用色标标记，把来自不同方向或不同应用功能设备的线路集中布放，并规定了不同的颜色区域，把这种颜色区域称为色标场。在不同的色标场之间连接管理跨接线或跳线，可以实现不同系统的应用。

5. 交连与互连体系结构

在交叉连接体系结构中，设备电缆端接在单独的端接场(紫色场)上，设备端口用跳线连接到水平配线子系统的电缆上，这种体系结构一般与数据量庞大的局域网设备配合使用。但由于其管理简便，所以小型交叉连接中也可以采用这种体系结构。这种体系结构的典型应用有用户程控交换机及数据传输的局域网应用系统。这种交叉连接体系结构管理的连接硬件主要是卡接式连接硬件和卡接式跳线或跳接软线。交叉连接体系结构如图 4.66 所示。

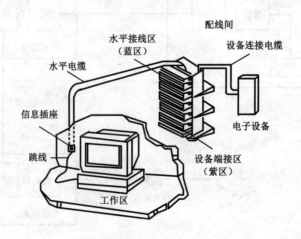

图 4.66 交叉连接体系结构

当设备设置在带有交叉连接的配线间或设备间时,允许用互连体系结构代替交叉连接体系结构,在这种方案中,跳线被安装在局域网设备端口和水平布线之间,紫色场被取消,因此,这种体系结构要求的安装空间要低于交叉连接体系结构。当存在大量的设备时,互连体系结构的管理可能比较困难,而且灵活度较差。这种互连体系结构的应用较多、比较常见的是局域网中的二级交换机在配线间中的应用。这种互连体系结构管理的连接硬件主要是模块化连接硬件和 RJ-45 跳线。互连体系结构如图 4.67 所示。

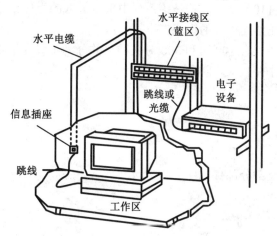

图 4.67 互连体系结构

6. 管理子系统组件

管理子系统的组件主要是配线架(包括铜缆和光缆),它是用于端接水平电缆、干线电缆和光缆的连接中枢,使综合布线系统组成一个完整的信息传输通道。管理子系统的核心部件是配线架,按类型,它可以分为双绞线电缆(或称铜缆)配线架和光纤配线架(或称配线箱)两大类。

光纤配线架的类型可分为机架式光纤配线架和光纤接续箱两种。双绞线电缆配线架的类型有卡接式配线架和模块化配线架两种。为了便于布线系统的管理,布线厂商推出了电子配线架,如图 4.68 所示。

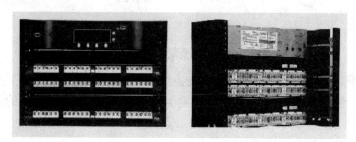

图 4.68 电子配线架

(1) 卡接式配线架。

卡接式配线架一般用于设备间、楼层配线间及二级交接间等电缆接合处的线缆端接,并且可分为两大类:夹(跳)接线方式和插接线方式。这两种硬件的电气性能完全相同,端接的线缆数每行为 25 对,通常按 100 对或 300 对订购;高密度的卡接式配线架每行为 28 对,通常按行数的倍数订货。线路的模块化系数由采用的连接块是 3 对还是 4 对来区分。下面以美国康普公司的产品为例讨论其应用。

卡接式配线架分为 110A 型、110P 型和 110VisiPatch(110VP)等类型，其中 110A 型配线架可以应用到所有的场合，特别是大型电话应用场合，也可以应用在配线间接线空间有限的场合中。110A 与 110P 配线数目相同，可是 110A 型配线架占用的空间是 110P 型配线架的一半。但 110A 型配线架一般用单点管理进行跳线交叉连接，而性能只能达到三类标准，这就限定了其应用。110A 型配线架是该系列中价格最低的组件。

① 110A 型配线架连接件的组成如下。
◎ 110A 型配线架有 100 对和 300 对两种，并分为带脚和不带脚的两种安装方式。
◎ 3、4 或 5 对的 110C 连接块。
◎ 底板。
◎ 定位器。
◎ 交连跨接线。
◎ 标签条。

110A 型配线架及部分部件如图 4.69 所示。

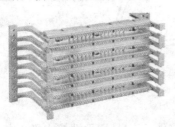

(a) 带脚卡接式配线架

(b) 不带脚卡接式配线架

(c) 卡接式配线架附件

图 4.69　110A 型配线架及部分部件

② 110P 型配线架的外观简洁，使用接插线而不使用跳线，但 110P 型配线架不能垂直叠放在一起，占用的空间比 110A 型配线架要大，所有超过 2000 对以上的电缆线路一般不使用 110P 型配线架。但 110P 型配线架在施工安装时比 110A 型配线架方便，因为它有一个背板过线槽。110P 型配线架连接件的组成如下。
◎ 安装于终端块面板上的 100 对 110D 型接线块。
◎ 3、4 或 5 对的 110C 连接块。
◎ 188C2 和 188D2 垂直底板。
◎ 188F2 水平跨接线过线槽。
◎ 标签条。

110P 型配线架及部分部件如图 4.70 所示。

③ 110VisiPatch 配线架是 110 型配线架的改革，这种配线架具有独特的反相暗装式的跳线设计，使其外观整洁干净，提高了线缆安装密度，即每行 28 对，336 线对 110VisiPatch 配线架与 300 线对的 110P 型配线架的安装尺寸相同，集成的跳线管理减少了过线槽，背板是绝缘非金属的，不需要接地。110VisiPatch 型配线架在需要增加配线密度，要求简洁美观，同时可达到千兆的高速传输性能时使用。

110VisiPatch 型配线架及部分附件如图 4.71 所示。

图 4.70　110P 型配线架及部分部件

图 4.71　110VisiPatch 型配线架及部分附件

(2) 模块化配线架。

模块化配线架可用于设备间、楼层配线间及二级交接间等场合。随着网络应用的发展，这种类型的配线架越来越广泛地在布线系统中被使用，虽然它的价格要比卡接式配线架高，但模块化配线架在网络应用系统中使用比较方便，其电气性能比较可靠。这种模块化配线架提供 24 口及 48 口标准 RJ-45 连接插口，并且与网络交换机的插口相同，不需要任何适配器进行插口的转换。根据综合布线系统的设计类型，可选择超五类、六类及七类 24 口或 48 口非屏蔽或屏蔽模块化配线架。模块化配线架及部件如图 4.72 所示。

 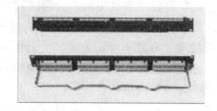

图 4.72　模块化配线架及部件

(3) 光纤配线架(配线箱)。

光纤配线架可用于设备间、楼层配线间及二级交接间等场合，光纤配线架为建筑群或建筑物提供光纤的互连、交连或接合，防止端接或熔接后的光纤受到损坏，并对光纤应用进行管理。

光纤配线架有两种类型，一种是壁挂式光纤配线架，或称光纤接续单元，另一种是机架式光纤配线架。根据建筑物光纤的数量，可采用 12、24、48 及 72 芯接口的光纤配线架，并根据网络交换机的光模块端口类型，选用 ST、SC、LC 及 MTRJ 光纤连接头及耦合器，以便实现光纤主干的互连。目前，交换机的光纤模块端口多为 SC、LC 端口，并且光纤跳线也是常用的。光纤配线架及部件如图 4.73 所示。

(a) 光纤接续单元　　　　　　(b) 机架式光纤配线架

图 4.73　光纤配线架及部件

(4) 电子配线架。

随着综合布线系统的普及和布线系统灵活性的不断提高，用户变更网络连接的频率也在增加，而布线系统的故障是网络故障中的一个重要原因。如何能通过有效的方法来实现网络布线的实时管理，使网络管理人员有一个清晰的网络维护界面，这就需要一种布线管理系统，即电子配线架。电子配线架的管理软件能实时监视布线系统的连接状态和设备的物理位置，当布线系统有任何更改时，又能准确地更新布线系统的文档数据，并能连续提供可靠、安全和稳定的连接，防止任何无计划、无授权的更改，同时也降低了网络系统的运行故障和维护费用，提高了布线系统的管理效率。

综合布线系统实时智能管理系统，是采用计算机技术实现综合布线系统的实时自动化和智能化管理，这种管理系统常应用于数据传输量大、保密性强等要求较高的大型的综合布线系统中。

在计算机网络应用中，已经有多种网络管理应用软件来帮助网络管理员监视网络的连接状态，然而，这些应用绝大多数都是工作在网络层，而非物理层，它仅能告诉网络管理员哪个逻辑链路有问题，哪个网络设备不能连接，但是不能告诉网络管理员物理错误的位置和问题发生的原因——到底是网络电缆断了还是插头脱落了。一个实时的物理层管理系统应能够准确、可靠、安全地提供端到端的实时监视和管理。

综合布线系统实时管理系统由两部分组成：硬件和软件。

① 系统硬件部分。

◎ 电子配线架：分超五类、六类和光纤配线架，在每个配线架端口上方装有内置传感器，它是实时接口的一部分，在电缆管理中，端口传感器和接口电缆连接器用于提供"实时"连接信息。

◎ 主扫描器、副扫描器：用于实时管理现有的基于 RJ-45 的设备。

◎ 实时跳线：实时跳线是一根带有第五组的跳线，这种跳线的长度与一般跳线的长度相同，其每一端接有一个监视针脚，以便连接实时配线架端口传感器和扫描器的电子触点。

◎ 实时链路电缆：在每一个电子配线架的背面，都有一个扁平的电缆接口，用于连接扫描器。

② 系统软件部分。

综合布线系统实时智能管理系统软件是一套典型的客户端/服务器系统，它的服务器端是 Microsoft SQL Server 7.0 基础上的数据库系统，客户端一般为自行研发的系统，承担数据库系统与管理员之间的交互式管理职责。

综合布线智能化管理系统能自动检查和监视设备间或核心机房内跳线及交互连接的变化，电子配线架和扫描器也能监视设备(如网络交换机、电话交换机、安防设备、监控设备等)的端口状态，网络管理人员可以方便地了解到各个端口的移动、改变、历史记录等信息，并能辅助技术人员进行跳线管理。

它的连接方式为：从交换机端口连接电子配线架端口(例如配线架1)，而客户端的端口连接另一个电子配线架的端口(例如配线架2)。配线架1的端口代表交换机上的每个端口，配线架2上的端口则代表客户的每个端口，管理员需要做的，是把配线架1的端口与配线架2的端口实现连接，即实现了设备与客户端(可以是计算机、绘图仪、监视器和安防设备)的连接。这样，当需要改变连接时，所有的改变仅发生在配线架与配线架之间，减少了设备端口的改变次数。

目前，这种实时布线管理系统主要有：美国康普公司的iPatch系统，泛达公司的PanView综合布线实时管理系统，以色列RIT公司的PatchView综合布线系统实时管理系统，iTrach公司的iTracs系统，Molex公司的实时布线系统，南京普天公司的布线物理层管理系统等。图4.74所示为美国康普公司的电子配线架和部件，图4.75所示是电子配线架管理软件的界面。

(a) iPatch电子配线管理系统

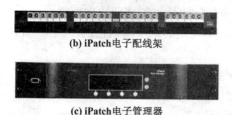
(b) iPatch电子配线架

(c) iPatch电子管理器

图4.74 美国康普公司的电子配线架和部件

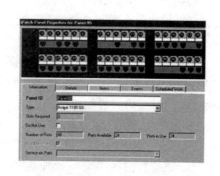

图4.75 电子配线架管理软件的界面

7. 管理子系统的设计

(1) 配线间及二级交接间的设计。

管理子系统可以根据色标，来鉴别配线间及二级交接间所具有不同外观的各个子系统。设计配线间及二级交接间时，应根据色标场来确定配线间及二级交接间中管理点所要求的规模。下面是配线间及二级交接间可能出现的色标。

◎ 蓝色：连接到配线间的水平配线子系统电缆。
◎ 白色：连接到设备间的干线电缆。
◎ 灰色：连接到同一楼层的另一个配线间的二级干线电缆。
◎ 紫色：配线间公用设备(控制器、交换机等)的线缆。

任何一个配线间都有蓝色场和白色场，只有在配线间中连接其他配线间电缆时，才有灰色场；当配线间中存在表示公用设备的线路时才有紫色场。如果公用设备的跳线直接连到蓝色或白色场时，紫色场可以取消。图 4.76 所示是典型的配线间设置。

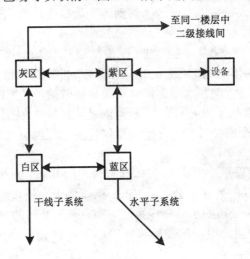

图 4.76　典型的配线间设置

配线间及二级交接间的设计过程如下。

① 硬件类型的选择。

卡接式配线架端接线对数，按其类型有 110A 和 110P 型配线架两种，均是每行端接 25 线对，110VP 型配线架是每行端接 28 对线，它们都使用 3、4 和 5 对线的连接块，一条含 3 对线的线路(模块化系数为 3 对线)需要使用 3 对线的连接块，一条含 4 对线的线路需要使用 4 对线的连接块，一条含两对线的线路也可以使用 4 对线的连接块，5 对连接块一般用于 110A、110P 型配线架的干线电缆的连接。110 系列配线架可安装在墙面或机柜中，有 100 对、300 对和 900 对规格可选，在设计时可根据应用规模选用不同规格的配线架。110 系列配线架一般应用在语音通信应用系统中。

模块化配线架提供 24 口及 48 口标准 RJ-45 连接插口，一般应用在数据通信应用系统中，这种配线架是标准的 19 英寸规格，只能安装在机柜中或机架上。

光纤配线架有两种类型，一种是壁挂式光纤配线架，或称光纤接续单元，另一种是机架式光纤配线架。根据建筑物光纤的数量，可选用 12、24、48 及 72 芯接口的光纤配线架。如果安装在机柜中，必须选用 19 英寸的光纤配线架。

② 确定端接线路的模块化系数。

模块化系数与应用系统有关，通常，综合布线系统采用的模块化系数如下。

◎ 电缆连接采用 3 对线(模块化系数为 3)。
◎ 基本型综合布线设计中的干线电缆连接采用两对线(模块化系数为 2)。
◎ 增强型或综合型综合布线设计中的干线电缆连接采用 4 对线(模块化系数为 4)。
◎ 工作区设备连接采用 4 对线(模块化系数为 4)。

③ 决定蓝场所需的配线架规格及数量。

蓝色场即综合布线系统的水平配线子系统，是用于连接终端设备的通道，在使用 4 对线电缆时，每条电缆代表一个连接到电缆工作区端的终端，所以，110A 和 110P 这两种类型的配线架每行可端接 25 对线，即每行可端接 6 条水平电缆。110VP 型配线架每行可端接 28 对线，即每行可端接 7 条水平电缆。而能端接 100 对线或 112 对线的配线架每个有 4 行，能端接 300 对线或 336 对线的配线架每个有 12 行。工作站端接必须选用 4 对线缆模块化系数。表 4.22 为 110 型配线架的端接容量，表 4.23 为 110VP 型配线架的端接容量。

表 4.22　110 型配线架的端接容量

110A/110P 配线架容量	25 对接线盘数量	每行端接信息点数量	每个配线架端接信息点数量
100 对	4	6	24
300 对	12	6	72
900 对	36	6	216

表 4.23　110VP 型配线架的端接容量

VisiPatch 配线架容量	25 对接线盘数量	每行端接信息点数量	每个配线架端接信息点数量
28 对	1	7	7
112 对	4	7	28
336 对	12	7	84
672 对	24	7	168
1008 对	36	7	252

110 系列配线架的容量通用计算公式如下：

$$\frac{25(\text{线对最大数目}/\text{行})}{\text{线路的模块化系数}} = \text{线路数}/\text{行}$$

$$\text{线路数}/\text{块} = \text{行数} \times \text{线路数}/\text{行}$$

$$\frac{\text{信息插座数}}{\text{线路数}/\text{块}} = \text{配线架数目}$$

或者：

$$\frac{\text{信息插座数}}{\text{配线架最大端接线路数}} = \text{配线架数目}$$

式中，"配线架最大端接线路数"可由表 4.22 查出。

如果选用模块化配线架，上面公式中的"配线架最大端接线路数"为 24 或 48。它们分别代表 24 口模块化配线架和 48 口模块化配线架。

例 1：若线路模块化系数选取 4 个线对，且选用 300 对 110P 型配线架，可以端接多少条线路？

解：

$$25(\text{对}/\text{行}) \div 4(\text{对}) = 6(\text{线路数}/\text{行})$$

$$6 \times 12 = 72(\text{条})$$

说明：110P 型配线架每 100 对有 4 行。

例 2：若有 200 个信息插座，且按 4 对线的模块化系数端接线路，需要多少个 110VP 型配线架？

解：
$$28(对/行) \div 4(对) = 7(线路数/行)$$
$$200(个) \div 7(线路数/行) = 28.5(条)$$

向上取整为 29 条 110VP 型配线架。

说明：110VP 型配线架可按条订购。

④ 决定紫场所需的配线架规格及数量。

紫场是电子设备端接的区域，在综合布线系统中，如果连接方式采用互连方式，在配线间或二级交接间中可以取消，如果采用交连方式连接，前提是用户已经给定了所需连接应用系统的信息点数。以下计算以 110P 型 300 对线配线架及 24 口模块化配线架为例，通用计算公式如下：

$$信息点数(IO) \div 12 \times 6 = 300 \text{ 对配线架的数量}$$
$$信息点数(IO) \div 24 = 24 \text{ 口配线架的数量}$$

说明：计算结果向上取整。

⑤ 决定白场所需的配线架规格及数量。

干线电缆的规模取决于工作区的数量，而不是信息插座的数量。根据干线子系统的设计结果，就可以知道配线间及二级交接间的白场，应选用哪种规格的配线架来端接干线电缆及配线架的数量。

为了便于管理，综合布线系统通常把白场和灰场分成两部分，一部分用于语音通信。另一部分用于数据通信，这将使白场和灰场的管理容易很多，而且往往更为经济。通用计算公式如下：

$$G = N \times I \div S$$

其中，G——配线架个数。

N——每个工作区的线对数(基本型取 2，增强型和综合型取 3 或 4)。

I——工作区数。

S——配线架线对数(可取 100 对、300 对、900 对)。

例 3： 已知工作区总数为 96 个，按综合型干线电缆，每个工作区分配 4 对线。计算需要多少个配线架？

解：
$$G = 4 \times 96 \div 100 = 3.84(个)$$

取整为 4 个 100 对配线架。

通常在计算干线电缆所需要的配线架时，以最小对数的配线架取值，即 100 对配线架，然后根据计算的结果，灵活选择配线架的规格及类型。如上例中的结果是 4 个 100 对配线架，如果选择 110A 型配线架，可选一个 300 对的和一个 100 对的配线架。如果选择 110P 型配线架，就只能选择 300 对的配线架两个，这样就会导致成本增加。

⑥ 决定灰场所需的配线架规格及数量。

灰场即连接电缆的模块化系数应是每条线路 4 对线，连接电缆时按灰场与蓝场之比为 1：1 进行管理。按每个信息插座分配 4 对线计算，就可以得到配线架的数量。其配线架的规格与白场相同。

⑦ 配线间及二级交接间的布局。

110 系列配线架的布局和空间要求取决于选用的 110 型硬件的类型。110A 型配线架的交叉连接对每个 300 对线的配线架需要占有 0.9m² 的空间,110P 型配线架系统对每个 300 对线的组装则需要 1.0m² 的空间。配线间及二级交接间空间的设计应经过以下步骤。

第一步:确定配线间及二级交接间中使用的硬件类型,列出端接回路,如水平、主干、设备等场,确定配线间及交接间将出现的场的颜色。

第二步:确定每种颜色使用的 110 系列硬件的规格和数量。

第三步:列出使用的完整材料清单,并画出详细的空间布局图。

第四步:确定理线器的数量,建议每两列 110P 型配线架配一个,每套 110VP 型配一个,每 48 口配线架配一个理线器。

当设计机柜放置图时,应考虑以下几点:
◎ 光纤配线架通常安装在机柜的最顶端。
◎ 有源设备通常安装在光纤配线架与铜缆配线架之间。
◎ 模块化配线架或 110 型配线架。

当设计墙上安装放置图时,跳线理线架应考虑以下几点。
◎ 其他墙上安装的,如有源设备和光纤配线架。
◎ 如果有源设备是在机柜安装的,应注意机柜内的空间。
◎ 跳线理线架及将来扩展的空间。

利用每个配线间的空间,画出每个配线间的等比例图,其中包括以下内容。
◎ 干线电缆孔。
◎ 电缆和电缆孔的位置。
◎ 电缆布线空间。
◎ 接线盒空间(如果需要)。
◎ 房间进出管道或电缆孔的位置。
◎ 管道内要安装的电缆数。
◎ 110 系列硬件的空间。
◎ 其他设备,如多路复用器、交换机或供电设备等安装空间。

目前,在配线间和设备间中利用墙面安装配线架已经比较少了,绝大多数系统都是安装在机柜中,这样,交换设备的安装与综合布线系统的连接比较方便,同时也便于管理,并且也比较美观。图 4.77 所示为典型的机柜场的布局示意图。

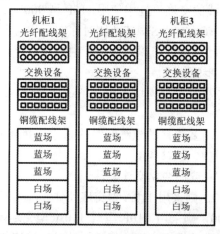

图 4.77 典型的机柜场的布局示意图

(2) 设备间的设计。

设备间用于安放建筑物内部的公用系统设备,如核心交换机、服务器及接入设备等。在设备间里,无疑还有电缆和连接硬件,其作用是把公用系统的设备连接到综合布线系统上,对设备线缆和干线电缆的线路交连管理,它是整个布线系统的主要管理区(主布线场)。下面给出设备间可能出现的色标。

◎ 蓝色:连接到设备间的水平配线子系统电缆。
◎ 白色:连接到配线间的干线电缆。
◎ 灰色:至其他设备和计算机房的连接电缆。
◎ 紫色:设备间公用设备(控制器、交换机等)的线缆。
◎ 棕色:连接到其他大楼的建筑群电缆。
◎ 绿色:电话局总机中继线。
◎ 黄色:交换机的各种引出线。

任何一个设备间都有紫色场、白色场和绿色场,只有在设备间中端接了连接室外建筑群的电缆时才有棕色场,而当工作区子系统的水平电缆连接到设备间时才有蓝色场,这种情况是设备间兼作楼层配线间使用。

主布线交叉连接的作用,是把公用设备的线路与垂直干线子系统和建筑群子系统输出的线路相连接,典型的主布线场包括两个色场,即白色场和紫色场,白色场实现干线和建筑群线对的端接,紫色场则实现公用系统设备线对的端接。主布线场有时可能增加一个黄色场,用来实现辅助交换设备的端接,黄色场一般比较小,从紫色场的下方开始端接。在设计时,应考虑设备间的交叉连接所用配线架的数量和类型。

在理想的情况下,交叉连接场的配线架应能使用插入式跳线连接主布线场的任何两个点,在规模较小的交叉连接场安装中,只要把不同颜色的场一个挨着一个地安装在一起,就能很容易地实现理想的目标。在规模较大的交叉连接场安装中,因为跳线规定的标准长度有限,使得一个较大的交连场不得不一分为二,放在另一交叉连接场的两边。

一个主布线场的最大规模视交叉连接硬件的类型而定:若采用 110P 型硬件,白色场的最大规模约为 3600 对线;若采用 110A 型硬件,最大规模是 10800 对线。对于超过建议规模(3600 或 10800)的超大规模的安装,应通过增加若干个区单元来进行扩充。

图 4.78 所示为 3600 对线的交连设施中使用 110P 型 900 对线的配线架。其中,紫色场包括 4 个 900 对的配线架(P、Q、R 和 S),其两侧对称安装了两个 900 对白色场的配线架(A、B、C 和 D)。因此,标准的接插线就可以对这个场中的任意两点进行交连管理了。

设备间主布线场的设计步骤如下。

① 确定线路模块化系数。每个模块当作一条线路处理,线路的模块化系数按照所需要连接的应用系统而定。

② 确定语音和数据线路要端接的电缆线对的总数,并且分配好语音和数据线路所需要的空间。

③ 确定选择哪一种 110 或模块化交连硬件。

如果线对总数超过 6000,则采用 110A 型交连硬件。

如果线对总数少于 6000,则采用 110P 型或 110A 型交连硬件。应该注意的是,110A 型交叉连接硬件虽然占用较少的机柜空间,但需要技术较熟练的人员进行管理。

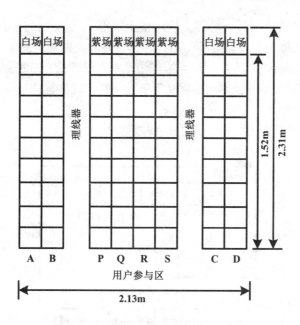

图 4.78 110P 型配线架的主布线场

④ 决定每个配线架可供使用的线对总数。由于 110A 及 110P 型配线架中的每个端接行的第 25 对线,通常在 4 对线路的端接时不用,所以一个配线架极少可能容纳全部线对。表 4.24 列出了在模块化系数为 4 的情况下,110A 及 110P 型配线架的可用线对总数。

表 4.24 配线架与线对的关系

配线架规模	可用线对总数
100 对	96
300 对	288
900 对	864

⑤ 决定白场的配线架数量。每种应用(语音和数据等)所需的线对总数除以每个配线架可用的线对数,然后向上取整,这就是所需的白场配线架的总数。

⑥ 确定中继线/辅助场的配线架数。中继线/辅助交连场用于端接中继线、公用系统设备和交换机辅助设备(如控制台、应急传输线路等)。中继线/辅助场为各色场,即绿场、紫场和黄场,各场所需的配线架数与白场计算方法相同。

⑦ 确定设备间交连硬件的位置。确定设备间交叉连接硬件的位置时,通常,空间的结构由系统技术文件加以说明,其中包括绘制综合布线系统详细施工图所需的布局信息。

为整个布线系统(即所有子系统)编制详细的施工图,一旦确定了主布线区的每个场所需的配线架总数后,还必须知道所选的连接硬件的物理尺寸以及实际布局,使之适应于所选用的线路跳线管理方法。

完成上述步骤后,绘制综合布线系统详细施工图,编写施工工艺及流程,列出材料清单及做出成本核算。

(3) 交叉连接管理的设计。

在单点管理方法中,干线区的连接线通过跳线依次连接至白和蓝场,白场第一条线路连接至蓝场的第一条线路，其余的连接线路依此类推。其信息插座号应出现在设备间管理场，这种连线的方法称为"直通接线"，它还为设备间及配线架的 UPS 电源提供管理点，通常在干线上提供一个或多个 4 对线连接。由于单点管理简单，所以，在采用单区域安装结构时，宜采用单点管理方法。如图 4.79 所示为单点管理结构。

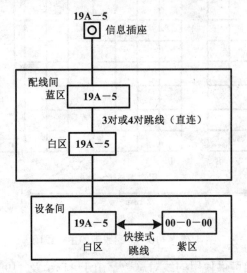

图 4.79 单点管理结构

除了单点管理外，综合布线系统还支持双点用户交叉连接场管理方法。

双点管理结构如图 4.80 所示，这种方法允许用户重新安排设备间和配线架中的连接。这种双点管理方法，对所有大规模的安装及用户要对线路进行大量移位、修改和重组的应用情况是理想的。所以，在大多数情况下，均使用双点管理方法。

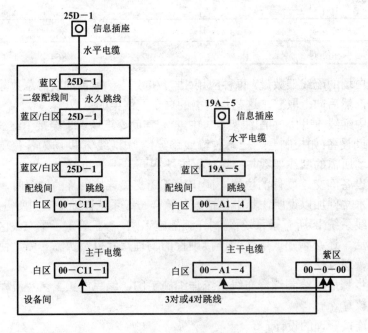

图 4.80 双点管理结构

8. 管理子系统标签的设计

(1) 标签设计要求。

就目前而言,综合布线系统还没有一个统一的标签方案,与设备间的设计一样,标签方案也因具体的应用系统不同而有所不同。在大多数情况下,由用户的系统管理人员或通信管理人员提出标签的标记方案的制定原则。但是,所有的标签均应规定其参数和识别步骤,以便一目了然地识别各种线路和设备的端接位置及走向。为了有效地进行线路管理,标签的标记方案必须作为技术文件存档,以便查阅。标签作为综合布线系统的一个重要和不可缺少的组成部分,应该能提供以下信息。

◎ 建筑物的编号。
◎ 建筑物的区域。
◎ 建筑物的起始点。
◎ 建筑物内信息点的位置。

典型的 110 交连插入标签条如图 4.81 所示。

图 4.81 典型 110 交连插入标签条

(2) 设备间标记方法。

设备间是整个建筑物布线系统干线的汇聚和交叉连接管理的中心,它有来自建筑群子系统的干线电缆和光缆,也有建筑物内部的垂直干线电缆和光缆。

通常,干线电缆的标记信息有起始信息、配线架编号、配线架行号、机柜编号及线对编号等,如图 4.82 所示(仅供参考)。

(3) 配线间标记方法。

配线间干线电缆的编号方法如图 4.83 所示(仅供参考)。

配线间是整个建筑物布线系统垂直干线子系统和水平配线子系统线缆的汇聚和交连管理的中心,它有来自设备间子系统的干线电缆,也有建筑物内部工作区的水平线缆。通常,配线间干线电缆的标记信息有起始信息、配线架编号、配线架行号、机柜编号及线对编号等。它的编号第一位应与设备间干线第一位编号相同。

如图 4.84 所示为配线间水平线缆的编号方法(仅供参考),其中的编号方法也适用于信息插座的编号。

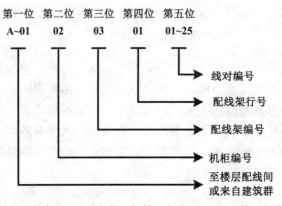

线对编号可按每行 25 对取值，如第一行取 01～25，第二行取 25～50，依此类推

图 4.82 设备间干线电缆的编号方法

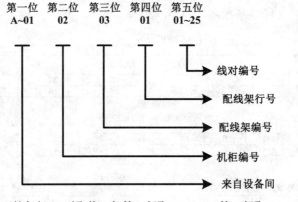

线对编号可按每行 25 对取值，如第一行取 01～25，第二行取 25～50，依此类推

图 4.83 配线间干线电缆的编号方法

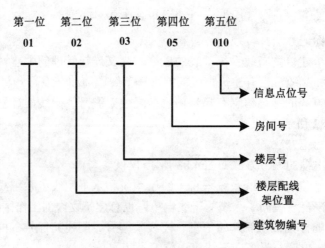

图 4.84 配线间水平线缆的编号方法

4.2.6 建筑群子系统的设计

1. 概述

一个企业或一所学校，园区内一般都有几栋相邻的建筑群或不相邻的建筑物，它们彼此间有相关的语音、数据、视频图像和监控等应用系统，而这些系统的应用可用传输介质和各种支持设备(硬件)连接在一起，组成相关的信息传输通道，其连接各建筑物之间的传输介质和各种支持设备(硬件)组合成综合布线系统的建筑群子系统。

建筑群之间可以通过其他的通信方式进行连接，如无线通信系统、微波通信系统等，但因这些应用系统的传输速率、带宽限制以及易受到干扰等原因，应用面比较小，而利用有线传输的方法，可以解决传输速率及带宽限制问题，是目前使用最广的一种方式，尤其是以太网的应用，其主干可达到 10Gb/s，优点十分显著。

这里我们只介绍有线通信方式。

在这种园区式建筑群环境中，若要把两个或更多的建筑物通信链路互连起来，通常是在楼与楼之间敷设室外电缆，如室外铜缆电缆及室外光缆，这些电缆和光缆的敷设可以采用架空方式、直埋方式或地下电缆管道方式，或者视现场的具体情况，采用这三种方式的组合。

室外电缆也是根据敷设方式，可分为架空室外电缆、直埋室外电缆及电缆管道室外电缆，并且根据敷设的条件，可分为铠装室外电缆、光缆和非铠装的室外电缆、光缆，而铠装电缆又可分为重铠和轻铠两种。室外铠装光缆和非铠装光缆如图 4.85 所示。

(a) 室外铠装光缆   (b) 室外非铠装光缆

图 4.85　室外铠装光缆和非铠装光缆

如果要敷设楼与楼之间的电缆和光缆，首先要估计有哪些路由可以把相关的建筑物互相连接起来，如果有合适的支撑结构(架空室外电缆的电线杆、直埋室外电缆的沟及室外管道电缆的地下管道系统)，而且空间的大小符合相关的标准，应根据用户对室外电缆敷设的要求，选用相应的室外电缆、光缆的安装路由。如果在选定的空间中没有上述支撑结构，必须新建地下管道系统、地沟或电线杆，这样，建筑群子系统的规划内容全部从零开始，其工程的造价和复杂性将会大为增加。

2. 室外光(电)缆的布线方法

建筑群环境的三种布线方法有架空、直埋和地下管道法，以下将详细介绍这三种方法。
(1) 架空布线法。

架空布线方法通常只用于已有的电线杆，而且在这种布线方法中，电缆的路由方式不是主要的考虑因素，因已有的电线杆已经决定了路由。

采用架空布线方法时，由电线杆支撑的电缆在建筑物之间悬空，可使用室外架空电缆，把室外电缆挂在已安装在电线杆上的钢绞线(钢丝)上。这种方法的成本不高，但是，这种方法不仅影响园区的美观，而且保密性、安全性和灵活性也比较差，因而不是一种理想的建筑群布线方法。

架空电缆通常穿入建筑物外墙面的 U 形钢保护套，然后向上或向下延伸，从电缆孔进入建筑物内部的设备间或机房，如图 4.86 所示。电缆入口孔径一般为 3～5cm，建筑物到最近电线杆的距离应小于 30m，通信电缆与电力电缆之间的距离应符合当地的有关法规。

(2) 直埋布线法。

图 4.87 所示的是电缆直埋式布线方法。

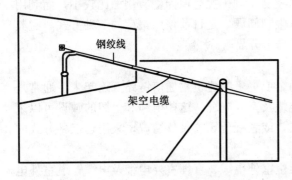

图 4.86 架空电(光)缆布线法

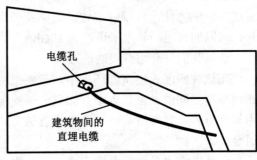

图 4.87 直埋布线法

除了穿过基础墙的部分电缆有导管外，电缆的其余部分都没有管道给予保护，所以必须采用直埋式电缆和光缆，因为这种电缆和光缆是专为直埋方式设计的。在采用直埋方式布线时，电缆的选用应符合直埋式布线的要求，并应符合室外地埋电缆的安装规范。建筑物的管道入口方式如图 4.88 所示，基础墙的电缆孔应往外尽量延伸，以免在墙边挖土时损坏电缆；当电缆穿过路面时，应加钢管进行保护。直埋电缆沟的深度应在距地面 0.5m 处，或者符合当地的有关法规。

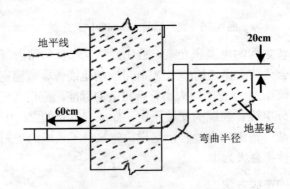

图 4.88 建筑物管道入口方式

如果在一个电缆沟内同时埋入通信电缆和电力电缆，应分管埋设，如图 4.89 所示。

直埋布线法优于架空布线法，它可对电缆提供一定程度的机械保护，并保持了建筑物的整体外观，但扩容或更换电缆时，会破坏原有的电缆和建筑物的外貌，维护费用较高。

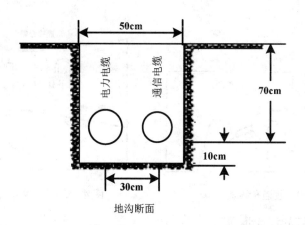

图 4.89 同一电缆沟内同时埋入通信电缆和电力电缆的方式

(3) 地下管道布线法。

地下管道布线法是由管道和管道井(又称人孔)组成的地下系统，通常，电缆和光缆可通过管道井进行布放和完成电缆及光缆的接续。在建筑群管道系统中，管道井的平均间距为50m，当进入建筑物或转弯时，都应该有管道井。图 4.90 给出了一根或多根管通过建筑物的基础进入建筑物内部的情形。管道一般是由水泥多孔块或者新型 PVC 管制成的，所以，这种方法给电缆和光缆提供了良好的机械保护，使电缆和光缆因受损而维修的机会减少到最小的程度。

一般来说，管道的埋设深度应在地面以下 0.6m，或者遵守有关法规规定的深度。在电力电缆、通信电缆和光缆管道井合用的情况下，通信电缆不允许在电缆井内端接，并且通信管道与电力管道中间必须用至少 8cm 的混凝土或 30cm 的压实土层隔开，以免产生干扰。当采用管道法时，应留有 2~4 孔的余量并有拉线(钢丝)，供以后扩充时使用。

以上讨论的三种布线方法，既可以单独使用，也可以混合使用，视建筑群的具体情况或用户需要而定。

(4) 建筑物线路入口区域。

建筑群主干电缆和光缆、公用网和专用网电缆、光缆及天线馈线等室外缆线进入建筑物时，应在进线间成端，转换成室内电缆、光缆，并在线缆的终端处设置入口设施，入口设施中的配线设备应按引入的电缆、光缆容量配置。电信业务在进线间设置安装的入口配线设备应与 BD 或 CD 之间敷设的相应连接电缆、光缆实现路由互通。线缆类型与容量应与配线设备相一致。

通信电缆和光缆在进入建筑物的区域位置时，通常需要电信部门批准。通信电缆和光缆进入建筑物的入口方法与建筑群干线三种方法对应。穿过墙壁或地基时，都应敷设保护管道，并且因金属管道有可能与建筑物的钢筋接触，管道周围应做绝缘。

建筑物线路入口区域可以在一个封闭房间的墙上，通常位于建筑物最底层，有时建筑物内部的电气保护装置、建筑群电缆、公用网络接口等也在这里实现交连，因此，建筑物的电缆入口区域有时也与设备间放在一个楼层内。当综合布线系统的规模很大时，需要用固定的配线架框架来支撑交连硬件；综合布线的规模较小时，交连硬件可以安装在墙面上或者机柜中。在图 4.91 中，电信部门的电缆进入建筑物后，先进入一个阻燃接合箱，然后再进入保护装置，最后进入建筑物内部的综合布线系统。

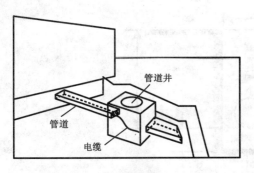
图4.90 管道布线法

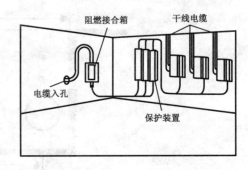
图4.91 建筑物电缆进入口装置

3. 建筑群子系统的设计步骤

(1) 了解敷设现场。

① 确定建筑物的位置及边界。

② 确定共有多少栋建筑物。

(2) 确定电缆的一般参数。

① 确认起点位置。

② 确认端接点位置。

③ 确认涉及的建筑物和每座建筑物的层数。

④ 确定每个端接点所需的双绞线对数。

⑤ 确定有多个端接点的每座建筑物所需的双绞线总对数。

(3) 确定建筑物的电缆入口。

① 对于现有建筑物，应尽量利用原有的入口管道，如果不够，再考虑重新安装管道入口。

② 对于新建的建筑物，应根据选定的电缆布线路由，标出入口管道的位置、规格、长度和材料。

(4) 确定电缆的布线方法。

① 确定土壤的类型(沙质土、黏土、砾土等)。

② 确定地下公用设施的位置。

③ 查清在拟定的电缆路由中沿线的各个障碍位置。

④ 确定电缆的布线方法。

(5) 确定主干电缆路径和备用电缆路径。根据三种方案确定可能的电缆路径结构。

① 所有建筑物共用一根电缆。

② 对所有建筑物进行分组，每组单独分配一根电缆。

③ 每个建筑物单独用一根电缆。

(6) 选择所需的电缆类型。

① 确定电缆的长度。

② 画出最终的系统结构图。

③ 画出所选定的路由位置和挖沟详图，包括公用道路图和任何需要经审批才能动用的地区草图。

④ 确定入口管道规格。

⑤ 选择每种设计方案所需的专用电缆。
⑥ 如果需要管道，选择规格及材料。
(7) 确定每种方案所需的费用。
① 确定布线施工工期。
② 确定不同电缆之间结合施工工期。
③ 确定其他时间，例如拆除旧电缆等所需的时间。
④ 计算总时间：①+②+③。
⑤ 计算每种设计方案的成本(④×当地的工时费)。
(8) 确定每种方案的材料成本。
① 确定电缆成本。
② 确定所有支撑结构的成本。
③ 确定所有支撑硬件的成本。
(9) 对于所有硬件支撑，如电线杆或地下管道，选择最经济、最实用的设计方案。
① 把每种方案的人工和材料成本相加，得出总成本。
② 比较各种方案的总成本，选择成本较低的。

4.3 综合布线屏蔽系统工程设计

4.3.1 综合布线屏蔽系统工程概述

1. 概述

在我们日常的工作生活中，越来越多的现代化工具和设备会产生电磁干扰，诸如日光灯、电力线、移动电话、电脑以及产生强磁场的机器等。当这些电磁干扰或噪音被正在传输的信号获得时，就会使正在传输的信号产生数据丢失、重发等现象，造成网络速度的下降。在许多政府、军事或财政等保密要求较高的单位，为了防止重要的电话被窃听，重要的数据被盗取，必须对语音、数据、视频图像等的传输电缆进行必要的保护。

屏蔽布线系统源于欧洲，它是在普通非屏蔽布线系统的外面加上金属屏蔽层，利用金属屏蔽层的反射、吸收及趋肤效应，实现防止电磁干扰及电磁辐射的功能。屏蔽系统综合利用了双绞线的平衡原理及屏蔽层的屏蔽作用，因而具有非常好的电磁兼容(EMC)特性。欧洲大多数最终用户会选择屏蔽布线系统，尤其在德国，大约95%的用户安装有屏蔽系统，而另外的5%安装的是光纤。

目前，屏蔽布线系统已为越来越多的用户所认识，它在电磁兼容方面的良好性能也正在为越来越多的用户所认可。目前，屏蔽布线产品除了进口产品外，越来越多的国内厂商也提供屏蔽布线产品。在最新发布的北美布线 TIA/EIA 568B 标准中，屏蔽电缆和非屏蔽电缆同时被作为水平布线的推荐媒介，在中国，越来越多的用户，尤其是涉及保密和电磁辐射较强的项目，开始使用屏蔽系统，包括六类及七类屏蔽系统。

屏蔽布线系统的优势如下。

(1) 减少电磁污染。

在希望让网络的信号传输更加稳定、拥有更高网络带宽的时候，通常很少考虑到双绞线电缆自身也是高频电磁污染的来源。对于日益庞大的网络系统，以及日益增多的自动化办公设备，为减少电磁污染所带来侵害，选择哪种网络传输介质是很重要的。基于屏蔽电缆的工作方式，将从根本上解决电磁污染这个问题。

(2) 信息的保密。

当电磁干扰(EMI)只是简单地影响一部分网络用户使用的时候，作为一个信息源，也许会给某些犯罪活动提供机会。因此，许多政府机关、军事或财政机关所安装的布线系统，出于安全原因，必须进行必要的保护。为了防止一些重要的电话被窃听或信息被窃取，在信息等级较高的场所，都使用屏蔽电缆进行布线，以达到信息保密的要求。

(3) 提高网络的稳定性。

屏蔽电缆从根本上杜绝了外界的干扰，可提高稳定性以及提供高质量的传输信号，能够提供较高的传输带宽，可支持未来高速的网络系统，并提供更远的传输距离。

(4) 高带宽技术的应用。

在非屏蔽布线系统中，线对中的串扰对高带宽应用是有影响的，而屏蔽电缆的工作方式解决了线对中的串扰这个问题。在 IEEE 802.3an 标准中，六类非屏蔽布线系统在 10Gb/s 以太网中支持的最大长度为 55m；但在屏蔽布线系统中，六类和七类布线系统支持长度仍可达到 100m。

(5) 更加灵活的应用环境。

非屏蔽电缆由于自身的工作方式，易受到周围环境的影响，而屏蔽电缆则可减少在这方面的限制。国家标准《综合布线系统工程设计规范》(GB 50311-2017)中指出：综合布线区域内存在的电磁干扰场强高于 3V/m 时，宜采用屏蔽布线系统进行防护；采用非屏蔽布线系统无法满足安装现场条件对缆线的间距要求时，宜采用屏蔽布线系统。

什么样的用户会选择屏蔽布线系统？通常有三类用户会选择：一类是有严重电磁干扰环境的用户，如工业环境的厂房及办公区、电台、医疗行业、机场以及地铁等；另一类是出于安全考虑，严格要求保密的单位，如国家政府机关、金融行业、军队等；还有一类是欧洲企业，由于使用习惯，欧洲的企业无论是有电磁干扰的工厂还是没有电磁干扰的办公楼，都愿意采用屏蔽布线系统来实现网络连接。

前两类用户只能选择屏蔽布线系统，因为只有屏蔽系统才能够解决电磁干扰问题和满足信息保密的要求。办公环境相对较好，为什么也要使用屏蔽系统呢？主要是考虑到信息的安全性和能更好地抵抗电磁干扰。我们知道，当信号以很高的频率在线路中传输时，如果不采取一定的措施，将会因为外界电磁干扰和线缆自身的串扰产生大量的传输错误，从而降低系统的性能。因为在低频传输时，电磁干扰和线缆自身的串扰可以通过线缆的绞合抵消掉，但在高频传输时，则抵消不掉。屏蔽系统可以在电磁环境恶劣的条件下支持安全和高速的数据通信，更好地适应用户高性能应用对网络布线系统的需求，以便适应未来对网络系统的要求。

在当前的社会中，到处充斥着各种各样的电气设备、电子设备，而这些设备的运转大都伴随着电磁能的转换，高密度、宽频谱的电磁信号及电磁能充满了我们生活的空间，形成的电磁干扰构成了极其复杂的电磁环境。简单地说，只要有电的地方，就会有电磁辐射，就会不同程度地产生电磁干扰。毋庸置疑，屏蔽系统在传输的抗干扰(尤其是高频的情况下)方面有很大的优势。

还有一个非常重要的因素，信息的安全可靠性在任何系统中都是非常重要的，尤其是国家政府机关、金融系统、军队、机场等场所，将涉及国家的战略安全，意义重大。当然，信息的安全可靠对于企业也同样重要，将涉及企业的信息安全。作为物理层的布线系统，对信息的安全起到至关重要的作用，而这一点，往往被很多人忽视。所以对于布线系统，应首先考虑使用屏蔽系统。正如在设计规范中提到的那样，当外界电磁场强超过 3V/m 时，就应考虑使用屏蔽系统或光纤布线系统。众所周知，我们周围的电磁辐射已经越来越强，在一定程度上为屏蔽系统提供了更加广泛的应用空间。

从技术角度上看 10Gb/s 万兆传输问题时，针对外部串扰(AFEXT)和外部串扰总和(PS AFEXT)，仍然难以找到解决方案。当大功率的信号进入较短的电缆时，这根电缆在另一端将对相邻的或绑扎在一起的其他线缆产生严重干扰。很明显，这种影响无法补偿。在传输特性方面，屏蔽系统和非屏蔽系统形式的双绞线有着本质的差异。成功传输万兆网信息的关键因素，是克服"相邻线对串扰"，这种串扰不是线缆内部不同线对之间的串扰，而是从外界电缆吸收到的干扰信号，外界的干扰信号可以来自相邻线缆或者有源设备。与线缆内部串扰比较，这种串扰无法通过调节有源设备参数进行抵消，因为它与不同的安装情况相关，根本无法预测。降低这种串扰的唯一选择，是改进线缆的设计。

基于一个简单的事实——线芯之间距离的增加将弱化串扰，这样就产生了众多不同的方案。不同的厂商采用不同的改进方案，但所有 UTP 的改进都不能从根本上解决相邻线对串扰问题，而屏蔽系统根本不受这些问题的困扰。这也是为什么七类布线系统全是屏蔽系统，而没有非屏蔽系统的主要原因。

2. 屏蔽技术

屏蔽技术是在普通非屏蔽布线系统的外面加上金属屏蔽层，利用金属屏蔽层的反射、吸收及趋肤效应实现防止电磁干扰及电磁辐射的功能。屏蔽系统综合利用了双绞线的平衡原理及屏蔽层的屏蔽作用，因而具有非常好的电磁兼容(EMC)特性。

FTP 电缆的屏蔽原理不同于双绞的平衡抵消原理。FTP 电缆是在 4 对双绞线的外面加一层或两层铝箔，利用金属对电磁波的反射、吸收和趋肤效应原理(所谓趋肤效应，是指电流在导体截面的分布随频率的升高而趋于分布在导体表面。频率越高，趋肤效应越明显，即电磁波的穿透能力越弱)，有效地防止外部电磁干扰进入电缆，同时也阻止了内部信号辐射出去干扰其他设备的工作。FTP 融合了 UTP 的平衡特性和 STP 的屏蔽效果，即实现了平衡与屏蔽原理的完美结合。

实验表明，频率超过 5MHz 的电磁波只能透过 38μm 厚的铝箔。如果屏蔽层的厚度超过 38μm，例如耐克森公司的 FTP 电缆为两层 25μm 厚的铝箔屏蔽，电磁波即便能透过屏蔽层而进入电缆内部，电磁干扰的频率也主要在 5MHz 以下；而对于 5MHz 以下的低频干扰，可用双绞的原理有效地抵消。

3. 屏蔽双绞线的类型

屏蔽双绞线分为独立屏蔽双绞线 STP、铝箔屏蔽双绞线 FTP 两种。STP 是指每条线都有各自屏蔽层的屏蔽双绞线，而 FTP 则是采用整体屏蔽的屏蔽双绞线。如何选择系统传输介质，是综合布线系统工程中一项重要的内容。

下面类型名称中，斜杠(/)之前为总屏蔽层，斜杠之后为双绞线单独屏蔽层，S 指丝网，

F 指铝箔，U 指无屏蔽层。

(1) F/UTP 屏蔽双绞线。

它是一种铝箔总屏蔽的屏蔽双绞线，也是较传统的屏蔽双绞线，主要用于将 8 芯双绞线与外部电磁场隔离，而对线对与线对之间的电磁干扰没有作用。

这种屏蔽双绞线是在 8 芯双绞线外层包裹了一层铝箔，即在 8 根芯线外的护套内有一层铝箔，在铝箔的导电面上敷设了一根金属接地导线。

F/UTP 双绞线主要用于五类、超五类，在六类中也有应用，如图 4.92 所示。

(2) U/FTP 屏蔽双绞线。

它是一种线对屏蔽双绞线，其屏蔽层由铝箔和接地导线组成，所不同的是，铝箔分为 4 张，分别包绕在 4 个线对上，切断了每个线对之间电磁干扰的途径。因此，它除了可以抵御外来的电磁干扰外，还可以对抗线对之间的电磁串扰。这种线对屏蔽双绞线主要用于六类屏蔽双绞线，也可以用于超五类屏蔽双绞线，如图 4.93 所示。

图 4.92　F/UTP 屏蔽双绞线

图 4.93　U/FTP 屏蔽双绞线

(3) SF/UTP 屏蔽双绞线。

SF/UTP 屏蔽双绞线的总屏蔽层为铝箔+铜丝网，它不需要接地导线作为引流线，铜丝网具有很好的韧性，不易折断，因此，它本身就可以作为铝箔层的引流线，万一铝箔层断裂，丝网将起到将铝箔层继续连接的作用。

SF/UTP 双绞线在 4 个双绞线的线对上，没有各自的屏蔽层。因此，它属于只有总屏蔽层的屏蔽双绞线。SF/UTP 双绞线主要用于五类、超五类，在六类屏蔽双绞线中也有应用，如图 4.94 所示。

(4) S/FTP 屏蔽双绞线。

S/FTP 屏蔽双绞线是总屏蔽层为丝网、线对屏蔽为铝箔的双重屏蔽双绞线，主要应用于七类系统，也用于六类系统，如图 4.95 所示。

图 4.94　SF/UTP 屏蔽双绞线

图 4.95　S/FTP 屏蔽双绞线

4. 辐射与接地

一个综合布线屏蔽系统的屏蔽性能由系统中最差链路的性能来决定，而屏蔽布线系统最薄弱的部分，是信息插座及机柜内的模块化配线架。可以通过一些方法提高其 EMC 性能，远离干扰源，如电梯、空调、动力设备、日光灯、移动通信基站等，并采用带有屏蔽罩的信息插座，且安装配线架的机柜根据要求选用不同级别的屏蔽机柜。电缆部分与信息插座和配线架相比，周围的电磁环境更加复杂，无法预测和控制，所以，电缆部分是整个布线系统中最需要加以电磁保护的部分。

通过 FTP 电缆的屏蔽原理可以了解到，屏蔽层不接地也具有屏蔽功效，铝箔屏蔽层的屏蔽作用与接地无关。但如果接地不好，屏蔽双绞线的屏蔽层将成为干扰源，并且电缆的屏蔽层会吸收外在的电磁干扰，传导后向外辐射。当然，向外辐射也需要一定的条件，即必须存在辐射所需的能量及天线的尺寸与电波波长在同一数量级，只有满足以上条件，电缆的屏蔽层才有可能成为"潜在的天线"。综合布线系统在整个系统的开发、研制过程中，已经充分考虑到高频接地的问题，实现了电缆屏蔽层的大面积环绕接地，避免了"天线效应"。因此，综合布线屏蔽系统必须有良好的接地系统，并应符合下列规定。

(1) 对于保护地线的接地电阻值，单独设置接地体时，不应大于 4Ω；采用联合接地体时，不应大于 1Ω。

(2) 采用屏蔽布线系统时，所有屏蔽层应保持连续性。

(3) 采用屏蔽综合布线系统时，屏蔽层的配线设备 FD 或 BD 端必须良好接地，用户端、终端设备视具体情况接地，两端的接地应连接至同一接地体。若接地系统中存在两个不同的接地体时其接地电位差不应大于 1Vr.m.s(电压均方根)有效值。

(4) 采用屏蔽布线系统时，每一楼层的配线柜都应采用适当截面的铜导线单独引至接地体，也可采用竖井内集中用铜排或铜线引到接地体的方法，导线或铜导体的截面应符合标准。接地导线应接成树状结构的接地网，以避免构成直流环路。

(5) 综合布线的电缆采用金属槽道或钢管敷设时，槽道或钢管应保持连续的电气连接，两端应有良好的接地。

5. 平衡传输

UTP 电缆是通过芯线的双绞来实现 EMC 性能的，这意味着 EMI 首先被 UTP 电缆所接收，随后才被抵消，但是，随着频率的提高，UTP 的 EMC 性能将会下降，经过测量，发现线缆只能满足到 30MHz 的 EMC 性能，对于更高的电磁干扰，双绞线将无能为力，所以说，理想的平衡传输系统是不存在的。UTP 电缆的平衡特性并不仅取决于部件本身的质量(如双绞线的绞对)，也会受到周围环境的影响，因为 UTP 周围的金属、隐蔽的"地"、施工中的牵拉、弯曲等情况都会破坏其平衡特性，从而降低 EMC 性能。事实上，在安装电缆时，通常会将它穿入金属导管、塑料导管或者其他有着不同接地阻抗的保护中，所以，要获得持久不变的对地性能，只有一个解决方案，就是在所有芯线外多加一层铝箔进行接地。铝箔为脆弱的双绞线芯增加了保护，同时，为 UTP 电缆人为地创造了一个平衡环境。这意味着基于 FTP 电缆的屏蔽解决方案是独立于环境的，即与环境无关。FTP 融合了 UTP 的平衡特性和施工灵活性及 STP 的屏蔽效果，所以 FTP 屏蔽电缆是现在被广泛应用的屏蔽双绞电缆。

6. 屏蔽布线系统的组成

屏蔽布线系统的功能体现，需要做到所有连接硬件都使用屏蔽产品，包括传输电缆、配线架、模块和跳线。如果只是传输信道的一部分使用了屏蔽产品(如水平电缆)，则起不到整体系统屏蔽的作用。

(1) 屏蔽电缆。

目前的屏蔽双绞线中，主要有超五类屏蔽双绞线、六类屏蔽双绞线、七类屏蔽双绞线。在这些屏蔽双绞线中，它们各自的屏蔽方式也有所不同。在国家标准(GB 50311-2017)中规定了屏蔽电缆类型的表示方法，如图 4.96 所示。

其中，金属箔一般为铝箔，金属编织网一般为铜编织网。所以，对应的屏蔽双绞线电缆就有 F/UTP、U/FTP、SF/UTP、S/FTP、F/FTP、SF/FTP 等。需要说明的是，仅有铝箔屏蔽的屏蔽双绞线电缆(F/UTP、U/FTP、F/FTP 等)中都自带汇流铜导线，用于防止铝箔万一出现横向断裂时，汇流导线仍然能够释放屏蔽层的感应电流，使屏蔽性能依然保持。

(2) 屏蔽模块。

屏蔽模块分为 RJ-45 型和非 RJ-45 型两大类。根据 IEC 60603 标准，RJ-45 型模块可以支持 250MHz 的传输带宽，而 500MHz 的七类布线系统同样使用了 RJ-45 型模块。对非 RJ-45(如 GG45 等)型模块，因其 4 个线对分别位于模块的 4 个对角位置，并在 4 个线对之间添加了金属隔离体，切断了芯线之间的电磁耦合，因此，它可以支持 1000M～1200MHz 的传输带宽，可在七类布线系统中使用。如图 4.97 所示为六类屏蔽模块。

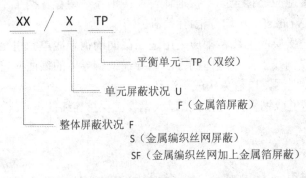

图 4.96　屏蔽电缆类型的表示方法　　　　图 4.97　六类屏蔽模块

屏蔽模块通过屏蔽外壳将外部电磁波与内部电路完全隔离，因此它的屏蔽层需要与双绞线的屏蔽层连接后，形成完整的屏蔽结构。

(3) 屏蔽配线架。

屏蔽配线架上具有接地汇接排和接地端子。汇接排将屏蔽模块的金属壳体连接在一起。屏蔽模块的金属壳体通过接地汇接排连至机柜的接地汇接排，完成接地。屏蔽配线架可分为屏蔽模块加配线架组合和模块化两类。如图 4.98 所示为两种屏蔽配线架。

(4) 屏蔽跳线。

根据屏蔽布线系统的全程屏蔽理论，屏蔽布线系统必须使用屏蔽跳线，否则将达不到预期的屏蔽效果。由于屏蔽模块的种类分有 RJ-45 型和非 RJ-45 型两类，所以，屏蔽跳线也分为三类：RJ-45 型—RJ-45 型；RJ-45 型—非 RJ-45 型；非 RJ-45 型—非 RJ-45 型(其中非 RJ-45 型包括 GG45 等)。屏蔽跳线如图 4.99 所示。

(a) 模块化屏蔽配线架　　　　　　　　(b) 模块+屏蔽架屏蔽配线架

图 4.98　两种屏蔽配线架

(5) 屏蔽机柜。

屏蔽机柜如图 4.100 所示，这也是屏蔽布线系统中不可缺少的重要部分，它主要应用于涉密级别较高的网络服务器、交换机等网络设备的电磁防护，防止涉密电磁信息外泄及外部电磁波的干扰和攻击。屏蔽机柜分为 A、B 和 C 三个等级，可以根据不同的需求选用适合的级别。

图 4.99　屏蔽跳线　　　　　　　　　图 4.100　屏蔽机柜

随着屏蔽系统越来越为更多的用户所使用，对屏蔽系统的施工要求也会越来越高。如何根据现有的屏蔽产品设计与建设更好的屏蔽系统，是综合布线系统设计师必须面对的课题。对于一个屏蔽布线系统，要真正发挥其屏蔽系统的屏蔽效果，除了要选择品质好的屏蔽布线产品，做好屏蔽系统的端接与 360° 的屏蔽外，对整个屏蔽系统的接地和整个系统的等电位连接也是必不可少的，只有这样，才能保证屏蔽的完整性，以及屏蔽系统的屏蔽效果和屏蔽系统的传输性能。

4.3.2　综合布线屏蔽系统的工程设计要求

1. 概述

(1) 在《综合布线系统工程设计规范》(GB 50311-2017)中，对屏蔽布线系统的采用提出了三种推荐，分别是电磁干扰强度大于 3V/m 时，更高的防电磁干扰和防信息泄露要求时，缆间敷设无法满足最小间距要求时。中国工程建设标准化协会信息通信专业委员会综合布线工作组在《屏蔽布线系统设计与施工检测技术白皮书》的基础上，结合了电气行业更多标准的要求和行业应用，提出了以下屏蔽布线系统的十大应用场合。

- ◎ 半工业环境和工业环境。
- ◎ 工矿企业。
- ◎ 带宽要求大于 500MHz 时。
- ◎ 涉及视频源、音源传输时。
- ◎ 涉密信息的传输。
- ◎ 环境干扰源情况复杂时。
- ◎ 弱电专网中的部分子系统。
- ◎ 数据中心的水平配线子系统。
- ◎ 医疗建筑的关键部位。
- ◎ 其他行业规范相应规定时。

明确提出了电磁兼容性的三个等级，以及所对应的环境和场强范围，如表 4.25 所示。在不同的电磁环境下如何选择综合布线系统的线缆是非常重要的，表 4.26 给出了不同电磁环境中双绞线电缆的选择方法。

表 4.25 电磁环境分类

电磁等级	通用名称	场强范围	说 明
E1	商业环境	<3V/m	人们平时生活和工作的绝大多数环境
E2	半工业环境	≥3V/m，<10V/m	有一定电磁干扰，但不强烈
E3	工业环境	≥10V/m	具有强烈电磁干扰的环境

表 4.26 不同电磁环境中的双绞线选择

电磁等级	通用名称	场强范围	说 明
E1	商业环境	<3V/m	非屏蔽双绞线：UTP
E2	半工业环境	≥3V/m，<10V/m	铝箔屏蔽双绞线：F/UTP 或 U/FTP
E3	工业环境	≥10V/m	双重屏蔽双绞线：SF/UTP 或 S/FTP

(2) 目前，屏蔽布线系统已经在国家政府机关、医疗、机场、金融机构、军事机关及涉密单位得到了广泛的应用，这是因为屏蔽布线系统所具备的特点与需要实施的目标相吻合，能实现用户对信息带宽及保密的需求。其特点如下。

- ◎ 屏蔽布线系统中的对绞电缆、连接器件和跳线都包含有屏蔽层。
- ◎ 屏蔽配线架上都设置了屏蔽接地部件。
- ◎ 屏蔽对绞电缆中的屏蔽层主要抵御电磁场的影响，而对绞线对则继续发挥抗电磁干扰的作用。
- ◎ 屏蔽布线系统需要对屏蔽层的连通性进行测试，并应在测试报告中单独列出。

(3) 屏蔽布线系统除了具有以上特点外，还能实现以下实施目标。

- ◎ 将外界电磁波对对绞线的干扰降至最低，以提高信息传输过程中的信噪比。
- ◎ 将线对之间的电磁干扰降至最低，以改善布线产品的性能参数。
- ◎ 防止信号因电磁辐射而产生的泄密，避免因布线系统引起泄密事件的发生。
- ◎ 在电磁兼容性的解决方案中，最常见的是采用各种方式的屏蔽方案和各具特色的屏蔽产品，如屏蔽电缆、屏蔽模块、屏蔽机柜等。

(4) 综上所述可以知道,屏蔽布线系统的电磁兼容性为什么越来越引起人们的重视,这主要有三方面的原因。

① 数据通信速率的迅速增长。这是因为,通信已不仅局限于语音和数据,还包括高质量的图像和视频信号,所以对网络速率的要求也在不断提高,网络速率的提高,就意味着工作频率的提高,而工作频率越高,越容易受到电磁干扰,并且越容易产生电磁辐射,这就是为什么双绞线的近端串扰(NEXT)频率越高越严重的原因。

② 外界电磁环境的日益恶化。新的电磁干扰源的不断产生,各种无线广播、强电开关的脉冲、日光灯及移动通信系统等,都会产生电磁干扰,随着通信系统向个人化和移动化发展,各种移动通信系统层出不穷,移动终端随处可见,无线机站也到处分布,这些移动通信系统都是产生电磁干扰的干扰源。

③ 网络安全性的需要。随着网络工作频率的不断提高,产生的电磁辐射就会越来越严重,这些辐射一方面干扰其他系统,另一方面,会给网络犯罪以可乘之机。

表 4.27 列出了屏蔽布线系统的部分应用领域。

表 4.27 屏蔽布线系统的部分应用领域

目的	基本原理和理由	应用举例与应用要点
抗外部电磁干扰	当外部有比较强的电磁干扰时,屏蔽对绞线能够有效地抵御外部电磁干扰	① 半工业环境或工业环境; ② 生产作业区、工厂车间内; ③ 广播、电台、机场、实验室及地铁
	人身安全作为第一位考虑因素	医院、机场内的部分场所
	当传输协议(如万兆以太网)对电磁干扰比较敏感时	数据中心及相关机房可选用性能更好的七类屏蔽布线系统
	避免因电磁干扰而造成传输速率下降	工厂厂区、电磁环境不理想的区域
防止泄密	避免信息出现无法恢复的传输品质	① 音频及视频源等对应的传输线路; ② 弱电专网中向机房提供信息的不可恢复信号源
	现场电磁环境复杂时	避免风险的场地
	可以用于不希望出现商业泄密的场合	① 需要商业保密的建筑物; ② 银行及证券办公楼、结算中心、数据备份中心
提高传输能力	当布线系统升级到万兆以太网以上等级时	对信息带宽需求更高的网络
	线对屏蔽技术可以在同一根对绞线中传输多路信号	同一根线中传输多路需防范串音的电话,如保密电话
	线对屏蔽技术可以在同一根对绞线中传输多种不同的信号(以太网、有线电视、电话、音响等)	为七类屏蔽布线系统的传统应用模式 ① 同时传输 4 路有线电视; ② 同时传输有线电视、音响和电话

2. 屏蔽布线系统的设计要求

屏蔽布线系统主要应用于综合布线系统中的工作区子系统、水平配线子系统和管理子系统中，其产品的选择应根据用户的需求、系统的技术性能及用户的投资预算等进行综合考虑。在设计屏蔽布线系统时，应符合标准中的要求。

(1) 全程屏蔽。

在设计和使用屏蔽布线系统时，必须满足两个条件，即"全程屏蔽"和"屏蔽层正确可靠接地"。全程屏蔽指的是布线系统中所使用的配线架、线缆、接插件、跳线和机柜等均采用屏蔽产品，而且屏蔽层之间保持良好的接触与连接；并且要保证屏蔽层有正确可靠的接地。

(2) 屏蔽布线系统的配置。

屏蔽布线系统的配置与非屏蔽布线系统的配置可以相对应，仅是屏蔽与非屏蔽的区别，而对于屏蔽布线系统配置的要求如下。

① 整个屏蔽布线系统必须是同一厂商的端到端的屏蔽产品，包括信息模块、水平电缆、配线架及跳线。

② 根据用户需求选择屏蔽布线系统类别，例如超五类屏蔽系统、六类屏蔽系统及七类屏蔽系统。

③ 信息插座面板可根据模块型号自由选择。

④ 机柜可选择屏蔽或非屏蔽机柜，建议选择与用户需求相匹配级别的屏蔽机柜，并且要选择由国家保密机构认证的有资质的厂商生产的屏蔽机柜。

(3) 屏蔽布线系统的接地。

屏蔽布线系统的接地在整个布线系统中占有很重要的位置。一般来说，综合布线系统在工作区信息插座的屏蔽层不做专门的接地，工作区通过屏蔽跳线，将屏蔽信息插座与屏蔽网络设备的屏蔽层连接，通过终端设备电源线的接地端子(PE)实现接地，如图4.101所示，并在屏蔽机柜一侧做等电位连接。

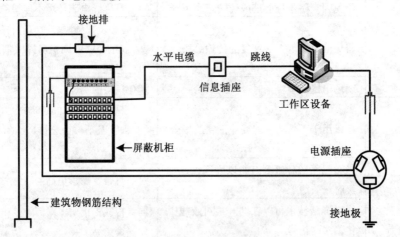

图 4.101　工作区接地示意图

随着综合布线系统传输频率的不断升高，当前屏蔽双绞线的应用带宽已经从100MHz上升至1500MHz，早已进入了电子学的高频乃至超高频频段。当屏蔽双绞线的工作频率达到如此高时，屏蔽双绞线所需要的接地方式已经从常规的单点接地改为多点接地(或称为联合接地)，屏蔽配线架和屏蔽机柜的接地应与强电接地完全分离，单独接至大楼底部的接地汇流排，形成完整的接地回路。高频电流具有趋肤效应，因此，为了达到最好的高低频接地效果,最理想的导线材料是铜编织线(它的截面积用于传导低频电流,表面积用于传导高频电流),以便达到接地系统的最佳效果。如图 4.102 所示为联合接地示意图。

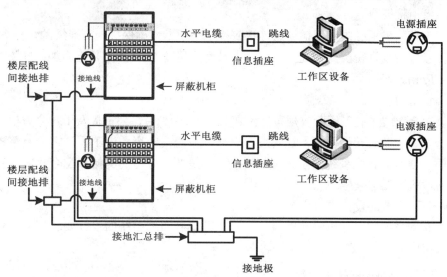

图 4.102　联合接地示意图

接地系统的具体要求如下。

① 进线间接地。
◎ 进线间主要用于连接、汇集楼内外的网络、通信电缆等,必须进行两级防雷过压保护。
◎ 总接地端子一般安装在进线间内,一级防雷过压保护器必须连接到总接地端子上。
◎ 总接地端子的位置应考虑尽量减少等电位连接导体的长度,减少等电位连接导体的拐弯。
◎ 连接导体与电源线之间的距离至少保持 300mm。
◎ 总接地端子应该尽量靠近通信设备,如果通信设备没有安装在进线间内,应尽量靠近主干布线。
◎ 如果接入的线缆为屏蔽或有金属铠装结构的,必须连接到总接线端子上。
◎ 其他设备,如多路复用器、光纤配线架等,必须连接到总接地端子上。

② 电信间接地。
◎ 建筑物每层的电信间必须安装一个接地端子。
◎ 机房内所有带金属外壳的设备,包括交换设备、桥架、机柜等,必须用绝缘铜导线并联到电信接地端子上。
◎ 电信间接地端子必须预先钻孔,其最小尺寸应为 6mm 厚×50mm 宽,长度视工程实际情况来定。
◎ 接触面应尽量镀锡,以减少接触电阻,并将导线在固定母线之前进行清理。
◎ 对于大型建筑物,每个电信间可安装多个接地端子。
◎ 接地端子的位置应尽量靠近网络主干电缆。
◎ 接地端子的位置应尽量减少等电位连接导体的长度。

③ 设备间接地。

对于设备间，由于其设备比较密集，设备工作频率较高，应采用网状等电位连接网络。

④ 机柜接地。

◎ 电信间机柜必须采用铜导线连接到接地端子上，确保接地是连续的、可靠的。

◎ 接地导线直径至少为5.8mm，最大长度不超过4m；如果长度增加，导体的直径也应相对增加。

⑤ 管槽的接地。

在《综合布线系统工程验收规范》(GB 50312-2017)中，大量提及了对金属桥架和金属线管的选型、安装及接地要求，这说明综合布线系统是一个系统工程，它涉及整栋建筑的各个方面。要实现布线系统安全、可靠的运行，需要各方面的支持和配合，所以管槽的接地应严格按规范要求来做。

(4) 各子系统的设计要求。

屏蔽布线系统中，各子系统的设计要求与非屏蔽布线系统的设计要求相同，例如线缆长度、楼层配线间的设置等，这里不再赘述。

3. 屏蔽布线系统的技术参数

屏蔽布线系统的链路和信道技术参数中，绝大多数与非屏蔽布线系统是相同的，只是增加了为数不多的几个屏蔽参数。根据国家综合布线系统工程验收规范及国际相关标准，对屏蔽工程而言，有些性能指标是特有的。

(1) 屏蔽线缆接线图增加了连通性检查。

① 在《综合布线系统工程验收规范》(GB 50312-2017)中要求，屏蔽布线系统施工应保持屏蔽层的连续性。

② 在《综合布线系统工程验收规范》(GB 50312-2017)中规定，电缆屏蔽层的连通情况是每条屏蔽链路的必测项目。

(2) 增加了一些有关屏蔽层的性能参数。

① 在《综合布线系统工程验收规范》(GB 50312-2017)中要求，屏蔽的布线系统还应考虑非平衡衰减、传输阻抗、耦合衰减及屏蔽衰减。

② 在《综合布线系统工程验收规范》(GB 50312-2017)中规定，现场无检测手段取得屏蔽布线系统所需的相关技术参数时，可将认证检测机构或厂商附有的技术报告作为检测的依据。

(3) 主要的屏蔽层测试参数如下。

① 转移阻抗(Transfer Impedance)。

转移阻抗是用来表示屏蔽层效率或者屏蔽保护效果的参数，它与屏蔽电缆和连接硬件的屏蔽效率有关，即描述了屏蔽层内表面的共模电压与其外表面电流之间的比值，称为转移阻抗，单位是毫欧姆/米(mΩ/m)，其数值可通过实验室高频密封箱测量屏蔽插入损耗计算得出。在国内，该参数可以在相关国家级检测中心内进行认证测试。

② 耦合衰减(Coupling Attenuation)。

耦合衰减用于描述电缆系统的电磁兼容性能，它被定义为输入功率与近端辐射功率最大值的比值，这个参数的测试与电缆的带宽无关，可以从30MHz测试到1GHz。对于屏蔽电缆，耦合衰减测试的是屏蔽与对绞等抗干扰手段共同作用的 EMC 性能，对于非屏蔽电缆，耦合衰减测试的是电缆的对绞平衡效果，其意义与屏蔽衰减相同。

4.3.3 综合布线屏蔽系统工程设计

屏蔽布线系统主要应用于工厂、屏蔽机房、机场、医院、政府机关、军事机关、银行、金融机构、自用办公楼、精密实验室等对传输性能要求较高的地方以及某些涉及商业秘密的场合。屏蔽布线系统与非屏蔽布线系统的设计有很多地方相同。

以下仅说明屏蔽布线系统中的工作区子系统、水平配线子系统、管理子系统的选材，计算方法与非屏蔽系统相同。其中屏蔽产品的选择应根据用户的需求、系统的技术性能及用户的投资预算等进行综合考虑。

1. 设计依据

设计依据如下。

◎ 美国 EIA/TIA 568 工业标准及国际商务建筑布线标准。
◎ 建筑通用布线标准 ISO/IEC 11801。
◎ 电气及电子工程师学会 IEEE 802 标准。
◎ 中国《综合布线系统工程设计规范》(GB 50311-2017)。
◎ 中国《综合布线系统工程验收规范》(GB 50312-2017)。
◎ 中国《涉及国家秘密的计算机信息系统保密技术要求》(BMZ 1-2000)。
◎ 中国《信息安全技术　信息系统物理安全技术要求》(GB/T 21052-2007)。
◎ 中国《电气装置安装工程接地装置施工及验收规范》(GB 50169-2006)。
◎ 中国《公共建筑电磁兼容设计规范》(DG/T 08-1104-2005)。

2. 屏蔽布线系统的设计

屏蔽布线各子系统的设计与非屏蔽布线系统相同，本节仅讨论各子系统的选材、物理特性及电气特性。屏蔽产品以美国康普公司的六类 FTP 屏蔽产品为例。

(1) 工作区子系统。

工作区是由终端设备及连接到水平配线子系统信息插座的屏蔽连接线(或软跳线)等组成。其中，终端设备可以是语音、数据、视频、传感器及监控等设备，连接这些设备的跳线或适配器必须是屏蔽的。

G8FP 是康普公司的六类屏蔽跳线，由高质量、高精度屏蔽元器件组成，可确保六类性能的应用。G8FP 能与 MFP420 信息模块紧密配合，使传输信号反射最小化，屏蔽性能最优化，最小的衰减特性使其比标准跳线传输更远，并具有更高的电磁兼容性(EMC)。

图 4.103 所示为 G8FP 六类屏蔽跳线，其特点和物理规格如下。

① G8FP 的特点。

◎ 传输性能参数超越了 ANSI/TIA/EIA 568B 和 ISO 11801 对屏蔽跳线的要求。

图 4.103　G8FP 六类屏蔽跳线

- ◎ 改善后的独特插头设计及专利的制造精确法，可确保稳定的电气性能。
- ◎ 专利的防阻碍按钮极大地方便了插拔。
- ◎ 多种颜色及 1～100 英尺(1～30m)长度可选。
- ◎ 支持千兆以太网的应用。
- ◎ 极好的 EMC 性能。
- ② 物理规格。
- ◎ 工作温度：-10～60℃。
- ◎ 插入次数：不少于 750 次。
- ◎ 接触稳定性：20mΩ最大变化。
- ◎ 接触点电镀：2.54mm 镍芯上镀金 1.27mm。
- ◎ 插头保持力：不小于 110N。

(2) 水平配线子系统。

水平配线子系统由连接各工作区的屏蔽信息插座模块、屏蔽信息插座模块至各楼层屏蔽配线架之间的屏蔽电缆、配线间的配线设备和屏蔽跳线等组成。

① 1271 是康普公司的六类屏蔽电缆，它具有创新的带支撑架结构设计，精确的绞对控制工艺可提高非平衡性传输性能。它与康普公司的端到端的产品系列相组合，组成了进一步提高 EMC 性能的六类布线系统，如图 4.104 所示。

图 4.104 康普公司的 1271 六类屏蔽电缆

它具有如下特点及规格。

- ◎ 23AWG(0.55mm)铜线，HDPE 绝缘外皮(高密度聚氯乙烯材料)。
- ◎ 100Ω特性阻抗。
- ◎ 提供满足 UL(CMR)、CSA(CMG)、CMP 及 IEC 60332-3 的低烟无卤外皮。
- ◎ 外径 0.28in(7.01mm)，轴包装，重量 30lbs/1000ft(13.64kg/305m)。
- ◎ 最大拉力：25lbs(11.38kg)。
- ◎ 工作温度范围：-20～60℃。
- ◎ 安装温度范围：0～60℃。
- ◎ 支持 1G Base-T，622Mb/s ATM 等高带宽应用。
- ◎ 全面满足和超越 TIA/EIA 568B.2 和 ISO/IEC11801 国际布线六类标准，并满足最高环境要求的电磁兼容性(EMC)的性能要求。
- ② MFP420 屏蔽六类模块。

MFP420 是康普公司的屏蔽六类信息模块，它具有专利屏蔽层信息模块包层设计，采用该公司独特镍锡铝合金包层，具有体积小、易于安装及永不生锈等优点。

MFP420 采用带线对互相绝缘接头的 8 芯屏蔽信息口，端接卡槽容纳 AWG22～24 线规(0.511～0.643mm)的线缆连接。MFP420 具高齿状线对序方法，这种方法能保持线对到连接点、线对槽口和斜角度，使得线对的卡接更加精确和更加可靠，有效地保持了整个信道端对端的高性能。MFP420 六类屏蔽模块如图 4.105 所示。

③ MFP420 的特点及规格。
◎ 接入标准的 M 系列原厂面板、表面安装盒等。
◎ 同时支持 T568A 及 T568B 两种端接方式，支持线对色谱安装。
◎ 向下兼容低类别布线系统，支持多颜色及多种防尘盖选择。
◎ UL Listed 认证，质量保证的象征。
◎ 宽度：0.80in(20mm)；长度：1.61in(41mm)；深度：0.82in(21mm)。
◎ 材料：耐高冲击及阻燃型，满足 UL 的 94V-0 热塑料及阻燃标准。
◎ 插入次数：不少于 750 次(FCC8 芯插头)。
◎ 屏蔽外包层：铜镍合金(2.54mm 铜镍板上 1.27mm 镀金)。
◎ 连接芯线：铜镍合金(2.54mm 铜镍板上 2.54mm 镀金)。
◎ 最小插头保持力：1.33N；最小接触力：100g。
◎ 工作温度范围：$-10 \sim 60\,^\circ\text{C}$。
④ MFP420 的电气规格如下。
◎ TIA/EIA 类别：6。
◎ 最小绝缘电阻：500mΩ。
◎ 最大接触电阻：20mΩ。
◎ 最小耐压：1000VAC。
◎ 最大耐压：1500VAC。
◎ 电流：1.5A(20℃)。

(3) 管理子系统。

管理子系统通常由屏蔽配线架、屏蔽跳线及屏蔽机柜组成，它一般位于一栋建筑物的各楼层配线间，在这里，用户可以在配线架上灵活地改变、增加、转换和扩展线路。康普公司的 UMP 六类屏蔽配线架(如图 4.106 所示)适用于 19 英寸机柜安装，可适用 24 个屏蔽六类信息模块安装，具有优良的屏蔽接地系统，其规格及特点如下。

◎ 可接入 24 个 MFP420 屏蔽模块。
◎ 1U 设计，空间最小化。
◎ 满足标准——UL 标准。
◎ 系统等级——六类。

图 4.105　MFP420 六类屏蔽模块

图 4.106　六类屏蔽配线架

在楼层配线间、设备间和核心机房等场合，如果从安全的角度考虑，以及对屏蔽提出一定要求，而且布线设备和网络设备可以安装到屏蔽机柜内时，采用屏蔽机柜是一种很好的选择。

屏蔽机柜的造型与普通机柜相同，如图 4.107 所示，区别在于它是用封闭的钢板制成的，屏蔽门可以打开,门的四周利用铜制簧片封闭,以达到屏蔽的效果。在屏蔽机柜的后侧,安装有一定数量的可以进线的铜制锁扣波导管及光纤波导管,电源的进出安装有电源滤波装置,机柜的接地采用丝编铜导线,以保证机柜的可靠接地;屏蔽机柜上端安装有屏蔽排风口,并安装有排风扇,机柜的下端安装有屏蔽的进风口,以保证机柜内的通风。但屏蔽机柜的造价相对较高。在采用屏蔽机柜时,应选择由国家专门机构(例如保密局)认证的产品。

(a) 屏蔽机柜的外形　　(b) 屏蔽机柜进线波导管

图 4.107　屏蔽机柜

屏蔽机柜的技术指标如下(以 C 级屏蔽机柜为例)。

① 级别：C 级。
② 交流电：220V/16A。
③ 性能指标。

磁场：150kHz≥90dB。

电场：200kHz～50MHz≥100dB。

平面波：50MHz～1GHz≥100dB。

微波：1G～10GHz≥95dB。

④ 外形尺寸：700mm(宽)×900mm(深)×2000mm(高)。
⑤ 内净尺寸：468mm(宽)×900mm(深)×1700mm(高)。
⑥ 符合国家《高性能屏蔽室屏蔽效能的测量方法》(GB 12190-90)标准。
⑦ 符合国家《电磁泄漏发射屏蔽机柜技术要求和测试方法》(BMB 19-2006)标准。

4.4　千兆以太网技术的大型局域网设计

4.4.1　千兆以太网技术概述

近年来,信息资源已成为一种非常关键性的资源,它必须精确、迅速地传输于各种通信设备、数据处理设备和显示设备之间。信息处理技术的高速发展,对信息传输的快速、便捷、安全性、稳定性和可靠性的要求也越来越高。在一个建筑群或建筑物中,所建网络要求对内适应不同的网络设备、主机、终端、PC 及外设,可构成灵活的拓扑结构,并有足够的系统扩展能力;对外通过公共数据网和综合业务数字网,组成全方位、多通道的信息访问系统。

千兆以太网是建立在以太网标准基础上的技术。千兆以太网与大量使用的以太网和快速以太网完全兼容，并利用了原以太网标准所规定的全部技术规范，其中包括 CSMA/CD 协议、以太网帧、全双工、流量控制以及 IEEE 802.3x 标准中所定义的管理对象。

目前，千兆以太网已经发展成为主流的网络技术，大到成千上万人的大型企业，小到几十人的中小型企业，在建设局域网时，都会把千兆以太网技术作为首选的高速网络技术。

1. 千兆以太网的主要特点

(1) 千兆以太网提供完美无缺的迁移途径，充分保护在现有网络基础设施上的投资，并且保留 IEEE 802.3x 和以太网帧格式以及 802.3x 受管理的对象规格，从而使企业能够在升级至千兆性能的同时，保留现有的线缆、操作系统、协议、桌面应用程序和网络管理战略与工具。

(2) 千兆以太网相对于原有的快速以太网、FDDI、ATM 等网络解决方案而言，提供了一条最佳的路径。至少在目前看来，是改善交换机与交换机之间和交换机与服务器之间连接的可靠、经济的途径。网络设计人员能够建立有效使用高速、关键任务的应用程序以及文件备份的高速基础设施，将为用户提供对 Intranet、城域网与广域网的更快速的访问。

(3) IEEE 802.3x 工作组制定出适应不同需求的千兆以太网标准，该标准支持全双工和半双工 1000Mb/s、IEEE 802.3x 以太网的帧格式、载波侦听多路访问和冲突检测(CSMA/CD)技术，可解决千兆以太网与 10Base-T 和 100Base-T 向后兼容的问题。标准支持最大距离为 550m 的多模光纤(50μm/125μm)、最大距离为 70km 的单模光纤和最大距离为 100m 的铜缆。

(4) 在 IEEE 802.3x 千兆以太网的协议中，1000Base-T 是基于 4 对双绞线全双工运行(每对线双向传输)的网络，在超五类或者性能较好的五类布线系统上运行。1000Base-TX 也是基于 4 对双绞线的，但却是两对线发送、两对线接收，而五类和超五类布线系统是不能支持该类型的网络，一定需要六类或七类布线系统的支持。

2. 千兆以太网的构成

千兆以太网是由千兆交换机、网络应用设备(如服务器、图形工作站、视频终端等)、综合布线系统等构成的。其中，千兆交换机构成了网络的骨干部分，网络应用设备构成了应用系统，布线系统构成了传输通道，三个部分的有效结合，就组成了一个高效的网络应用平台。在这个高速数据应用平台上，完全能满足高带宽应用的需求，如专业图形制作、视频点播、管理信息系统的应用以及 CAD/CAM/CAPP 等。目前，万兆以太网技术也趋于成熟，将成为今后以太网发展的趋势。

3. 千兆以太网的传输介质

千兆以太网标准中，主要的三种类型传输介质是：单模及多模光纤、150Ω屏蔽铜缆(1000Base-CX)及 100Ω双绞线铜缆(1000Base-TX)。而千兆以太网中最常用的是单模和多模光纤及 100Ω双绞线铜缆介质。

4. 千兆以太网的传输距离

使用基于 1550nm 的单模光缆标准的 1000Base-LX(长波)时，最大传输距离为 70km；使用基于 850nm 的 62.5μm/125μm 或 50μm/125μm 多模光缆标准的 1000Base-SX(短波)时，最大传输距离为 275～550m；使用基于屏蔽 150Ω铜缆标准的 1000Base-CX 时，最大传输距离为 25m；使用基于非屏蔽或屏蔽双绞线传输介质的 1000Base-TX 时，传输距离为 100m。

由于新技术新工艺的采用，使得布线产品的性能在不断提高，价格在不断下降，1000Base-TX 技术到桌面的应用越来越普及，所以，六类布线系统是目前网络应用的首选产品。

千兆以太网技术的大型局域网的设计包括两个方面，即千兆以太网技术的大型局域网综合布线系统设计和千兆以太网技术的大型局域网网络设计。下面以某单位局域网的设计为例，介绍千兆以太网技术的大型局域网综合布线系统的设计方法。

4.4.2 局域网布线系统的设计

1. 用户需求及工程概况

该单位是一个集科研、生产于一体的现代化企业，对信息交换、Interent 应用、管理信息系统的应用以及 CAD/CAM/CAPP 的应用要求较高，故一个实用、可靠、先进并留有发展余地的园区网络布线系统是最基本的需要。用户要求该局域网水平布线系统采用六类双绞线，以保证千兆到桌面，园区主干采用 12 芯复合(6 芯多模及 6 芯单模)光缆，以保障目前主干的千兆应用和将来的万兆应用。

该网络布线工程共涉及 1 号楼、2 号楼、3 号楼、4 号楼、5 号楼共 5 栋大楼的网络布线。此建筑群建筑面积约 40000m²，设计信息点 3207 个，楼内主干采用室内多模光缆，建筑群主干采用室外地埋复合光缆；共设楼层管理单元 23 个，设在每栋楼的弱电配线间内；共设设备间子系统 4 个，设在每栋楼一层的弱电井内；主设备间子系统设在 3 号楼三层网络设备间内。

1 号楼为一层，辅楼为三层，共设计信息点 396 个，设管理单元两个，一个设在厂房内，另一个设在辅楼一层(兼做设备间子系统)。

2 号楼设计信息点 668 个，该建筑地上七层，设楼层管理单元 7 个，设在每层弱电间内，设备间子系统设在一层。

3 号楼设计信息点 492 个，该建筑地下一层、地上三层，共设楼层管理单元 3 个，设在每层的弱电间内，主设备间子系统设在三层网络中心内。

4 号楼共设计信息点 754 个，该建筑为地上八层，共设楼层管理单元 8 个，分别设在各层的弱电间内，设备间子系统设在一层。

5 号楼共设计信息点 897 个，该建筑为地上十二层，地下一层，共设楼层管理单元 3 个，分别设在 1、4、10 层弱电间内，设备间子系统设在一层。

该综合布线系统的水平布线采用六类非屏蔽双绞线，楼内主干采用室内 6 芯多模光缆，信息模块采用非屏蔽六类模块，配线架部分采用六类非屏蔽模块化配线架，光纤配线架采用机架式光纤配线架，建筑物间采用国产室外地埋 12 芯复合(6 芯多模及 6 芯单模)光缆，保证其数据传输主干的需求。

2. 设计依据及目标

(1) 设计依据。

① 建筑通用布线标准(ISO/IEC 11801)。

② 建筑布线安装规范(CENELECEN 50174)。

③ 综合业务数字网基本数据速率接口标准(ISDN CCITT)。

④ 美国电子工业协会/通信工业协会 EIA/TIA 568 标准。

⑤ 电气及电子工程师学会 IEEE 802 标准。

⑥ 综合布线系统工程设计规范(GB 50311-2017)。

⑦ 综合布线系统工程验收规范(GB 50312-2017)。

⑧ 工业企业通信设计规范(GBJ 42-81)。

⑨ 工业企业通信接地设计规范(GBJ 79-85)。

(2) 设计目标。

综合布线系统设计的基准点,应本着"实用、节约、先进、有发展余地"的设计原则进行设计,并使系统达到以下目标。

① 实用性。

综合布线系统实施后,不但能满足现在通信技术的应用,而且也能满足未来通信技术的发展,即在系统中能实现语音、数据通信、图像传输及多媒体信息的传输。

② 灵活性。

综合布线系统能满足灵活应用的要求,即在任何一个信息插座上都能连接不同类型的终端设备,如个人计算机、可视电话机、可视图文终端、监控设备和控制传感器等。

③ 模块化。

综合布线是一种模块化的、灵活性极高的建筑物内或建筑群之间的信息传输通道。它既能使语音、数据、图像设备和交换设备与其他信息管理系统彼此相连,也能使这些设备与外部相连接。它还包括建筑物外部网络或电信线路的连接点与应用系统设备之间的所有线缆及相关的连接部件。综合布线由不同系列和规格的部件组成,其中包括传输介质、相关连接硬件(如配线架、连接器、插座、插头、适配器)以及电气保护设备等。这些部件可用来构建各种子系统,它们都有各自的具体用途,不仅易于实施,而且能随需求的变化而平稳升级。

④ 扩充性。

综合布线系统是可以扩充的,以便将来技术更新和发展时,很容易将设备扩充进去。例如,随着技术的发展,信息交换对传输速度的要求会更高,这时,只需要更换高速交换机即可,不需要更换布线系统。

⑤ 经济性。

综合布线系统的应用,可以降低用户重新布局或设备搬迁的费用,并节省了搬迁的时间,还可降低系统维护费用。因为,综合布线是一种星形拓扑结构,而这种星形结构具有多元化的功能,它可搭配其他种类结构的网络一起运行。只需在适当的节点上进行一些配线上的改动,即可将信号接入到任何结构上,无须移动线缆及设备。

3. 系统设计

(1) 系统组成。

根据园区网布线系统的需求以及大楼的平面图纸，此园区网布线系统由 6 个子系统组成，即工作区子系统、水平配线子系统、垂直干线子系统、管理子系统、设备间子系统、建筑群子系统。

(2) 部件选择原则。

对于一个布线系统，最重要的部分是传输媒介，通常使用的传输介质有双绞线、光缆及连接部件，对于这些传输介质及连接部件的选择原则是：兼容性、灵活性、可靠性、先进性、标准化与售后服务。该园区网综合布线系统采用美国康普公司的六类非屏蔽系列产品，包括水平双绞线、模块化配线架、信息模块、室内多模光缆及光纤配线架，室外复合光缆采用国产优质光缆。

(3) 系统设计。

① 工作区。

这部分系统较为简单，它仅仅完成由信息插座到电脑的连接。选用六类标准跳线，长度为 3m，型号为 GS8E，如图 4.108 所示。

② 水平系统。

水平配线子系统由用于连接楼层配线架和信息点之间的双绞电缆及信息模块组成。信息插座选用六类 MGS400-262 标准信息模块。水平配线子系统采用 1071004ESL 六类 4 对非屏蔽双绞线，确保用户端 1000Mb/s 的速率传输。信息插座采用单孔、双孔以暗装方式安装在墙面上，水平线缆安装在水平桥架中。水平线缆及信息模块如图 4.109 所示。

图 4.108 GS8E 跳线

图 4.109 水平线缆及信息模块

本方案中，平均水平长度为 55m，用线量为 578 箱(每箱 305m)。

③ 垂直干线子系统。

垂直干线子系统由连接主配线间至各楼层配线间之间的多功能线缆或光纤组成。选用室内 6 芯多模光缆，由每栋楼的设备间沿弱电竖井内桥架引至各层管理单元，每管理单元有一根 6 芯多模光缆。室内多模光缆设计用量为 1000m。室内多模光缆如图 4.110 所示。

④ 管理子系统。

管理子系统由楼层配线单元及部分跳线组成，配线单元包括光纤配线架、双绞线模块化配线架等，用于端接电缆及光缆，实现与交换机的交连、互连。整个管理子系统均采用康普公司的模块化配线架，以及机架式光纤配线架。

光纤配线架及模块化配线架如图 4.111 所示。

图 4.110 室内光缆　　　　图 4.111 光纤配线架及模块化配线架

⑤ 设备间子系统。

设备间子系统由主配线架及部分跳线组成,该系统是整个布线系统的控制中心。本方案中,主设备间设在 3 号楼的三层网络中心,其他设备间设在各楼的一层。所用布线部件与配线间相同,仅数量不同。

⑥ 建筑群子系统。

建筑群子系统由室外铠装光缆组成,用于连接建筑物与建筑物之间的传输通道,如图 4.112 所示。

(4) 布线设备。

布线设备清单如表 4.28 所示。

图 4.112 室外铠装光缆

表 4.28 布线设备清单

序号	设备名称	型号及规格	单位	数量	产地
1	六类水平双绞线	1071004ESL	箱	578	美国
2	六类信息模块	MGS400-262	个	3207	美国
3	双孔面板		个	1500	国产
4	单孔面板		个	207	国产
5	六类模块化配线架	PM-GS3-24	套	140	美国
6	机架式光纤配线架	600A2	个	34	美国
7	600A 系列支架	1U-19	个	34	美国
8	600A 连接面板	24ST	个	34	美国
9	600A 防尘盖	183U1	个	34	美国
10	单模光纤耦合器	C3000A-2	个	60	美国
11	多模光纤耦合器	C2000A-2	个	276	美国
12	室内 6 芯多模光缆	5200-006A-MRSL	米	1000	美国
13	室外复合光缆	GYTA-12B1	米	1800	国产
14	光纤尾纤	ST-ST	根	336	国产
15	快接式跳线	GS8E-10	根	1500	美国
16	光纤跳线	ST-SC	根	60	国产
17	机柜	1800×600×650	个	8	国产
18	机柜	1500×600×650	个	18	国产

(5) 系统逻辑图。

系统逻辑图如图 4.113 所示。

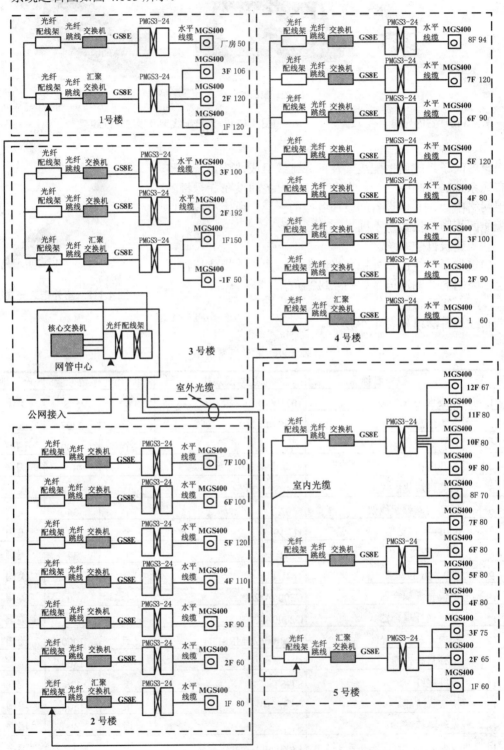

图 4.113 园区网络系统逻辑图

4.4.3 局域网网络系统的设计

1. 用户需求

根据用户规划，园区建成后，以科研为主，要求建成的网络可以有效地支持 CAD、PDM、科学计算应用、Intranet 应用，生产、办公自动化等应用，网络建设前期按设计信息点的 30%配置交换机接口，保证园区主干为千兆、桌面为百兆的应用。

2. 计算机网络的设计原则

计算机网络作为一项重要的基础设施，主张长远规划，从全局考虑的原则，将计算机网络建成一个高起点，易于扩充、升级、管理和使用的网络系统，以确保整个网络安全顺利运行，并适应未来技术的发展。因此，网络设计方案应遵循以下原则。

(1) 开放性与标准化。

计算机网络系统的设计，首先应考虑系统的开放性与标准化。在系统设计中，应采用开放式的体系结构。TCP/IP 网络通信协议采用的网络设备均符合国际标准或工业标准，具有较高的可互操作性，使网络易于扩充，各子系统相对独立，易于进行调整，便于实现不同厂家的设备或应用系统之间的互连，方案中所选的网络产品应符合并支持 802.3x 以太网标准。

(2) 可靠性与安全性。

考虑到该园区网络系统中信息的重要性，在网络设计中，必须全面考虑系统的数据安全和保密要求，为此，采用了国际知名的专注于企业级应用市场的 Cisco 网络产品，选用了 Cisco 高性能、高可靠性、模块化的交换式路由器和成熟可靠的工作组交换机产品，通过其核心骨干交换式路由器 Cisco 6509 所具有的强大的包转发路由能力，强有力的访问控制和 QoS 功能，结合其所具有的多种安全机制(如多层过滤、IP/MAC 地址绑定、MAC 端口的绑定功能等)，为用户的应用和安全性提供强有力的保障。

(3) 实用性与先进性。

当前，网络技术发展迅速，网络设计要适应跨世纪的需要，起点要高，应尽量选用先进的网络技术及通信设备，同时，一定要注意技术的成熟性和实用性，要考虑对现有设备和资源的充分利用，保护原有的投资。因此，在网络核心层，选用支持千兆及万兆，具备大容量、高交换能力和可扩充的网络设备；在网络接入层，采用 1000Base-TX，保证桌面 1000Mb/s 的应用，实现网络的实用性和先进性，并且要求网络设备支持快速的 IP 包的转发，能够为不同的应用提供不同的服务级别；支持 IP 上的话音应用，并通过 IP 多点组播(IP Multicast)支持视频点播，具有第四层的应用数据流能力。

(4) 可管理性与可维护性。

对于较大型网络，网络管理系统的作用是十分重要的，这是网络系统能否正常工作的关键所在。尤其是对于该园区网络系统，采用智能、统一的网络管理系统是十分必要的。选用的网络管理系统应是针对性极强的企业级网络管理系统，能迅速定位网络故障并减少网络管理流量，满足园区网络管理的需求。

(5) 灵活性与可扩充性。

网络系统的可缩放性，指在网络工程实施时，网络系统的建设规模可调整性和系统建成后的可扩充性。可缩放性好的网络方案，在计算机网络建设时，可分阶段施工，逐步就位，而不必一次就投入很大的建设资金，造成资金积压。并且，系统便于以后随业务发展进行扩充或升级，扩充升级时，原有设备利用率高，网络系统所需做的调整较少。

(6) 经济性和保护性。

计算机网络建设的费用一般包括设备费、安装费、人员培训费、维护费和运行费等。其中，网络维护费和运行费常常是网络设计中容易被忽视的，而实际上，这部分费用在用户单位的投资中常占有相当大的比重。在该园区网络系统的建设中，从经济性着眼，在努力降低网络设备投资的同时，注重所选网络的兼容性，提高网络系统的可管理性和灵活性，以保护用户的投资。

3. 系统设计

(1) 网络系统的结构。

网络拓扑结构应考虑容错性和多链路上的负载共享，以网状结构为好，但考虑用户的投资，根据各栋大楼的节点数、网络应用的种类等因素，该园区网采用星形拓扑结构，以便随着网络规模的扩大而进行扩容。

目前可供选择的网络骨干技术主要包括千兆以太网、快速以太网，本设计方案采用千兆以太网和 Cisco 的第 3/4 层交换式路由器作为网络解决方案的核心。整个园区网络由网络中心(核心层)、网络汇聚层和网络接入层三级构成，如图 4.114 所示。

(2) 网络设备的配置及其说明。

① 园区网络中心(核心层)。

网络中心位于园区 3 号楼的三层，配置了美国思科系统公司的一台核心骨干交换式路由器 Cisco Catalyst 6509，其 64Gb/s 的交换背板容量，34Mpps 的数据吞吐量，能够确保 6509 作为网络核心骨干所必备的线速的 2/3/4 层的交换能力，负责园区网络汇聚层的各主干交换机的千兆上联。

Cisco Catalyst 6509 共有 9 个扩展槽，配置有两个交流电源，以提供电源冗余。

9 个扩展槽中配置了以下模块。

◎ 2 块交换矩阵模块。
◎ 1 块控制引擎模块。
◎ 1 块 16 口的 1000BASE-SX 多模光纤模块，用于园区内 1 号楼、2 号楼、3 号楼、4 号楼、5 号楼的千兆上联。
◎ 1 块 48 口的 10/100M RJ-45 模块，用于连接网络中心内的各类工作站。
◎ 1 块入侵检测系统模块，1 个冗余电源。

② 网络汇聚层。

根据布线设计的情况，1 号楼、2 号楼、4 号楼及 5 号楼的网络汇聚点分别位于各楼一层配线间内。汇聚层交换机采用 Cisco Catalyst 4503 插槽机架式交换路由器。在 Cisco Catalyst 4503 上，配置了两个交流电源，以提供电源冗余。

3 个扩展槽中配置如下。

◎ 1 块高级路由模块。
◎ 1 块带 6 个 GBIC 千兆光纤端口的模块(1 号楼、5 号楼)。
◎ 2 块带 6 个 GBIC 千兆光纤端口的模块(2 号楼、4 号楼)。

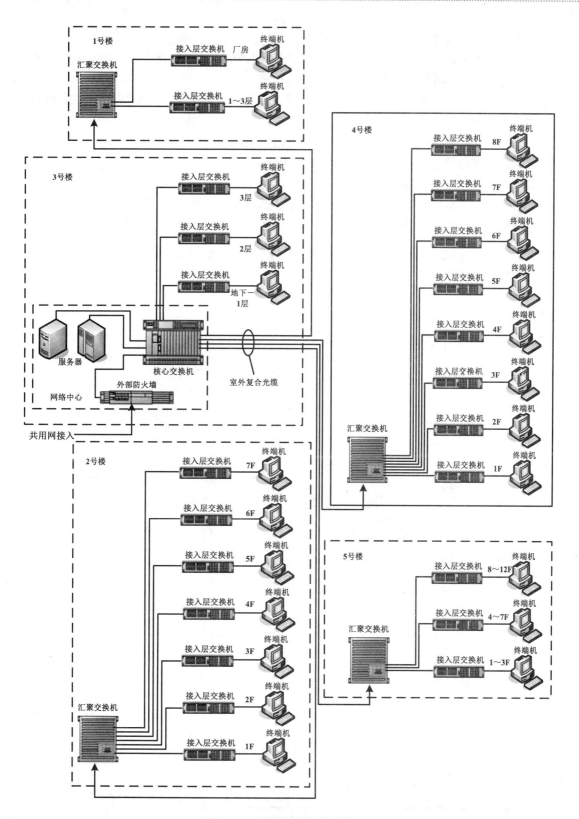

图 4.114 园区网络拓扑结构图

③ 网络接入层。

网络接入由位于园区各建筑物楼层配线间内的高密度交换机或工作组级交换机完成，全部采用快速以太网传输技术。

分布在各大楼的楼层配线间网络接入点选用了思科系统公司 Cisco Catalyst 3750 系列工作组级 24 口 10/100/1000M 的可堆叠交换机，配有千兆上联光纤模块。

Cisco Catalyst 3750 交换机支持基于标准的 VLAN，以及 SNMP、RMON、IGMP 等网络标准，优先级队列支持用户对时间敏感的应用，保证关键业务的服务质量(QoS)，支持 MAC 地址与端口的绑定。

系统背板带宽 8Gb/s，吞吐量为 6.55Mpps，最多支持 9 堆叠。

3750-24TS 交换机的配置数量如表 4.29 所示。

表 4.29　接入层交换机的配置(仅供参考)

建筑物	楼层	信息点位数	楼层交换机配置
1 号楼	厂房主体	15	1 台 3750-24TS
	辅楼	108	5 台 3750-24TS
2 号楼	一层	24	1 台 3750-24TS
	二层	18	1 台 3750-24TS
	三层	27	1 台 3750-24TS
	四层	33	2 台 3750-24TS 堆叠
	五层	36	2 台 3750-24TS 堆叠
	六层	30	2 台 3750-24TS 堆叠
	七层	33	2 台 3750-24TS 堆叠
3 号楼	地下一层	60	3 台 3750-24TS 堆叠
	一层		
	二层	58	3 台 3750-24TS 堆叠
	三层	34	2 台 3750-24TS 堆叠
4 号楼	一层	18	1 台 3750-24TS
	二层	27	2 台 3750-24TS 堆叠
	三层	30	2 台 3750-24TS 堆叠
	四层	24	1 台 3750-24TS
	五层	36	2 台 3750-24TS 堆叠
	六层	27	2 台 3750-24TS 堆叠
	七层	36	1 台 3750-24TS
	八层	30	2 台 3750-24TS 堆叠
5 号楼	一层	60	3 台 3750-24TS 堆叠
	四层	96	4 台 3750-24TS 堆叠
	十层	113	5 台 3750-24TS 堆叠

(3) 网络系统管理。

一个健全的网络系统必须拥有一个优秀的网络管理系统,网络管理系统是网络管理员的眼睛、耳朵和双手,它将协助网络管理员在整个网络生命期内,对网络资源和网络设备进行监督、操作和维护,满足网络用户的不同需求。

网络管理选择思科系统公司的网管软件。

根据 OSI 的网络管理框架,网络管理包括 5 个部分。

① 故障管理。管理和监督非正常的操作。

功能包括:维护差错日志,响应差错通知,定位和隔离故障,进行诊断测试以确定故障类型,以及最终排除故障。

② 记账管理。为指定资源的使用核算成本和收取费用。

功能包括:统计用户花费的成本和使用的资源,统计资源的利用情况,当用户使用多种资源时,将有关成本综合在一起。

③ 配置管理。对网络资源实施控制,收集和提供配置数据。

功能包括:初始化或删除网络设备,为网络设备的运行设置适当的参数,收集有关状态的信息。

④ 性能管理。提供网络资源的性能评估。

功能包括:收集和发布统计数据,维护系统性能的历史记录,模拟各种操作的系统模型。

⑤ 安全管理。对网络资源的访问提供保护。

功能包括:支持网络安全服务,维护安全日志,发布有关安全信息。

(4) 网络配置清单。

园区网的网络配置清单如表 4.30 所示。

表 4.30 网络配置清单(仅供参考)

用途	名称	规格及型号	数量	备注
核心交换机	6509 机箱	9 插槽式机箱	1	
	交换矩阵模块	WS-X6500-SFM2	2	
	控制引擎模块	WS-X6K-SUP2-PFC2	1	
	千兆光纤模块	WS-6516-GBIC	1	
	铜缆模块	WS-6548-RJ-45	1	
	入侵检测系统模块	WS-X6381-IDS	1	
	冗余电源		2	
汇聚层交换机	4503	3 插槽式机箱	4	
	路由模块	WS-X4013+	4	
	千兆光纤模块	WS-X4306-GB	6	
	冗余电源		4	
接入层交换机	24 口可堆叠式交换机	3750-24TS-24	50	
安全组件	防火墙	PIX 系列	1	

通过以上的讨论，对千兆以太网的设计有了初步的概念。当然，要设计一个实用、可靠和安全的局域网，还需要很多专业知识与经验。

复习思考题

(1) 综合布线系统划分为几个部分？
(2) 简述智能建筑与综合布线的关系。
(3) 什么是结构化布线系统？
(4) 一个结构化布线系统的主要组件是什么？
(5) 叙述综合布线的特点。
(6) 叙述综合布线的适用范围。
(7) 综合布线的设计要点是什么？
(8) 画出综合布线系统的拓扑结构图。
(9) 画出综合布线系统部件的典型设置。
(10) 叙述综合布线设计等级。
(11) 叙述通道、链路和信道三者之间的关系。
(12) 工作区终端设备有哪几种？
(13) 工作区面积如何确定？
(14) 如何确定水平线缆的用线量？
(15) 如何确定管理子系统配线架的用量？
(16) 如何选用水平配线子系统线缆？
(17) 标准中如何规定水平配线子系统线缆的长度？线缆能否超出标准规定？为什么？
(18) 水平配线子系统可选用的线缆有几种？布线方法有哪些？
(19) 在什么环境中采用分区布线方法？
(20) 信息插座有几类？如何确定信息插座的类型及数量？
(21) 如何确定干线子系统的用量？
(22) 设备间、楼层配线间及二级交接间的位置及面积如何确定？
(23) 怎样确定设备间的用电量？
(24) 分别叙述配线及管理的方式。
(25) 叙述设备间电缆的连接及色标。
(26) 建筑群布线有几种方法？
(27) 设备间、配线间对环境有哪些要求？
(28) 简述屏蔽布线系统的设计要点及应用场合。
(29) 设计题。

设计要求如图 4-115 所示。

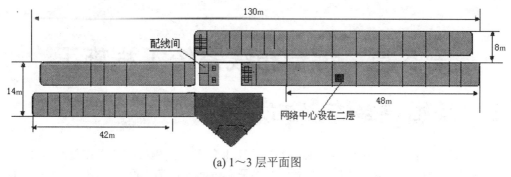

(a) 1～3 层平面图

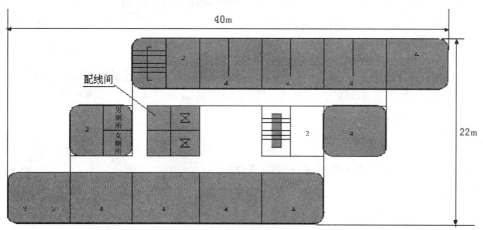

(b) 4～13 层平面图

图 4-115　设计要求

① 水平线缆的布设方法：通过走廊吊顶内的架空水平桥架，沿预埋分支钢管引至房间内的信息点出口位置。

② 垂直主干线缆：数据垂直主干为光缆(支持千兆应用)，语音主干为大对数铜缆。

③ 信息点位置在房间左侧的中部，以暗埋方式安装在墙上，距地面 30cm 处。

④ 标准房间尺寸：3.2m×5.6m。

⑤ 绘制布线系统施工平面图。

第 5 章 综合布线系统工程施工

5.1 综合布线系统工程施工前的准备

为了保证工程项目顺利施工，必须做好施工准备工作。施工准备工作是对拟建工程目标、资源供应和施工方案的选择，是对空间布置和时间安排等方面进行施工决策的依据。

5.1.1 概述

综合布线项目的施工，从大的方面可分为施工前的准备、正式施工和工程移交三个阶段，其每个阶段都有着不同的工作内容。施工前准备阶段的主要工作内容如下。

1. 建立施工准备的技术条件

主要包括下列工作。
(1) 研究和熟悉设计文件并进行现场核对。
(2) 补充调查资料。
(3) 设计技术交底。
(4) 编制施工组织设计。
(5) 编制施工预算。

2. 建立施工的物资条件

主要包括下列工作。
(1) 组织材料订货、加工和调试。
(2) 设置施工临时设施。

3. 组织施工力量

主要包括下列工作。
(1) 组建施工队伍，成立项目管理机构。
(2) 组织特殊工种、新技术工种的培训。
(3) 落实协调配合条件，组织专业施工班组。
(4) 对临时工的教育和培训。

4. 建立规章制度

主要包括下列工作。
(1) 制定岗位责任制。
(2) 制定经济管理制度。

5. 建立施工的现场准备

主要包括下列工作。
◎ 准备工地临时用水。

- ◎ 准备工地临时用电。
- ◎ 搞好安全设施。
- ◎ 安排临时库房。

施工前的准备工作是保证综合布线系统工程顺利施工，保证施工质量，并能全面完成设计要求及各项技术指标的重要前提，是一项有计划、有步骤、有阶段性的工作。准备工作不仅做在施工前，而且贯穿于施工的全过程。

施工前的准备，是为建设工程的施工建立必要的技术和物资条件，统筹安排施工力量和施工现场，也是施工企业搞好目标管理、推行技术经济承包的重要依据，同也是土建施工和设备安装的根本保证。因此，认真地做好施工前的准备工作，对于发挥企业优势、合理供应资源、加快施工进度、提高工程质量、降低工程成本、增加企业经济效益、赢得企业社会信誉、实现企业管理现代化等具有重要的意义。由于建筑产品及其生产的特点，所以施工前的准备工作好与坏，将直接影响建设项目的全过程。

实践证明，凡是重视施工前的准备工作，积极为建设项目创造一切施工条件的，其工程的施工就会顺利进行；凡是不重视施工前准备工作的，就会给工程的施工带来麻烦和损失，甚至给施工带来灾难，其后果是不堪设想的。

(1) 按工程项目施工准备工作的范围不同，施工准备工作可分为三种，即全场性施工准备、单位工程施工条件准备和分部(项)工程作业条件准备。

① 全场性施工准备：它是以一个建筑工地为对象而进行的各项施工准备。其特点在于，施工准备工作的目的，都是为全场性施工服务的，不仅要为全场性的施工活动创造有利的条件，而且要兼顾单位施工条件的准备。

② 单位工程施工条件准备：它是以一个建筑物或构筑物为对象而进行的施工条件准备工作，其特点是，它的准备工作的目的、内容都是为单位工程施工服务的。不仅要为该单位工程在开工前做好准备，而且要为分部(项)工程做好施工准备。

③ 分部(项)工程作业条件的准备：它是以一个分部(项)工程或季节施工为对象而进行的作业条件准备。

(2) 按建设工程所处的施工阶段不同，又可分为开工前施工准备和各施工阶段前的施工准备两种。

① 开工前的施工准备：它是建设工程正式开工之前所进行的一项施工准备工作，其是为拟建工程正式开工创造施工条件，它既可能是全场性的施工准备，又可能是单位工程施工条件的准备。

② 各施工阶段前的施工准备：它是拟建工程正式开工后，每个施工阶段正式开工前所进行的一切施工准备工作，是为工程正式开工创造必要的施工条件。

综上所述，不仅在建设工程正式开工前要做好施工准备工作，而且随着工程施工的进展，在各施工阶段开工前也要做好施工准备工作。施工准备工作既要有阶段性、又要有连续性。因此，施工准备工作必须有计划、有步骤、分期和分阶段地进行，要贯穿于建设工程的整个过程中。

5.1.2 施工前的准备

施工前的准备工作内容通常包括技术准备、物资准备、劳动组织准备、施工现场准备和施工场外准备等工作。

1. 技术准备

(1) 熟悉图纸。图纸是工程的语言及施工的依据，施工人员在开工前，应熟悉施工图纸，了解设计内容及设计理念(结合技术交底进行)，明确工程所采用的设备和材料，明确图纸所提出的施工要求，明确综合布线系统工程以及其他安装工程的交叉配合，以便及早采取措施，确保在施工过程中不破坏建筑物的强度及外观，不与其他工程发生位置冲突。

(2) 熟悉与工程有关的技术资料。如熟悉施工及验收规范、技术规格、质量检验评定标准及制造厂商提供的资料，即安装使用说明书、产品合格证、检测记录数据等。

(3) 编制施工组织方案。应在全面熟悉施工图纸的基础上，依据图纸并根据施工现场的实际情况、技术力量及技术装备等条件，制定合理的施工方案。

(4) 编制工程预算。工程预算包括材料清单和施工预算。

2. 安装空间和环境检查

在对综合布线系统的线缆、工作区的信息插座、配线架及所有连接部件安装施工前，首先要对土建工程安装现场的条件进行检查，在符合《综合布线工程验收规范》(GB 50312-2017)及与之相应的标准要求后，方可进行安装。

(1) 安装空间。

综合布线系统应有不小于《规范》规定面积的楼层配线间及设备间，以便安装机柜配线设备及交换设备等，如果考虑安装其他弱电设备，建筑物还应为这些设备预留配线间面积，以便安装这些设备。为保证布线及网络系统的正常运行，配线间、设备间的面积应按以下方法计算。

① 当信息点数小于 200 时，配线间、设备间的面积不应小于 $10m^2$。

② 当信息点数大于 200 时，配线间、设备间的面积按以下公式计算：

$$S = W_A \times 0.07 \text{ m}^2$$

式中，S——配线间或设备间的面积。

W_A——信息点位数。

(2) 环境检查。

① 所有建筑物构件材料的选用及设计，应有足够的牢固性和耐久性，要求能防尘、防火等。

② 房屋的抗震设计裂度应符合当地的要求。

③ 房间地面平整、光洁，房间的门应面向走廊，门的宽度不宜小于 0.9m，窗子应能防尘。

④ 房屋顶面应有防水和防潮性能，房屋的墙面应不易起灰、脱落，地面应满足防尘、绝缘、耐磨、防火、防静电等要求，房屋的高度与地面的承重应符合规定。

⑤ 敷设活动地板、防静电地板时，应有防静电设施及接地要求。

⑥ 配线间、设备间应提供 220V 带保护接地的单相电源插座。

⑦ 配线间、设备间应提供可靠的接地装置，接地电阻小于 1Ω。

⑧ 地面与墙体的孔、洞、地沟应符合设计要求。

⑨ 温湿度：温度为 10～30℃，湿度为 20%～80%。

⑩ 照明采用水平面一般照明，照度为 75～100Lx，开关应安装在门外，并且应有消防及报警装置。

(3) 入口设施的检查。
① 引入管道与其他设施(电气、煤气、水及下水)管道的间距应符合要求。
② 引入线缆采用的敷设方式应符合要求。
③ 管线入口部位的处理应符合要求，并应采取排水及防止气、水及虫等进入的措施。
④ 进线间的位置、面积、高度、照明、接地、防火、防水等应符合要求。

3. 线缆的检验

为了使工程中布放的线缆(包括双绞线电缆及室内、室外光缆)及各种综合布线系统的部件质量得到保证，在工程的招投标阶段可以以厂家的产品样品进行分类存档。在工程实施中，就可以对厂商的大批量进货提供样品对照检验，以查明产品的质量、标记和品质是否完好，有无出厂证明材料等。对工程中使用的线缆器件，应按下列要求进行检验。

(1) 器件的检验要求。

对工程所用线缆和连接器件的规格、数量、质量进行检查，无出厂检验证明材料的或与实际不符的，不得在工程中使用。并且应填写线缆、材料检验单给工程监理或甲方，进行共同检验并签字认可，否则不得在工程中使用。检验单如表5.1所示(仅供参考)。器材的检验应符合以下要求。

- ◎ 工程所用线缆和器材的品牌、型号、规格、数量及质量检验证明，应在施工前检查，应符合设计要求，并具备相应的质量文件或证书。无出厂检验证明材料、质量文件或与设计不符的，不得在工程中使用。
- ◎ 如果是进口设备和材料，必须有该产品的产地证明及商检证明。
- ◎ 经检验的器材应做好记录，并对不合格的器材进行更换处理。
- ◎ 工程中使用的线缆、器材应与合同中的规格、型号、等级及数量相符。
- ◎ 备品、备件及各类文件资料应齐全。

(2) 线缆的检验要求。

工程中所用的电缆及光缆的规格、数量、质量、型号应符合设计规定和合同要求。成盘(箱)的电缆(一般以305米/1000英尺配盘)、光缆的型号及长度应与出厂产品合格证一致。电缆的外护套应完好无损，芯线无断线和混线，并应有明显的色标。线缆的种类可包括以下几种类型。

- ◎ 非屏蔽4对双绞线电缆(UTP)。
- ◎ 屏蔽4对双绞线电缆(FTP、STP、SFTP)。
- ◎ 大对数双绞线电缆(25对、50对和100对)的屏蔽或非屏蔽对绞电缆。
- ◎ 多模和单模光缆。

标记与标签：电缆标记，在护套每隔1m的间距标明生产厂名或代号、线缆型号等信息；标签，在电缆的包装外要有带条形码的标签，标签上应有电缆的型号、生产厂的厂名或专用标记、电缆长度以及产地等信息。

(3) 线缆的性能指标抽测。

对于对绞电缆，应从到达施工现场的电缆中抽出3盘，并从每盘电缆中抽出100m，同时，在线缆的两端连接相应的接插件，进行链路的电气性能测试，根据测试指标，判断这批线缆及接插件的整体性能指标。也可以让厂商提供相应的出厂检验报告或质量技术报告，并对抽测的结果进行比较。对于光缆，首先进行外包装的检查，看是否有损坏或变形现象。

也可用光功率计进行衰减测试。

表 5.1 材料/构配件/设备检验单

工程名称					

致_____监理单位

清单所列工程材料/构配件/设备经检验，符合设计及有关规范要求，请批准使用。

名称	规格	单位	数量	生产厂家	复试单/检验单记录编号

附件：
1. 出厂合格证　　□_____份　　2. 复试/检验报告　　□_____份
3. 准用证　　　　□_____份　　4. 商检证　　　　　□_____份
5. 综合用表　　　□_____份　　6. 　　　　　　　　□_____份

技术负责人(签字)：　　　　承包单位：　　　　　　日期：

审查意见：

审查结论：　□同意　　　　□补报资料　　　　□重新编制

监理工程师(签字)：　　　　建设单位：　　　　　　日期：

本表由承包单位填报，一式两份，经监理单位审批后，监理单位、承包单位各存一份。

综合布线工程质量保证书综合用表

各种合格证出厂试验报告、出厂质量证明等原始资料粘贴单

整编人：

该表由项目经理负责整编。

(4) 配套材料的检查。

在综合布线系统工程中,配套器材如桥架、穿线管、预埋盒等是不可缺少的辅材,这部分的材料检查也是很重要的,也是器材检验的一个重要环节。检验内容及要求如下:

① 各种型材的材质、规格、型号应符合设计文件规定,表面光滑、平整,不得变形、断裂。预埋金属线槽、过线盒、接线盒及桥架等表面涂覆均匀、完整,不得变形、损坏。

② 室内管材采用金属管或塑料管时,其管身应光滑、无伤痕,管孔无变形,孔径、壁厚应符合设计要求。金属管槽应根据工程环境要求,做镀锌或防腐处理。塑料管槽必须采用阻燃的,应有阻燃标记。

③ 室外管道应按通信管道工程中相关的标准检验。

④ 各种铁件的材质、规格应符合质量标准,不得有歪斜、扭曲、飞刺、断裂或破损。

⑤ 铁件表面处理和镀层应均匀、完整,表面光洁,无脱落、气泡等缺陷。

5.1.3 施工组织机构和技术交底

1. 施工组织机构

施工组织机构的建立应遵循以下原则:根据工程的规模、结构特点和复杂程度,确定施工组织机构的人员和数量,坚持合理分工与密切配合的原则,该组织机构应是由有施工经验、有创新精神、工作效率高的人员组成的高效率的团体。机构框图参考图 5.1。

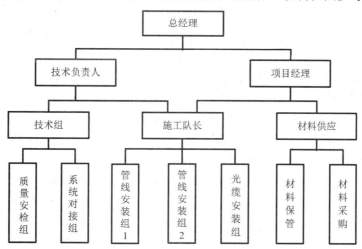

图 5.1 施工组织机构

(1) 总经理:负责整个工程的人员组织安排和处理工地现场重大事件,保证工程进度。

(2) 项目经理:全面负责该项工程的质量、进度、成本、机具、人员的安排调配,是工地安全生产、防火、防盗的第一责任人。协调工地各方的关系,代表单位全面处理、办理工程的变更签证。在组织工程项目施工过程中,主动接受业主、监理工程师、单位领导和上级有关部门的工作检查。

认真贯彻执行国家有关劳动保护法令及制度和本单位安全生产的规章制度,认真贯彻"安全第一,预防为主"的方针,按规定做好安全防范措施,把安全生产落到实处。在各种经济承包中,首先包括安全生产。做到讲效益必须讲安全,抓生产首先抓安全。定期组织进场施工人员进行安全学习。

  定期对照建筑施工安全检查表、形象进度表、质量报检表进行检查，包括检查生产进度，检查生产现场的人、财、物，认真检查和及时处理事故隐患。制定分级安全管理技术措施，确保施工全过程的安全生产。如果发生了重大伤亡事故，或者重大未遂事故，要保护现场，立即报告，并参加事故调查。处理填表上报，落实整改措施，不隐瞒、不虚报、不拖延报告，更不能擅自处理。工地建立安全岗位责任制和防火措施，督促有关人员搞好施工安全的各项技术措施。

  按照开工日期及人力需求计划，组织人员进场施工，保证施工进度计划，协助驻工地工程师协调施工中的问题。

  (3) 技术负责人或工程师：对项目经理负责，对其所设计的系统进行全面而专业的技术支持、技术协调、调试及试运行，深化施工图设计，必要时进行技术变更。指导施工图纸包括系统图、平面图、安装接线端子图、设备材料表等所有技术文件的执行，指导施工并负责单机、联机设备调试。负责整理各类验收必备的图纸文件审核，负责操作人员培训、系统维护等。确保系统一次调试成功，性能指标达到设计、使用要求。

  (4) 施工队长或施工主管：施工主管作为长驻工地代表，直接对项目经理负责；在保证工程质量的前提下抓好生产进度，对施工质量负责；在项目经理授权下，协调现场有关施工单位的施工问题。遵守工序质量制度，严格执行"三检制"，保证不合格工序未整改前不进入下道工序，对工序管理引起的质量问题负责，对工序质量做好记录，定期上报。

  参与图纸会审和技术交底，配合项目经理安排好每天的生产工作，对班组成员进行全面的技术交底。按规范及工艺标准组织施工，保证进度及施工质量和施工安全。组织隐蔽工程验收和分项工程质量评定。对因设计或其他变更引起的工程量的增减和工期变更进行签证，并及时调整部署。

  严格控制进场材料的质量，坚决杜绝不合格材料进入施工现场。做好工人的考勤及施工工作记录，填写施工日志。组织好生产过程的各种原始记录及统计工作，保证各种原始资料的完整性、准确性和可追溯性。填写施工进度日志、质量报表、工程进度表、施工过程的各种原始记录、施工责任人签到表、工程领料单等。

  (5) 材料供应或物料仓管员：负责对工地工具、材料、设备的码放，对出入库物资进行登记，建立材料进出库账，做到账物相符。注意标识、储存和防护(防潮、防鼠、防盗、防损坏)。施工中一时不能用完的材料设备可退库或在库房另外保存，做好记录。发现不合格产品分开存放，及时上报或退回公司库存。负责工具领用、更换、损耗、损坏产品退换的手续，及时向供应部要求补货。

  (6) 质量安全检查员：在项目经理领导下，负责检查监督施工组织设计的质量保证措施的实施，组织建立各级质量监督体系。严格按图施工，按标准规定检验工程质量，判断工程产品的正确性，做出合格的结论，对因错检、漏检造成的质量问题负责。对不合格产品，按类别和程度进行分类，做出标识，及时填写不合格品通知单、返工通知单、废品通知单，做好废品隔离工作。监督施工过程中的质量控制情况，严格执行"三检制"，并做好被检查品和部位的检验标识，发现质量问题及时反映。正确填写工序质量表，做好各种原始记录和数据处理工作，对所填写的各种数据、文字问题负责。

  检查督促制定的生产安全、防火、防盗措施的落实执行，并做安全学习记录，及早消除隐患。按时统计汇报工程质量情况，按时填写质量事故报表，并对其准确性负责。

(7) 施工队长：负责并组织综合布线系统的线缆、管道及线槽的安装，合理安排施工人员，确保施工进度的完成。

(8) 施工生产工人：严格按图纸、施工规范的要求进行操作，对不执行工艺和操作规范而造成的质量事故及不合格产品负责。保证个人质量指标的完成，出现质量问题及时向施工主管或项目经理反映，对不及时自检和不及时反映问题造成的不合格品负责。注意保护成品，控制材料使用；保证安全生产，严防出现安全生产事故，遵守安全用电规定，遵守电动工具和登高用具的安全操作规程。

2. 技术交底

在施工或分部(项)工程开工前，向施工人员进行施工技术交底，其目的是把综合布线工程的设计内容、施工计划、施工流程和施工技术要求等，详尽地向施工人员讲解和说明，这是落实计划和技术责任制的必要措施。

技术交底的时间：安排在单位工程或分部(项)工程开工前及时进行，以保证工程严格地按照设计图纸、施工组织设计、安全操作规范和施工验收规范等要求进行施工。

技术交底的内容有：工程施工进度计划、施工流程、施工组织设计，尤其是施工工艺、质量标准、安全技术措施、降低成本措施、施工验收规范的要求、图纸会审中所确定的有关部位的时间变更和技术核定等事项。

交底工作应该按照管理系统逐级进行，交底的方式有书面形式、口头形式和现场示范形式等。

5.1.4 综合布线工程的施工技术要求

1. 施工标准

管槽及设备安装应符合《电气安装工程施工与验收规范》(GB 50258-96)、《电气安装工程施工与验收规范》(GB 50259-96)的规定。综合布线系统施工应符合《综合布线工程验收规范》(GB 50312-2017)的规定。

2. 预埋管路和桥架施工的一般要求

对于建筑物内综合布线系统的缆线，包括对绞铜缆及光缆，常用暗敷管路或利用桥架和槽道进行安装敷设，它们虽然是辅助的保护或支撑措施，但在工程中是一项极为重要的内容。在施工中，应遵循以下要求和规范。

(1) 在建筑物内，综合布线系统的线缆和所需的管槽系统等设施，必须与公用通信网络的管线连接。为了使建筑物内的应用系统畅通无阻地进行通信联系，有利于安装施工和今后的维护管理，建筑物内的通信管槽工程的施工设计，应经当地主管通信部门审查批准，未经审查批准不宜施工。

(2) 建筑物内的暗敷管路和槽道系统要求预留的孔洞位置和规格尺寸，都应符合设计文件或施工图纸的要求，如有问题，应由设计单位协商解决。

(3) 建筑物内的暗敷管路在墙壁内敷设时，应采取水平或垂直方向敷设，不得任意斜穿，以免影响其他管路的安装施工，增加互相交叉和产生矛盾。屋内暗敷管路也不得穿越非通信设备类的基础部分。

(4) 建筑物主干布线子系统如采用上升管路，且利用电缆竖井敷设时，在电缆竖井的墙壁上应预埋安装管路的支撑件，其间距应按设计要求。此外，不应与燃气、电力、供水和热力管路合用电缆竖井，以保证通信网络安全运行。在电缆竖井内，应根据防火标准做好防火隔离措施。

(5) 暗敷管路是一种永久性的设施，一旦建成后，使用年限必须与建筑物的使用年限一致，为此，选用的管材品种和管径都必须根据所在环境的客观条件和通信线缆的品种及外径来考虑。既要考虑目前的需要，也要充分估计今后的发展需要和各种变化因素。在安装施工中发现的问题应结合现场的实际情况，对选用的管材和管径做适当的调整，必要时，应与设计单位协商解决。

(6) 配线接续设备、过线盒和通信引出信息插座等安装位置和所预埋的管径规格应符合设计要求。房屋内暗敷的配线接续设备及其附近，不允许有其他管线穿过。对于暗装的过线盒和通信引出端内暂时不使用的管道，应采取封闭措施，以免管路堵塞。

(7) 对于暗敷管路和槽道所用的预埋件，其预埋的位置应正确，安装应牢固可靠，裸露在潮湿环境中的金属部件应及时做好防腐处理，管口及管子的连接处应做好密封处理。

(8) 所有的暗敷管路和槽道(包括地面线槽)安装固定后，为了便于牵引线缆，应及时穿放牵引线。长时间不使用的管道，不宜用镀锌铁丝，以免因锈蚀而产生后患。

(9) 暗敷管路的路由应尽量避免穿越建筑物的沉降缝和伸缩缝，必须穿越时，应设有补偿装置，在跨越处两端应将管道固定。

(10) 暗敷管路或槽道敷设安装完毕后，应做好隐蔽工程的记录和监理方的签字等规定手续，以便备查。

(11) 桥架和槽道一般用于线路的路由集中且线缆较多的地方，例如竖井、水平布线、设备间内，这些桥架和槽道均采用明敷方式安装在弱电井内或走廊吊顶内，具体安装位置应与设计图纸相符。尽量做到隐蔽安全和便于线缆的敷设或连接，并要求安装牢固可靠。如果设计中所定的装设位置和相关的布置不合理，在安装施工中应与设计单位协商解决。

(12) 目前，国内生产桥架和槽道的厂家很多，由于产品标准未统一制定，各有其特点。虽然桥架和槽道的型号品种大同小异，但其产品的结构、规格尺寸和安装方式都有所不同，差异不少。因此，在施工中必须根据生产厂家的产品特点，掌握其安装方法和具体要求，结合现场的具体情况进行组装施工。

(13) 桥架和槽道的安装施工是综合布线系统工程中的辅助部分，它是为综合布线系统工程线缆服务的。因此，它与线缆设备的接续位置、线缆敷设的路由以及与管道等连接都有密切的关系，同时，它又涉及建筑设计和施工以及内部装修等各个方面，所以必须加强协调配合工作。

3. 设备间和主干桥架安装要求

设备间和主干布线的桥架和槽道安装施工中，采用槽道或桥架的规格尺寸、组装方式和安装位置，均应符合设计规定和图纸要求，具体的要求如下：

(1) 水平桥架和槽道的安装位置应符合施工图纸的要求，正确无误，其左右偏差不应超过50mm。垂直桥架和槽道应与地面保持垂直，不应有倾斜现象，其垂直度的偏差不应超过 3mm。力求装设位置均端正、平直。

电缆桥架和槽道离地面的高度宜在 2.5m 以上，如在吊顶内安装桥架和槽道，顶部距建筑物顶部或其他障碍物不应小于 0.3m；如为封闭式桥架和槽道，其槽盖开启需要空间，要求为 80mm 操作空间，以便槽盖的开启。

(2) 水平桥架和槽道应与设备和机架的安装位置平行或垂直相交，其水平度每米偏差不应超过 2mm。两段直线桥架和槽道相接时，应采用连接部件，并安装接地连接铜线。

(3) 桥架和槽道采用吊装或支架安装时，要求吊装部件和支架与桥架和槽道垂直，吊装部件的间隔距离为 1.5m。

(4) 沿墙安装的水平桥架和槽道，与预埋或后安装的支架，应在一条水平线上，其安装偏差不应大于 2mm。

(5) 为了保证金属桥架槽道的电气性能良好，除要求连接处的连接必须牢固外，还应在节与节之间增设电气连接线，以保证桥架和槽道电气连通和有利于接地。

机柜、机架、设备和线缆的屏蔽层以及钢管和桥架应就近接地。可利用桥架和槽道构成接地回路时，桥架和槽道应有可靠的接地装置，按标准规定不得大于 1Ω。关于接地电阻值和接地装置等安装施工方法和要求，应按设计和施工规范执行。

(6) 设备间和干线交接间中桥架和槽道的油漆色应与环境色彩协调，或保持一致。

(7) 桥架和槽道穿越楼板或孔洞时，应加装保护，线缆敷设完毕后封闭。

(8) 在设备间中，如设有多根平行桥架和槽道时，应注意房间内的整体布置，要便于线缆的敷设和连接，并要求桥架和槽道之间的间距符合规定，以便于施工和维护。水平桥架和槽道安装的水平度偏差不应超过 2mm。

4. 配线间的管槽施工安装要求

在水平布线子系统中，线缆支撑保护的方式较多，并且类型不同，形式多样。因此在安装线缆时，必须根据施工现场的实际情况和条件及采用的支撑保护方式来考虑。为此，线缆的支撑保护方式必须符合设计规定和施工的需要。现将主要的几种安装方式介绍如下。

(1) 预埋暗敷管路。

预埋暗敷管路一般是与土建施工同时进行，它是水平布线子系统中最常用的支撑保护方式之一，在施工安装暗敷管路时，必须按照以下要求进行安装。

① 预埋暗敷管路时，应首先采用直线管路，尽量不采用弯曲管道，并且直线管道在 30m 处需要延伸时，应安装线缆过渡盒，以利于线缆的牵引。如必须采用弯曲管道，要求每隔 15m 处设置线缆过渡盒等装置。

② 暗敷管路必须转弯时，其转弯角度应大于 90°，转弯半径应是所安装管道的 6 倍；如果暗敷管路的外径大于 50mm，转弯半径不应小于管路外径的 10 倍，并要求每根转弯暗敷管路上的转弯不能多于两个。暗敷管路的转弯处不应有折波、凹陷盒变形，更不能出现 S 形弯和 U 形弯。

③ 暗敷管路的内部不应有异物，以防管道堵塞。管口光滑无毛刺。为保护电缆，管口应加装保护圈或绝缘套管。要求在管道内放入牵引线或拉线，以便牵引线缆。

④ 暗敷管路如采用钢管，其连接处的连接应符合以下要求。

◎ 丝扣连接(即套管套接)的管端套丝的长度不应小于套管直径的 1/2，在套管接头的两端应焊接跨接线，以利于连成电气通路，薄壁钢管的连接必须采用丝扣连接。这种连接方式适用于明敷管道的安装，一般安装在吊顶内、地下层、管道间及设备层。

◎ 套管焊接适用于暗敷管路，套管长度为连接管外径的 3～10.5 倍，两根连接管的接口应处于套管的中心，焊口应焊接严密及牢固可靠。

◎ 暗敷管路在采用硬质塑料管时，其管材的连接为承插法，在接续处两端，塑料管应紧插到连接处，并用接头套管胶合剂黏接。要求接续不虚，牢固可靠。

⑤ 暗敷管路以金属管材为主时，在管路中间段如没有线缆过渡盒，应采用金属套管连接，以便连接电气通路，不得混杂采用塑料管材。

⑥ 暗敷管路在信息插座端或接线盒、线缆过渡盒等连接端，因安装场合和采用的材料不同，可以采取不同的连接方式，视安装环境而定，一般采用焊接安装方式。

(2) 明敷配线管路。

明敷配线管道简称明配管，在新建的建筑物内部较少采用，或一般不采用，但在已建好的建筑物或重新装修的建筑物内部经常采用。在安装明敷配线管道时应注意以下几点。

① 明敷配线管路采用的管材，应根据敷设现场的环境条件，选用不同材质和规格的管材。在潮湿的环境中明敷的钢管，应采用壁厚为 2.5mm 以上的厚壁钢管；如在干燥的环境中，可采用壁厚为 1.6～2.5mm 的薄壁钢管。如钢管明敷在有腐蚀的环境中，应按设计中的要求进行防腐处理，或采用不锈钢管。

② 明敷配线管路采用钢管时，其管卡、吊装件与终端、转弯中点和过线盒等距离应为 150～500mm。中间管卡或吊装件的最大距离应符合表 5.2 中的规定。

表 5.2 钢管中间支撑件的最大距离

钢管敷设方式	钢管名称	钢管直径(mm)			
		15～20	25～32	40～50	50 以上
		最大允许间距(m)			
吊架、支架敷设或沿墙管卡敷设	厚壁钢管	1.5	2.0	2.5	3.5
	薄壁钢管	1.0	1.5	2.0	3.5

采用硬质塑料管时，其管卡与终端、转弯中点和过线盒等距离应为 100～300mm。中间管卡或吊装件的最大距离应符合表 5.3 中的规定。

表 5.3 硬质塑料管中间支撑件的最大距离

敷设方向	硬质塑料管公称直径(mm)		
	15～20	25～40	50 以上
水平	0.8	1.2	1.5
垂直	1.0	1.5	2.0

③ 明敷配线管路无论是采用钢管还是硬质塑料管及其他管材,与其他室内管线同侧敷设时,最小距离应符合有关的标准规定。

(3) 预埋金属槽道(线槽)。

在新建筑物内,有时会采用预埋金属槽道(线槽)支撑保护方式,这种暗敷方式适应于大开间且变化多的场所,一般是预埋在现浇楼板中或楼板垫层内,这种支撑方式在土建结构设计中,应考虑结构层的厚度及垫层的高度。

通常,金属槽道可根据施工现场的实际情况定制,并且在槽道的安装中,应每隔 4~8m 安装一个地面分线箱。如果在静电地板下安装,应根据地板的高度,选用合适的槽道安装支撑架,以保证水平,如图 5.2 所示。

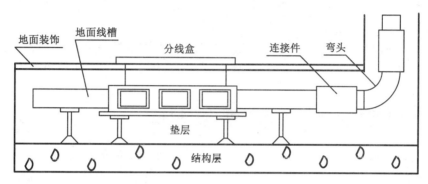

图 5.2 地面线槽的安装方法

(4) 明敷线缆槽道或桥架。

明敷线缆槽道或桥架的支撑保护方式,是新建筑物或现有建筑物中最常用的一种安装形式。它适用于房屋内或有吊顶的场所。明敷线缆槽道或桥架的设计与安装应注意以下几个方面。

① 为了保证明敷线缆槽道或桥架的牢固稳定,必须在有关部位安装支撑或悬挂装置。当槽道或桥架水平敷设时,在直线端支撑间距应为 1.5~2.0m。垂直敷设时,其支撑间距一般小于 2m。间距大小应视槽道或桥架的规格及安装线缆的多少而定。

② 金属槽道或桥架因本身的重量较大,在槽道或桥架的接头处、转弯处、变径处等地方,离槽道或桥架的 0.5m(水平敷设)或 0.3m(垂直敷设)处应设置支撑构件或吊架,以保证槽道或桥架的安装稳固。

③ 明敷的 PVC 高强度塑料线槽,通常采用螺钉固定,其间距不应大于 0.8m。当采用吊装安装时,支撑吊杆的间距不应大于 1.5m。

④ 为了适应不同的线缆在同一金属槽道或桥架中敷设的需要,应采用同槽分隔敷设方式,即用金属隔板隔离,形成不同的空间,在这些空间内敷设不同类型的线缆。此外,槽道或桥架内净空间的占用比应按照有关的标准确定。一般占用比应在 60%左右。

⑤ 金属槽道或桥架不得在穿越楼板孔或墙壁孔处连接,并应采取防火措施。

⑥ 金属槽道或桥架在水平敷设有电缆引出管时,引出管可采用金属管或金属软管;连接金属槽道或桥架与预埋钢管时,宜采用金属软管连接。

⑦ 金属槽道或桥架应有良好的接地系统,以保证电气连接符合设计要求。金属槽道

或桥架间应采用螺栓固定连接,并且应有跨接线或编织铜线连接,以保证良好的接地效果。

除上述安装方式外,应根据建筑物的环境来设计安装金属槽道或桥架。

5. 线缆、光缆敷设及端接要求

(1) 线缆敷设应符合下列要求。

① 线缆布放前,应核对规格、程序、路由及位置与设计规定是否相符。

② 光缆的布放应平直,不得产生扭绞、打结等现象,不应有外力的挤压和损伤。

③ 光缆在布放前,两端应贴有标签,以表明起始和终端位置,标签书写应清晰、端正和正确。

④ 电源线、信号电缆、对绞电缆、光缆及建筑物内其他弱电系统的线缆应分离布放。各线缆间的最小净距应符合设计要求。

⑤ 线缆布放时应有冗余。在交接间、设备间,对绞电缆预留长度一般为 2~3m,工作区为 0.3~0.6m;光缆在设备端的预留长度一般为 5~10m。有特殊要求的应按设计要求预留长度。

⑥ 线缆布放时的弯曲半径应大于线缆直径的 8 倍。

(2) 线缆布放时的牵引应符合下列规定。

① 线缆布放,在牵引过程中,吊挂线缆的支点相隔间距不应大于 1.5m。

② 布放线缆的牵引力,应小于线缆允许张力的 80%,对光缆瞬间的最大牵引力不应超过允许张力。在以牵引方式敷设光缆时,主要牵引力应加在光缆的加强芯上。

③ 线缆布放过程中,为避免受力和扭曲,应制作合格的牵引端头。如果用机械牵引,应根据线缆牵引的长度、布线环境、牵引张力等因素,选用集中牵引或分散牵引等方式。

④ 布放光缆时,光缆盘转动应与光缆布放同步,光缆牵引的速度一般为 15m/min。光缆出盘处要保持松弛的弧度,并留有缓冲的余量,但又不宜过长,避免光缆出现背扣。

(3) 线缆端接的一般要求。

① 线缆在端接前,必须检查标签颜色和数字含义,并按顺序端接。

② 线缆中间不得产生接头现象。

③ 线缆端接处必须卡接牢固,接触良好。

④ 线缆端接应符合设计和厂家安装手册的要求。

⑤ 对绞电缆与接插件连接应认准线号、线位色标,不得颠倒和错接。

(4) 光缆芯线端接的一般要求。

① 采用光纤连接盒对光缆芯线接续、保护,光纤连接盒可为固定和抽屉两种方式。在连接盒中,光纤应能得到足够的弯曲半径。

② 光纤熔接或机械接续处应加以保护和固定,使用连接器以便于光纤的跳接。

③ 连接盒面板上应有标志。

④ 光纤跳线在插入适配器之前应进行清洁,所插入的位置应符合设计要求。

(5) 施工流程。

综合布线系统的基本施工流程如图 5.3 所示(仅供参考)。

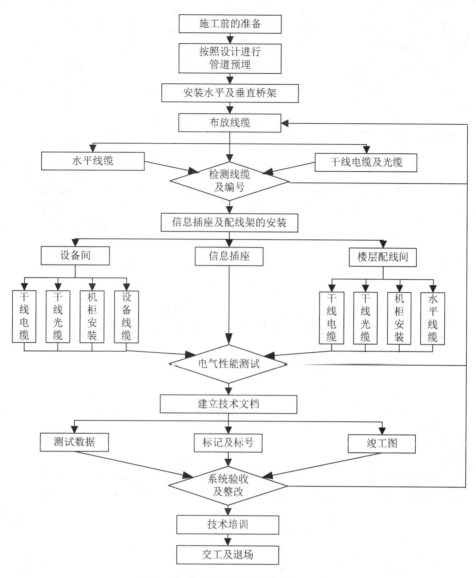

图 5.3 综合布线系统的基本施工流程

5.2 综合布线系统工程的线缆敷设

综合布线系统的电缆敷设可分为建筑群主干布线子系统、建筑物主干布线子系统和水平布线子系统三个部分，第一部分为室外布线部分，其安装施工环境条件与本地网络通信线路有相似之处，所以可选用电缆管道、直埋电缆和架空电缆等方式进行施工。第二部分和第三部分为室内布线部分，即建筑物主干布线子系统和水平布线子系统，以下就这两部分进行讨论。

5.2.1 建筑物主干线缆的施工

建筑物主干布线子系统的线缆施工范围，主要是从建筑物的设备间配线架(BD)到建筑物的各个楼层配线间配线架(FD)之间的主干路由上的所有线缆的施工。它的施工环境全部是在室内进行，并且建筑物内已有电缆竖井或专用的干线接线间等条件，因此，现场的施工环境条件比室外的要好，而且牵涉的面不广。但由于它与建筑物内部的各种管线有着密切关系，所以，在施工中应加强与有关单位的协作配合，这是至关重要的，它能使建筑物主干布线子系统的所有电缆顺利敷设，且保证施工质量。

1. 建筑物主干布线子系统线缆施工的基本要求

由于建筑物主干布线子系统的线缆较多和较集中，而且它是建筑物的主要骨干线缆，在安装敷设前和施工工程中，应注意以下几步要求，以保证线缆敷设的质量。

(1) 在敷设线缆前，应根据设计文件和施工图纸对施工现场环境进行核对，尤其是主干电缆的型号、规格、数量和起始位置以及安装路由等，在端接前要进行核对。如有问题，应及时与设计单位和建设单位共同协商解决，以免耽误施工进度，影响施工计划的完成。

根据施工图纸和施工情况，正确测量需布放的线缆长度，且在线缆的两端贴好标记，其内容有线缆长度或名称、规格及起始位置等，以便施工安装。

(2) 根据建筑物主干布线子系统的线缆长度，选用相应的施工方法，例如牵引线缆是从建筑物的顶层向下敷设，或从底层向上牵引，是采用机械牵引还是人工牵引等。目前，一般采用由顶层向下敷设的方式，并以人工牵引的方法为主。无论采用何种布放方式及牵引方法，都应根据施工现场环境、施工条件及线缆的最大允许牵引张力合理运用。

建筑物主干布线子系统线缆的最大牵引张力应小于线缆允许牵引张力的 80%，在线缆的牵引过程中，要防止线缆拖、蹭、刮、磨等造成的损伤，防止线缆产生扭绞或打圈等影响线缆本身质量的现象，并根据实际情况均匀设置支撑点，当线缆布放完成后，在各个楼层以及一定间隔距离的位置设置加固点，将主干电缆绑扎牢固，并使线缆保持松弛状态。

(3) 主干线缆在线槽中敷设，应排放整齐有序，尽量不要重叠或交叉，不得超出线槽，以免影响线槽加盖。

(4) 如果主干电缆与电力电缆或其他管线在同一电缆竖井内，必须有一定的距离，以保证通信网络的正常运行。

其最小间距如表 5.4 及表 5.5 所示。

表 5.4 对绞电缆与电力电缆的最小间距(mm)

	电力电缆范围 ＜380V		
	＜2kVA	2～5kVA	＞5kVA
平行敷设	130	300	600
有一方在接地槽道或钢管中敷设	70	150	300
双方都在接地槽道或钢管中敷设	10	80	150

2. 建筑物主干布线子系统线缆的敷设施工

(1) 引入线缆的敷设。

引入建筑物的线缆有来自公用通信网以及其他系统的线缆。从工程范围来看，它们都不属于建筑物主干布线子系统，但从网络系统及语音通信系统应用的角度来看，引入线缆部分是从建筑物的入口到设备间为止的所有线缆，例如宽带接入、公用电话接入、有线电视接入等线缆,虽然这部分电缆是综合布线系统的一个重要组成部分,但因这部分线路既不是建筑群子系统的线缆,也不是建筑物主干子系统的线缆而被忽略。关于引入线缆部分,除了按照有关标准规定外,还应该注意以下几点。

表5.5 对绞电缆与其他管线的最小间距(mm)

序号	管线种类	平行净距	垂直交叉净距	序号	管线种类	平行净距	垂直交叉净距
1	避雷引线	1000	300	5	给水管	150	20
2	保护接地	50	20	6	煤气管	300	20
3	热力管	500	500	7	压缩空气管	150	20
4	热力管(包封)	300	300				

① 由室外入口到设备间内的配线接续设备(如建筑群或建筑物配线架)上端接的引入线缆,应选用适配的信号线路浪涌保护器,信号浪涌保护器应符合设计要求。

② 引入线缆分为室内和室外两种环境,它们的客观条件不同,其要求也不同,因此,其保护支撑措施也有区别,对于缆线的敷设和固定也采用不同的方法。例如,室外部分采用地下通信管道,室内采用暗敷或明敷槽道,为此,必须使用合理的衔接方式。另外,室外线缆的重点是防水和防潮,而室内线缆除了防水防潮外,重点是防火。所以,在保护支撑措施上有不同的要求。按施工验收规范要求,例如在引入管道口处,应采用防水材料堵塞管道孔和线缆缝隙,以防室外进水和潮气进入室内。

③ 引入线缆在室内布置和槽道内敷设应按规定排列整齐,并应根据线缆管路的要求,设置明显的标志。

(2) 建筑物主干线缆的敷设。

目前,在建筑物中的电缆竖井或垂直管道内敷设电缆的施工方法有两种:一种是由建筑物的顶层向低层敷设,利用线缆本身的重量向下敷设的施工方法;另一种是由低层向高层牵引敷设,即将线缆向上牵引的施工方法。这两种施工方法虽然仅是方向不同,但其差别很大,线缆垂直布放远比向上牵引简单、容易、方便,能提高施工的效率;当线缆搬运到高层较困难时,才采用向上牵引的施工方法。

① 向下垂直布放的施工方法。

应将线缆运抵建筑物的顶层,电缆由上向下垂直布放时,每个楼层需要有人引导下垂和观察线缆敷设的情况,及时解决敷设中的问题,在整个布放过程中应统一指挥,利用移动通信设备进行联络,同步布放。为了防止电缆孔或管道以及槽道等支撑保护磨破、划伤电缆的外皮或损坏电缆,造成发生故障的隐患,应在电缆布放时采用保护装置。图5.4所示为电缆孔布放线缆的保护装置。

在向下垂直布放电缆的过程中,要求布放的速度适中,不宜过快。使电缆从电缆盘中慢速放出下垂,进入电缆孔,各个楼层的施工人员都应将经过本层的电缆引导到下一层的电缆孔,直到逐层布放到要求的楼层,并将电缆引到设备间或配线间的端接设备处,线缆的预留长度应按照规定预留,以便满足连接的需要。当主干电缆布放完成后,应按规定要求绑扎。

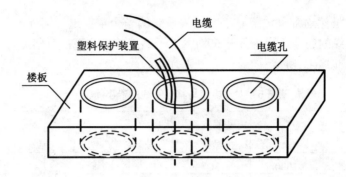

图 5.4　电缆孔布放线缆的保护装置

如果楼层预留的不是直径较小的电缆孔，而是大的洞孔或通槽，这时，就不需要用保护装置了，可采用如图 5.5 所示的方法进行线缆的布放。

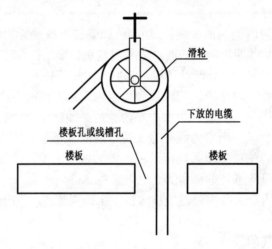

图 5.5　利用滑轮布放电缆

② 向上牵引的布放施工方法。

向上牵引的方法需要较大的动力，一般采用电动牵引绞车，其施工方法是由建筑物的顶层布放牵引钢丝，其强度应足以牵引电缆的所有重量(电缆的单位重量乘以电缆的长度)，将电缆的端部与牵引钢丝相连，并且要牢固，慢速地将电缆逐层向上牵引；在牵引过程中，每个楼层应有专人照顾，统一指挥，直至完成电缆的布放，并预留长度。电缆布放完成后，应按规定绑扎。

不管采用何种施工方法，都应根据施工现场的实际情况来选择相应的线缆布放方法。在干线接线间或设备间内，电缆应预留一定长度的余量。电缆的预留长度一般为 3~6m，主干电缆的最小弯曲半径应是电缆外径的 10 倍，以便进行电缆的连接和在维修时使用。

5.2.2　水平子系统线缆的施工

水平布线子系统的线缆在建筑物布线系统中，具有涉及面最广、数量最大、具体情况较多，而且环境复杂等特点，其线缆敷设方式有预埋、明装管道和槽道等几种，安装方法又有吊顶内、地板下和墙壁中以及三种的组合方式。在线缆的敷设中，应按这三种敷设方式的具体要求进行施工。

1. 水平布线子系统线缆的敷设要求

(1) 线缆预留长度。

为了便于维护和检修，水平布线子系统线缆布放时，应在设备间、楼层配线间、二级交接间和工作区信息插座输出端等预留一定长度的线缆。

规定在楼层配线间、设备间的对绞电缆预留长度一般为 2～3m，工作区为 0.3～0.6m。如果有特殊要求，可适当增加线缆的长度。

(2) 线缆的曲率半径。

线缆的结构不同(如有无屏蔽)，线缆的外径也有所区别，因此，线缆曲率半径应根据有无屏蔽结构来定。

非屏蔽 4 对双绞线电缆敷设后，曲率半径应为电缆外径的 4 倍；在施工中，应是电缆外径的 8 倍。屏蔽电缆应为 6～10 倍。

2 芯或 4 芯光缆的曲率半径应大于 25mm，其他水平光缆、主干光缆和室外光缆的曲率半径应至少为光缆外径的 10 倍。

(3) 线缆的最大允许牵引力。

在进行水平布线子系统的线缆敷设时，应注意线缆的牵引力不宜过大，要求牵引力小于线缆允许张力的 80%。例如，电缆芯线直径为 0.5mm 的双绞线，其最大允许牵引力为 10kg。

(4) 线缆与管径适配的规定。

目前，有两种线缆和管径适配的方法，即管径利用率和截面利用率。

① 管径利用率。

穿放线缆的管径利用率计算公式为：

$$管径利用率 = d/D$$

其中，d——线缆的外径。

D——管孔的内径。

② 截面利用率。

布放 4 对双绞线电缆的暗管管径截面利用率的计算公式为：

$$截面利用率 = M_1/M$$

其中，M_1——暗管直径的截面积。

M——穿放在暗管中的双绞线电缆的总截面积。

在布放 4 对双绞线、4 芯或 4 芯以下的光缆时，暗管管径的截面利用率为 25%～30%。

2. 水平线缆的敷设方式

水平布线子系统的线缆是建筑物布线系统的分支部分，涉及的施工范围遍及建筑物的各个角落，应当根据建筑物的具体条件来选用合适的施工方法。

(1) 吊顶内的布线。

在吊顶内的布线方法有安装槽道或桥架和不安装槽道或桥架两种方法。

装设槽道或桥架的方法。在吊顶内，利用悬吊支撑物装置槽道或桥架，线缆可以直接放在槽道或桥架中，然后分别通过暗敷的管道引入信息点的位置。采用这种方法布放线缆，有利于施工和维护。槽道或桥架一般安装在走廊的吊顶内,是目前工程施工中使用最多的一种方式。

不安装槽道或桥架的方法。在吊顶内安装支撑电缆的构件,例如 T 形钩、吊索等支撑物来固定电缆,这种施工方法不需要装设槽道或桥架,它一般使用在线缆较少的场合。但这种方法应使用阻燃电缆,并需要采取防鼠措施。在建筑物布线中,一般不采用这种方法进行线缆的布放。

水平布线子系统在吊顶内布线施工应符合以下要求。

① 根据施工图纸,结合实际情况,确定吊顶内线缆的布放路由,检查有无槽道或桥架,安装是否牢固,连接信息点的暗敷管道是否连接到槽道或桥架,是否需要连接金属软管等。如未发现问题,才能敷设电缆。

② 在吊顶内敷设线缆应采用人工牵引的布线方式,线缆在布放的过程中不应发生被磨、刮、蹭、拖拉等现象,可在电缆入口处以及中间位置设置电缆保护措施及支撑装置。在电缆牵引时,牵引速度不宜过快。线缆布放应平直,不得产生扭绞、打结等现象,不应有外力的挤压和损伤。

③ 水平布线子系统的线缆在吊顶内敷设后,需将线缆穿放到墙壁或柱子中预埋的管道中,引至信息点出口处,槽道或桥架与预埋管道的连接宜采用金属软管以保护线缆。线缆在工作区处应适当预留长度,一般为 0.1～0.3m。

(2) 地板下的布线。

在综合布线系统工程中采用地板下的布线方法较多,除原有建筑在楼板上直接敷设导管布线方法外,都有固定的地板或活动地板,因此,这些布线方法比较隐蔽美观、安全方便。例如,建筑物中的网络机房、用户交换机房、大中院校的多媒体教室、研究所的设计室等场合,主要采用地板下的布线方法,其类型有地板预埋管道法、蜂窝地板布线法和线槽地板布线法等。它们的管路或线槽,都是在楼层的楼板中与建筑同时建成的。此外,在新建或原建筑物的楼板上安装固定或活动地板,而地板下敷设线缆有两种方式,一种是地板下管道布线法,另一种是地板下线槽布线法。

由于地板下的布线方法各有特点和要求,所以在施工前,必须充分了解其技术要求、施工难点,并制定具体的施工程序。在原有建筑或新建建筑没有预埋管道时,在施工前,应根据图纸进行现场核查,其主要内容有建筑物楼层高度、楼板结构、承重能力和各种管线的分布情况等,确定采用何种地板下布线方法。无论采用何种地板下的布线方法,都应符合以下要求。

◎ 选择线路的路由应平直短捷,敷设位置相对稳定,安装结构简单,保护电缆设施符合质量要求,便于维护检查和有利于扩建与改建。

◎ 敷设线缆的路由应远离电力、给水和燃气及热力管道,以免影响通信质量。其最小净距与建筑物主干布线子系统的线缆要求相同。

◎ 在某些有特殊要求的地方,例如核心机房,以及需要保密的屏蔽机房,在采用地板下布线方式时,应符合国家关于机房电缆布放的相关标准及规定。

(3) 墙壁中的布线。

在墙壁中敷设水平子系统线缆是一种较合理的布线方法,它既隐蔽、又安全可靠,连接通信引出端也最方便,但在布放线缆前,所有管道应已经预埋完成,因此,这种水平子系统的布线方式应用较多。但是，在已建成的建筑物中，若没有预埋管道，一般采用明敷管、槽方式布放电缆。目前，采用较多的是 PVC 线槽明敷方式，其常用规格与布放电缆容量如表 5.6 所示。

表 5.6 PVC 线槽的常用规格与电缆容量

线槽规格(mm)	电缆数量(根)						
	1	1.5	2.5	4	6	8	10
	电缆直径(mm)						
15×10	4	3	2	2	—	—	—
24×14	10	9	6	5	4	3	—
39×18	23	20	14	11	9	4	3
60×22	42	37	26	20	16	8	6
60×40	81	72	50	41	31	18	12
80×40	109	96	67	54	42	21	17
100×40	165	146	103	81	66	32	24

5.3 综合布线系统工程的光缆敷设

随着通信技术和计算机技术的高速发展，人们对信息传输速度的要求日益提高，因此，建筑物中的综合布线系统需采用传输速率高、衰减低、频带宽、抗干扰能力强的光纤传输系统，以适应信息高速发展的需要。

目前，特别对于主干传输系统来说，建筑物及建筑群布线系统中光纤的采用已是基本要求，光纤到桌面已在要求传输速率较高及保密要求严格的场合中广泛使用。因此，光缆工程的施工敷设是综合布线系统的一个重要组成部分。

5.3.1 光缆敷设的基本要求

光缆与电缆虽然都是通信线路的传输介质，其敷设施工方法基本相似，但是，它们之间也有着较大的区别。除了它们的传输信号分别是光信号和电信号外，由于光缆中的光纤是以二氧化硅为主要成分的石英光导纤维制成的，所以不同于电缆中的铜金属导线。此外，还有其他的区别和特点。这些对于安装敷设与施工都有很大的影响，所以必须加以注意。

光纤是由玻璃纤维制成的，所以在实际使用中已具有了一定的机械强度，以保证其不会断裂。但是，光纤的直径很小，并且较脆，如果光缆表面被划伤或损坏，降低了光纤的机械强度，就有可能断裂。电缆中的铜金属导线机械强度高，且具有柔软与韧性的特点，不易折断和脆裂。为了保证光缆敷设的施工质量，需要符合以下几点要求。

(1) 光缆在施工敷设时，光缆的曲率半径不能低于光缆外径的 25 倍；在安装敷设完成后，光缆的最小曲率半径应是光缆外径的 15 倍。在施工过程中，由于客观原因达不到上述要求时，不应小于光缆外径的 20 倍。

(2) 光缆敷设时的张力和侧压力均应符合表 5.7 中的规定。

(3) 根据施工现场的实际情况以及光缆的整盘长度,应把合理配盘与敷设顺序相结合,充分利用光缆的盘长,施工中尽可能整盘敷设,以减少光缆的中间接续。在敷设管道光缆时,接续的位置应避开道路路口或有碍工作和生活的地方。

表 5.7 光缆的允许张力和侧压力

光缆敷设方式	允许张力(N)		允许侧压力(N/100m^2)	
	长 期	短 期	长 期	短 期
管道光缆	600	每公里光缆重量	300	1000
直埋光缆	1000	3000	1000	3000
架空光缆	1000	3000	1000	3000

5.3.2 光缆的敷设施工

在新建的建筑物内部的光缆,一般在暗敷的管道或桥架中敷设,不采用明敷的方式敷设光缆。如果条件不允许而必须采用明敷方式安装光缆时,应在光缆的外面加套塑料管或其他器材进行保护,以免受到损坏。

在已建或扩建的建筑物中增加光缆传输系统时,应根据建筑结构的具体条件,在不破坏建筑结构的情况下,尽量采用管道暗敷或桥架敷设方式,如果建设单位不允许破坏原建筑的格局和内部装修的美观性等,可以考虑采用明敷方式安装光缆,但要求光缆敷设路由选择较隐蔽的地点,并加装保护措施。

利用电缆竖井垂直敷设建筑物主干子系统光缆时,如果采用管道、桥架或电缆孔敷设,应采取切实有效的防火措施以隔离火灾的蔓延。

建筑物主干布线子系统的光缆敷设要求与电缆线路敷设相似。建筑物内主干光缆的施工方式有两种,一种是由建筑物的顶层向下垂直布放,另一种是由建筑物的低层向上牵引布放。通常采用向下垂直布放光缆的方式,具体施工方法和操作细节与电缆敷设相似。

5.4 综合布线系统工程的设备安装

5.4.1 信息插座模块的安装及端接

1. 安装要求

信息插座的安装方式主要有两种,一种是安装在墙面或柱面上的方式,另一种是安装在地面上的方式。安装在地面的信息插座应牢固地安装在平坦的地方。安装在地面或活动地板上的信息插座也称地插,地插的类型有弹起式地插和开启式地插两种。地面插座应能防水防尘,安装在墙面或柱面上的信息插座应高出地面 300mm;若地面采用活动地板,应以地板来计算高度。

信息插座底盒的固定方法,可分为暗装和明装两种,所以底盒的固定方法也分为暗装和明装。当采用明装方式时,底盒的固定方法可采用扩张螺丝、射钉等,或根据施工现场的条件而定。

信息面板的固定螺丝应拧紧，不得有松动现象，并且要有标签，以图形或文字说明其用途。

线缆在端接前，必须核对线缆标识内容是否正确，线缆中间是否有接头；线缆与连接件终接时，必须认准线号、线位色标，不得颠倒和错接，线缆终接处必须牢固并且接触良好。

线缆端接时，每对对绞线应保持扭绞状态，扭绞松开长度对于五类电缆不应大于 13mm，对于六类电缆应尽量保持扭绞状态，减少扭绞松开的长度，以保证对绞电缆的电气性能。

信息插座中模块化引针与电缆端接有两种标准方式，即按照 T568A 标准端接线缆和按照 T568B 标准端接线缆。电缆的端接方式如图 5.6 所示。

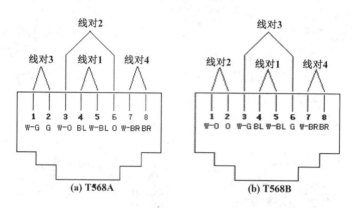

图 5.6　电缆端接方式及信息插座模块的连接

图 5.6 中，G(Green)表示绿色线对，BL(Blue)表示蓝色线对，BR(Brown)表示棕色线对，O(Orange)表示橙色线对，W(White)表示白色线对。

应该注意的是，在同一个综合布线系统工程中，线缆的端接只能采用一种端接方式，即 568A 或 568B，其中包括配线架的端接。

2. 信息插座模块的端接

综合布线系统所用的信息插座模块多种多样，但其核心是模块化插座。它利用电路板在内部做了固定的连接，这样就减少了接触损耗，保证了链路的电气性能。双绞线在与信息插座模块端接时，必须按色标和线对的顺序进行端接。

信息插座模块与面板连接有两种方式，一种是 90°角连接，另一种是 45°角连接，如图 5.7 所示。

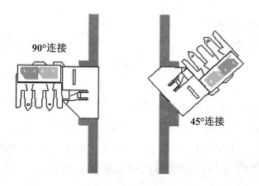

图 5.7　模块与面板的连接方式

双绞线与信息插座模块连接的方式也有两种，一种是平行连接，另一种是45°角连接。工程中使用的信息插座面板一般为86系列，它与其他诸如电源、电视和电话的连接面板相同，这样既美观，也给预埋工程提供了统一的标准。

双绞线与信息插座模块端接时，应按设计厂商的操作规定进行安装。屏蔽双绞线与信息插座模块端接时，一定要保证线缆的屏蔽层与信息插座模块的屏蔽层的良好接触，并保证线缆屏蔽层与屏蔽罩的360°接触，以达到全程屏蔽的效果，屏蔽层与屏蔽罩的接触长度不应小于6.5mm。

在正常情况下，信息插座模块具有较小的衰减及近端串音干扰以及插入损耗，如果端接不好，会增加链路的衰减及近端串音干扰。

模块化信息插座面板分为单孔和双孔，每孔都有一个8位/8路插脚(针)的信息模块，这种模块的高性能、小尺寸及模块化的特性，为综合布线系统信息插座的安装提供了快速、准确及可重复的安装方法。它还提供了不同的颜色，以区分所连接的设备类型。图5.8是六类信息模块的结构。目前，几乎所有的布线厂商的信息模块的安装方法基本相同。

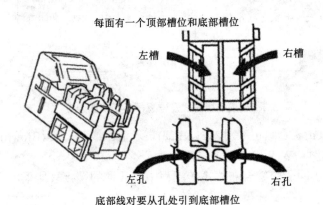

图 5.8　MGS400 信息模块的结构

下面以美国康普公司的六类信息模块 MGS400 的安装方法为例，来说明信息模块的端接步骤，如图5.9所示。

(1) 剥去线缆的外护套，并移去线缆十字架或隔离带，把橙色和绿色线对插入左边的槽位。注意，线对一定要直接插入槽位内，而不要有交叉或重新排列。拉紧线对，让线缆的护套尽量靠近模块。

(2) 底部线对放在相应的位置并松开绞对。

(3) 把底部线对放在槽位内。

(4) 采用同样的方法，安装顶部的线对到相应的槽位内。

(5) 采用相同的安装方法安装另一边。

(6) 剪齐多余的导线，并使用钳子安装插座帽，或使用110M打线工具进行端接。

在信息插座模块线缆的安装中，应注意绞线对安装顺序和安装标准，模块上都有色标，标明T568A和T568B两种标准的打线方式。在线对的安装中，应避免划伤线对；或在去掉4对双绞线外皮时，割断线对及割裂线对而造成隐患，并注意模块中的尖锐部分。线对在模块中的弯曲程度如图5.10所示。

1. 剥开电缆外皮，在护套端部移去十字架或隔离带，把橙色和绿色(568A或568B)插入左边槽位

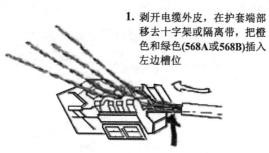

线对一定要直接插入槽位中，而不要交叉或重排。拉紧线对，让线缆的护套尽量靠近模块

2. 底部线对放在相应的位置，并松开线对

3. 把底部线对放在槽位内

4. 采用同样的方法安装顶部线对到相同的槽位内

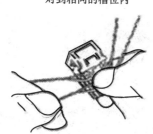

5. 采用相同的方法安装另一边

6. 使用110M打线工具进行端接，或者使用钳子安装插座帽，完成后剪掉多余的导线

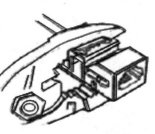
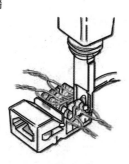

图 5.9　MGS400 的安装步骤

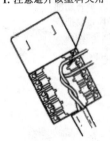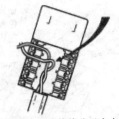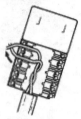

图 5.10 线对端接时的弯曲程度

5.4.2 铜缆配线架的安装与端接

1. 安装要求

配线架是提供铜缆端接的装置，它一般安装在设备间和楼层配线间内，是水平子系统和垂直干线子系统的连接枢纽，是整个综合布线系统的管路单元。配线架的类型有卡接式配线架和模块化配线架之分，但其安装要求是一样的。以下是配线架对绞电缆端接安装的基本要求。

(1) 对绞电缆在端接前，必须检查标签颜色和数字含义，并按顺序端接。
(2) 对绞电缆中间不得产生接头现象。
(3) 对绞电缆端接处必须卡接牢固，接触良好。
(4) 对绞电缆端接应符合设计和厂家安装手册的要求。
(5) 对绞电缆与接插件连接应认准线号、线位色标，不得颠倒和错接。
(6) 配线架应安装在标准 19 英寸的机柜中，以便设备的连接。

2. 配线架的端接

在端接配线架对绞电缆前，应把电缆按编号进行整理，然后捆扎整齐，并用塑料带缠绕电缆，直至进入机柜或机架，固定在机柜或机架的后立柱上或其他固定位置。要求电缆进入机柜或机架后整齐美观，并留有一定的余量。下面就以图示的方法说明配线架线缆端接的安装步骤。

(1) 卡接式配线架的电缆端接步骤。

卡接式配线架有两种类型，一种是 110A 型配线架，另一种是 110P 型配线架，这里仅以 110P 型配线架的电缆端接为例，说明卡接式配线架电缆端接主要步骤，如图 5.11 所示。

从图 5.11 可以看出 110P 型配线架电缆的端接安装步骤。

① 将 24 根电缆按编号每组 6 根放置在底部的布线模块中。
② 将电缆捆扎固定好(按编号顺序)，并做好标记。
③ 解开捆扎带，在标记处将电缆外皮割开后，将其重新扎好。
④ 安装布线配线架。
⑤ 整理电缆，并取下外皮(应注意电缆编号)。
⑥ 沿弯曲处将电缆拉紧。

⑦ 将线缆弯曲放置到恰当的位置。

⑧ 为了保证双绞线的传输特性和减少串音干扰,卡接式配线架要求双绞线缆外皮剥开的距离最小,所以,每组 6 根线缆应分上下两排卡接,才能更好地保证其传输特性。

(2) 模块化配线架的线缆端接步骤。

模块化配线架主要使用在数据传输的应用中,因为它是标准的 RJ-45 的插座,与交换设备的端口类型相同,使用也比较方便,更为重要的是,其传输特性要比 110 系列配线架好,所以在数据传输应用中是一种较好的选择。我们以 GS3(千兆铜缆模块化配线架)为例来说明模块化配线架线缆端接的安装步骤。GS3 是一种六类模块化配线架,它有 24 口和 48 口两种规格,并可安装在标准的 19 英寸的机柜中。线缆的端接安装步骤如图 5.12 所示。

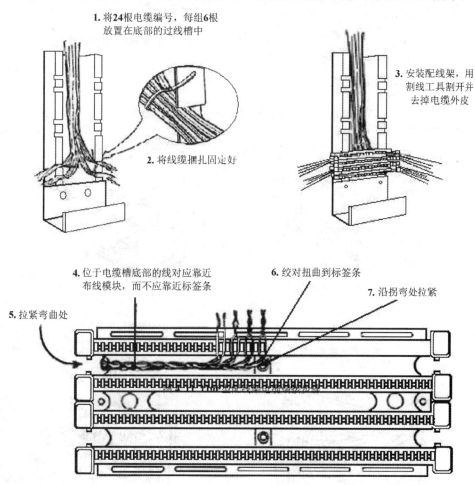

图 5.11   110P 型配线架电缆端接步骤

在模块化配线架电缆端接安装完成之后,其背面的对绞电缆的走向及绑扎应如图 5.13 所示。

1. 固定配线架在机柜中

2. 插入、翻转和锁定模块，以便从后面端接电缆

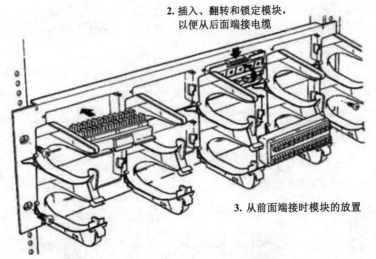

3. 从前面端接时模块的放置

4. 如果采用前面端接时，应从端接点拉紧电缆并把它推回，以保证电缆不要过紧

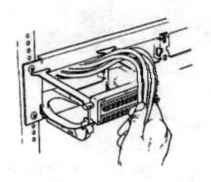

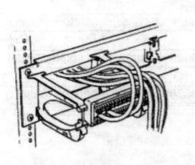

5. 进行电缆的端接

6. 把电缆和模块推进配线架的孔内，并转动锁定

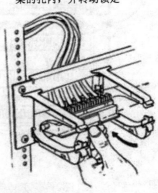

图 5.12　GS3 模块化配线架的安装步骤

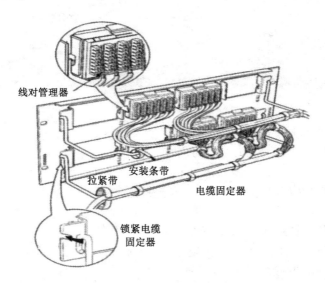

图 5.13　模块化配线架线缆的扎结

5.4.3　光纤配线架的安装及熔接

1. 光纤连接技术

光纤与光纤的相互连接称为光纤的接续,光纤与光纤的接续常用的技术有两种,一种是接续技术,另一种是端接技术。下面就这两种接续方式做简单的介绍。

(1) 光纤接续技术。

它是将两段断开的光纤永久地连接起来,这种接续技术又可分为两种,一种是熔接技术,另一种是机械拼接技术。

① 光纤熔接技术。

光纤熔接技术是用熔接机进行高压放电,使待接续的光纤头熔融,合成一段完整的光纤。这种方法接续损耗小,一般小于 0.1dB,而且可靠性高,是目前最常用的光纤接续方法。图 5.14 所示为一台小型熔接机,这种小型熔接机适合在各种施工现场使用。

② 光纤机械拼接技术。

机械拼接技术也是一种较为常用的光纤接续方法,它通过一根套管,将两根光纤的光纤芯校准,以确保连接的准确吻合。

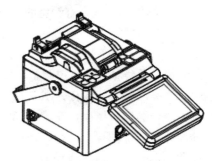

图 5.14　光纤熔接机

机械拼接有两项主要技术,一是单股光纤的微截面处理技术,二是抛光加箍技术。

(2) 光纤端接技术。

光纤端接与拼接不同,它是使用光纤连接器件对需要多次拔插的光纤连接部位的接续,属于活动性的光纤互连,常用于光纤配线架和光纤适配器的跨接线以及各种插头与应用设备的连接等场合,对管理、维护、更改链路等方面非常有用。目前,各厂商生产的低损耗的连接头的衰减一般在 0.25dB 以下,常用光纤连接器如图 5.15 所示。

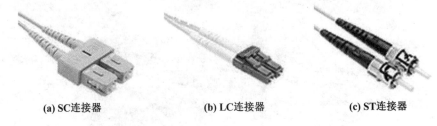

(a) SC连接器　　　　(b) LC连接器　　　　(c) ST连接器

图 5.15　常用光纤连接器

综合布线系统选用的光纤连接器件有 ST 型、SC 型、LC 型、MT-RJ 型等种类。

ST 型连接插头用于光纤的端接,并且使用在光纤以交叉连接或互连的方式连接的光电设备上;特别是使用在综合布线系统的光纤链路管理中。

SC 型、LC 型及 MT-RJ 型是双工连接器,它们通常使用在光纤交换机或带有光纤模块的交换机以及其他光电设备中。

2. 光纤的端接

(1) 光纤端接方法。

光纤端接方法比较多,下面是几种常用的端接方法。

① 直接端接。

直接端接是指把连接器连接到每条水平电缆的末端,它包括以下几种方法。

第一种:干燥箱固化的环氧树脂型端接。

这是最常用(也是最早)的直接端接方法。它采用标准连接器、环氧树脂和各种打磨纸,具体视制造商而异。这种方式先拆掉缓冲层,清洁裸光纤,混合环氧树脂(黏合剂和催化剂),并放入到注射器中,然后把环氧树脂注入连接器的套圈中,直到端面上出现小米粒状环氧树脂(环氧树脂一般是有颜色的,如红或绿色),最后把光纤插入连接器的套圈中,把完成的连接器套圈放到烘干套管中,等大约 5min 后,放到干燥箱中,大约烘干 15~20min。等烘干冷却之后,取下烘干套管,切掉光纤末端,然后进行打磨、清洁、检查。

第二种:预装环氧树脂型端接。

这类连接器的端接方法,在大多数地方与传统的干燥箱固化环氧树脂类似。它预装有预先混合的环氧树脂,在进行光纤的端接时,放入加热箱中加热后,快速插入已经拆掉缓冲层并清洁好的裸纤,等冷却后,切掉光纤末端,然后进行打磨、清洁、检查。这种预装的预先混合的环氧树脂还能重新熔化(尽管制造商不推荐这种做法),以取下和更换断开的光纤。

第三种:冷固化环氧树脂型端接。

前期准备工作与干燥箱固化的环氧树脂相同,但进行了简化。准备工作与干燥箱固化方式相同,但通常直接从分配器中把催化剂和黏合剂放到光纤或套圈上,而无须混合及放入到注射器中,也无须注入超高黏度的环氧树脂。在室温下,其固化时间一般为大约 20s,在剪断光纤后,进行打磨、清洁和检查。因为这种黏合剂具有厌氧性,所以在没有空气时仍能固化。

第四种:机械弯曲和打磨。

目前有许多机械弯曲和打磨方法,它们采用机械弯曲的工作原理,把光纤固定在套圈中。在插入连接器套圈前,先拆掉缓冲层,清洁光纤。接着把光纤"弯曲"(使用机械夹具)到相应的位置,然后剪掉光纤,进行打磨。

第五种:带有预打磨连接器套圈的机械弯曲。

这种连接器的套圈带一小段出厂时已经打磨好的光纤。在这一小段光纤后面有一定的空间,已经填充了与光折射率相符的凝胶。然后剥掉光纤,进行清洁,剪成预定的长度,插入套圈中,弯曲到相应位置,其方式与前面的连接器类似。

② 接合端接。

接合是把光纤盘管(出厂时在大约1m长的裸光纤上连接有一个连接器)连到水平光纤的各条光纤上。不管是哪种接合类型,光纤的准备过程都包括剥掉缓冲层、清洁玻璃、把光纤剪到要求的长度。在剪断光纤时,必须保证直角端面,以密切对准光纤末端。还可以使用接合方法把两条线缆连接在一起,通常连接室外型光缆和室内型光缆。

方法一:机械接合。

机械接合是一种塑料模具,在每一端带有电缆夹(或采用键控方式的锁定夹),适合250μm或900μm缓冲。光纤的准备方式与上述方式相同,两端要插入模具内部,直到这两端在与折射率相符的凝胶的空间中相接。

方法二:熔断接合。

这种方法需要使用熔断接合机。熔接机包括一台对准设备、一个电弧发生器和一台小型干燥箱。对准设备保证准备好的光纤处在每个轴的相应位置上。然后电弧在预先编程的时间和功率上点火,实现无缝连接。

方法三:预安装连接器的光纤。

使用预先端接的光纤(或称预安装连接器光纤)。通过这种技术,安装人员可以指定长度、纤芯数量、光缆结构和连接器形式,用户只需把光缆拉到相应的位置上,然后连接到配线箱内部即可,而不必进行其他操作。预先端接的光缆两端受到拉入孔保护,制造商已经对其进行光测试。略有不同的一种预先端接的光纤采用插入式配线盒,而不是配线架,在背面有一个多芯连接器(MTP/MPO),正面则采用SC、ST型等连接器。由于电缆装配件和配线盒事先都经过测试,因此其安装速度最快。

端接光纤有许多不同的方法,这些方法各有自己的优缺点,在很大程度上取决于环境、应用及安装成本。一般来说,安装快的产品价格比较高,安装慢的产品价格比较低。我们在这里要注意的是,应考虑端接的总成本,而不应只是购买最便宜的产品,因为其长期使用成本会比较高。

方法四:干燥箱固化的环氧树脂型端接方法。

可靠的老式方法容易学习,但现在已经过时。这种方法虽然购买价格低,但安装成本并不低。因为在安装或打磨的过程中,会有光纤连接器的损坏消耗。

方法五:预装环氧树脂型端接方法。

这是可靠的老式方法的完美发展。消除了麻烦的环氧树脂填充工作,当然是件好事。由于它缩短了安装时间,所以连接器价格较高。

方法六:冷固化环氧树脂型端接方法。

这种方法已经被许多人接受。厌氧性黏合剂已经在户外环境中广泛使用,并取得了巨大的成功。它在光纤连接器环境中同样也很成功。打磨过程非常容易,也不需要使用干燥箱或电源。

方法七：机械弯曲和打磨。

对寻找简单端接方法的安装人员，这是另一种非常流行的方法。

方法八：带有预打磨套圈的机械弯曲。

这可能是最简单的带连接器的解决方案。因为光纤与采用具有相应折射率的凝胶的短线相匹配，人们一直在现场端接中使用这种解决方案。

方法九：机械接合。

这是人们不太看重的光纤端接方法，通常用于石化/石油精炼及"不希望"明火(或电弧)的制造环境中。人们的一般态度是，这种方法只适合临时修理，但实际上，它一直长期用于严酷的环境中，而且根本没有降低光通信性能。

方法十：熔断接合。

这是最通用的端接方法，在各类光纤中引入的损耗最小。设备购买成本相对较高，但价格正在不断下降。只要使用的光纤盘管品质优异，操作人员经过培训并具有相应经验即可。单模光纤的安装非常轻松，因为出厂时已经测试了回波损耗，而大多数接合人员都会提供连接损耗估算。

方法十一：预安装连接器的光纤。

这可能是不精通光纤的安装人员使用的最简明的方法。可能出现的问题包括在插入时损坏光纤，是否需要测试连接的极性，并需要准确估计链路的长度。

(2) 光纤端接极性。

每一根光纤传输通道都包括两根光纤，一根用来接收信号，另一根用来发送信号，即光纤只能单向传输。如果光纤的端接极性错误，光纤传输系统肯定不能工作。那么，如何保证正确的极性，就是综合布线中必须考虑的问题。ST 型连接器是通过编号方式来保证光纤极性的，SC 型双工连接器在施工中通过进行排序就能解决极性问题，其光纤端接极性如图 5.16 所示。单工光纤端接极性如图 5.17 所示，混合光纤端接极性如图 5.18 所示。

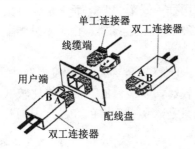
图 5.16　SC 型双工光纤连接器

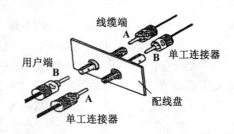
图 5.17　单工光纤连接器

(3) 光纤连接器的安装。

随着网络的不断发展，光纤的应用也越来越多，而光纤熔接机的价格又不断下降，所以光纤的熔接技术已经广泛地应用于各个通信领域，它因熔接速度快、熔接损耗小、成本低等优点，而取代了过去的光纤端接方法。

下面就以主干光纤熔接为例，说明光纤连接器的安装步骤。

① 光纤熔接前，首先要准备好剥光纤钳、切刀、熔接机、热缩松套管、酒精棉等必要的操作设备、工具和必需材料，查看熔接机电源是否充裕、够用，各种材料是否齐全等。然后剥除预留好长度要熔接光纤的外护套、钢丝等，如图 5.19 所示。

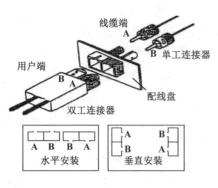

图 5.18 混合光纤连接器

图 5.19 剥除光纤护套、钢丝

在剥除光纤外护套后，必须对光缆进行清洁。把光纤固定在光纤配线架或光纤熔接盒中，并应为每一根光纤套上热缩松套管，以保护熔接好的光纤连接，如图 5.20 及图 5.21 所示。

图 5.20 清洁光纤

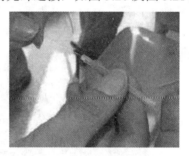

图 5.21 安装光纤热缩松套管

② 合格的光纤端面是熔接的必要条件，而端面的好坏将直接影响光纤的熔接质量。光纤端面的切割包括三个环节，即剥除光纤保护层、清洁和切割。

◎ 剥除光纤保护层：在剥除光纤保护层时，要按照平、稳、快三字原则，"平"是要求持光纤要平；"稳"是要求剥纤钳握得稳，不允许打战、晃动；"快"是要求剥除光纤保护层要快。剥纤钳应与光纤垂直，上方向内倾斜一定角度，然后用钳口轻轻卡住光纤，之后用力，顺光纤轴向平行向外推出去，整个过程一气呵成。

◎ 清洁：首先要观察光纤剥除部分的涂覆层是否全部剥除，若有残留，应重新剥除；然后清洁裸光纤，清洁时，将棉球蘸上适量的酒精，并把棉球撕成层面平整的扇形小块，夹住已剥除的裸光纤，顺光纤轴向擦拭，不能做往复运动。

◎ 切割：裸光纤的端面切割是最为关键的环节，在这一环节中，精密、优良的切刀是基础，而严格、科学的操作规范是保证。切刀有手动和电动两种，手动切刀操作简单，性能可靠。随着操作者水平的提高，切割效率和质量可大幅度提高。电动切刀切割质量较高，适宜在野外寒冷条件下作业，但操作较复杂，要求裸纤较长。因此，在选择切刀时，熟练的操作者在常温下进行快速光缆熔接，宜采用手动切刀，如图 5.22 所示。切刀

图 5.22 手动光纤切刀

的摆放要平稳，切割时动作要自然平稳、不急不缓，避免光纤折断、斜角、毛刺及裂痕等不良端面的产生，保证切割的质量。同时，要谨防端面污染。裸光纤的清洁、切割和熔接的时间应紧密衔接，不可间隔过长。在移动时，要轻拿轻放，防止与其他物件擦碰。

③ 上述工作完成后，就可以进行光纤的熔接了。熔接光纤应根据光缆工程的要求，配备熔接机及蓄电池。熔接机属高技术、高精密设备，价格相对较高，因此，选择的熔接机要有良好的性能、运行稳定、熔接质量高，且配有防尘防风罩、大容量电池等，操作人员应熟悉所使用熔接机的性能特点，熟练掌握操作知识和要领。熔接前，根据光纤的材料和类型，在熔接机上设置好最佳预熔电流和时间，以及光纤送入量等关键参数。熔接过程中，还应及时清洁熔接机 V 形槽、电极、物镜、熔接室等，随时观察熔接中有无气泡、过细、过粗、虚熔、分离等不良现象，及时分析产生上述不良现象的原因，采取相应的改进措施。如多次出现虚熔现象，应检查熔接的两根光纤的材料、型号是否匹配，切刀和熔接机是否被灰尘污染，并检查电极氧化状况，若均无问题，则应适当提高熔接电流。在确保光纤熔接质量无问题后，用热缩松套管保护熔接点处的光缆。光纤熔接如图 5.23 所示。

图 5.23　光纤熔接

④ 盘光纤既是一门技术，也是一门艺术，科学的盘光纤方法，不仅可以避免因挤压造成的断纤现象，使光纤布局合理、附加损耗小，能够经得住时间和恶劣环境的考验，而且有利于以后的检查维修。盘光纤时，一般沿松套管或光缆分歧方向进行，每熔接完成一组光缆内的光纤，盘光纤一次，避免光纤松套管间或不同分支光缆间光纤的混乱，使之布局恰当、易盘、易拆、易维护。也可以预留盘中热缩管安放单元为单位盘光纤，根据接续盒内预留盘中某安放区域内能够安放的热缩管数目进行，避免由于安放位置不同而造成的同一束光纤参差不齐、难以盘光纤和固定，甚至出现急弯、小圈等现象。

如图 5.24 所示，光纤的盘绕可参考以下方法进行。

◎ 按先中间后两边的顺序盘光纤，即先将热缩后的套管逐个放置于固定槽中，然后再处理两侧的多余光纤，这样有利于保护光纤接点，避免盘绕光纤时可能造成的损害。

◎ 从一端开始盘光纤，固定热缩松套管，然后再处理另一侧光纤。优点是可根据一侧光纤的长度灵活选择光缆护套管的固定位置，这种方法方便、快捷，并可避免出现急弯和小圈等现象。

◎ 根据实际情况按光纤的长度和预留空间大小，顺势自然盘绕，并应灵活采用圆形或椭圆形进行光纤的盘绕，尽可能最大限度地利用预留空间，有效降低因盘光纤带来的附加损耗。

◎ 如个别光纤过长或过短时,可将其放在最后单独盘绕;带有特殊光器件时,可将其做另一盘处理;若与普通光纤共同盘绕时,应将其轻置于普通光纤之上,两者之间加缓冲衬垫,以防止挤压造成光纤折断等问题。

⑤ 光纤熔接完成并按要求盘好光纤后,应用 OTDR(光时域反射仪)对所有纤芯进行测试,以保证所熔光纤的损耗在标准的要求之内,如有问题,应重新熔接。图 5.25 所示为常用的 OTDR(光时域反射仪)。

图 5.24 光纤的盘绕　　　　　图 5.25 OTDR(光时域反射仪)

综上所述,光纤的熔接是一项技巧性强、质量要求高的工作,在实际工作中不断总结经验,提高操作技能,才能保证光纤的熔接质量。

5.4.4 屏蔽布线系统的安装与施工

1. 屏蔽布线施工综述

一个布线系统能否达到设计及用户要求,布线系统的线缆、模块、配线架等布线器件本身往往不是决定因素,其决定因素的是施工质量。而屏蔽系统对施工质量提出了更高的要求,在《综合布线系统工程设计规范》中明确规定:屏蔽布线系统采用的电缆、连接器件、跳线、设备电缆都应是屏蔽的,并保证屏蔽层的连续性,即组成屏蔽布线系统的每一个器件必须是屏蔽型的,否则可能出现意想不到的问题,并且很难达到预期的屏蔽效果。

综合布线系统的施工安装主要分为穿线、端接、测试三个阶段。在穿线阶段,屏蔽双绞线的施工与非屏蔽双绞线完全一样;在端接阶段,屏蔽双绞线除了与非屏蔽双绞线一样在 8 芯双绞线端接 RJ-45 模块外,还需要将双绞线的屏蔽层与模块的屏蔽层对接,形成完整的、无缝隙的屏蔽通道。

2. 屏蔽布线系统的施工要求

(1) 屏蔽布线系统只有形成了全程屏蔽,才能充分发挥其抗干扰的作用,因此,在屏蔽布线系统中,从传输电缆、模块、配线架、跳线、机柜到网络设备中的端口、计算机的网卡,都应是屏蔽产品,以便形成全程屏蔽的链路。其中,最为关键的是屏蔽双绞线中的屏蔽层需要与两端模块上的屏蔽层连接,而跳线则直接通过屏蔽 RJ-45 头外的屏蔽层与模块连接。

(2) 根据欧洲屏蔽布线系统的施工标准(EN 50173.2-2002),屏蔽双绞线与屏蔽模块端接时,有以下两个要求。

① 对于铝箔屏蔽双绞线(F/UTP 和 U/FTP),要将屏蔽层和双绞线中的接地导线同时端

接到两端模块的屏蔽层上。其目的是在屏蔽层横向断裂时，接地导线可以保证屏蔽层保持电气导通，使整根双绞线的屏蔽效果仍然保持，而电磁干扰仅仅只能从破损处侵入双绞线，使所产生的电磁危害微乎其微。保留的铝箔屏蔽层上不应留有小缺口，以防被撕裂(没有小缺口的铝箔屏蔽层不容易被撕裂)，这就要求在剥去护套时应注意刀锋插入护套的深度不能超过护套的厚度。

② 对于丝网+铝箔屏蔽的双绞线(SF/UTP、S/FTP)，只要将丝网层端接到两端模块的屏蔽层上即可。在双绞线中，丝网与铝箔始终保持处处导通，因此，在端接时没有必要对铝箔也进行连接。丝网中的铜丝在施工时有可能会散乱，要将没有护套保护的丝网整理好，以免散乱的铜丝接触到端接点，造成信号短路。

(3) 屏蔽布线系统的接地。

为了将屏蔽层内感应到的电磁信号泄放掉，屏蔽层必须接地。在屏蔽配线架上，都有一个接地螺丝，施工时应使用接地导线，一端固定在屏蔽配线架的接地螺丝上，另一端则固定在机柜、楼层配线间的接地铜排上，通过接地铜排连接到建筑物的接地体，形成完整的接地回路。因此，为了达到最好的高低频接地效果，最理想的导线材料是编织线。

(4) 屏蔽布线系统在穿线时，要求牵引力小于线缆允许张力的 80%，以免屏蔽层因受力过大而损坏；在屏蔽电缆弯曲排布时，应保证其半径不小于屏蔽电缆直径的 10 倍，并且电缆绑扎时不应过紧，以免造成电气性能的下降，并且不允许出现打结、成圈、护套破损(或刮伤)、护套裂缝、两端进水，以及国标 GB 50312-2017 规定中不允许出现的现象。

3. 屏蔽布线系统的施工

屏蔽布线系统的施工与非屏蔽布线系统的施工相比，屏蔽布线系统有着不同的技术要求，尤其是对屏蔽层的处理，如果施工不当，就会对整个屏蔽布线系统性能造成影响。如何尽量减少施工中可能产生的错误和误差，提高安装质量，以便达到屏蔽布线系统的设计要求，保证系统的传输速率及抗干扰能力，是需要认真研究的。屏蔽布线工程的施工工艺与非屏蔽布线的施工工艺相比，只是在端接和接地上略有差别，下面仅以屏蔽配线架的安装、屏蔽模块(F/UTP)的端接以及屏蔽布线系统的接地为例，说明屏蔽布线系统的安装方法。

(1) 屏蔽配线架的安装。

屏蔽配线架是安装在 19 英寸的标准机柜或屏蔽机柜中的，在工程中，通常是根据不同的配线架结构，选择不同的安装过程。而屏蔽配线架有两种：一种是模块式屏蔽配线架，特点是模块可以拆卸，在端接前，应先把配线架(空架)安装到机柜上固定好，然后穿线、端接，最后安装跳线管理器等辅助材料；另一种是一体化屏蔽配线架，特点是模块已经固定在配线架内，不能拆卸，在安装时，就需要在穿线后、端接前装上配线架，然后进行端接。这种配线架的优点，是屏蔽双绞线远远深入配线架内，在配线架内完成端接和接地，如图 5.26 所示。

在屏蔽布线系统的管理子系统中，经常采用的是模块式屏蔽配线架的安装方式。

(2) 屏蔽模块的端接。

① 屏蔽电缆的屏蔽层处理。

精确测量需保留的长度，剪断多余的线缆后，在电缆上制作永久性标签。

使用专业剥线刀剥离屏蔽对绞线的护套，避免剥离护套时将铜网或铝箔切断。为保证端接质量，通常在距离电缆末端 5cm 处进行线缆的外护套剥离。

(a) 一体化屏蔽配线架　　　　　　　　(b) 模块式屏蔽配线架

图 5.26　屏蔽配线架

将铝箔层翻转后，均匀覆盖在对绞电缆的护套上，导电面向外。

将导流线缠绕在铝箔屏蔽层外。

屏蔽电缆屏蔽层的处理方法如图 5.27 所示。

② 屏蔽模块的端接。

铝箔总屏蔽双绞线是过去最常见的屏蔽方式，它的特点是在 4 对非屏蔽双绞线外部包裹了一层铝箔，然后再加上护套。而常规的屏蔽模块基本上也采用的是总屏蔽方式(壳体屏蔽)，因此，只要在端接时将屏蔽层 360°连接，就完成了屏蔽端接。为抑制线对之间的近端串扰，六类屏蔽模块在线对之间有十字骨架隔离。屏蔽模块及附件如图 5.28 所示。

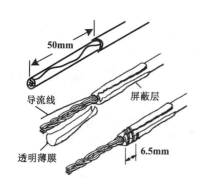 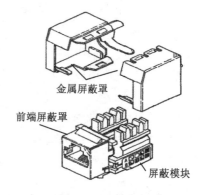

图 5.27　屏蔽层的处理　　　　　　　　图 5.28　屏蔽模块及附件

屏蔽模块的安装步骤如下。

将导线安装到打线端口中，切断后的电缆外皮与模块后端对齐。

选择合适的线序，即 568A 或者 568B。

使用打线工具将导线压入端口中，并切断多余的导线。

安装屏蔽罩，安装时，要确保屏蔽壳的前端开口处在模块前端屏蔽壳的外部。

将屏蔽壳的各个部位卡紧，最后去掉多余的电缆屏蔽层，端接即告完成。

完成端接后的屏蔽模块如图 5.29 所示。

③ 屏蔽布线系统的接地。

对于屏蔽布线系统而言，等电位连接导体的作用至关重要。对绞电缆和屏蔽模块上感应到的电荷应当能够通过等电位连接导体尽快泄放，以免残留电荷引起二次辐射干扰，造成抗干扰能力下降。另外，高频电阻要小，在高频情况下，电流主要是经导体的表面传递，所以尽量增加等电位连接导体的面积，将会大幅度降低高频电阻。

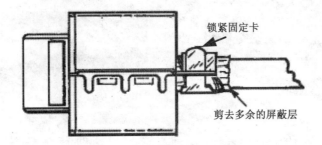

图 5.29 完成端接后的屏蔽模块

5.5 施工中可能出现的问题

5.5.1 施工常见问题

具体施工阶段牵涉多方面的因素,施工现场指挥人员必须有较高素质,其临场决断力往往取决于对设计的理解及对布线技术规范的掌握。以下是几种在施工中常见的问题。

(1) 工程进度。

工程进度是一个综合性的工作,在施工中,工程进度虽然受到施工现场各种因素的影响,但合理安排施工工序及进场时间是至关重要的。例如,土建与管道预埋、装潢与布线等,一般来说,布线施工进场时间应较早,以便进行墙体的开槽、桥架及管道的敷设等。所以为争取主动,施工单位应该尽早开工,并有计划地进行施工,遇到问题尽早处理解决,一时无法解决的问题可由设计人员根据现场的施工情况进行相应的补充,修改设计方案。

(2) 施工中的配合。

施工中的配合在布线系统施工中非常重要,一定要认真对待。举一个很典型的例子,在某工程中,土建施工已基本完成,部分布线管道需要开槽暗敷,又因布线施工进场较晚,施工人员对土建隔墙使用的材料不了解,加上现场指挥人员经验不足,如隔墙所用的是空心砖,一用力敲打就整个破碎,不仅使自己施工困难,而且引起土建部门的不满,使两者间的关系非常不协调,相互之间配合得很不好,以至于布线部门虽疲于奔命,却还是跟不上土建进度。这种问题的出现,其主要原因是施工前的准备工作做得不充分,延误了施工进场的时间。

(3) 管道预埋。

在管道预埋时,一定要考虑穿线时的困难,要采用口径合理的管道,特别是在转弯较多的情况下,必须尽量留出空隙,充分考虑下一步骤的工作。

(4) 安装顺序。

线缆都布放到位后,一般要等装潢部门的其他工作完成后,方可进行下一步的模块安装、面板安装。特别是要在粉刷全部都完工后,方可做下一步工作。如果在粉刷前安装模块及面板,则粉刷时的石灰水等一些液体会浸入模块,从而引起质量问题,造成返工,也会把面板弄脏,增加下一步的清洁工作量。

(5) 线缆的检测。

布线工作完成之后,要对各信息点进行测试检查,以便出现问题及时解决。一般可采用通断仪及 Fluke 等专用仪器进行测试,若发现有问题,则可先做记录,等全部测完后,对个别有问题的线缆进行更换。如果等装潢工程完成再去做这项工作，会有很多协调赔偿问题出现。

(6) 把好产品关。

综合布线系统所用的双绞电缆，各个厂商所遵循的标准一样。为了便于施工、管理和维护，电缆、插头、插座、配线架等一定要选用同一个厂商的产品，特别是六类系统。所选用的产品应该从正规渠道进货，防止假的及劣质产品在工程中使用。

(7) 产品的抽验。

综合布线系统是网络协议中的最底层——物理层，同样也是最关键的一层，在计算机网络中发生的故障绝大多数来自该层，因此，综合布线系统是网络系统的关键，也是智能大厦系统的关键。因此，布线产品的抽检是综合布线系统工程的一个重要环节，如果缺少这一环节，一个本应合格的布线工程就会出现各种问题，造成重大损失。

5.5.2 施工管理应注意的问题

(1) 施工现场督导人员要认真负责，及时处理施工进程中出现的各种情况，协调处理各方的意见。

(2) 如果现场施工遇到不可预见的问题，应及时向工程单位汇报，并提出解决办法，以供工程单位现场研究解决，并形成文字文档，以免影响工程进度。

(3) 对工程单位计划不周的问题，要及时妥善解决。

(4) 对工程单位新增加的点，要及时在施工图中反映出来。

(5) 对部分场地或工段，要及时进行阶段检查验收，确保工程质量。

(6) 当线缆在两个终端有多余的电缆时，应该按照需要的长度将其剪断，而不应将其卷起并捆绑起来。

(7) 电缆端接处反缠绕开的线段距离不应超过13mm，过长会引起较大的近端串扰。

(8) 在接头处，电缆的外保护层需要压在接头中，而不能在接头外，这样当电缆受到拉力时，受力的是整个电缆，否则受力的是电缆与接头连接的金属部分。

(9) 在电缆接线施工时，电缆的拉力是有一定限制的，一般为10～40kg左右。过大的拉力会破坏电缆对绞的匀称性。

5.5.3 安装中应注意的问题

(1) 安全。

对于具体施工管理者和施工人员，又或者是在同一场所工作的人来说，安全是他们最关心的问题。关于安全，主要考虑的问题如下。

① 光纤安装。

在安装和熔接光纤时，安全操作是最关注的问题。光纤(光导纤维的简称)如人类的头发一样细小，并且由于光纤是由玻璃制成的，有锋利的边缘，操作时要小心，以避免伤害到皮肤。曾经有人因为光纤进入血管而死亡。

当检测光纤时，应高度警觉，因为光纤可能是与激光源连在一起的，这会对眼睛造成伤害。

② 工作服。

穿上合适的工作服，会增强我们的安全感，可以放心地与其他人一起高效率地工作。一般情况下，普通的工作服(如长裤、衬衫和高质量的帽子)即可。

在一些较危险的环境中，会要求我们带上安全装备和辅助工具。

③ 安全眼镜。

在一些环境中，带上安全眼镜不仅能保护眼睛，而且可以减少意外事故的发生。对于移动天花板镶板的操作，或对于砖石墙上钻孔或刻划、混凝土墙钻孔和金属上钻孔等充满灰尘的环境来说，带上安全眼镜是必要的。应该使用受外力而不易破碎或损坏的高质量眼镜。最低要求可参考地方标准或国际标准。

④ 硬质安全帽。

大多数安装工作必须佩戴硬质安全帽。在所有的建筑工地上都是强制佩戴硬质安全帽的，以防建筑工地有重物落下伤人。

⑤ 手套。

当安装重的线缆和操作空中线缆时，或操作又大又重的物体时(钢丝悬挂安装等)，手套是很有用处的。同时，也可以防止被电缆或粗绳损伤等。

⑥ 工具的使用。

随着高新技术的采用，如非屏蔽双绞电缆的使用，安装通信线缆所需的手用工具已经减少到了最低限度。但在实际工作中，使用好这些手用工具仍然是一项技术活儿。所有的工具都应该是耐用和锋利的。

⑦ 钻孔。

钻孔钻头应该是锋利的，并且被放在安全支架上。有交流/直流的电动钻孔机，应该确保有良好的绝缘，以防止遭到电击。

⑧ 注意危险线路。

在安装通信电缆时，留意危险的线路(如电器、电源、日光灯、安全灯等)，可以将意外事故和损伤减小到最低程度。尽量远离这些危险线路是有好处的。在新建的场地，向建筑工程主管咨询，能知道这些危险线路的位置。在已建成的场地，可以从管理员处获知这些危险线路的位置。

(2) 传输介质的安装问题。

① 在国际及国内标准的操作规范中，有保证电缆高速率数据传输的基本准则，包括电缆传输参数，如衰减、阻抗和衰减串扰比等。有可能因以下因素造成布线系统线缆的电气性能不合格。

◎ 拉力太大。

◎ 弯曲半径太小。

◎ 电缆扭结。

◎ 电缆捆得太紧。

◎ 端接时绞对分开距离太长。

② 为防止由于上述原因而降低线缆的性能，应采用国际及国内有关标准，以及电缆制造商的建议。

◎ 拉力的最大值：拉力的最大值不超过电缆制造商的规定值。国际标准规定，4对五类及六类电缆的拉力最大值是 11.3kg。国际标准规定，25 对五类电缆的拉力最大值是 18kg。
- ◎ 弯曲半径的最小值：国际标准规定，安装 UTP 电缆时，电缆的弯曲半径不小于电缆直径的 8 倍。在无拉力情况下，主干电缆的弯曲半径不小于 6 倍电缆直径，水平电缆的弯曲半径则不小于 4 倍电缆直径。
- ◎ 电缆的支撑：为消除悬吊电缆和捆扎电缆运行时的应力，电缆每隔约 200mm 处应固定住，但要有一点活动空间。捆扎电缆的扎带应该松紧适度，不要因捆得太紧而导致电缆外皮凹陷或扭曲，否则可能会破坏线缆结构和传输性能。正确的操作应该是在捆扎好的电缆中，扎带处的电缆护套没有凹痕，电缆扎带应有足够的间隙旋转。垂直和水平电缆在支架或梯形导线架布放时，最小安全距离值可以参考当地标准。

③ 双绞线末端对绞的维持。

国际标准规定，所有的参数都容易受连接器终端影响，NEXT(近端串扰)性能尤其会受到双绞线对拆开和其他劣质安装的影响，它们会扰乱线对平衡和引起阻抗变化。除了信号衰弱，不正确的端接操作可能会产生"天线"效果，导致信号辐射超过标准和传输要求。为此，国际标准规定，双绞线的绞对尽可能维持到线缆的末端，对于五类及六类电缆，线缆末端非双绞部分长度最大不超过 13mm。

④ 安装时的电缆保护。

应保护电缆，尽量避开锋利边缘和磨损，避免线缆被灼坏，因为摩擦会产生足够的热量损坏绝缘层。在安装电缆时，应注意以下问题。
- ◎ 避免线缆的缠绕。
- ◎ 注意最小弯曲半径。
- ◎ 避免线缆被踩压，不允许在电缆上走路或有物体在电缆上滚动。
- ◎ 避免热的导管损坏绝缘层。
- ◎ 线缆的冗余。布放线缆应有冗余。冗余线缆布放整洁，并注意最小弯曲半径。冗余线缆可以方便日后修理和重新端接线缆，或移动配线架。

⑤ 电缆捆扎的数量。

4 对双绞电缆经常被捆扎成一束，安装到架空线槽中。为了限制线束可能受到的压力，建议 4 对双绞电缆最多的捆扎数量为 25～30。

⑥ 光缆施工应注意的问题。
- ◎ 不要使用劣质的，尤其是已经弯曲变形的热缩套管，那样的套管在热缩时内部会产生应力，可能施加在光纤上，使之产生故障。
- ◎ 在携带、存放套管时，注意清洁，不要让沙子进入套管。
- ◎ 在接续操作时，要根据收容盘的尺寸决定开剥长度，尽量开剥长一些，使光纤较从容地盘绕在收盘内(另外，应该重视熔接后光纤的收容，可以说，大芯数光缆接续的关键在于收容)。
- ◎ 接续操作时，开剥刀切入光缆的深度要把握好，不要把松套管压扁使光纤受力。
- ◎ 遇到在闹市区布放光缆等需要临时盘放光缆的情况时，使用 8 字形盘留，不让光缆受到扭力。

- ◎ 使用支架托起缆盘布放光缆,不要把缆盘放倒后采用类似从线轴上放线的办法布放光缆,不要让光缆受到扭力。
- ◎ 机房内尽量整洁,尾纤应该有圈绕带保护,或单独给尾纤使用一个线,不使尾纤之间或与其他连线之间交叉缠绕,也尽量不要把尾纤(即使是临时使用)放在脚可以踩到的地方。
- ◎ 光纤成端操作(即做配线架)时,不要将尾纤捆扎得太紧。
- ⑦ 接地注意事项。
- ◎ 综合布线系统采用单体接地时的接地电阻值不大于 4Ω,当采用大楼的联合接地体时,接地电阻值不大于 1Ω。
- ◎ 在交接间应设置接地排,接地排应与大楼的联合接地汇流排保证等电位。
- ◎ 综合布线系统机柜(架)内的接地体,应单独通过导体连接至交接间的接地排,交接间的接地排应以专用的适当截面的导线与大楼总接地连接。
- ◎ 工作区所设置的电源插座的带地端子应由交流配电三相五线制的地线引入。
- ◎ 交接间的接地排在大楼超过 30m 高度时,应单独通过导体连至大楼的联合接地体。

5.5.4　测试中应注意的问题

现场测试的每条链路的测试数据报告是自动生成的,因此,测试前,应首先对测试仪的工作文档进行编辑,通常,通过对仪表进行设置来完成。包括下述内容。

(1) 采取与测试链路相一致的测试标准,测试仪中有一组测试标准供选择设置。

(2) 测试链路类型选择:基本连接方式、通道连接方式、永久连接方式。

(3) 报告编辑的有关信息:测试单位、被测单位、测试人姓名、测试地点名称,上述信息将出现在每条链路自动生成的测试数据报告的上方。

(4) 设置测试链路自动递增标识:由于测试是顺序进行的,该项设置自动生成对测试的链路自动排序(按字母或数字递增)。

(5) 设置测试日期和时间:便于日后存档。

(6) 设置远端辅助测试仪指示灯、蜂鸣器:由于测试在远、近端测试仪相互配合下进行,该功能可使远端测试者了解主机一侧该链路的测试结果。

(7) 测试仪表使用语种和长度测试单位设置,通常设置英语和米。如不设置,可能会使用其他语种或英尺长度,导致打印的报告不规范。

5.5.5　六类系统应注意的问题

(1) 由于六类电缆的外径比一般五类电缆外径要粗,为了避免电缆的缠绕(特别是在电缆的弯头处),在管道设计时,一定要注意管径的填充率。例如,内径为 20mm 的线管拟布放两根六类电缆。

(2) 桥架的设计应保证相应的弯曲半径,如桥架交叉时,其转弯半径应符合电缆的弯曲半径,并且注意电缆下垂时弯曲半径的变化。

(3) 布放电缆时,应严格控制其牵引力,以保证电缆在布放过程中不变形,建议布放电缆时应两边同时安排工人,避免电缆的打结、绞死等现象发生。

(4) 布放电缆结束后，对两端的预留电缆应进行保护，防止踩踏及破坏。

(5) 在整理、绑扎电缆时，不应使预留电缆叠加受力，固定扎带不要过紧，并且预留电缆不宜过长。

(6) 屏蔽电缆的接地应符合规范规定。

5.5.6 容易被忽略的重要细节

建筑物综合布线系统中的电缆(包括铜缆、光缆)，是针对用户的需求及应用而设计的，而用户的设备管理人员，通常不完全具备综合布线系统的专业知识，所以系统集成商应确保综合布线系统设计的合理性及安装的正确性，因此，在设计及安装中应重视以下细节。

(1) 布缆系统不能满足用户的需求。

在设计阶段中未充分考虑用户对信息系统的需求，或者是对用户的需求理解上有偏差，就会造成用户在连接应用系统时遇到问题，例如安全监控、员工管理等。随着业务量的增长及业务性质的变化，员工的办公位置也会在部门内部或部门之间进行调整，部门也会变换布局。针对这些问题，应在设计阶段考虑各种变化，并适当增加信息点的密度，以适应这些变化。

(2) 安装完成的系统超出预算。

费用超支的根本原因，是用户给系统集成商规定的工作范围及任务不够充分，而系统集成商的报价一般基于固定的、明确的工作范围内，具体的任务也包括在这个工作范围内，如果没有包括在这个范围内，就会产生费用而超出预算。另外，在设计阶段未能理解用户的要求也会导致费用超支。出现预算超支的另一方面原因，是低估了建筑期的延长、材料的涨价、人工费用的增加、设备安装位置的变化等。

在设计预埋管道时，设计师对布线产品的了解程度是至关重要的，如果设计不符合要求，会造成预埋管道无法容纳需要安装的电缆数量而增加预埋管道，这也会使预算超支。

(3) 安装的系统不符合标准中的要求。

系统集成商通常不能保证他们的技术人员都熟悉规范要求，这就会产生超出规范要求的限制，诸如弯曲半径、不正确的端接、错误的接地等问题。

(4) 材料延误对施工进度的影响。

材料管理也是影响工程按时完成的一个重要环节，如果材料不能按时进场，或进场后的材料不符合要求，就会产生停工待料，影响施工进度的现象。为避免这种问题的产生，就需要了解产品、费用及交货周期，以保证工程的按时完成。

(5) 组合办公工位与地面插座、地面线缆孔不合适。

产生这个问题的直接原因，是没有充分考虑组合办公工位的规格以及地面插座或出线孔的位置，所以在设计和安装地面插座或出线孔时，应首先确定组合办公工位的分布情况，并在订货之前与供货商协作。

(6) 过多变更引起的混乱。

当工程完工后，用户搬进办公楼，常要求改造、增加或者拆除布线信息点，这样会使原设计增加了很多变更，造成了费用的增加及交工时间的延长。解决或减少完工后提出的变更的一种方法是，在工程进行到一半或者3/4时，让用户提出办公空间使用规划。

(7) 当设备需要安装时，布线工程没有结束。

通常，系统集成商很少与设备采购主管人员接触，这种交流的缺乏促使系统集成商只能按照建筑计划施工，而这个计划中没有包括设备安装时间安排，这样，就会造成设备提前到，而无法安装的问题。要解决这种问题，最好的办法是系统集成商与设备供应商是同一家公司。这样，既解决了设备到货时间问题，又解决了设备安装调试问题。

(8) 安装系统的档案文件不完整。

这个问题最初或许不会出现，但当信息系统要升级时，就会出现问题。例如，要为一台计算机或电话寻找一个正确的插座时，就如在沙堆里找一根针一样困难。当布线工程结束时，所有各方(包括业主、工程管理、布线系统设计、信息的负责人等)应审核施工档案文件的完整性及正确性。

5.5.7 常见故障及其定位

在综合布线工程验收过程中，对布线系统性能的验收测试是非常重要的一个环节，这样的测试我们通常称为认证测试，即依照相应的标准，对被测链路的物理性能和电气性能进行检测。通过测试，我们可以发现链路中存在的各种故障，这些故障包括接线图(Wire Map)错误、电缆长度(Length)问题、衰减(Attenuation)过大、近端串扰(NEXT)过高、回波损耗(Return Loss)过高等。

为了保证工程质量通过验收，需要及时确定和排除故障，从而对故障的定位技术以及定位的准确度提出了较高的要求。

下面介绍几种先进的故障定位技术。

◎ 高精度的时域反射技术，主要针对有阻抗变化的故障进行精确的定位。该技术通过在被测线对中发送测试信号，同时监测信号在该线对的反射相位和强度来确定故障的类型，通过信号发生反射的时间和信号在电缆中传输的速度，可以精确地报告故障的具体位置。

◎ 高精度的时域串扰分析技术，主要针对各种导致串扰的故障进行精确的定位。以往对近端串扰的测试仅能提供串扰发生的频域结果，即只能知道串扰发生在哪个频点(MHz)，并不能报告串扰发生的物理位置，这样的结果远远不能满足现场解决串扰故障的需求。而高精度的时域串扰分析技术是通过在一个线对上发送测试信号，同时在时域上对相邻线对测试串扰信号。由于是在时域进行测试，所以，根据串扰发生的时间以及信号的传输速度，可以精确地定位串扰发生的物理位置。这是目前唯一能够对近端串扰进行精确定位并且不存在测试死区的技术。

◎ 在综合布线工程中，对布线系统进行电气性能测试是一个非常重要的环节，这样的测试一般称为认证测试。通过测试，可以发现链路中存在的各种故障，这种故障包括接线图错误、电缆长度问题、衰减过大、近端串扰过高、回波损耗超标等，这些故障都能通过测试仪中的测试曲线进行故障定位。

复习思考题

(1) 什么是568A线序？什么是568B线序？简述这两种线序的差别。
(2) 信息插座的端接方式有几种？能否混合使用？
(3) 为什么要做施工前的准备？
(4) 施工前准备的内容有哪些？
(5) 桥架与槽道的安装方法有哪些？
(6) 如何选择金属管道和金属桥架？
(7) 简述信息模块的安装步骤。
(8) 简述模块化配线架的安装步骤。
(9) 简述屏蔽布线系统的接地。
(10) 水平电缆的敷设要求有哪些？
(11) 光缆的敷设要求有哪些？
(12) 垂直干线的敷设有几种？
(13) 电缆端接的常见错误有几种？

第6章 综合布线系统的保护与安全隐患

6.1 系统保护的目的

近年来，随着建筑物各种用电设备的增多，设备之间的电磁兼容问题日趋突出。所谓电磁兼容，就是指电气设备在电磁环境中既能保持自己正常工作，又不对该环境中的其他设备构成电磁干扰的能力。一台电气设备的电信号，通过空间电磁传播而引起的相邻其他设备性能的下降，称为电磁干扰。电磁干扰有传导干扰和辐射干扰两种，传导干扰是指通过导电介质把一个电网络上的信号耦合(干扰)到另一个电网络，辐射干扰是指干扰源通过空间把其信号耦合(干扰)到另一个电网络。电气设备在电磁干扰环境下使自身性能保持不降低的能力，称为抗干扰能力，又称抗扰度。电磁干扰主要通过辐射、传导、感应三种途径传播。

(1) 在建筑物中，信息技术设备的电磁干扰主要来自以下几个方面。
① 闪电雷击。
② 高压电力设备。
③ 电网电压波动。
④ 电力开关操作。
⑤ 变频器、调光开关等节能器件。
⑥ 移动通信机站。
⑦ 高频振荡电路。
⑧ 气体放电灯、荧光灯的整流器。
⑨ 办公设备。
⑩ 电动工具。
⑪ 各种射频设备。
⑫ 电梯、机动车。

这些电磁干扰源容易对附近的弱电系统引起干扰，造成系统信号失真。

电缆既是电磁干扰的发生器，也是接收器。作为发生器，它辐射电磁波。灵敏的收音机、电视机和通信系统，会通过它们的天线、互连线和电源接收各种电磁波。电缆也能敏感地接收从其他邻近干扰源所辐射的电磁波。为了抑制电磁干扰对综合布线系统产生的影响，必须采用防护措施。

(2) 对于下述任何一种情况，线路均处在危险环境中，均应对其进行过压、过流保护。
① 雷击引起的影响。
② 工作电压超过 250V 的电力线碰地。
③ 感应电势上升到 250V 以上而引起的电源故障。
④ 交流 50Hz 感应电压超过 250V。

(3) 满足下列任何一个条件的，可认为遭雷击的危险可以忽略不计。
① 该地区年雷暴日不超过 15 天，而且土壤电阻率小于 100Ω/m。

② 建筑物间的直埋电缆短于 42m，且电缆的连续屏蔽层在电缆两端都可靠接地。

③ 电缆完全处于已经接地的邻近高层建筑物或其他高层结构避雷器所提供的保护伞之内，而且电缆有良好的接地装置。

6.2 屏蔽保护

为了减小外界的电磁干扰和自身的电磁辐射，可采用屏蔽措施。屏蔽保护的做法，是将干扰源或受干扰的元器件用金属屏蔽进行防护。静电屏蔽的原理是：在屏蔽罩接地后，干扰电流经屏蔽外层短路入地。因此，屏蔽的妥善接地是十分重要的，否则不但不能减少干扰，反而会使干扰增大。同样，如果在电缆和相关连接件外层包上一层金属材料制成的屏蔽层并有正确、可靠的接地，就可以有效地滤除外来的电磁干扰了。

对于屏蔽通道而言，仅有一层金属屏蔽层是不够的，更重要的还要有正确、良好的接地装置，把干扰有效地引入大地，才能保证信号在屏蔽通道中安全、可靠地传输。接地装置中的接地导线、接地方式等，都对接地的效果有一定的影响。当信号频率低于 1MHz 时，屏蔽通道可一处接地。当频率高于 1MHz 时，屏蔽通道应在多个位置接地；通常的做法是在每隔波长 1/10 的长度处接地(以 10MHz 的信号为例，应在每隔 3.0m 处接地)。而接地线的长度应短于波长的 1/12(以 10MHz 的信号为例，接地线应短于 2.5m)。接地导线应使用外包绝缘套的截面积大于 $4mm^2$ 的多股铜芯导线。

为了消除电磁干扰，除了要求屏蔽层没有间断点外，同时，还要求整体传输通道必须达到完全连续的 360°全程屏蔽。一个完整的屏蔽通道要求处处屏蔽，一旦有任何一点的屏蔽不能满足要求，将会影响到通道的整体传输性能。对一个点对点的连接通道来说，这个要求是很难达到的。因为其中的信息插口、跳接线等，都很难做到完全屏蔽，再加上屏蔽层的腐蚀、氧化、破损等因素，没有一个通道能真正做到全程屏蔽。因此，采用屏蔽双绞电缆并不能完全消除电磁干扰。另外，屏蔽层接地点安排不正确而引起的电压差也会导致接地噪声，比如接地电阻过大、接地电位不均衡等。这样，在传输通道的某两点间便会产生电势差，进而产生金属屏蔽层上的电流。这时，屏蔽层本身已经成为一个最大的干扰源，因而导致其性能远不如非屏蔽双绞电缆，而且屏蔽双绞电缆在传输高频信号时，需要多端接地，这样，就有可能在屏蔽层上产生电势差，即使多点接地，也无法完全避免电磁干扰。

此外，施工中的磕碰也会造成屏蔽层的破裂，进而引起电磁干扰，增加与外界环境的电磁耦合，使得一对双绞线间的电磁耦合相对减少，从而降低了线对间的平衡性，也就不能通过平衡传输来避免电磁干扰了。

在一个平衡传输的非屏蔽对绞通道中，所接收的外部电磁干扰在传输中同时加载在一对线缆的两根导体上，形成大小相等、相位相反的两个电压，到达接收端时，彼此相互抵消，可达到消除电磁干扰的目的。同时，一对双绞线的绞矩与所能抵抗的外部电磁干扰是成正比的，非屏蔽双绞电缆就是利用了这一原理，并结合滤波与对称性等技术，经由精确的设计与制造而实现的。

双绞线平衡传输原理如图 6.1 所示。双绞线非平衡传输原理如图 6.2 所示。

为什么非屏蔽双绞电缆具有良好的平衡性，而屏蔽双绞电缆的平衡性较差呢？主要原因是非屏蔽双绞电缆内的两条导线的互相对耦很强，而与外围环境的对耦很弱，如图 6.3 所示，因此，两条导线之间的差异，只会降低少许的平衡。

至于屏蔽双绞电缆内的两条导线，与屏蔽的对耦较强，而与另一条导体的对耦较弱，如图 6.4 所示，所以，因导线间的差异而出现的互相耦合较弱。

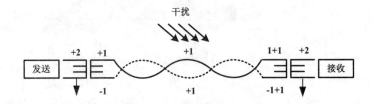

图 6.1　双绞线平衡传输原理

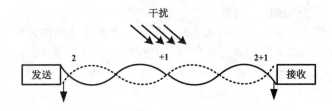

图 6.2　双绞线非平衡传输原理

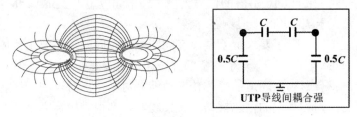

图 6.3　非屏蔽双绞线传输的耦合原理

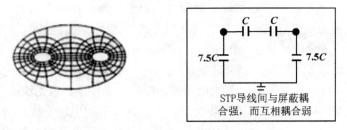

图 6.4　屏蔽双绞线传输的耦合原理

综上所述，会出现以下情况。

◎　屏蔽会改变整条电缆的电容耦合，从而导致衰减增加。

◎　信号输出端的平衡(LCL)降级。

信号输出的平衡降级，将在电缆内的线对间引起强大的耦合共模信号，从而在屏蔽层上引起强烈的耦合，而任何金属物体靠近导体都会引起传输线的不平衡，因此，在导体上的屏蔽是一种互为因果的做法。屏蔽会降低平衡，产生过量的不平衡零碎信号。屏蔽层越接近导体，导体对环境的对耦便越强，而平衡性亦越低。因此，就平衡特性来说，非屏蔽双绞电缆较好，而屏蔽双绞电缆则较差。因此，屏蔽层必须有良好的接地。

在电磁干扰比较强或不允许有电磁辐射的环境中，若能严格按照安装工艺施工，并有可靠的接地通道，做到全程屏蔽，那么，屏蔽通道的传输性能必定好于非屏蔽通道。如法国的阿尔卡特、美国的康普综合布线系统，就采用了全程屏蔽技术，既能抗电磁干扰，也能控制自身的电磁辐射对环境造成的影响。

传输速率或信号频率越高，通信系统对干扰就越敏感，当达到一定程度时，非屏电缆在既要保持信噪比又要控制辐射方面，就显得束手无策，这是由于：当信号频率高到一定程度时，就要降低信号电压以控制辐射，但线路上的衰减又降低了接收端的信号电压，结果导致整体串扰和外部干扰以及信号的衰减都不能避免。屏蔽通道最主要的优势在于，通过不考虑安装双绞电缆通道时的平衡问题，提高了抗干扰能力，以适应特殊的干扰环境，或是适应对电磁辐射要求比较高的环境。

从上面的讨论中可以看出，采用屏蔽通道还是非屏蔽通道，在很大程度上取决于综合布线系统的安装工艺和应用环境。在欧洲，占主流的是屏蔽通道，德国甚至通过立法手段进行要求。然而，在综合布线使用量最大的北美，则推行非屏蔽通道。

在选用屏蔽电缆和相关连接件时，下列问题需仔细考虑。

(1) 屏蔽式 8 芯模块化插头和插座尚没有标准。不同厂家之间的插头/插座之间的兼容问题、屏蔽的有效程度及插头的接触面能否长期保持稳定等方面均尚未有定论。

(2) 屏蔽电缆和相关连接倘若安装不当，达不到整体的屏蔽完整性，其性能将比非屏蔽电缆和相关连接更差。

(3) 现场测试屏蔽双绞电缆传输通道的方法。

目前，非屏蔽电缆和相关连接件技术较为成熟，安装工艺比较简单，它们组成的传输通道，可以满足建筑物信息传输的需要。如果综合布线环境极为恶劣，电磁干扰强，信息传输率又很高，可以直接使用光缆，以满足电磁兼容性的需求。

6.3 接地保护

6.3.1 接地要求

综合布线采用屏蔽措施时，接地要与设备间、配线间放置的应用设备接地一并考虑。符合应用设备要求的接地也一定满足综合布线接地的要求，所以，我们先讨论设备间或机房的接地问题。

机房或设备间的接地，按其不同的作用，分为直流工作接地、交流工作接地、安全保护接地。此外，为了防止雷电的危害而进行的接地，叫作防雷保护接地；为了防止可能产生或聚集静电荷而对用电设备等所进行的接地，叫作防静电接地；为了屏蔽作用而进行的接地，叫作屏蔽接地或隔离接地。

埋入土壤中或混凝土基础中起散流作用的导体称为接地体，接地体和接地线总称为接地装置。在接地装置中，用接地电阻来表示与大地接合好坏的指标。上列各种接地的接地阻值，在国家标准《计算站场地技术要求》(GB 2887-89)中规定如下。

(1) 直流工作接地电阻的大小、接法以及诸地之间的关系，应依不同微电子设备的要求而定，一般要求该电阻不应大于 4Ω。

(2) 交流工作接地的接地电阻不应大于 4Ω。

(3) 安全保护接地的接地电阻不应大于4Ω。
(4) 防雷保护接地的接地电阻不应大于10Ω。
(5) 采用联合接地方式的接地电阻不应大于1Ω。

接地是以接地电流易于流动为目标的，接地电阻越低，则接地电流就越容易流动。综合布线的接地，还希望尽量减少成为干扰原因的电位变动，所以接地电阻越低越好。

在处理微电子设备的接地时，要注意下述两点。

◎ 信号电路和电源电路、高电平电路和低电平电路不应使用共地回路。
◎ 灵敏电路的接地，应各自隔离或屏蔽，以防地线电回流或静电感应而产生干扰。

6.3.2 电缆接地

在建筑物入口区、高层建筑物的每个楼层配线间，以及低矮而又宽阔的建筑物的每个二级交接间，都应设置接地装置，并且建筑物的入口区的接地装置必须位于保护器处或尽量接近保护器。

干线电缆的屏蔽层必须用截面积 $4mm^2$ 多股铜芯线焊接到干线所经过的配线间或二级交接间的接地装置上，而且干线电缆的屏蔽必须保持连续性。

建筑物引入电缆的屏蔽层必须焊接到建筑物入口区的接地装置上。

各配线间或二级交接间的接地线应采用一根多股铜芯接地母线焊接起来，再接到接地体。高层建筑物的接地用线应尽可能位于建筑物的中心部位。对于面积比较大的配线间、设备间，由于放置的应用设备比较多，接地线还应采取格栅方式，尽可能使配线间或设备间内各点等电位。接地线的截面积应根据楼层高度来计算，如表6.1所示。

表6.1 接地距离与导线直径的关系

距离(m)	导线直径(mm)	电缆截面积(mm^2)	距离(m)	导线直径(mm)	电缆截面积(mm^2)
≤30	4.0	12	106~122	6.7	35
30~48	4.5	16	122~150	8.0	50
48~76	5.6	25	151~300	9.8	75
76~106	6.2	30			

非屏蔽干线电缆应放在金属线槽或金属管内。金属线槽(管)接头连接应牢靠，保持电气连通，所经过的配线间用截面积 $6mm^2$ 辫式铜带连接到接地装置上。

接地电阻值应根据应用系统的设备接地要求来定，通常，电阻值不宜大于1Ω。当综合布线连接的应用设备或邻近有强电磁场干扰，而对接地电阻提出更高的要求时，应取其中的最小值作为设计依据。

接地装置的设计可参考国家标准《电子信息系统机房设计规范》(GB 50174-2008)的有关规定执行。

6.3.3 配线架(柜)接地

每个楼层的配线架接地端子应当可靠地接到配线间的接地装置上。
(1) 从楼层配线架至接地体的接地导线直流电阻不能超过1Ω，并且要永久性地保持其连通性。

(2) 每个楼层配线架(柜)应该并联连接到接地体上，不应串联。

(3) 如果应用系统内有多个不同的接地装置，这些接地体应该相互连接，以减小接地装置之间的电位差。

(4) 布线的金属线槽或金属管必须接地，以减少电磁场干扰。

(5) 配线间中的每个配线架(柜)均要可靠地接到配线架(柜)的接地排上，其接地导线截面积应大于 2.5mm^2，接地电阻要小于 1Ω。

屏蔽系统与有源设备互连之间的接地关系如图 6.5 所示。

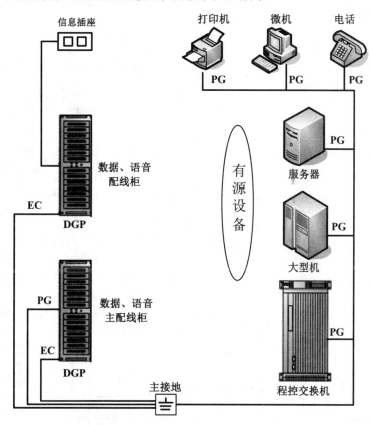

注：PG－保护地；EC－接地导线；DGP－接地点

图 6.5 屏蔽系统与有源设备之间的接地

6.4 电气保护

6.4.1 过压保护

综合布线的过压保护可选用气体放电管保护器或固态保护器，将它并联在线路中。气体放电管保护器使用断开或放电空隙来限制导体和地之间的电压，放电空隙粘在陶瓷外壳内密封的两个金属电柱之间，其间有放电间隙，并充有惰性气体。当两个电极之间的电位差超过 250V 交流电压或 700V 雷电浪涌电压时，气体放电管开始出现电弧，为导体和地电极之间提供一条导电通路。

固态保护器适合较低的击穿电压(60～90V)，而且其电路不可有 110V 振铃电压，它利用电子电路将过量的有害电压泄放至地，而不影响传输线缆的质量。固态保护器是一种电子开关，在未达到击穿电压时，其性能对电路来说是透明的，可进行快速、稳定、无噪声、绝对平衡的电压箝位。一旦超过击穿电压，它便将过压引入地，然后自动恢复到原来的状态。在这一典型的保护环境中，它将无限次地重复该过程。因此，固态保护器对综合布线提供了最佳的保护。

6.4.2 过流保护

综合布线的过流保护宜选用能够自动恢复的保护器。

电缆的导线上可能出现这样或那样的电压，如果连接设备为其提供了对地的低阻通路，它就不足以使过压保护器动作，但所产生的电流可能会损坏设备而着火。例如，220V 电压不足以使过压保护器放电，但有可能产生大电流进入设备。因此，必须在采取过压保护的同时，采用过流保护。过流保护器串联在线路中，当发生过流时，就切断线路。为了方便维护，可采用能自动恢复的过流保护器。目前，过流保护器有热敏电阻和雪崩二极管可供选用，但价格贵，故可选用热线圈或熔丝。热线圈和熔丝都具有保护综合布线的特性，但工作原理不同，热线圈在动作时将导体接地，而熔丝在动作时将导体断开。

一般情况下，过流保护器电流值在 350～500mA 之间将起作用。

在建筑物综合布线中，只有少数线路需要过流保护。设计人员可尽量选用自动恢复的保护器。对于传输速率较低的线路，如语音线路，使用熔丝比较容易管理。图 6.6 所示是程控用户交换机(PBX)的寄生电流保护线路。

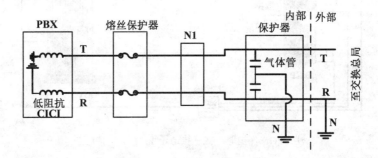

图 6.6 PBX 寄生电流保护线路

6.4.3 综合布线线缆与电力电缆的间距

1. 双绞线电缆与电磁干扰源之间的间距

双绞线电缆正常运行环境的一个重要指标，是在电磁干扰源与双绞线电缆之间应有一定的距离。表 6.2 给出了电磁干扰源与双绞线电缆之间的最小推荐距离(电压小于 380V)。

表 6.2 双绞线电缆与电磁干扰源之间的最小分隔距离

干扰源种类	<2kVA	2～5kVA	>5kVA
开放或没电磁隔离的电力线或电力设备	127mm	305mm	610mm
有接地金属导体通路的无屏蔽电力线或电力设备	64mm	152mm	305mm
有接地金属导体通路的封装在接地金属导体内的电力线		76mm	152mm
变压器和电动机	800mm	1000mm	1200mm
日光灯		305mm	

表 6.2 中，最小分隔距离是指双绞线电缆与电力线平行走线的距离。垂直交叉走线时，除考虑变压器、大功率电动机的干扰外，其余干扰可忽略不计。对于电压大于 380V，并且功率大于 5kVA 的情况，需进行工程计算，以确定电磁干扰源与双绞线电缆分隔距离(L)。计算公式如下：

$$L = (电磁干扰源功率 \div 电压) \div 131 (m)$$

例如，若有一台 36kVA 的电动机，对于 380V 的电压线路，双绞线电缆与之相距的距离为

$$L = (36000 \div 380) \div 131 = 0.72 (m)$$

2. 光缆与其他管线的间距

光缆敷设时，与其他管线之间的最小净距应符合表 6.3 的规定。

表 6.3 光缆与其他管线之间的最小净距

走线方式	范围	最小间隔距离(m)	
		平行	交叉
市话管道线(不包括入孔)	—	0.75	0.25
非同沟的直埋通信电缆	—	0.50	0.50
市话管道边线(不包括入孔)	—	0.75	0.25
直埋式电力电缆	<35kV	0.65	0.50
	>35kV	2.00	0.50
高压石油、天然气管	—	10.00	0.50

6.4.4 室外电缆的入室保护

室外电缆线进入建筑物时，通常在入口处经过一次转接进入室内。在转接处加上电气保护装置，这样可以避免因电缆受到雷击、感应电势或电力线接触而给用户弱电设备带来的损坏。

这种电气保护主要分成两种：过压保护和过流保护。这些电气保护装置通常安装在建筑物的入口专用房间或墙面上。在大型建筑物(群)中，需要设专用房间，并需要建立完整的接地保护装置。建筑物接地保护伞如图 6.7 所示。

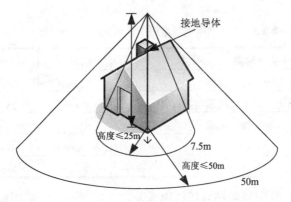

图 6.7　建筑物接地保护伞

6.5　防火保护

为了防火和防毒，在易燃的区域和大楼竖井内，综合布线所用的线缆应为阻燃型或有阻燃护套，相关连接件也应采用阻燃型的线缆。如果线缆穿在不可燃的管道内，应在每个楼层均采用切实有效的防火措施。火势不会发生蔓延时，可采用非防燃型的线缆。

如果采用防火、防毒的线缆和连接件，在火灾发生时，不会或很少散发有害气体，对疏散人员和救火人员的安全都有较好的作用。

目前，阻燃防毒的线缆有以下几种。

(1) 低烟无卤阻燃型(LSHF-FR)。不易燃烧、释放一氧化碳(CO)少、低烟、不释放卤素、危害性小。

(2) 低烟无卤型(LSOH)。有一定的阻燃能力。在燃烧时，释放一氧化碳(CO)，但不释放卤素。

(3) 低烟非燃型(LSNC)。不易燃烧，释放一氧化碳(CO)少，但释放少量有害气体。

(4) 低烟防燃型(LSLC)。情况与 LSNC 类同。

如果线缆所在环境，既有腐蚀性，又有雷击可能，则选用的线缆除了要有外护层外，还应有复式铠装层。

复习思考题

(1) 系统保护的目的是什么？
(2) 电磁干扰主要有哪几种传播途径？
(3) 信息传输设备的电磁干扰主要来自哪几个方面？
(4) 如何进行屏蔽保护接地？
(5) 什么是双绞线平衡传输原理？什么是双绞线非平衡传输原理？
(6) 接地标准值的要求是多少欧姆？
(7) 接地距离与导线直径的关系是什么？
(8) 简述双绞线电缆与电磁干扰源之间的最小分隔距离。
(9) 简述接地的种类。
(10) 阻燃防毒的线缆有几种？

第7章　综合布线工程的测试与验收

7.1 综合布线工程电气性能测试

7.1.1 综合布线系统的测试要求

1. 现场测试仪的要求

(1) 分类。

用于工程现场的测试仪大体分为两种，一种是按照频域原理设计的，另一种是按照时域原理设计的。只要是符合下述要求的测试仪器，都可用于综合布线系统的现场测试。

(2) 测量步长要求。

在 1M～31.25MHz 测量范围内，测量最大步长不大于 150kHz；在 31.25M～100MHz 测量范围内，测量最大步长不大于 250kHz。100MHz 以上测量步长目前待定。

上述测量扫描步长的规定是满足衰减量和近端串扰指标测量准确度的基本保证。步长过大，在测试时会漏过一些基本测试点；步长过小，会增加测试仪的制造成本。

对于五类以下(含五类)链路测试，测量单元最高测量频率极限值不低于 150MHz，在 0～100MHz 测试频率范围内，应能提供各测试参数在各特征频率点上的标称值和阈值曲线。

对于六类的链路测试，测量单元最高测量频率应扩展至 300MHz；在 0～250MHz 测试频率范围内，提供各测试参数的标准值和阈值曲线。由于用户测试需要不同，仪表生产厂家把仪表设计成若干型号供用户选购。

对于七类的链路测试，测量单元最高测量频率应扩展至 600MHz，在 0～600MHz 测试频率范围内提供各测试参数的标准值和阈值曲线。

(3) 可存储规定的步长频率点上的全部参数测量结果。

可存储 500 条以上测试链路的数据，以满足工程现场连续测试需要；可存储一定数量的链路测试曲线，供分析使用。

(4) 具有自动、连续测试功能和单项选择测试功能。

通常，当选定一条被测链路后，即可连续和自动完成标准所规定的全部参数测试。但如果测试中出现某项指标测试失败(FAIL)，经常需要复测该项指标时，应能选择并操作单项测试。

(5) 具有一定的故障查找和诊断故障位置的能力。

综合布线现场测试过程中，发现明显链路故障时，如开路、断路、链路性能严重失常，测试仪可以初步定位发生故障的大体位置(距离)，有助于用户尽快找到链路故障所在，以便迅速排除。多数仪表采用 TDR 时域反射法，利用检测线缆沿线是否存在测试信号突变和测试信号出现明显反射点来判定、定位故障所在。

(6) 具有双向测试能力。

在现场测试中，近端串扰 NEXT 是一项非常重要的指标。优质链路(五类以上、六类和七类)都应具备双向同时传输信号的能力。

为满足该能力所定义的多项参数都是在 NEXT 指标基础上引申出来的，因此，与 NEXT 参数有关的指标测试都要分别在链路的两端双向进行。

(7) 快捷的测试速度。

综合布线系统工程布线点数多，有的工程可能达到几万点，测试速度至关重要，但绝对不能牺牲测试精度换取测试速度。通常，要在满足上述要求的情况下选择测试速度快捷的仪表。

一般五类以下测试仪测试一条链路所花费的时间应当小于 20s。用于超五类、六类和七类链路测试的测试仪，因为测试参数增加，测试一条链路所花费的时间在 45s 以内。

目前，市场上可供选择的综合布线测试仪表很多，如美国 Fluke、Agilent、MicroTest、Datacom 等，分别可以提供宽带链路、普通布线链路、光纤链路现场测试仪。

2. 测试仪表的精度要求

(1) 精度。

测试仪表的精度表示实际值与仪表测量值的差异程度，测试仪的精度直接决定着测量数值的准确性。用于综合布线现场测试的仪表应满足二级精度，超五类、六类和七类宽带测试仪测试精度应高于二级精度。光纤测试仪测量信号动态范围不小于 60dB。

说明：二级精度引用了 TSB 67-1995 中规定的精度等级。

(2) 测试判断临界区。

测试结果以"通过"和"失败"给出结论，由于仪表存在测试精度和测试误差范围，当测试结果处在"通过"和"失败"临界区内时，以特殊标记"*"(不具有唯一性)表达测试数据处于该范围之中。

(3) 测试仪表的计量和校准。

为保证测试仪表在使用过程中的精度水平，应定期进行计量，测量仪表的使用和计量校准应按国家计量法实施细则的有关规定进行。因为使用频次多，使用中应注意自校对，发现异常及时送厂家进行核查。

3. 测试环境要求

(1) 环境干扰。

综合布线测试现场应在没有产生严重电火花的电焊、电钻和没有产生强磁干扰的设备区作业，被测综合布线系统必须是无源网络。测试时，应断开与之相连的有源、无源通信设备，以避免测试受到干扰或损坏仪表。

(2) 测试温度。

综合布线测试现场的温度宜在 20～30℃，湿度宜在 30%～80%。由于衰减指标的测试受测试环境温度影响较大，当测试环境温度超出上述范围时，需要按有关规定对测试标准和测试数据进行修正。

(3) 防静电措施。

我国北方地区春、秋季气候干燥，湿度常常在 10%～20%，验收测试经常需要照常进行。湿度在 20%以下时，静电火花时有发生，不仅影响测试结果的准确性，甚至可能使测试无法进行或损坏仪表。在这种情况下，一定要注意对测试者和持有仪表者采取防静电保护措施。

4. 测试程序

在开始测试前,应该认真了解综合布线系统的特点、用途,以及信息点的分布情况,确定测试标准,在选定合适的测试仪后,按下述程序进行。

(1) 测试仪测试前自检,仪表是正常的。
(2) 选择测试连接方式。
(3) 选择线缆类型及测试标准。
(4) NVP 值核准(核准 NVP 使用缆长度不小于 15m)。
(5) 设置测试环境温度。
(6) 根据要求选择"自动测试"或"单项测试"。
(7) 测试后存储数据并打印。
(8) 发生问题时,修复链路后复测。
(9) 测试中出现"失败",则查找故障。

5. 测试中注意的问题

(1) 认真阅读测试仪的使用说明书,正确使用测试仪。
(2) 测试前,要完成对测试仪主机、辅机充电工作,并观察充电是否达到 80%以上。不要在电压过低的情况下测试,因为中途充电可能造成已测试数据丢失。
(3) 熟悉布线现场和布线图,测试过程也同时可对管理系统现场文档、标识进行检验。
(4) 链路测试结果为"失败"时,可能由多种原因造成,应进行复测,再次确认。
(5) 测试仪存储测试数据和链路数有限,应及时将测试结果转存到计算机中,之后测试仪可在现场继续使用。

7.1.2 综合布线系统的测试标准

1. 综合布线系统测试涉及的标准

(1) 国际标准的制定和应用情况。

综合布线系统作为建筑智能化的重要环节,由于推广应用时间早、技术要求高,国际上 1995 年就颁布了相应技术标准。

例如,在国际上广泛使用的《用户房屋综合布线》(ISO/IEC 11801)和《商用建筑电信布线系统标准》(TIA/EIA 568-A)中,规定了三类、五类、六类及七类双绞线电缆、接插件、跳线等性能指标和布线链路技术指标,包括对现场布线系统怎样进行认证测试。美国 TIA/EIA 委员会 1995 年推出了《非屏蔽双绞线(UTP)布线系统的传输性能测试规范》(TSB-67),它是国际上第一部综合布线系统现场测试的技术规范,叙述和规定了电缆布线的现场测试内容、方法和对仪表精度的要求。TSB-67 规范包括以下内容。

① 定义了现场测试用的两种测试链路结构。
② 定义了三类、五类、六类及七类链路需要测试的传输技术参数(具体说,有 4 个参数,即接线图、长度、衰减、近端串扰损耗)。
③ 定义了在两种测试链路下各技术参数的标准值(阈值)。
④ 定义了对现场测试仪的技术和精度要求。

⑤ 现场测试仪测试结果与实验室测试仪器测试结果的比较。

TSB-67涉及的布线系统，通常是在一条线缆的两对线上传输数据，可利用最大带宽为100MHz，最高支持100Base-T以太网。近年来，由于高速宽带业务传输需要，新标准不断推出。其后推出的TSB-95布线系统和TIA/EIA 568-B布线系统，在一条线缆的4对线上同时以两线全双工方式工作，实现了千兆传输链路，从而使得需测试的参数大大增加，测试也变得复杂化、严格化。

1998年以后，国际标准化组织加快了标准修订和对新标准的研发速度。事实上，面对网络的快速发展，以及新技术对综合布线系统不断提出的新要求，在过去的若干年中，不管是布线产品性能还是链路性能，都有了非常明显的提高。

六类器材和七类器材的应用，积极促进了各国与国际标准化组织建立合作，各国标准化组织与国际标准化组织(ISO)在制定统一技术标准上的认识趋于统一。

美国继推出TIA/EIA 568-B之后，在此基础上，一个支持1000Base-T局域网的超五类(CAT.5E)和一个支持1000Base-TX的六类(CAT.6)布线标准TIA/EIA568-B于2001年推出。国际标准化组织(ISO)也在已有的ISO/IEC 11801-2000标准草案基础上进行了修订，已于2001年10月修改为ISO/IEC JTC 1/SC25 N739(涵盖Class D、Class E)正式六类布线标准，并于2007年制定了万兆(ISO/IEC TR 2475-2007)标准。

(2) 我国综合布线标准和测试标准制定执行状况。

我国对综合布线系统专业领域的标准和规范制定工作也非常重视。1996年以来，先后颁布了国家标准和行业标准，并且在2017年重新修订了GB 50311及GB 50312规范。国家及行业标准见表7.1。

表7.1 国家及行业标准

序号	标准编号	标准名称
1	GB 50311-2017	《综合布线工程设计规范》
2	GB 50312-2017	《综合布线工程验收规范》
3	YD/T 926.1～3(2000)	《大楼综合布线总规范》
4	YD/T 1013-1999	《综合布线系统电气性能通用测试方法》
5	YD/T 1019-2000	《数字通信用实心聚烯烃绝缘水平对绞电缆》

上述5个标准，作为综合布线领域的实用性标准，相互补充，相互配合使用。

其中，标准YD/T 1013-1999是专门为我国综合布线系统现场测试和工程验收编制的标准。该标准弥补了使用TSB-67中的不足，除了定义三、五类链路外，还定义了超五类、六类千兆链路、七类万兆链路及光纤链路的测试方法和标准，定义了上述链路所需要测试的技术参数、测试连接方式、各技术指标的测试原理、仪表的选择使用及布线系统测试报告应包括的内容、链路验收测试的判定准则等，是综合布线系统验收测试工作的重要指导性文件，可以作为数字通信线缆、器材、生产、检测、工程设计及验收的依据。

2. 综合布线测试链路分类模型

(1) 综合布线链路。

这里涉及的综合布线链路，系指在综合布线系统中占比90%的水平布线链路。下面分别对双绞线水平布线链路和光纤水平布线链路进行介绍。垂直主干链路和建筑群之间的链路，在整个工程中所占数量和比例不大，在此不做介绍。

① 双绞线水平布线链路。

按照用户对数据传输速率不同的需求，根据不同应用场合，对链路分类如下。

三类水平链路

这是使用三类双绞电缆及同类别或更高类别的器材(接插硬件、跳线、连接插头、插座)进行安装的链路。三类链路的最高工作频率为16MHz。

五类水平链路

这是使用五类双绞电缆及同类别或更高类别的器件(接插硬件、跳线、连接插头、插座)进行安装的链路。五类链路的最高工作频率为100MHz。

增强型五类水平链路

这是使用增强型五类双绞电缆及同类别或更高类别的器件(接插硬件、跳线、连接插头、插座)进行安装的链路。超五类链路的最高工作频率为100MHz。同时使用4对芯线时，支持1000Base-T以太网工作。

1000Base-T技术能在一根超五类线(通过TSB-95认证)上提供1000Mb/s的传输带宽，而超五类线是在LAN体系中最早采用的物理传输介质。IEEE的标准化委员会在1999年6月正式批准1000Base-T成为一种以太网标准。它是一种使用五类UTP作为网络传输介质的千兆以太网技术，最长有效距离与1000Base-TX一样，可以达到100m。用户可以采用这种技术，在原有的快速以太网系统中实现从100Mb/s到1000Mb/s的平滑升级。

与1000Base-LX(长波长光缆)、1000Base-SX(短波长光缆)和1000Base-CX(屏蔽双绞线)传输介质不同，1000Base-T不支持8B/10B编码/译码方案，需要采用专门的更加先进的编码/译码机制。1000Base-T是千兆以太网的4个物理层之一，收发机制为千兆以太网的两个标准之一：IEEE 802.3z(或称1000Base-X)和IEEE 802.3ab(或称1000Base-T)。由于先前大多数布线系统是采用超五类双绞线，1000Base-T标准可支持在符合ANSI/TIA/EIA568-A(1995)标准的超五类双绞线上运行千兆以太网。

1000Base-T标准是采用4对超五类双绞线完成1000Mb/s的数据传送的，每一对双绞线传送250Mb/s的数据流。

六类水平链路

这是使用六类双绞电缆及同类别或更高类别的器件(接插硬件、跳线、连接插头、插座)进行安装的链路。六类链路的最高工作频率为250MHz，同时使用4对芯线时，支持1000Base-TX或更高速率的以太网工作。1000Base-TX是IEEE标准千兆以太网的名称，该标准使用4对铜缆，速率为1000Mb/s(1Gb/s)，最大电缆长度为100m。

1000Base-TX也是基于4对双绞线的，但却是以两对线发送、两对线接收，由于每对线缆本身不进行双向传输，线缆之间的串扰就大大降低了，同时，其编码方式也相对简单。这种技术对网络的接口要求比较低，不需要非常复杂的电路设计，有效地降低了网络接口的成本。但由于使用线缆的效率降低了(两对线收，两对线发)，要达到1000Mb/s的传输速率，就要求带宽超过100MHz，也就是说，在五类和超五类的系统中，不能支持该类型的网络，需要六类系统来支持。

七类水平链路

高带宽的应用需要新型布线技术的支持。因此，支持更高带宽的布线系统七类布线系统能满足这种高带宽的需求。在一个七类传输信道中的一对线缆可提供高达 600MHz 的带宽，以保证高带宽及视频传输的要求。为了减少干扰，七类布线系统采用的是屏蔽电缆及连接硬件，这些连接硬件在 600MHz 时，所有的线对提供至少 60dB 的综合近端串扰。

在七类布线标准实施和应用的过程中，面临着越是高性能的铜缆对外界的异常就越敏感的问题，随着传输速率的上升，安装施工的正确与否对系统性能的影响更大，不合理的管线设计、不规范的安装步骤、不到位的管理体制，都会给七类布线带来影响，而且有些是难以修复的问题。所以要保证安装高质量，必须按照国际及国内标准中的规范去执行，并且要严格地进行测试，以确保每一项测试都合格通过。

② 光纤水平布线链路。

对于水平布线长度超过 100m，传输速率在 1000Mb/s 以上，有高质量传输数据需求以及布线环境处于电磁干扰严重的情况，可考虑采用光纤水平布线链路。

楼宇内光纤水平布线也常被称为光纤到桌面，一般使用多模光纤，也可使用单模光纤。根据不同需求，可以选择的多模光纤直径为 62.5μm/125μm 和 50μm/125μm 两种。当使用 1000Base-SX 局域网进行数据传输时，可以支持最大 275m 的水平链路的使用。

(2) 综合布线测试链路及定义。

① 双绞线水平布线链路方式。

双绞线水平布线链路方式，根据测试的不同需求定义了三种测试连接方式。

基本链路方式(Basic Link)

该方式包括最长 90m 的固定连接水平线缆和在两端的接插件，一端为工作区信息插座，另一端为楼层配线架、跳线板插座及连接两端接插件的两条 2m 测试线。基本链路方式如图 7.1 所示。

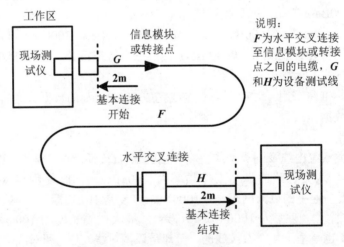

图 7.1 基本链路方式

通(信)道链路方式(Channel)

用户连接方式用于验证包括用户终端连接线在内的整体信道的性能。

通(信)道链路包括最长 90m 的水平线缆、一个信息插座、一个靠近工作区的可选的附属转接连接器、在楼层配线间跳线架上的两处连接跳线和用户终端连接线，总长不大于 100m。通(信)道链路方式如图 7.2 所示。

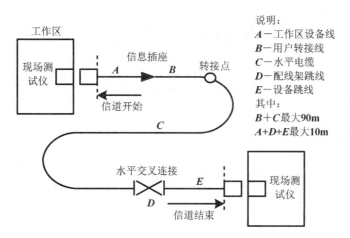

图 7.2 通(信)道链路方式

永久链路方式(Permanent Link)

永久链路又称固定链路,在国际标准化组织 ISO/IEC 所制定的增加五类/六类标准草案及 EIA/TIA 568-B 中新的测试定义下,定义了永久链路测试方式,它将代替基本链路方式。永久链路方式提供工程安装人员和用户用于测量所安装的固定链路的性能。

永久链路的连接方式由 90m 水平电缆和链路中的相关接头(必要时增加一个可选取的转接/汇接头)组成,与基本链路方式不同的是,永久链路不包括现场测试仪插头,以及两端的 2m 测试电缆,电缆总长度为 90m,而基本链路包括两端的 2m 测试电缆,电缆总计长度为 94m,如图 7.3 所示。

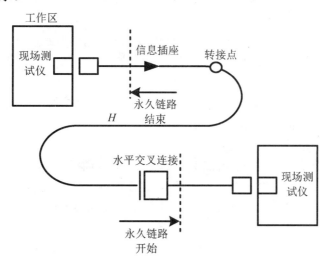

图 7.3 永久链路方式

永久链路方式排除了测量连线在过程本身带来的误差,使测量结果更准确、合理。当测试永久链路时,测试仪表应自动扣除测试连接线的影响。

在实际测试应用中,选择哪一种测量连接方式应根据需求和实际情况决定。使用通(信)道链路方式更符合使用时的情况,但由于它包含了用户的设备连线部分,测试较复杂,一般建议选择基本链路方式或永久链路方式进行工程验收测试。

水平光缆布线测试连接方式

水平光缆布线测试连接方式如图 7.4 所示。

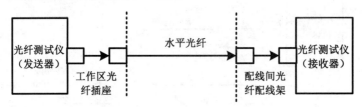

图 7.4 水平光缆布线测试连接方式

② 楼宇内垂直主干布线测量链路。

楼宇内垂直主干布线使用的铜缆有三类、五类和超五类大对数对称双绞电缆，光缆的使用视建筑物的规模或根据用户的需求，可采用多模光纤、单模光纤，测试起始点位于建筑物楼层配线架上(FD)或二级交接间，测试终点位于建筑物的总配线架(BD)。

由于目前对大对数电缆尚无测试标准，所以只能测试各线对有无短路、开路、交叉，以及布线长度及传输衰减等。

3. 综合布线系统的电气特性参数和技术指标

(1) 双绞线水平布线链路的测试参数。

本节的测试参数标准值，主要参考 EIA/TIA 568、ISO 11801 和 GB 50311-2017 等标准。标准中对综合布线系统进行分级，用 A、B、C、D、E 及 F 表示，共分为六级，其中 A 代表三类布线系统，B 代表四类布线系统，C 代表五类布线系统，D 代表超五类布线系统，E 代表六类布线系统，F 代表七类布线系统。

以下测试参数仅涉及五类、超五类及六类布线系统，七类布线系统参数可参考国标《综合布线工程验收规范》(GB 50312-2017)中的相关内容。

① 接线图。

这是测试布线链路有无端接错误的一项基本检查，测试的接线图显示出所测每条线缆的 8 条芯线与接线端子的连接实际状态。

② 布线链路长度。

布线链路长度指布线链路端到端之间电缆芯线的实际物理长度。由于各芯线存在不同绞距，在测试布线链路长度时，要分别测试 4 对芯线的物理长度，测试结果会大于布线所用电缆长度，并且 4 对线对的长度是不一样的，如果 4 对线对的长度一样，就应该考虑线缆的质量和渠道来源。综合布线系统信道链路方式、基本链路方式和永久链路方式的允许极限长度见表 7.2。

表 7.2 综合布线系统链路方式的最大极限长度

链路连接方式	极限长度(水平，m)
信道链路方式	100
基本链路方式	94
永久链路方式	90

③ 特性阻抗(Impedance)。

特性阻抗是电缆及相关连接硬件组成的传输通道的主要特性。它根据信号传输的物理特性，形成对信号传输的阻碍作用。用电阻与电抗一起描述特性阻抗，用欧姆(Ω)度量。平衡电缆通道的特性阻抗变化由结构回波损耗描述。为了确保应用系统通道的特性阻抗，就需要一个正确的设计，选择适当的电缆和相关连接硬件，让布线链路在规定工作频率范围内呈现合适的电阻。

综合布线用线缆的特性阻抗为100Ω，无论三类、五类、超五类还是六类线缆，其每对芯线的特性阻抗从1MHz到该链路级别规定的最高工作频率范围内，应保证恒定、均匀。链路上任何点的阻抗不连续性将导致该链路信号反射和信号畸变。链路特性阻抗与标称值之差不大于15Ω。

④ 直流环路电阻(Resistance)。

任何导线都存在电阻，当信号在通道中传输时，会有一部分信号转变为热量而被损耗，测量直流环路电阻时，应在线路的远端短路，在近端测量直流环路电阻。测量的值应与电缆中导线的长度和直径相符合。

综合布线系统使用的三类、五类、超五类、六类及七类线缆，在通道链路方式或基本链路方式下，线缆每个线对的直流环路电阻在20～30℃环境下的最大值，对于三类链路不超过170Ω，三类以上链路不超过400Ω。

⑤ 衰减(Attenuation，AT)。

信号在通道中传输时，会随着传输距离的增长而逐渐变小。衰减是信号沿传输通道的损失量度。由于导线存在阻抗，阻碍信号的传输。当信号的频率增高时，由于趋肤效应使电阻增大，又由于感抗增加、容抗减小，而使信号的高频分量衰减加大。衰减与传输信号的频率有关，也与导线的传输长度有关。随着长度的增加，信号衰减也随之增加。因此，由于趋肤效应、绝缘损耗、阻抗不匹配、连接电阻等因素，信号沿链路的传输将会损失能量，称为衰减，单位是dB。

传输衰减主要测试传输信号在每个线对两端间的传输损耗值，以及同一条电缆内所有线对中最差线对的衰减量相对于所允许的最大衰减值的差值。对一条布线链路来说，衰减量由下述各部分构成。

◎ 每个连接器对信号的衰减量。
◎ 构成通道链路方式的10m跳线或者构成基本链路方式的4m设备接线对信号的衰减量。
◎ 布线链路对信号的总衰减如下：

$$A_{链路} = \sum A_{连接器} + \sum A_{电缆长度}$$

$$A_{电缆长度} = (布线长度_{布线+连接线} / 100) \times 衰减_{电缆100m} + 连线衰减修正量$$

其中，$A_{电缆长度}$为布线链路线缆总衰减(包括链路线缆和跳线的衰减)，布线长度$_{布线+连接线}$为综合布线的线缆总长。衰减$_{电缆100m}$为100m线缆标准衰减值。

链路衰减标准值的推算依据如下。

超五类：

$$通道链路：1.05 \times (1.9108\sqrt{f} + 0.0222f + \frac{0.2}{\sqrt{f}} + 3 \times 0.04\sqrt{f})$$

永久链路：$0.9 \times (1.9108\sqrt{f} + 0.0222f + \dfrac{0.2}{\sqrt{f}} + 3 \times 0.04\sqrt{f})$

六类：

通道链路：$1.05 \times (1.82\sqrt{f} + 0.017f + \dfrac{0.25}{\sqrt{f}} + 4 \times 0.02\sqrt{f})$

永久链路：$0.9 \times (1.82\sqrt{f} + 0.017f + \dfrac{0.25}{\sqrt{f}} + 3 \times 0.02\sqrt{f})$

注：f=测试频率。

不同类型线缆在不同频率、不同链路方式下允许的最大衰减值见表 7.3。

表 7.3 不同链路方式下允许的最大衰减值(仅供参考)

频率 (MHz)	五类链路(dB)		超五类链路(dB)		六类链路(dB)	
	通道链路	基本链路	通道链路	基本链路	通道链路	基本链路
1.0	2.2	2.1	2.5	2.1	2.4	2.1
8.0	6.3	5.7	6.0	6.0	5.6	5.0
16.0	9.2	8.2	8.0	7.7	8.3	7.4
31.25	12.8	11.5	13.6	10.9	11.7	10.0
100	24.0	21.6	24.0	24.4	21.7	18.5
200					31.7	26.4
250					32.9	30.7

不同链路的衰减值可参考相关标准。对于三类及五类线缆和接插件构成的链路，温度每变化 1℃，衰减量就增加 0.4%，线缆的高频信号靠近金属芯线表面时，衰减量增加 3%。

⑥ 近端串扰(音)损耗。

当信号在一根平衡电缆中传输时，会在相邻线对中感应一部分信号，这种现象叫串扰。串扰分近端串扰(Near End CrossTalk，NEXT)和远端串扰(Far End CrossTalk，FEXT)两种。

近端串扰是出现在发送端的串扰，远端串扰是出现在接收端的串扰。远端串扰影响较小，所以目前主要测试近端串扰，近端串扰损耗与信号频率和通道长度有关，也与施工的工艺有关，即一条链路中，处于线缆一侧的某发送线对，对于同侧的其他相邻(接收)线对通过电磁感应所造成的信号耦合，即近端串扰。近端串扰值(dB)和导致该串扰的发送信号(参考值定为 0dB)的差值(dB)，定义为近端串扰损耗。

近端串扰损耗越大，说明线缆的抗干扰能力越强。

近端串扰与线缆类别、连接方式、频率值有关。

近端串扰损耗为

$$\text{NEXT}(f) = -20\log \sum 10^{-Ni20} \quad i=1,2,3,\cdots,n$$

其中，$Ni20$ 是频率为 f 处串扰损耗的 i 分量，n 是串扰损耗分量的总个数。

通道链路方式下的串扰损耗为

$$\text{NEXT}_{通} \geq 20\log \left(10^{\dfrac{-\text{NEXT}_{Cable}}{20}} + 2 \times 10^{\dfrac{-\text{NEXT}_{con}}{20}}\right) \text{dB}$$

基本链路方式下的串扰损耗为

$$\text{NEXT}_{基} \geq 20\log\left(10^{\frac{-\text{NEXT}_{\text{Cable}}}{20}} + 2 \times 10^{\frac{-\text{NEXT}_{\text{con}}}{20}}\right)\text{dB}$$

$$\text{NEXT}_{\text{cable}} = \text{NEXT}(0.772) - 15\log(f/0.772)$$

其中，$\text{NEXT}_{\text{cable}}$ 为线缆本身的近端串扰损耗，NEXT_{con} 为布线连接硬件的串扰损耗。

$$\text{NEXT}_{\text{con}} \geq \text{NEXT}(16) - 20\log(f/16)$$

其中，NEXT(16)为频率 f 为 16MHz 时，NETX 的最小值。

不同线缆在不同频率、不同链路方式下允许的最小串扰(音)损耗值见表 7.4。

表 7.4 不同链路方式下允许的最小串扰(音)损耗值(仅供参考)

频 率 (MHz)	五类链路(dB)		超五类链路(dB)		六类链路(dB)	
	通道链路	基本链路	通道链路	基本链路	通道链路	基本链路
1.0	>60	>60	63.3	64.2	65.0	65.0
8.0	45.6	47.1	48.6	50.0	58.2	59.4
16.0	40.6	42.3	43.6	45.2	53.2	56.6
31.25	35.7	37.6	35.7	37.6	45.7	47.5
100	27.1	29.3	30.1	32.3	39.9	41.8
200					34.8	36.9
250					33.1	35.3

⑦ 远方近端串扰(音)损耗(RNEXT)。

与 NEXT 定义相对应，在一条链路的另一侧，发送信号的线对向其同侧其他相邻(接收)线对通过电磁感应耦合而造成的串扰，与 NEXT 同理，定义为串扰损耗。

远方近端串扰(音)损耗值可参考表 7.4。对一条链路来说，NEXT 与 RNEXT 可能是完全不同的值，测试需要分别进行。

⑧ 相邻线对综合近端串扰(音)(PSNEXT)。

在 4 对型双绞线中，3 个发送信号的线对向另一相邻接收线对产生串扰(音)的总和近似为

$$N_4 = \sqrt{N_1^2 + N_2^2 + N_3^2}$$

其中，N_1、N_2、N_3 分别为线对 1、线对 2、线对 3 对线对 4 的近端串扰(音)值。

相邻线对综合近端串扰(音)限定值见表 7.5。

表 7.5 相邻线对综合近端串扰(音)限定值(仅供参考)

频 率 (MHz)	超五类链路(dB)		六类链路(dB)	
	通道链路	基本链路	通道链路	基本链路
1.0	57.0	57.0	62.0	62.0
8.0	45.6	47.0	55.6	57.0
16.0	40.6	45.5	50.6	52.2
31.25	35.7	37.6	40.6	42.7
100	27.1	29.3	37.1	39.3
200			31.9	34.3
250			30.2	32.7

⑨ 近端串扰与衰减比(ACR)。

它是在同一频率下链路的信号与近端串扰损耗的比值。这是确定可用带宽的一种方法。通道衰减/串扰比越大越好。可把 ACR 串扰衰减比定义为——在受相邻发信线对串扰的线对上其串扰损耗(NEXT)与本线对传输信号衰减值(A)的差值(单位为 dB),即:

$$ACR(dB) = NEXT(dB) - A(dB)$$

一般情况下,链路的 ACR 通过分别测试 NEXT(dB)和 A(dB),可以由上面的公式直接计算出。通常,ACR 可以被看成布线链路上信噪比的一个量。NEXT 即被认为是噪声,ACR=3dB 时,所对应的频率点可以认为是布线链路的最高工作频率(即链路带宽)。

对于由五类、高于五类线缆和同类接插件构成的链路,由于高频效应及各种干扰因素,ACR 的标准参数数值不能单纯从表 7.5 的串扰损耗值 NEXT 与衰减值 A 在各相应频率上直接的代数差值导出,其实际值与计算值略有偏差。通常可以通过提高链路串扰损耗 NEXT 或降低衰减水平来改善链路 ACR。

超五类和六类布线链路在几种工作频率下的 ACR 最小值见表 7.6。

表 7.6 串扰衰减比(ACR)最小限定值(仅供参考)

频率(MHz)	ACR 最小值(dB)	
	超五类链路	六类链路
1.0		70.04
10.0	35.0	50.0
16.0	30.0	50.0
31.25	23.0	36.7
100	6.1	18.2
250		-3.4

⑩ 等效远端串扰损耗(ELFEXT)。

等效远端串扰损耗是指某对芯线上远端串扰损耗与该线路传输信号衰减的差值,也称为远端 ACR。

从链路近端线缆的一个线对发送信号,该信号沿路经过线路衰减,从链路远端干扰相邻接收线对,定义该远端串扰损耗值为 FEXT。可见,FEXT 是随链路长度(传输衰减)而变化的量。

定义:ELFEXT(dB) = FEXT(dB) - A(dB)(A 为受串扰接收线对的传输衰减),等效远端串扰损耗最小限定值见表 7.7。

⑪ 远端等效串扰总和(PSELFEXT)。

线缆远端受干扰的接收线对上所承受的相邻各线对对它的等效串扰损耗 ELFEXT(dB)总和与该线对传输信号衰减值之差(dB)的限定值见表 7.8。

⑫ 传输延迟(Delay)。

综合布线线对的传输延迟限度是由应用系统决定的,任一测量或计算值与布线电缆长度和材料相一致。水平子系统的最大传输延迟不超过 1μs。

表 7.9 列出了传输延迟在不同连接方式下的最大限定值。

表 7.7 等效远端串扰损耗 ELFEXT 最小限定值(仅供参考)

频率(MHz)	五类链路(dB)		超五类链路(dB)		六类链路(dB)	
	通道链路	基本链路	通道链路	基本链路	通道链路	基本链路
1.0	57.0	59.6	57.4	60.0	63.3	64.2
8.0	37.0	39.6	39.3	48.0	51.2	52.1
16.0	32.9	35.5	33.3	35.9	39.2	40.1
31.25	27.1	29.7	27.5	30.1	33.4	34.3
100	17.0	17.0	17.4	20.0	23.3	24.2
200					17.2	18.2
250					15.3	16.2

表 7.8 远端等效串扰总和 PSELFEXT 的限定值(仅供参考)

频率(MHz)	五类链路(dB)	超五类链路(dB)		六类链路(dB)	
	通道链路	通道链路	基本链路	通道链路	基本链路
1.0	54.4	54.4	55.0	60.3	61.2
8.0	36.4	36.3	38.9	42.2	43.1
16.0	30.3	30.3	32.9	36.2	37.1
31.25	24.5	24.5	27.1	30.4	31.3
100	14.4	14.4	17.0	20.3	21.2
200				14.2	15.2
250				12.3	13.2

表 7.9 传输延迟在不同连接方式下的最大限定值(仅供参考)

频率(MHz)	超五类链路(ns)		六类链路(ns)	
	通道链路	基本链路	通道链路	基本链路
1.0	580	521	580	521
10.0	555		555	
16.0	553		553	
100	548		548	
250		546		

⑬ 线对间的传输时延差(Delay Skew)。

以同一线缆中信号传播时延最小的线对的时延值作为参考,其余线对与参考对的时延差值,在通道链路方式下,规定极限值为 50ns。

在永久链路下,规定极限值为 44ns,若线对间时延差超过该极限值,在链路高速传输数据和在 4 个线对同进并行传输数据时,将可能造成对所传输数据帧结构的严重损坏。

⑭ 回波损耗(Return Loss,RL)。

它是衡量通道一致性的值。通道的特性阻抗随着信号频率的变化而变化。如果通道所用的线缆和相关连接硬件阻抗不匹配,就会造成信号反射。被反射到发送端的一部分能量会形成干扰,导致信号失真,这就降低了综合布线的传输性能。

也就是说,回波损耗是在线缆与接插件构成链路时,由于特性阻抗偏离标准值,导致功率反射而引起的。RL 由输出线对的信号幅度和该线对所构成的链路上反射回来的信号幅度的差值导出,在综合布线的任一接口测得的回波损耗应符合表 7.10 限定的范围。

表 7.10　回波损耗在不同链路下的极限值(仅供参考)

频率(MHz)	超五类链路(dB)		六类链路(dB)	
	通道链路	基本链路	通道链路	基本链路
1~10	17	19	19	21
16.0	17	19	24−5log(f)	26−log(f)
24<f<40	0−10log(f)　22−10log(f)		24−5log(f)	26−log(f)
100	0−10log(f)　22−10log(f)		32−10log(f)	34−10log(f)
200			32−10log(f)	34−10log(f)
250			32−10log(f)	34−10log(f)

⑮　链路脉冲噪声电平。

由于大功率设备间断性启动,给布线链路带来了电冲击干扰,这是布线链路在不连接有源器件和设备的情况下,对高于 200mV 的脉冲噪声发生个数的统计。由于布线链路用于传输数字信号,为了保证数字脉冲的幅度和个数,测试 2min,捕捉脉冲噪声个数不大于 10。该参数在验收测试中,只在整个系统中抽样几条链路进行测试。

⑯　背景杂讯噪声。

这是由一般用电器工作带来的高频干扰、电磁干扰和杂散宽频低幅干扰。综合布线链路在不连接有源器件及设备的情况下,杂讯噪声电平应不大于−30dB。该指标应抽样测试。

⑰　综合布线系统接地测量。

综合布线接地系统安全检验。接地自成系统,与楼宇地线系统接触良好,并与楼内地线系统连成一体,构成等压接地网络。接地导线电阻不大于1Ω(其中包括接地体和接地扁钢,在接地汇流排上测量)。

⑱　屏蔽线缆屏蔽层接地两端测量。

链路屏蔽线缆屏蔽层与两端接地电位差小于 1Vr.m.s。

上述参数在三类、五类链路测试时,仅测试 1~7 个参数;在对超五类及六类测试时(应用于千兆以太网),需测试 1~14 个参数的全部项目。⑮~⑱项目在工程测试中为抽样测试。

(2)　光纤传输链路测试技术参数。

对所有光纤通道来说,不管工作波长或光纤纤芯大小,光的反射损耗是一个重要指标。光纤最小模态带宽指标应能支持带宽高速应用,一些低带宽的光纤通道通常不适合高速应用,而只可用在一些短距离的特殊系统上。多模光纤的带宽用频率表示,光纤的带宽通常不测量。然而,其他如光纤损耗和反射损耗测试是需要测量的。

楼宇内布线使用的多模光纤的主要技术参数为衰减、带宽。光纤工作在 850nm、1300nm 双波长窗口。

◎　在 850nm 下满足工作带宽 160MHz/km(62.5μm),400MHz/km(50μm)。

◎ 在1300nm下满足工作带宽500MHz/km(62.5μm)，400MHz/km(50μm)。

在保证工作带宽下，传输衰减是光纤链路最重要的技术参数。一般情况下，楼宇内光纤长度不超过500m，在设定测试标准时，在850nm下不大于3.5(dB)。

7.1.3 电缆传输链路的验证测试

电缆传输链路(Link)是指综合布线的配线架与信息接口之间具有规定性能的传输通道。传输链路中不包括终端设备、工作区电缆、设备电缆。传输链路的验证测试是针对该传输通道的连通性测试。如果在施工的同时，能保证接线的正确，就可减少此后认证测试时由于接线类的连接错误而返工所造成的浪费，所以，施工中的验证测试是十分必要的。也就是说，验证测试是在施工过程中进行的测试，它是保证施工质量的一种手段。

1. 综合布线系统验证测试的重要性

在实现楼宇、住宅小区智能化的过程中，信息自动化往往是用户优先考虑的问题，而楼宇和小区的信息自动化网络也已经不再是过去那种仅限于内部使用的局域网络和电话网络了。

宽带网、千兆以太网(Gigabit Ethernet)、互联网以及宽带接入服务系统，为用户提供了全新的技术服务支持平台，从速率和能力上为客户提供了高质量数据传输条件。所有宽带服务商均能提供诸如数据检索、电子邮件、IP电话、多种通信传真业务、网上购物、网上教学、网上医院、视频会议、电子商务、家居办公、视频点播等综合多媒体的业务，而这些业务已经成为人们生活与工作中不可缺少的内容。要实现上述诸多需要，唯一路径是通过一套精心设计、合理施工与精心安装的综合布线系统实现。因此，作为智能楼宇或住宅小区信息的基本传输介质——综合布线系统，其设计是否合理、工程施工的质量优劣，不仅直接关系到用户能否获得一个为其提供优质服务的信息网络，也关系到能否有效地、安全地进行信息交流，其中包括一栋建筑物或一个建筑群，乃至整个社会的信息交流与应用。

一个优质的综合布线工程，不仅要求设计合理、选择布线器材优质，还要有一支素质高、经过专门培训、实践经验丰富的施工队伍，来完成工程施工任务。

但在实际工作中，用户往往更多地注意工程规模、设计方案，而忽略施工质量，这样就造成了在施工阶段漏洞甚多，使布线系统的质量下降，带来了隐患。其中，由于不重视工程的现场测试验收这一重要环节，把组织工程现场测试验收当作可有可无的事情，往往等到建设项目需要开通业务时，发现问题累累，麻烦多多，才后悔莫及。因而，现场测试是规范布线工程质量管理必不可少的一个重要环节。

现场测试工作，是综合布线系统工程进行过程中和竣工验收阶段中始终要抓的一项重要工作，因此，用户或建设单位，设计、监理、施工等部门都应给予足够重视。把握好施工器材的抽样测试、施工进行过程中的随工验证测试、工程阶段竣工的工程质量认证测试这三个技术质量关口，这些都是至关重要的。

2. 器材的抽检

当工程启动后，会有批量器材进入工程现场，这时应由工程监理组织甲方及系统集成商(乙方)对进入施工现场的综合布线用器材进行核查验收，并按照国家或行业标准要求，针对线缆、接插件进行抽样测试(测试应委托具备测试条件和测试能力的公正的第三方机构进行),并在出具检验合格证书后方可进行施工安装。在整个工程进行过程中,应适当地安排对器材的抽测,这是确保工程质量的重要环节之一。对抽测不合格的,应按照工程监理"施工中选用材料及设备的质量控制"处理原则进行处理。

3. 随工测试

施工过程中,随着工程进度进行测试的环节必不可少。随工测试是施工人员在施工过程中边施工边做的测试,也称物理测试,目的是解决在综合布线系统的施工安装过程中线缆的敷设、模块的安装及配线架安装与线缆的对接是否按照标准要求进行。通过此项工作,了解施工安装工艺水平,及时发现施工安装过程中的问题,以便在施工的过程中及时进行更正,不至于等到工程完工时再发现问题,重新返工,耗费大量的、不必要的人力、物力和财力。

该项工作可以由安装公司的施工负责人安排实施,通过分步、分项进行检查,这样既可以检查施工质量,又可以考核施工人员,同时核对电缆和端接标签有无错误。

随工测试不需要使用复杂的测试仪,只要购置检验布线图和测试长度的测试仪就可以了。因为在工程竣工检查中,发现信息链路不通、短路、反接、线对交叉、链路超长的情况,往往占整个工程发现问题的 80%。例如,短路可能是由于这条线缆本身内部发生的。开路可能是在布线中工人用力过猛,拉断了线对,或在进行模块及配线架安装时造成的。超长可能是由于设计不合理造成的。在施工初期,这些都是非常容易解决的事,只要更换线缆,修正路由就解决了。如果到了布线后期才发现,就很难解决了。

随工测试看似麻烦,但实践证明,由于所有终接工作完成时,连通测试和长度测试同时也就完成了,对施工质量起到初步把关的作用,施工进度反而提高了。

现场测试是评价和衡量工程可用性的最重要途径,评价和衡量一个综合布线系统的质量优劣时,唯一科学的、有效的途径就是进行全面的现场测试。

在现场测试中,除了检验所安装的线缆、接插件及安装工艺是否达到标准,还要对每条链路的传输特性、系统的电气性能进行测试,确认是否满足和符合使用要求,综合布线系统是否满足接入国家公网的条件,接口是否符合接入公网标准。

此外,还对综合布线系统的电气安全、维护管理与系统及标志管理是否达标进行核查。以下就综合布线系统工程施工中的问题进行讨论。

(1) 电缆端接。

综合布线系统的电缆安装是一个以安装工艺为主的工作,在综合布线中,即使是优秀的施工人员,如果没有测试工具,连接出现错误也在所难免。施工中最常见的连接故障是:电缆贴错标签、线对开路、线对接错(包括反接、错对、串绕、线对短路)。插针/线对分配在国际布线标准 ISO/IEC 11801:1995(E)中都已定义,正确的线对连接和常见的各种错误连接如图 7.5 所示。

① 开路、短路:在施工时,由于安装工具或接线技巧问题以及墙内穿线技术问题,会产生这类故障。

② 反接(或称交叉对):同一线对的两端针位接反,一端为 1&2,另一端为 2&1。

③ 错对:将一线对接到另一端的另一针位上。比如一端是 1&2,另一端接在 3&6 针上。这类错误最典型的就是打线时混用 T568A 与 T568B 的色标。

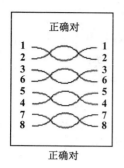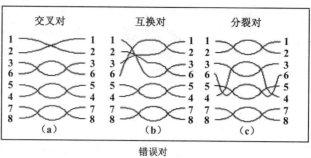

图 7.5 正确与错误的接线

④ 串绕(或称分裂对):所谓串绕,就是将原来的两对线分别拆开而又重新组成新的线对。因为出现这种故障时,端对端的连通性是好的,所以用万用表这类工具检查不出来,只有用专用的电缆测试仪才能检查出来。由于串绕使相关的线对没有扭结,在线对间信号通过时会产生很高的近端串扰(NEXT)。当信号在电缆中高速传输时,产生的近端串扰如果超过一定的限度,就会影响信息传输。对计算机网络来说,意味着因产生错误信号而浪费有效的带宽,甚至会带来很严重的影响。

避免串绕的方法很简单:施工中,在打线时,根据电缆色标,按照 T568A 或 T568B 的接线方法,就不会出现串绕问题。有的施工人员在进行线缆端接时,并不清楚要以什么样的标准作为参照,想当然地按顺序线对关系连接,结果就产生了串绕问题,这个问题在实际综合布线中经常能见到,应引起重视。不过,目前所有的布线产品生产厂商,在其产品中都有色标标记,只要线缆端接时认真查看端接色标,就可避免这种情况的发生。

(2) 电缆随装随测。

在新建的建筑物中,敷设线缆是伴随建筑施工进行的。当水平线缆布放完成,如果在内部装潢之后再进行检验测试,这时线缆出现故障,想改变已布放的线缆是非常困难的。因此,安装人员可以边施工边测试,这样既可以保证质量,又可以提高施工的速度。

通常的电缆测试仪器总是需要在被测电缆的另一端口连接某个远端单元,现在可采用单端电缆测试仪。安装人员使用这种仪器对刚完成的一条电缆进行连接测试时,不需要远端单元。该测试可以检测电缆及其连接是否存在故障。

在工作区信息插座接线的安装人员做完一个接头时,可立即检验电缆的端接情况(这时插座还没有被嵌入墙上的接线盒)。他只要连上测试仪,几秒钟后,就可以验证刚刚做的连接是否正确。如果发现有问题,安装人员可以在面板未被固定在接线盒之前,就找出连接故障,并马上改正。这时发现错误并改正它只需很短的时间,若等到施工完毕再测试,才发现这种连接错误并修改它,需要花费的时间至少是先前的十倍以上。问题改正后,可以用测试仪验证连接的正确性。

安装人员在工作区信息插座端工作时,他所连接和测试的电缆的另一端可能还在配线架上尚未端接。采用了单端测试仪,安装人员可以确认每一个信息插座的连接都是正确的,这样的安装测试过程可以做到随装随测。

无论是在配线架还是在工作区,这种"随装随测"的安装过程都应贯穿于每一个连接或终接的工作中,它不仅可以保证线对的安装正确,而且还保证了电缆的总长度不会超过综合布线的要求。当所有的连接和终接工作完成时,连通测试也就基本完成了。这种施工与测试相结合的方法，为认证工作节省了大量的时间。

一般来说，采用双绞电缆及相关连接件组成的通道，每一条都有 3～4 个连接处。当一条链路安装好后，再要找出某一个连接点的问题就很困难了。传统的安装过程远没有"随装随测"方便快捷，这一新技术将简单快捷的测试手段引入了安装过程。

(3) 验证测试仪及操作说明。

综合布线施工时的最大问题，是施工者无法立即知道所做端接的好坏。在有的情况下，施工就必须由两个以上人员在链路的两端同时工作，并使用传统的测试技术在链路两端各接入测试仪的一部分进行验证，这种工作方式极为不便。事实上，很少有人真正在施工的同时进行验证测试。

Fluke 620 可以独立进行测试，无须远端连接器，也无须助手在电缆的另一端协助操作，可在很短的时间内完成全部连接性能测试，极大地提高了施工布线质量和工程进度，节省了用户的时间和投资。对速度与质量要求比较高的工程来说，在施工中，可使用单端电缆测试仪对电缆进行随装随测。Fluke 620 是一种单端电缆测试仪，它可以完成全部的综合布线验证测试，如图 7.6 所示。

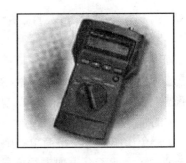

图 7.6 Fluke 620 单端电缆测试仪

① Fluke 620 简介如下。
◎ 单端测试连接的每对电缆，无须远端单元。
◎ 测试各种电缆及其连接方式——UTP、STP、FTP、COAX。
◎ 按照国际布线标准 ISO/IEC 11801:1995(E)测试端到端的连通，找出开路、短路、错对、反接、串绕等综合布线故障，可对故障定位，报告开路和短路的精确距离，单端测量电缆长度。
◎ 操作简单——旋钮式功能开关选择测试，两行背景液晶显示。
◎ 智能电源管理，普通电池可连续工作 50h 以上。
◎ 单端电缆测试仪的性能有下列指标。
  ◊ 长度范围：0.5～300m。
  ◊ 分辨率：0.5m。
  ◊ 精度：5%，±1m。
  ◊ 显示单位：m(米)或 ft(英尺)。
  ◊ 电源：两节 AA 型 1.5V 碱性电池。
◎ 输入保护：可承受电话振铃电压，有过压声音警告提示。

② Fluke 620 的操作与使用。

通过 SETUP 按钮、上下移动键，选定被测试电缆的类型、接线标准等。

将测试仪的旋钮转至 TEST 位置。

插入待测电缆，测试仪将自动完成测试。

如果发现错误，液晶屏将显示错误类型和故障位置。如果接线正确，测试仪将显示通过(PASS)，并报告电缆的长度。

以上介绍了综合布线施工中验证测试的方法，这类工作的技术含量不高，一般的施工人员就可以独立完成。

7.1.4 电缆传输通道的认证测试

电缆传输通道(Channel)是连接两个应用层设备的端到端的传输通道、设备电缆和工作区电缆。综合布线的通道性能不仅取决于布线的施工工艺，还取决于采用的线缆及相关连接件的质量，所以，对电缆传输通道必须做认证测试。认证测试并不能提高综合布线的通道性能，只是确认所安装的线缆和相关连接件及其安装工艺能否达到设计要求。只有使用能满足特定要求的测试仪器并按照相应的测试方法进行测试，所得到的结果才是有效的。

1. 认证测试内容

要测试已经完成的综合布线工程，必须按照一定的标准。目前，我国制定的《综合布线工程验收规范》(CB/T 50312-2007)中对认证测试有明确的规定。美国国家标准协会TIA/EIA 的技术白皮书《现场测试非屏蔽双绞电缆布线系缆传输性能技术规范》(TSB-67)也比较全面地规定了非屏蔽双绞电缆布线的现场测试内容、方法以及对测试仪器的细节要求。国际布线标准《信息技术——用户建筑物综合布线》(ISO/IEC 11801:1995(E))同样对综合布线系统的性能指标做出了相应规定。本节结合这两个标准和规范，阐述测试电缆及相关连接件的一些方法。

认证测试内容如下。
◎ 定义测试链路、通道结构。
◎ 定义要测试的传输参数。
◎ 为三类、五类及六类链路的每一种链路结构定义参数，通过/不通过的测试极限。
◎ 测试报告应包含的项目。
◎ 定义现场测试仪的性能要求以及如何验证这些要求。
◎ 现场测试仪的测试结果与实验室设备的比较方法。

TSB-67 虽然是为测试非屏蔽双绞电缆链路而制定的，但在测试屏蔽双绞电缆的通道时，也可参照执行。

2. 认证测试模型

在 TSB-67 中，定义了两种标准的水平布线认证测试模型——基本链路(Basic Link)和通道(Channel)。

基本链路是指综合布线中的固定链路部分。由于综合布线承包商通常只负责这部分的链路安装，所以基本链路又被称作承包商链路。它包括最长 90m 的水平布线，两端可分别有一个连接点，以及用于测试的两条各长 2m 的测试设备电缆，基本链路模型的定义如图 7.1 所示。

通道用来测试端到端的链路整体性能，又被称作用户链路，通(信)道模型的定义如图 7.2 所示。它包括最长 90m 的水平电缆、一个工作区附近的转接点、在配线架上的两处连接线和跳线，以及两端用户连接线，总长不得超过 100m。

这两者最大的区别，就是基本链路不包括用户端使用的电缆(这些电缆是用户连接工作区终端与信息插座或配线架与集线器等设备的连接线)；而通道是作为一个完整的端到端链路定义的，它不包括测试设备电缆，但包括连接网络站点、集线器的全部链路。其中，用户的末端电缆必须是链路的一部分，测试时与测试仪相连，故这段电缆应为 RJ-45 插头。

基本链路是综合布线施工单位必须负责完成的。通常，施工单位完成综合布线施工后，所要连接的设备、器件还没有安装。所以综合布线施工单位可能只向用户提出一个基本链路的测试报告。工程验收测试一般选择这种方式。从用户的角度来说，用于高速网络的传输或其他通信传输时的链路不仅仅要包含基本链路部分，而且还要包括用于连接设备的用户电缆，所以他们希望得到一个通(信)道的测试报告。无论是哪种报告，都是为了认证该综合布线的链路是否可以达到设计的要求，二者只是测试的范围和定义不一样，就好比基本链路是要测试一座大桥能否承受 100km/h 的速度；而通道不光要测桥本身，还要看加上引桥后整条道路能否承受 100km/h 的速度。在测试中，选用什么样的测试模型，一定要根据用户的实际需要来定。

国际布线标准 ISO/IEC 11801:1995(E)只定义了一种被称作 Link(链路)的标准链路模型，它与 TSB-67 的基本链路以及通道都不同。与 TSB-67 的基本链路相比，在国际布线标准 ISO/IEC 11801:1995(E)的链路中增加了一条最长为 5m 的配线架跳线，而且不包括基本链路中的两端各 2m 长的测试仪用电缆。通常是在两种情况下采用国际布线标准 ISO/IEC 11801:1995(E)的链路测试模型：一是指定要使用国际布线标准 ISO/IEC 11801:1995(E)的测试标准，二是不需要测试末端用户电缆以及端对端的性能。

3. 认证测试分类

综合布线系统的认证测试是所有测试工作中最重要的环节，也称为竣工测试。综合布线系统的性能不仅取决于综合布线方案设计、施工工艺，还取决于在工程中所选器材的质量。认证测试是检验工程设计水平和工程质量总体水平行之有效的手段，所以对于综合布线系统，必须进行认证测试。认证测试通常分为两种类型。

(1) 自我认证测试。

自我认证测试由施工方自己组织进行，要按照设计施工方案对工程每一条链路进行测试，确保每一条链路都符合标准要求，如果发现未达标链路，应进行修改，直至复测合格，同时编制成准确的链路档案，写出测试报告，交用户存档。测试记录应当做到准确、完整，使用查阅方便。由施工方组织的认证测试，可以由设计、施工多方共同进行，工程监理人员参加。认证测试是设计、施工方对所承担的工程进行的一个总结性质量检验，这在工程质量管理上是必需的程序，也是最基本的步骤。

施工单位承担认证测试工作的人员应当是经过正规培训(仪表供应商通常负责仪表培训工作)、学习，考试合格、责任心强，既熟悉计算机技术，又熟悉布线技术的人员。

为了日后更好地管理和维护布线系统，甲方(用户单位)应派遣熟悉该工序、了解布线施工过程的人员参加施工及自我认证测试整个过程，以了解施工安装及测试的全过程。

(2) 第三方认证测试。

由于综合布线系统是一个复杂的计算机网络基础传输媒体，工程质量将直接影响用户的计算机网络能否按设计要求开通。能否保证使用质量是用户最为关心的问题。支持百兆以太网的超五类铜缆系统和支持千兆以太网的六类铜缆系统的应用，支持万兆以太网的铜缆系统的不断完善，以及光纤到桌面的大量应用，使得对综合布线系统工程施工工艺的要求越来越严格。由于不少施工单位缺乏对专门人员的培训，不能胜任高级别的综合布线系统工程施工，工程质量不合格的事件时有发生。也有不少施工单位直至工程结束，都未对综合布线系统进行逐点自我认证测试，甚至不测试。所以越来越多的用户，既要求布线施工方提供布线系统的自我认证测试，同时也委托第三方对系统进行验收测试，以确保布线施工的质量。这是对综合布线系统验收质量管理的规范化做法。

由于测试需要花费的时间较多，测试费也是一项较大的开支，目前采取的做法有以下两种。

① 对工程要求高，使用器材类别高，投资大的工程，除要求施工方做自我认证测试外，还邀请第三方对工程做全面的验收测试(事先与施工方签订协议，测试费从工程款中开支)。

② 用户在要求施工方做自我认证测试的同时，请第三方对综合布线系统链路做抽样测试，抽样点数量要能反映整个工程的质量。

第三方测试单位的选择，通常优先考虑经过国家计量认证，并且由相关部门授权的专业测试中心或测试实验室，因为这些检测部门出具的测试报告具有权威性，并且具有法律效力，可以作为工程验收的依据材料。也可以考虑选择具有较强测试能力和丰富经验的从事本专业测试、咨询工作的研究所或综合布线系统集成商。

国家主管部门对智能楼宇的建设和智能化住宅小区建设质量管理工作非常重视，先后出台了许多管理办法和文件，建设部、信息产业部对楼宇综合布线系统，先后制定了设计、验收和测试标准，对工程质量起到了强化管理作用，信息产业部还把综合布线系统纳入入网管理范畴，强调了工程验收工作的重要性。

4. 认证测试参数

(1) 接线图。

接线图(Wire Map)用来检验每根电缆末端的 8 条芯线与接线端子实际连接是否正确，并对安装连通性进行检查。测试仪能显示出电缆端接的正确性。

(2) 长度。

基本链路的最大物理长度是 94m，通道的最大长度是 100m。基本链路和通道的长度可通过测量电缆的长度来确定，也可从每对芯线的电气长度测量中导出。

测量电气长度是基于信号传输延迟和电缆的额定传播速度(NVP)值来实现的。所谓额定传播速度，是指电信号在该电缆中的传输速度与真空中光的传输速度比值的百分数。测量额定传播速度的方法有时域反射法(TDR)和电容法。采用时域反射法测量链路的长度是最常用的方法。它通过测量测试信号在链路上的往返延迟时间，然后与该电缆的额定传播速度值进行计算，就可得出链路的电气长度。

为了保证长度测量的精度，进行此项测试前，需对被测线缆的 NVP 值进行校核。校核的方法是使用一段标准长度，如 300m 的电缆，来调整测试仪器，使长度读数等于 300m，则测试仪就会自动校正该标号电缆。该值随不同类型、不同绞距的线缆而异，通常范围为 60%～80%。

长度的计算公式如下：

$$L = \frac{1}{2} T \times \text{NVP} \times C$$

其中：L——电缆长度；

T——信号传送与接收之间的时间差；

C——真空状态下的光速(3×10^8m/s)。

(3) 衰减。

衰减是信号能量沿基本链路或通道传输损耗的量度，它取决于双绞线的分布电阻、分布电容、分布电感的分布参数和信号频率，并随频率和线缆长度的增加而增大(用 dB 表示)，信号衰减增大到一定程度时，将会引起链路传输的信息不可靠，引起衰减的原因还有趋肤效应、阻抗不匹配、连接点接触电阻以及温度等因素。

在选定的某一频率上，通(信)道与基本链路的衰减允许极限值见表 7.3。通道的衰减包括 10m 跳线、4m 测试仪连接电缆、各电缆段及连接件衰减的总和。这个表是在 20℃时给出的允许值。随着温度的增加，衰减也会增加。具体地说，三类电缆每增加一摄氏度，衰减增加 1.5%；五类及六类电缆每增加一摄氏度，衰减就增加 0.4%；当电缆安装在金属管道内时，链路的衰减增加 2%~3%。TSB-67 规定，在其他温度下测得的衰减应按下式换算到 20℃时的相应值：

$$\alpha_{20} = \frac{\alpha_{\mathrm{T}}}{1+\mathrm{Kt}(T-20)}$$

其中：T——测量环境温度，单位为℃。

α_{T}——测量出的衰减，单位为 dB。

α_{20}——修正到 20℃的衰减，单位为 dB。

Kt——电缆温度系数，单位为 1/℃。

现场测试仪器能自动测量已安装的同一根电缆内所有线对的衰减值，并通过比较其中的衰减最大值与衰减允许值后，自动给出通过或未通过的结论。

(4) 近端串扰(音)损耗。

串扰是高速信号在双线上传输时，由于分布互感和电容的存在，在邻近传输线中感应的信号。近端串扰是指在一条双绞电缆链路中，某侧的发送线对向同侧其他线对通过电磁感应造成的信号耦合，NEXT 值是对这种耦合程度的度量，它对信号的接收产生不良的影响。NEXT 的单位是 dB，定义为导致串扰的发送信号功率与串扰之比。NEXT 越大，串扰越低，链路性能越好。

近端串扰是决定链路传输能力的最重要参数。施工的质量问题会产生近端串扰(如端接处电缆被剥开，失去双绞的长度过长)。近端串扰与链路长度没有关系，一根六类 4 对双绞电缆基本链路近端串扰与频率的关系如图 7.7 所示。比较图中每条曲线可知，各对双绞线的近端串扰损耗不同。

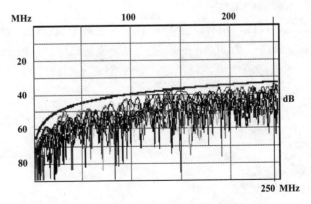

图 7.7 六类通道近端串扰与频率的关系

对于双绞电缆链路,近端串扰是一个关键的性能指标,也是最难测量精确的一个指标,尤其是随着信号频率的增加,其测量难度就更大。TSB-67 中规定:五类及超五类电缆链路必须在 1M~100MHz 的频率范围内测试。与衰减测试一样,三类链路测试范围是 1M~16MHz,六类链路测试范围是 1M~250MHz。

还可以看出,除非沿频率范围测试很多点,否则,峰值情况(最坏点)可能很容易被漏过。对于近端串扰的测试,采样频率点的步长越小,测试就越准确,所以,TSB-67 规定了近端串扰测试时的最大频率步长。

测试范围	最大步长
1M~31.25MHz	0.15MHz
31.26M~100MHz	0.25MHz

测试一条双绞电缆链路的近端串扰时,需要在每对线之间测试,也就是说,对于 4 对双绞电缆,要有 6 对线对关系的组合,即测试 6 次。

现在市场上有些测试仪为片面提高测试速度,采用了所谓的快速测试,实际上它是将测试步长加大,以减少测试点,其测试结果是不符合 TSB-67 规定的。

近端串扰必须进行双向测试。TSB-67 明确指出,任何一种链路的近端串扰性能必须由双向测试的结果来决定。这是因为,绝大多数的近端串扰是在链路测试端的近处测到的。在实际中,大多数近端串扰发生在近端的连接件上,只有长距离的电缆才能累积起比较明显的近端串扰。有时,在链路的一端测试近端串扰可以通过,而在另一端测试则不能通过,这是因为发生在远端的近端串扰经过电缆的衰减到达测试点时,其影响已经减小到标准的极限值以内了。所以,对近端串扰的测试要在链路的两端各进行一次。

另外,应注意到,线对 i 对线对 j 的近端串扰与线对 j 对线对 i 的近端串扰不一定相同。现场测试仪应该能测试并报告出在某两对线对之间,当近端串扰性能最差(也就是说,最接近极限值)时的近端串扰值、该点频率和极限值。

一条通道的两端分别有两个以上的连接点,而一条基本链路的两端分别只能有一个连接点。要测试一条从墙上信息插座到配线间的配线架的链路,就必须将测试仪设置在基本链路挡。而测试一条点对点的布线通道时,将其两端连上测试仪,其中包括交叉连接、跳线和测试仪的接线,就必须将测试仪设置在测试通道挡。有时会遇到这种情况:通道的一端有两个连接点,另一端却只有一个。对通常的自动测试,出于测试效率上的考虑,选择通道方式进行测量是可以的。然而,对有些测试仪,如单参量测试仪来说,这种链路必须分别用通道和基本链路方式测试。有两个连接点的一端必须满足通道的近端串扰指标要求,一个连接点的一端必须满足基本链路的近端串扰指标要求。这种测量方式只在需要做细致的分析或查找故障时才有必要。

超五类布线系统将在 NEXT 方面改进 3dB,保证兼容千兆位以太网。尽管超五类布线的最高传输频率仍为 100MHz,但其新增了多个五类布线不要求的测试参数,如后面介绍的 PSNT 等。

(5) 直流环路电阻。

任何导线都存在电阻,直流环路电阻是指一对双绞线电阻之和。当信号在双绞线中传输时,会有一部分能量消耗在导体中,且转变为热量。100Ω非屏蔽双绞电缆直流环路电阻不大于 19.2Ω/100m,150Ω屏蔽双绞电缆直流环路电阻不大于 12Ω/100m,常温环境下的最大值不超过 30Ω。直流环路电阻的测量应在每对双绞线远端短路；在近端测量直流环路电阻，其值应与电缆中导体的长度和直径相符。

(6) 特性阻抗。

特性阻抗是衡量由电缆及相关连接件组成的传输通道的主要特性之一。

一般来说，双绞电缆的特性阻抗是一个常数。我们常说的 100Ω UTP、120Ω FIP、150Ω STP，其中 100Ω、120Ω、150Ω就是双绞电缆的特性阻抗。一个选定的平衡电缆通道的特性阻抗极限不能超过标称阻抗的±15%。

(7) 衰减与近端串扰比。

此值是以 dB 表示的近端串扰与以 dB 表示的衰减的差值，它表示了信号强度与串扰产生的噪声强度的相对大小。它不是一个独立的测量值，而是衰减与近端串扰(NEXT - Attenuation)的计算结果，ACR = NEXT - α，其值越大越好。衰减、近端串扰和衰减与近端串扰比都是频率的函数，应在同一频率下进行运算。近端串扰和衰减的关系如图 7.8 所示。

(8) 综合近端串扰。

近端串扰是当发送与接收信号同时进行时，在这根电缆上所产生的电磁干扰。在一根电缆中使用多对双绞线进行传送和接收信息，会增加这根电缆中某线对的串扰，如 4 对双绞电缆，用 3 对双绞线同时发送信号，而在另一线对测量其串扰值，就称为综合近端串扰。综合近端串扰的值是电缆中所有线对对被测线对产生的近端串扰之和。可以用功率平方和的平方根值计算，计算公式可表示为：

$$PSNT_1 = [(PR_2 - 1)^2 + (PR_3 - 1)^2 + \cdots + (PR_{25} - 1)^2]^{\frac{1}{2}}$$

$PSNT_1$ 表示线对 2……线对 4 对于线对 1 的近端串扰，如图 7.9 所示。

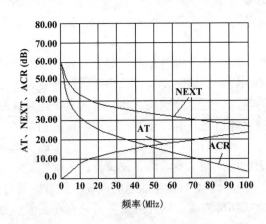

图 7.8　NEXT 与衰减的关系

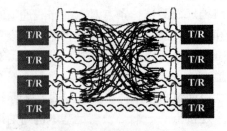

图 7.9　综合近端串扰

综合衰减与近端串扰比(PSACR)是以 dB 表示的综合近端串扰与以 dB 表示的衰减的衰减差值。同样，它不是一个独立的测量值，而是综合衰减与综合近端串扰的计算结果。

(9) 等效远端串扰。

一个线对从近端发送信号，其他线对接收串扰信号，在链路远端测量到经线路衰减了的串扰，称为远端串扰(FEXT)。但是，由于线路的衰减会使远端点接收的串扰信号过小，以致所测量的远端串扰不是在远端的真实串扰值，因此，测量得到的远端串扰值在减去线路的衰减值(与线长有关)后，得到的就是等效远端串扰。

(10) 传输延迟。

这一参数代表了信号从链路的起点到终点的延迟时间。它的正式定义是一个 10MHz 的正弦波的相位漂移。实际上,它经常是由脉冲的延迟时间来测量的。由于脉冲的变形,使得这两个定义不完全一致,所以,当前版本的 TSB-67 没有包括这个参数。由于电子信号在双绞电缆中并行传输的速度差异过大,会影响信号的完整性而产生误码,所以,要以传输时间最长的一对为准,计算其他线对与该线对的时间差异。所以传输延迟的表示比电子长度测量精确得多。两个线对间的传输延迟的偏差对于高速局域网来说是十分重要的参数,如 100Base-T、1000Base-T、1000Base-TX 以及 10GBase 等。

在综合布线系统中所用传输介质的材料,决定了其相应的传输延迟。双绞线传输延迟为 4.56ns/m,同轴电缆传输延迟为 45ns/m。

(11) 回波损耗。

它表征 100Ω 双绞电缆终接 100Ω 阻抗时,输入阻抗的波动。它是衡量通道特性阻抗一致性的。通道的特性阻抗随着信号频率的变化而变化。如果通道所用的线缆与相关连接件阻抗不匹配而引起阻抗变化,造成终端信号能量被反射回去,被反射到发送端的一部分能量会形成噪声,导致信号失真,这就会降低综合布线的传输性能。反射的能量越少,意味着通道采用的电缆和相关连接件阻抗一致性越好,传输信号越完整,在通道上的噪声越小。

双绞线的特性阻抗、传输速度和长度,各段双绞线的接续方式和均匀性都直接影响到结构回波损耗。

关于综合布线系统电缆线测试报告如图 7.10 所示,为采用 Fluke-DSP-100 的测试报告样本。

```
DALOU                                Test Summary: PASS
SITE: Client Name                    Cable ID: AA12
OPERATOR: Y.L                        Date / Time: 11/05/2001 12:16:51am
NVP: 69.0% FAULT ANOMALY THRESHOLD:15%  Test Standard: Power Sum Cat 5 Basic L.
FLUKE DSP-100 S/N: 7375083           Cable Type: UTP 100 Ohm Cat 5
HEADROOM:     7.5 dB                 Standards Version: 5.5
                                     Software Version: 5.5
Wire Map PASS              Result    RJ45 PIN:    1 2 3 4 5 6 7 8 S
                                                  | | | | | | | |
                                     RJ45 PIN:    1 2 3 4 5 6 7 8
Pair                                 1,2     3,6     4,5     7,8
Impedance (ohms), Limit 80-120       105     106     106     106
Length (m), Limit 94.0               24.6    24.4    24.4    24.0
Prop. Delay (ns)                     119     118     118     116
Delay Skew (ns), Limit 50            3       2       2       0
Resistance (ohms)                    3.9     4.0     3.9     3.9
Attenuation(dB)                      4.9     4.8     4.9     4.7
Limit (dB)                           22.1    22.1    22.1    22.1
Margin (dB)                          17.2    17.3    17.2    17.4
Frequency (MHz)                      100.0   100.0   100.0   100.0
PSNEXT(dB)                           43.8    39.2    41.5    41.4
Limit (dB)                           33.2    29.8    34.0    33.1
Margin (dB)                          57.7    93.7    52.4    59.2
DALOU                                Test Summary: PASS
```

图 7.10 五类 4 对双绞电缆测试报告

测试结果以 PASS 和 FAIL 给出结论,由于测试仪表存在测试精度和误差,当测试数据处在 PSSS 和 FAIL 的分界线——标准值上下一定临界范围内时,测试报告中,该结果以特殊标记"★"表达。

5. 认证测试仪器的性能要求

认证测试仪是综合布线工程电缆测试的专用仪器。现场测试仪最主要的功能,是认证综合布线链路性能能否通过综合布线标准的各项测试，如果发现链路不能达到要求，测试仪器具有故障查找和诊断能力就十分必要。所以在选择综合布线认证测试仪器时，通常考虑以下几个因素：测试仪的精度和测试结果的可重复性，测试仪能支持多少测试标准，是否具有对所有综合布线故障的诊断能力，使用是否简单容易。

测试仪的精度是选择测试仪应考虑的一个非常重要的特性，精度决定了测试仪对被测试链路指明为通过时的可信程度，即被测试链路是否真的达到了所选择的标准的参数要求。

测试仪有两个精度级别，即一级精度和二级精度。一级精度的测试仪器相对于二级精度的测试仪来说，会有更多的测试结果不准确区，所以用于综合布线认证测试时，应选择二级精度的测试仪。TSB-67 对现场测试仪的精度要求指标见表 7.11 和表 7.12。

表 7.11　测试仪一级精度最低性能要求

项　目	参数(1M～300MHz)
随机噪声最低标准	$-50-15\log(f/100)$dB
近端串扰	$-40-15\log(f/100)$dB
输出信号平衡	$-27-15\log(f/100)$dB
共模抑制	$-27-15\log(f/100)$dB
动态准确值	±1dB
长度准确值	0.4%
回波损耗	±15dB

表 7.12　测试仪二级精度最低性能要求

项　目	参数(1M～300MHz)
随机噪声最低标准	$-65-15\log(f/100)$dB
近端串扰	$-55-15\log(f/100)$dB
输出信号平衡	$-37-15\log(f/100)$dB
共模抑制	$-37-15\log(f/100)$dB
动态准确值	±0.75dB
长度准确值	0.4%
回波损耗	±15dB

从技术角度讲，理想的电缆测试仪首先应在性能指标上同时满足通道和基本链路的二级精度要求。从应用角度讲，还要有较快的测试速度。在要测试成百上千条链路的情况下，测试速度上的秒级差别都将对整个综合布线的测试时间产生很大影响，并将影响用户的工程进度。此外，测试仪能否向测试人员提供有助于找到综合布线故障的数据，也是十分重要的，因为测试的目的是要得到良好的链路，而不仅仅是辨别好坏。测试仪器能迅速告诉测试人员在一条坏链路中故障部件的位置，这是极有价值的功能。其他要考虑的方面还有：测试仪应支持近端串扰的双向测试、测试结果可转储打印、操作简单且使用方便，以及支持其他类型电缆的测试。

在测试六类链路时，与过去五类和超五类现场测试不同的是，电缆测试仪必须使用与被测链路相同的链路接口适配器(Link Interface Adapter)。

例如，要测试 A 公司的六类链路，测试仪必须使用与 A 公司相匹配的链路接口适配器，例如 Fluke 4000 系列线缆测试仪。

而现在测试五类或超五类链路时，不需要使用链路接口适配器，例如 Fluke 4000 系列、Agilent WireScope 350 线缆测试仪。

其他要考虑的方面还有：测试仪应支持近端串扰的双向测试，测试结果可转储打印，操作简单且使用方便。使用 Fluke DSP-4000 系列线缆测试仪对六类链路的测试连接图如图 7.11 所示。

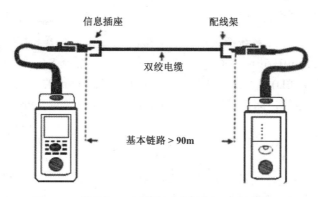

图 7.11 使用 Fluke 线缆测试仪进行六类链路测试

目前，常用的综合布线系统线缆认证测试仪种类较多，但为保证布线系统的施工质量及布线产品的质量，各个布线厂商都要求采用测试精度较高的线缆测试仪。布线产品厂商公认的几种能测试六类以下布线产品的线缆测试仪如图 7.12 所示。

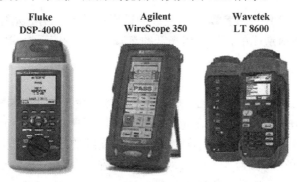

图 7.12 几种常用的线缆认证测试仪

7.2 综合布线工程的光纤测试

7.2.1 光纤测试参数

1. 光纤材料特性

在光纤的应用中，光纤的种类虽然很多，但在综合布线工程中，光纤及其传输系统的基本测试方法大体上一样，所使用的测试仪器(设备)也基本相同，测试内容主要是衰减性能。

光纤材料有玻璃和塑料等，并有单模和多模两种类型，见表 7.13。

表 7.13　各种光纤材料的特性

光纤材料	光纤类型	纤芯尺寸(μm)	波长(nm)		带宽(MHz/km)	应　用
玻璃	单模	8～10	1310	1550	10000	远程数据通信
玻璃	多模(渐变折射率)	50～100	850	1300	300～600	高速数据通信
玻璃	多模(阶跃折射率)	200	665	1330	50	高速数据通信
塑料	多模(渐变折射率)	500	665		100	低、中速数据通信
塑料	多模(阶跃折射率)	1000	665		5～10	低速数据通信

目前，绝大多数的光纤系统都采用标准类型的光纤、发射器和接收器。例如，综合布线常使用纤芯为 62.5μm/125μm、50.0μm/125μm 的多模光纤及 8.0μm/125μm 的单模光纤，采用标准发光二极管(LED)作为光源，工作在 850nm、1550nm 的波长上。这样就可以大大地减少测量中的不确定性，即使是用不同厂家的设备，也容易对光纤与仪器进行连接测试，可靠性和重复性都很好。

2. 光纤的连通性

光纤的连通性是对光纤的基本要求，因此，对光纤的连通性进行测试是基本的测量之一。进行连通性测量时，通常是把红色激光、发光二极管或者其他可见光注入光纤，并在光纤的末端监视光的输出。如果在光纤中有断裂或其他的不连续点，则光纤输出端的光就会减少，或者根本没有光输出。

3. 光纤的衰减

光纤的衰减也是要测量的参数之一(光纤测试连接见图 7.4)。光纤的衰减主要是由光纤本身固有的吸收和散射造成的，通常用光纤的衰减系数 α 来表示，单位是 dB/km，即：

$$\alpha = 10\log\frac{P_\text{i}}{P_\text{o}} / L$$

式中，P_i 是注入光纤的光功率，P_o 是经过光纤传输后在光纤末端输出的光功率，L 是光纤的长度。衰减系数越大，光信号在光纤中的衰减就越严重。在特定的波长下，从光纤输出端的功率(单位 dB)中减去输入端的功率，再除以光纤的长度(单位 km)，即可得到光纤的衰减系数。单模光纤在波长为 1550nm 时，衰减系数一般为 0.5dB/km。而折射渐变玻璃光纤在波长为 1300nm 时，衰减系数为 1dB/km，在 850nm 时为 3dB/km。塑料光纤的衰减更大，在 665nm 时大约为 200dB/km。

衰减系数应在许多波长上进行测量，因此，最好用单色仪作为光源，但也可以用 LED 作为多模光纤的测试源。但不能以激光器作为单模光纤的测试源。因为激光会在接收机中产生斑点图案(Speckle Pattern)，造成测量的不确定性。

在选定测试光源时，务必要使其光谱及光纤耦合特性与光纤系统本身所用的光源特性相适应。在进行光纤测试时，必须清楚地了解光纤中的模式状态。因为，在光纤中，有许多的光纤通路或模式会使光纤中的光发散。例如，若光源与光纤端面匹配不好，就会使光纤中充满各种模式，使光纤中光的分布发生变化，这样会影响衰减的测量结果。光缆的最大衰减参考值见表 7.14。

表 7.14　光缆的最大衰减参考值

项　目	光缆类型	波长(nm)	最大光纤衰减值(dB/km)
OM1、OM2、OM3	多模	850	3.5
OM1、OM2、OM3	多模	1300	1.5
OS1	单模	1310	1.0
OS1	单模	1550	1.0

ISO/IEC 11801 标准把多模光纤分为 OM1、OM2 和 OM3 三类。其中，OM1 指的是 62.5μm 多模光纤，OM2 指的是 50μm 多模光纤，OM3 指的是万兆光纤；OS1 指的是单模光纤。

4. 光纤的带宽

带宽是光纤系统的重要参数之一。带宽越宽，信息传输速率就越高。但带宽会受到各种因素的影响，例如对于阶跃折射率光纤，一些光沿着光纤的中心传播，而另一些光则从纤芯覆盖的边界上反射出去，从而减少了光纤的带宽。

另外，带宽还受色散的影响，光纤的色散越小，其带宽就越宽。若将一个用频率为 f 的正弦波光调制的信号 P_i 注入光纤，可在其输出端测量光功率 P_o。改变调制频率 f，当频率达到某个值时，由于光纤的色散影响，光功率的输出将下降。当光功率的输出 P_o 下降到输入 P_i 的一半时，这时的频率 f_c 称为光纤的 3dB 光带宽，即 f_c 满足下式：

$$10\log\frac{P_o}{P_i}\bigg|_{f=f_c} = -3\text{dB}$$

实际上，光功率的交流分量不便于直接测量，一般是用检测器把它变为电流 $I_o(f)$ 再测量。若用 I_o 表示电流下降到该频率输入电流 I_i 一半时的电流，这时光纤带宽 f_c 还满足：

$$10\log\frac{I_o}{I_i}\bigg|_{f=f_c} = -6\text{dB}$$

所以 f_c 又称为光纤的 6dB 电带宽。实际上，3dB 光带宽与 6dB 电带宽是等效的。

在实验室里，可以用两种方法来测量高频信号在传输过程中的模式色散效应。第一种是采用频域测量方法，将扫频的正弦波信号加到光纤的发射器，然后在接收端测量光的输出。信号的幅度较峰值下降 3dB 的频率点即为系统的带宽。第二种是采用时域测量方法，测出脉冲通过光纤后被展宽的程度，以此确定系统的带宽。对于高斯响应的光纤，设 $\tau_{1/2}$ 是脉冲的半高宽度，则理论证明，其带宽与脉冲展宽之间有如下关系：

$$\tau_{1/2} = \frac{0.44}{f_c}$$

有时用阶跃信号来衡量光纤的响应。理论证明，光纤对阶跃信号响应的上升时间 t_r(从 0.1 幅度值升到 0.9 幅度值所需的时间)可用下式表示：

$$t_r = 1.1\tau_{1/2}$$

模式色散带宽的测量有许多无法确定的因素，即与所使用的光源类型、光源与光纤之间的耦合方式以及待测光纤的长度等因素有关。但重要的是，要清楚地了解光纤中的模式状态，并在测试过程中保持这种状态不变。

在大多数多模光纤系统中，都采用 LED 作为光源，光源本身也会影响带宽。这是因为这些 LED 光源的频谱分布很宽，其中，长波长的光比短波长的光传播速度快。这种光传播速度的差别就是色散，它会使光脉冲在传输后被展宽。

在单模光纤系统中，纤芯很细，有利于消除模式色散效应对带宽的影响。但在长距离传输时，即使是采用谱线非常窄的激光源，色散也会使脉冲展宽，从而限制了单模光纤的可用带宽。

5. 光纤测试常用仪器

(1) 光纤测试仪(光功率表)。

下面以美国福禄克(Fluke)公司的 DSP-FTK 光缆测试工具包为例，讨论测试综合布线中光缆传输系统的步骤方法。DSP-FTK 光测试仪由主机、光源模块、光纤连接适配器、测试连接线组成，如图 7.13 所示。

DSP-FTK 使用一条短的双绞线，将光功率表(DSP-FOM)和 DSP 系列电缆测试仪、OneTouch 网络故障一点通或 LANMeter 企业级网络测试仪连接起来。在光功率表上选择好测量的波长(850nm、1310nm 和 1550nm)，测试仪就开始测量、显示并存储测试结果。

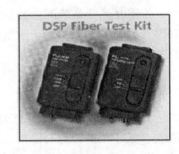

图 7.13 DSP-FTK 光缆测试工具

使用 DSP-FOM 光功率表能测量光功率(dBm 或 mW)，也可以测量光功率损耗(dB)。光功率损耗(或衰减)是在光缆链路的端点测量光的能量(输出)并且与参考的输入(光源)进行比较。该损耗测量减去了测试连接光缆的损耗，提供了光缆链路的真正损耗。使用者可以自定义通过或不通过测试极限以及测试的方向(A 到 B 或 B 到 A)。

可以通过 DSP 系列电缆测试仪记录和存储铜缆或光缆的自动测试报告。每个报告可以指定唯一的用户自定义标签，并且可以下载至 PC 机或直接打印到串口打印机上。测试报告包括波长、测量的损耗值、损耗测试限制、测试方向以及参考值。光缆测试结果可以命名并存储至测试仪的存储器中。简单易用、大而明亮的 LCD 显示屏显示了清晰易懂的菜单，并提供每一步操作的提示。技术指标见表 7.15。

表 7.15 DSP-FTK 光缆测试工具的技术指标

项 目	技术指标
DSP-FOM 光功率表	
校准波长	850nm、1300nm(可以用于 1310nm)和 1550nm
动态量程	-50～+3dBm
测量精度	±0.25dB，在-10.0dBm，25℃
显示分辨率	0.01dB(0.001mW)
检测器类型	Germanium
光缆适配器	ST
使用温度	0～+40℃
存储温度	-20～+70℃
外形尺寸	11.4cm × 6.4cm × 3.8cm

续表

项　目	技术指标
重量	142g
电池类型	9V 碱性
电池寿命	典型值 90 小时
FOS-850/1300 光源	
发送波长	850nm，1300nm
输出功率	-20dBm
光源类型	LED
光缆适配器	ST
使用温度	0～+40℃
存储温度	-20～+70℃
外形尺寸	11.4cm×6.4cm×3.8cm
电池类型	9V 碱性

(2) 光时域反射计。

光时域反射计(Optical Time-Domain Reflectometer，OTDR)是利用后向散射法技术的一种实用化仪表，可用于测量光纤衰减、接头损耗、光纤长度、光纤故障点的位置以及了解光纤沿长度的损耗分布情况等，而且它可以非破坏性地从光纤的一端进行测量，它是光纤及光缆生产、施工及维护工作中不可缺少的一种仪表。

时域反射计原理如图 7.14 所示。大功率的激光脉冲通过耦合器件注入光纤，由于光纤实际存在不均匀性，光传输中沿光纤各点要产生散射，散射光在光纤数值孔径内沿着与入射光相反的方向，即背向回到光纤的注入端，检测沿光纤长度各点回来的背向散射光，即包含了光在光纤传输中的信息，从而可以分析评定光纤的衰减。

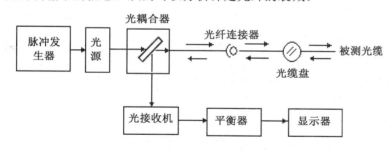

图 7.14　光时域反射计的原理图

光时域反射计能在光纤的一端进行测试，是利用方向耦合器来实现的。这种方向耦合器要能把光分路耦合，同时，还要能消除或减小前端面的菲涅尔反射。这是因为光纤中的主要散射机理是沿光纤分布的各向同性的瑞利散射，而背向瑞利散射功率很弱，再加上光路系统的耦合损失，接收到的散射信号就更弱了，常常被背景噪声和光电转换电路、放大电路产生的噪声淹没。要把淹没在噪声中的微弱信号检测出来，就需要对接收信号进行适当的处理。由于菲涅尔反射功率比背向瑞利散射功率强烈，为了能在接收放大器不饱和的情况下进行检测，必须使从光纤前端面来的菲涅尔反射减至最小。目前，较广泛使用的是整体的方向耦合器——Y 分路器，其三端通过尾纤分别与光源 A、待测光纤 B 和检测器 C 直接耦合。因为是分路直接耦合的，所以杂散光和前端面反射可以因直接耦合的完善程度而消除或减弱。这种整体耦合器的插入损耗小、稳定可靠、调节对准方便，所以得到广泛应用。另一种整体的方向耦合器是利用晶体的双折射性设计的方向耦合器，即用格兰/汤姆生棱镜做成的方向耦合器。这种晶体方向耦合器用于光时域反射计，虽然有较好的效果，但加工较难，价格较贵。

在光时域反射计中，要把携带衰减信息且被噪声淹没的后向散射信号精确地检测出来，必须对信号进行处理，以改善信噪比。信号处理的方法很多，较普遍采用的是平均处理技术，即使用取样积分器和数字平均器。

取样积分器是检测微弱信号的有力工具，它要求被检测的信号是周期信号。简单地说，就是将淹没在噪声中的周期信号通过取样方式逐行离散化处理，然后送入积分器进行积累、平均和保持。由于信号与取样脉冲之间具有相关性，而噪声是随机的，所以，经过一定时间的叠加平均后，噪声的平均值越来越小，而周期信号却得到指数律的增加，所以信噪比得以改善，使微弱信号能从噪声中被检测出来。取样积分器对信号的处理方式是模拟的，并且是对信号每一周期只在一点取样，即所谓单点取样，因此，要把一个完整的信号波形进行步进扫描处理，所需的时间较长，效率较低。可见它是以时间为代价换取信噪比的改善。

如果能在信号每一周期中同时多点取样，分析一个完整的信号波形所需的时间就会大大缩短，效率会得到很大的提高。利用高速取样保持电路和高速模/数转换器，就能对同一周期的信号进行同步间隔多点取样、多路数字转换并存储，由微处理器进行平均处理，然后再经数/模转换，变成模拟信号输出。这种对信号的处理方式是数字式的，所以称为数字平均技术。

目前，多点取样数字平均技术由于利用了微机进行测量控制和数据处理，测量速度操作灵活，效率功能得到很大的增强，在光时域反射计中已得到越来越广泛的应用。

虽然光时域反射计的原理都相同，但各厂家生产的光时域反射计的结构、配件等都不一样，所以在使用光时域反射计时，应先仔细阅读其操作说明书。注意事项如下：

① 注意被测光纤的模式及其使用的波长，选择合适的插件。
② 根据待测光纤的长度和衰减大小，选择适当的量程和光脉宽。
③ 应根据光纤折射率 n 的实际情况精确设置 n 值，使之与被测光纤相符，以免影响测量精度。

国产的 AV3661 型智能光时域反射计测距分辨率达到 1μm，损耗分辨率达到 0.01dB，单程动态范围大于 20dB，其单模 1.55μm、1.3μm 波长可任选。惠普公司的 HP9147 型光时域反射计在每种模式下都有较高动态范围，可实现在线分析和远程操作，具有携带方便、操作简单的特点。

(3) 光功率计。

光功率计是用来测试光功率大小、线路损耗、系统冗余度以及接收灵敏度等的仪表。光功率计的基本结构由两部分组成，即主机和探头。光功率计的原理图如图 7.15 所示。

典型的数字光功率计由光电检测器、电流/电压(I/V)变换器、放大器及显示器等组成。光电检测器在受光辐射后，产生微弱的光生电流，该电流与入射到光敏面上的光功率成正比，通过电流/电压变换器后，变换成电压信号，再经过放大和数据处理，便可显示出对应的光功率值的大小。

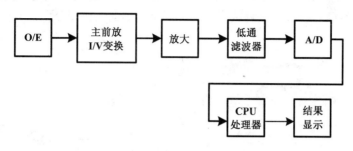

图 7.15 光功率计的原理图

一个光功率计的性能指标可以从三个方面进行衡量。

其一，工作波长范围越宽则适应性越强。目前生产的光功率计往往有几个探头，波长覆盖范围是 0.4~0.7μm，这样，不仅光纤通信的几个窗口(0.85μm、1.31μm 及 1.55μm)可以使用，而且其他领域(如可见光)也可以使用。

其二，光功率的测量范围要宽，而且精度要高。这主要由探测器的灵敏度和主机的动态范围决定。由于光纤通信系统中光信号有时很微弱，如 nW 级甚至于 pW 量级的，所以光功率计的可测下限越小越好，而光功率计的可测上限则越大越好。不过，对于一般应用来说，10mW 就可以了。目前较优良的光功率计可测范围已达到-90~10dBm(即 1pW~10mW)。

其三，光功率计应具有自动换挡、自动调零，以及欠、过量程指示，具有瞬时值和平均值测试功能，测量误差和换挡误差很小，一般应分别小于 5%和 3%。

虽然光功率计的工作原理都大致相同，但是，由于国内外的生产厂家众多，且型号各异，所以使用光功率计时应注意以下几点。

① 选择与待测光信号的波长相一致的探头。

② 根据信号强弱，将量程开关拨到相应的位置，遮蔽收光口，进行手动调零(有些机器具有自动调零的功能)。注意每次换挡后均要重新调零。

③ 如果待测光纤由活动连接器输出，应清洁连接器的端面；如果待测光纤是裸光纤，应制作好裸光纤的端面。

④ 由于接收端口的连接易引起误差，可反复测量几遍后取平均值。

国产 AV2495 型智能光功率计的波长范围为 0.39~1.9μm，长、短波长探头可任选，功率测量范围为-90~+3dBm(自动量程)，具有自动波长响应补偿、数据存储及 GP-IP 接口。

7.2.2 光纤传输通道的测试步骤

光纤测试项目中，最主要的是对光纤损耗的测试，其目的是了解光信号在光纤链路上的传输损耗情况，以便进一步提高传输质量。

(1) 测试仪的校核调整。

在施工现场，应对光纤损耗测试仪(这里选用 Fluke DSP-100 及 DSP-FTK)进行调零，以消除能级偏移量。因为在测试非常低的光能级时，不调零会引起很大的误差；调零后还能消除跳线的损耗。

将测试仪用测试短线(铜缆)与 DSP-FTK 的光源(输入端口)连接，把 DSP-FTK 光源的检波器插座(输出端口)用光纤测试线连接起来，在光纤测试线的另一端连接 DSP-FTK 的接收端，在测试仪的菜单上选择光缆测试，并选择调零，如图 7.16 所示。

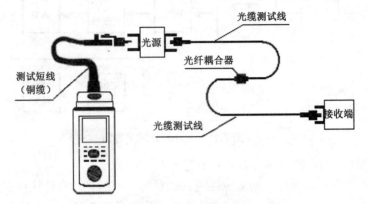

图 7.16　测试仪调零

(2) 测试前的准备工作。

① 要有一台 Fluke DSP 系列测试仪和 DSP-FTK 光缆测试包，分别从 A 到 B 和 B 到 A 测试光纤传输损耗。

② 为了便于两个地点测试人员之间的联络，应有无线电话(或有线电话)进行通话。

③ 有两条光纤测试线，用来建立测试仪与光纤链路之间的连接。

④ 测试人员必须戴上眼镜保护眼睛不受损。

(3) 光纤损耗的测试步骤。

光纤损耗测试采用两个方向的测试方法，具体测试步骤如下。

① 由位置 A 向位置 B 的方向上测试光纤损耗。

② 由位置 B 向位置 A 的方向上测试光纤损耗。

(4) 记录所有的数据。

对光缆的每条光纤进行逐条测试，按上述方法测出结果后，按公式计算的损耗作为布线系统工程光纤的初始值记录在案，以便日后查找。

(5) 重复测试。

如果测出的数据高于最初记录的光纤损耗值，说明光纤质量不符合要求。为此，应对所有的光纤连接器进行清洗。此外，测试人员还要检查设备的操作是否正确、测试跳线本身和连接条件有无问题等。如果重复出现较高的损耗值，应检查光纤链路上有没有不合格的接续、损坏的连接器、被压住/挟住的光纤等。检修或查清故障后，再进行校测，直到光纤损耗传输质量符合标准为止。

(6) 光纤链路损耗的计算。

光纤链路损耗参考值见表 7.16。

光纤链路的损耗用下面公式可以算出：

$$光纤链路损耗 = 光纤损耗 + 连接器件损耗 + 光纤连接点损耗$$

其中：

$$光纤损耗 = 光纤损耗系数(dB/km) \times 光纤长度(km)。$$

光纤连接器件损耗=每个连接器件的损耗×连接器个数。

光纤连接点损耗=每个光纤连接点的损耗×光纤连接点个数。

表 7.16 光纤链路损耗参考值

种 类	工作波长(nm)	衰减系数(dB/km)
多模光纤	850	3.5
多模光纤	1300	1.5
单模室外光纤	1310	0.5
单模室外光纤	1550	0.5
单模室内光纤	1310	1.0
单模室内光纤	1550	1.0
连接器件衰减		0.75
光纤连接点衰减		0.3

如图 7.17 所示为使用 Fluke DSP-100 测试仪及 DSP-FTK 光缆测试工具包，测试光缆获得的报告样张。

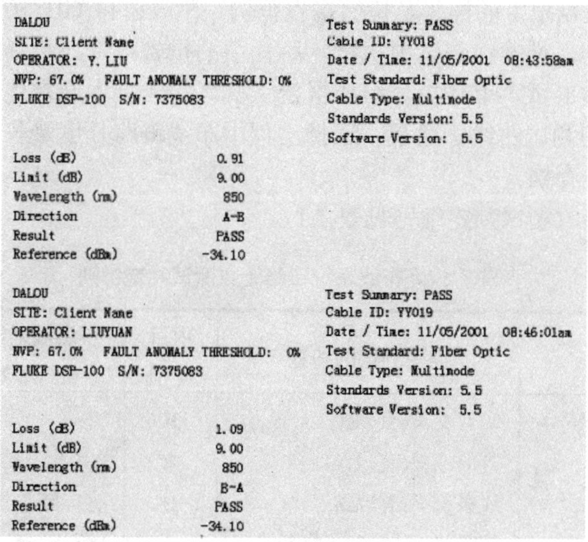

DALOU
SITE: Client Name
OPERATOR: Y. LIU
NVP: 67.0% FAULT ANOMALY THRESHOLD: 0%
FLUKE DSP-100 S/N: 7375083

Test Summary: PASS
Cable ID: YY018
Date / Time: 11/05/2001 08:43:58am
Test Standard: Fiber Optic
Cable Type: Multimode
Standards Version: 5.5
Software Version: 5.5

Loss (dB)	0.91
Limit (dB)	9.00
Wavelength (nm)	850
Direction	A-B
Result	PASS
Reference (dBm)	-34.10

DALOU
SITE: Client Name
OPERATOR: LIUYUAN
NVP: 67.0% FAULT ANOMALY THRESHOLD: 0%
FLUKE DSP-100 S/N: 7375083

Test Summary: PASS
Cable ID: YY019
Date / Time: 11/05/2001 08:46:01am
Test Standard: Fiber Optic
Cable Type: Multimode
Standards Version: 5.5
Software Version: 5.5

Loss (dB)	1.09
Limit (dB)	9.00
Wavelength (nm)	850
Direction	B-A
Result	PASS
Reference (dBm)	-34.10

图 7.17 光缆测试报告

这个样张针对一根室内多模光纤。

假如有一根光纤的长度为 500m，连接器件两个，光纤连接点两个，波长为 850nm。根据公式，可以算出这根光纤链路的损耗。

光纤损耗=3.5(dB/km)×0.5(km) = 1.75(dB)

连接器件损耗=0.75(dB)×2 = 1.5(dB)

连接点损耗=0.3(dB)×2 = 0.6(dB)

光纤链路损耗=1.75(dB)+1.5(dB)+0.6(dB) = 3.85(dB)

7.3 综合布线工程测试报告的编制

7.3.1 测试报告的内容

测试报告是测试工作的总结,也是测试工作的成果,并作为工程质量的档案进行保存。在编制测试报告时应该精心、细致,保证其完整性和准确性。

编制测试报告是一件十分严肃的工作,测试报告应包括正文、数据副本(同时形成电子文件)、发现问题副本三部分。正文应包括结论页,包含施工单位、设计单位、工程名称、使用器材类别、工程规模、测试点数、合格/不合格等情况,并统计合格率,做出结论。正文还应包括对整个工程测试生成的总结摘要报告(每条链路编号通过或未通过的结论)。数据副本包括每条链路的测试数据。发现问题副本上要反映全部不合格项目的内容。

7.3.2 测试样张和测试结果

为了增加读者编制报告的感性认识,本节提供了一个工程测试生成的总结摘要报告和一条数据链路测试数据报告的样张及检验报告范例,附表引自 GB 50312-2007 标准中的链路测试结果判定准则,推荐在测试中执行。所提供的报告范例还包括封面、结论页、报告文本、发现问题处置专页,上述内容组成报告正文。报告副本通常包括每条链路测试的数据及部分重要链路的测试曲线。通常,选择工程中布线链路长度最长、走向最复杂或重要部位的链路打印曲线存档。

布线系统链路验收测试判定细则见表 7.17。

表 7.17 布线系统链路验收测试判定细则

序号	测试项目	需要测试的参数	项目类别	被测线对出现一个(含一个)以上失败参数对判定结果的影响
1	连接图	线对交叉(有/无)	B	有:连接图项目不合格;该条链路不合格,需要通过修复达标
		方向线对(有/无)	B	
		线条交叉(有/无)	B	
		短路(有/无)	B	
		开路(有/无)	B	
		串扰等错误线对(有/无)	B	
2	长度	各线对长度	C	允许个别线对超标,在10%内合格
3	特性阻抗	各线对特性阻抗	B	项目不合格,该条链路不合格
4	环路电阻	各线对环路电阻	C	允许个别线对超标,但在40范围之内,判定合格
5	衰减量	各线对衰减量及余量	B	项目不合格,该条链路不合格
6	近端串扰损耗	各线对间串扰损耗及余量	B	
7	远方近端串扰损耗	各线对间串扰损耗及余量	B	

续表

序号	测试项目	需要测试的参数	项目类别	被测线对出现一个(含一个)以上失败参数对判定结果的影响
8	等效远端串扰损耗 ELFEXT	各线对间 ELFEXT 值及最差值、余量	B	项目不合格,该条链路不合格
9	相邻线对综合近端串扰 PSNEXT	各受干扰线对串扰功率的总和值,与标准最小差值的余量	B	
10	近端 ACR	各受干扰线对 ACR、余量	B	
11	远端等效串扰总和 PSNEXT	各受干扰线对 PSNEXT 与标准限制差及余量	B	
12	传输时延及时延差	各线对传输时延及各线对间的时延差值	B	
13	回波损耗 RL	各线对回波损耗值余量	B	
14	链路脉冲噪声	链路上 2min 内的脉冲平均个数≤10	B	项目不合格,该条链路不合格
15	链路背景噪声	噪声值≤-20dB	B	
16	安全接地	系统安全接地	B	
		屏蔽接地	B	
17	光纤链路	衰减 850mm A-B B-A 1300mm A-B B-A	B	衰减值超过设定值,项目不合格,该条链路不合格
18	光纤链路	链路长度	C	指出长度作为参考,出现断点则判定链路不合格

7.3.3 测试报告范例

测试报告封面及样张(仅供参考)

测 试 报 告

工程名称 _____

委托单位 _____

检验类别 _____

检测单位 _____

××系统集成公司
××年××月××日

某综合布线工程测试项目报告(样张)

序号	测试项目	需要测试参数	测试结果	结论
1	连接图	线对交叉(有/无)		
		方向线对(有/无)		
		线条交叉(有/无)		
		短路(有/无)		
		开路(有/无)		
		串扰线对及其他错误线对(有/无)		
2	长度	各线对长度		
3	特性阻抗	各线对特性阻抗		
4	环路电阻	各线对环路电阻		
5	衰减量	各线对衰减量及余量		
6	近端串扰损耗	各线对间串扰损耗及余量		
7	远方近端串扰损耗	各线对间串扰损耗及余量		
8	等效远端串扰损耗 ELFEXT	各线对间 ELFEXT 值及最差值、余量		
9	相邻线对综合近端串扰 PSNEXT	各受干扰线对串扰功率总和值，与标准的最小差值的余量		
10	近端 ACR	各受干扰线对 ACR、余量		
11	远端等效串扰总和 PSNEXT	各受干扰线对 PSNEXT 与标准限制差及余量		
12	传输时延及时延差	各线对传输时延及各线间的时延差值		
13	回波损耗 RL	各线对回波损耗值余量		
14	链路脉冲噪声	链路上 2min 内的脉冲平均个数≤10		
15	链路背景噪声	噪声值≤-20dB		
16	安全接地	系统安全接地		
		屏蔽接地		
17	光纤链路	衰减 850mm A-B B-A 1550mm A-B B-A		
18	光纤链路	链路长度		

注：结论必须是整个综合布线系统所有链路的测试结果。

某综合布线工程测试检验报告(样张)

共　页　　第　页

工程名称		使用产品 类型规格 生产厂家	
委托单位		检验类别	竣工(抽样)检验
设计单位		施工单位	
检验地点		检验时间	
检验信息点情况			
检验光缆情况			
检验依据	《综合布线工程验收规范》(GB/T 50312-2017) 《综合布线系统电气特性通用测试方法》(YD/T 1013-1999)		
检验结论			
备注			

基本链路测试数据列表(样张)

Cable Label	✓	Category	✓	📄	Length	Margin	Type*	Date/Time
0601d001	✓	Cat. 6	✓	📄	30 m	NEXT 3.1 dB	Auto L3	03-10-27 16:21
0601d002	✓	Cat. 6	✓	📄	16 m	RLoss 1.6 dB	Auto L3	03-10-27 16:23
0601d003	✓	Cat. 6	✓	📄	14 m	RLoss 1.9 dB	Auto L3	03-10-27 16:29
0601d004	✓	Cat. 6	✓	📄	16 m	RLoss 1.5 dB	Auto L3	03-10-27 16:30
0601d005	✓	Cat. 6	✓	📄	14 m	RLoss 0.8 dB	Auto L3	03-10-27 16:34
0601d006	✓	Cat. 6	✓	📄	14 m	RLoss 2.3 dB	Auto L3	03-10-27 16:35
0601d007	✓	Cat. 6	✓	📄	20 m	NEXT 3.6 dB	Auto L3	03-10-27 16:41
0601d008	✓	Cat. 6	✓	📄	17 m	RLoss 4.0 dB	Auto L3	03-10-27 16:50
0601d009	✓	Cat. 6	✓	📄	18 m	NEXT 2.2 dB	Auto L3	03-10-27 16:51
0601d010	✓	Cat. 6	✓	📄	20 m	NEXT 4.2 dB	Auto L3	03-10-27 16:53
0601d011	✓	Cat. 6	✓	📄	19 m	NEXT 5.3 dB	Auto L3	03-10-27 16:54
0601d012	✓	Cat. 6	✓	📄	18 m	NEXT 3.9 dB	Auto L3	03-10-27 16:57
0601d013	✓	Cat. 6	✓	📄	23 m	NEXT 4.4 dB	Auto L3	03-10-27 17:07
0601d014	✓	Cat. 6	✓	📄	21 m	NEXT 4.1 dB	Auto L3	03-10-27 17:09
0601d015	✓	Cat. 6	✓	📄	21 m	NEXT 3.3 dB	Auto L3	03-10-27 17:11
0601d016	✓	Cat. 6	✓	📄	23 m	NEXT 4.6 dB	Auto L3	03-10-27 17:17
0601d017	✓	Cat. 6	✓	📄	21 m	NEXT 3.0 dB	Auto L3	03-10-27 17:22
0601d018	✓	Cat. 6	✓	📄	14 m	RLoss 1.0 dB	Auto L3	03-10-27 17:29
0601d019	✓	Cat. 6	✓	📄	15 m	RLoss 0.0 dB	Auto L3	03-10-27 17:32
0601d020	✓	Cat. 6	✓	📄	21 m	NEXT 3.9 dB	Auto L3	03-10-27 17:43
0601d021	✓	Cat. 6	✓	📄	28 m	RLoss 3.5 dB	Auto L3	03-10-27 17:45
0601d022	✓	Cat. 6	✓	📄	27 m	NEXT 3.9 dB	Auto L3	03-10-27 17:47
0601d023	✓	Cat. 6	✓	📄	27 m	NEXT 2.3 dB	Auto L3	03-10-27 17:48
0601d024	✓	Cat. 6	✓	📄	14 m	RLoss -0.7 dB	Auto L3	03-10-27 17:52
0601d025	✓	Cat. 6	✓	📄	12 m	NEXT -1.0 dB	Auto L3	03-10-27 17:54
0601d026	✓	Cat. 6	✓	📄	15 m	RLoss 1.0 dB	Auto L3	03-10-27 17:56
0601d027	✓	Cat. 6	✓	📄	18 m	RLoss -0.3 dB	Auto L3	03-10-28 9:31
0601d028	✓	Cat. 6	✓	📄	19 m	NEXT 3.3 dB	Auto L3	03-10-28 9:36
0601d029	✓	Cat. 6	✓	📄	18 m	NEXT 3.6 dB	Auto L3	03-10-28 9:37
0601d030	✓	Cat. 6	✓	📄	19 m	NEXT 2.9 dB	Auto L3	03-10-28 9:42
0601d031	✓	Cat. 6	✓	📄	19 m	NEXT 2.9 dB	Auto L3	03-10-28 9:43
0601d032	✓	Cat. 6	✓	📄	20 m	NEXT 4.0 dB	Auto L3	03-10-28 9:44
0601d033	✓	Cat. 6	✓	📄	23 m	RLoss 2.8 dB	Auto L3	03-10-28 9:47
0601d034	✓	Cat. 6	✓	📄	23 m	NEXT 2.8 dB	Auto L3	03-10-28 9:49
0601d035	✓	Cat. 6	✓	📄	24 m	NEXT 3.5 dB	Auto L3	03-10-28 9:52
0601d036	✓	Cat. 6	✓	📄	23 m	NEXT 2.5 dB	Auto L3	03-10-28 9:59
0601d037	✓	Cat. 6	✓	📄	24 m	NEXT 4.3 dB	Auto L3	03-10-28 10:01
0601d038	✓	Cat. 6	✓	📄	26 m	NEXT 3.5 dB	Auto L3	03-10-28 10:52
0601d039	✓	Cat. 6	✓	📄	29 m	NEXT 3.2 dB	Auto L3	03-10-28 10:55
0601d040	✓	Cat. 6	✓	📄	30 m	NEXT 3.3 dB	Auto L3	03-10-28 10:57
0601d041	✓	Cat. 6	✓	📄	29 m	NEXT 3.4 dB	Auto L3	03-10-28 10:58
0601d042	✓	Cat. 6	✓	📄	29 m	NEXT 3.3 dB	Auto L3	03-10-28 11:00
0601d043	✓	Cat. 6	✓	📄	29 m	NEXT 4.6 dB	Auto L3	03-10-28 11:01
0601d044	✓	Cat. 6	✓	📄	30 m	NEXT 3.1 dB	Auto L3	03-10-28 11:02

基本链路测试数据(样张)

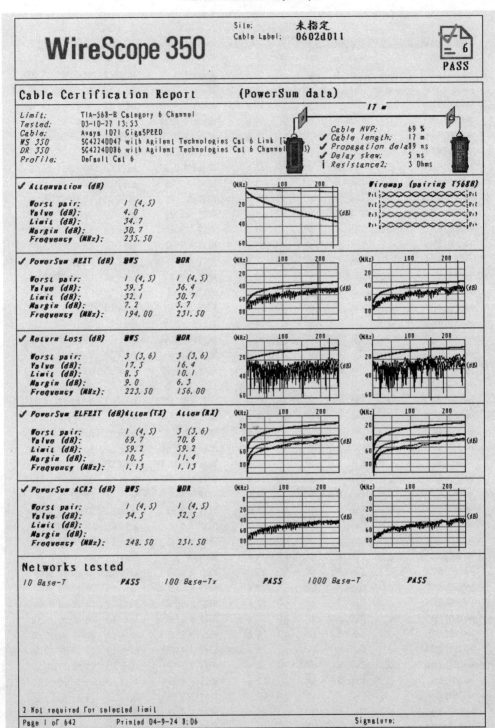

以上样张是采用 Agilent WireScope 350 测试六类布线系统的测试报告及信息点位列表，下面是一条基本链路的部分电气性能指标曲线图。NEXT 特性曲线图如图 7.18 所示，PSNEXT 特性曲线图如图 7.19 所示，ELFEXT 特性曲线图如图 7.20 所示，PSELFEXT 特性曲线图如图 7.21 所示，Attenuation 特性曲线图如图 7.22 所示。

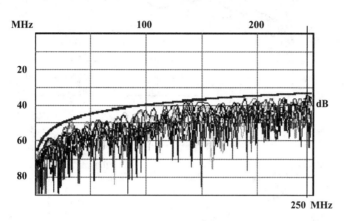

图 7.18　NEXT 特性曲线图

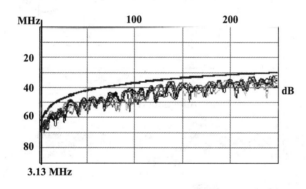

图 7.19　PSNEXT 特性曲线图

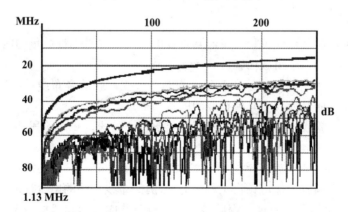

图 7.20　ELFEXT 特性曲线图

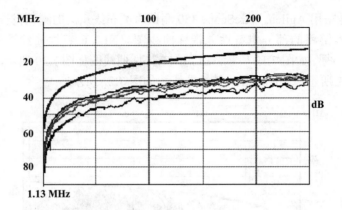

图 7.21 PSELFEXT 特性曲线图

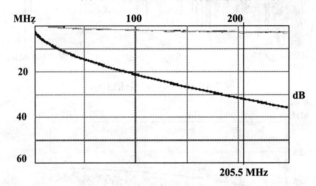

图 7.22 Attenuation 特性曲线图

7.4 综合布线工程验收

7.4.1 综合布线工程验收概述

1. 验收阶段

工程的验收工作对于保证工程质量起到重要的作用，也是工程质量的四大要素"产品、设计、施工、验收"的一个组成内容。

工程的验收贯穿于新建、扩建和改建工程的全过程，就综合布线系统工程而言，又与土建工程密切相关，而且涉及与其他行业间的接口处理。

验收阶段分随工验收、初步验收、竣工验收等几个阶段，每一阶段都有特定的内容。

(1) 随工验收。

在工程中，为随时考核施工单位的施工水平和施工质量，对产品的整体技术指标和质量有一个了解，部分验收工作应该在工程中完成(例如布线系统的电气性能验证测试工作、隐蔽工程等)，这样可以及早发现工程质量问题，避免造成人力和器材的大量浪费。

随工验收应对工程的隐蔽部分、设备材料的进场检查记录等进行验收，并填写相应的验收报告。设备、材料进场检查记录见表 7.18，隐蔽工程验收记录见表 7.19。在竣工验收时，一般不再对验收过的项目进行复查，但必须作为竣工资料的一部分。

表 7.18 设备、材料进场检查记录

工程名称			建设单位		
总承包企业			安装企业		
系统名称	综合布线部分		设备、材料名称		
序号	检查项目	检查记录		备注	
1	产品是否符合设计	符合			
2	规格、型号、数量	符合			
3	包装情况	完好			
4	外观检查	完好			
5	设备附件名称、数量(按装箱单验收)	符合			
6	随机文件：合格证、出厂试验报告、技术文件	齐全、完整			
7	进口产品：原产地证明、商检证明中文、有关文件资料	齐全、完整			

安装单位参加人员			监理(建设)单位参加人员	
检验员	质检人员	审核人员		
年 月 日	年 月 日	年 月 日	年 月 日	
施工单位专业技术负责人			监理工程师(建设单位项目技术负责人)	
年 月 日			年 月 日	

(2) 初步验收。

对所有的新建、扩建和改建项目，都应在完成施工调测之后进行初步验收。初步验收的时间应在原定计划的建设工期内进行，由建设单位组织相关单位(如设计、施工、监理、使用等单位人员)参加。

初步验收工作包括检查工程质量、审查竣工资料、对发现的问题提出处理的意见，并组织相关责任单位落实解决。

表7.19 隐蔽工程验收记录

工程名称			建设单位	
总承包企业			安装企业	
子分部工程名称			分项工程名称	综合布线工程
隐蔽部位			图纸编号	

序号	检查内容	规格	单位	数量	安装质量
1	管道排列 走向 弯曲处理 固定方式				
2	管道、桥架线槽连接，接线盒及桥架加盖				
3	接头处理				
4	其他				

安装单位参加人员				监理(建设)单位
施工班组长	质检人员	审核人员	技术人员	参加人员
年 月 日	年 月 日	年 月 日	年 月 日	年 月 日

施工单位专业技术负责人	监理工程师(建设单位项目技术负责人)
年 月 日	年 月 日

(3) 竣工验收。

综合布线系统接入电话交换系统、计算机局域网或其他弱电系统，在试运转后的半个月内，由建设单位向上级主管部门报送竣工报告(含工程的初步决算及试运行报告)，并请示主管部门接到报告后，组织相关部门按竣工验收办法对工程进行验收。

工程竣工验收为工程建设的最后一个程序，对于大、中型项目，可以分为初步验收和竣工验收两个阶段。

一般综合布线系统工程完工后，尚未进入电话、计算机或其他弱电系统的运行阶段，应先期对综合布线系统进行竣工验收，验收的依据是在初验的基础上，对综合布线系统各项检测指标认真考核审查。如果全部合格，且全部竣工图纸资料等文档齐全，也可对综合布线系统进行单项竣工验收。

2. 工程验收

(1) 验收的目的。

工程验收是全面考核工程建设工作、检验设计和工程质量的重要环节，是向国家汇报项目按设计内容建成以后的生产能力或效益、质量、成本、收益等全面情况及交付新增的固定资产的过程。竣工验收对促进项目的及时投产，发挥效益，总结建设经验，都有着重要的作用。

(2) 验收的要求。

由建设单位负责组织现场检查、资料收集与整理工作。设计单位，特别是施工单位都有提供资料和竣工图纸的责任。

在竣工验收前，建设单位为了充分做好准备工作，需要有一个自检阶段和初检阶段。

(3) 验收的范围。

对综合布线系统工程而言，验收的主要内容为：环境检查、器材检验、设备安装检验、线缆敷设和保护方式检验、线缆终接和工程电气测试等，验收标准为《综合布线工程验收规范》(GB/T 50312-2007)。

(4) 验收依据。

经过审批机关批准的以下文件。

① 可行性研究报告。
② 计划任务书。
③ 初步设计。
④ 技术设计。
⑤ 施工图设计。
⑥ 设计技术说明书。
⑦ 设计修改变更单。
⑧ 现行的技术验收规范。
⑨ 主管部门有关的审批、修改、调整意见等。

(5) 验收的条件。

验收应具备如下条件。

① 满足生产使用要求。
② 形成的生产能力、技术性能符合要求。
③ 经工程质量监督检验合格，有工程质量评定的意见。
④ 技术文件、工程技术档案和竣工资料正确、齐全、完整。
⑤ 生产维护管理人员配齐到岗。

(6) 验收组织。

竣工验收的组织要根据建设项目的重要性、规模大小和隶属关系来决定，并成立验收组织。

① 成立验收领导小组。

② 成立验收小组。

③ 应有建设单位、生产单位、设计单位、施工单位及相关的银行、审计、安全、消防、卫生、质监、监理、档案等部门参加。

④ 在组织竣工验收前，建设单位应事先做好验收的各项准备工作。

(7) 验收的工作程序。

按照验收小组规定验收计划、办法、分工，排定具体方法步骤，如工艺质量、性能测试指标、资料、图纸文件、审查造价等，按各专业分工进行。

验收小组是代表工程主管部门来进行验收的由多方代表参加的组织，最后的意见和结论是代表集体的，而不是某一单位或个人的签字和意见。要做到严格检查工程质量、审查竣工资料、分析投资效益，对发现的问题应提出处理的意见，并组织相关的责任单位落实解决。

验收合格后，才能做全面考核，进行试运行。在试运行阶段如果发现问题，仍由责任单位负责返修。

初步验收要写出初验报告，竣工验收要写出竣工验收报告，按规定内容由建设单位写出，向上级主管部门报送，并经验收小组审查。

(8) 竣工决算和竣工资料移交。

① 竣工决算。

在竣工验收后，建设单位和财务部门应组织编制单项工程的竣工决算和建设项目总决算，报上级主管部门，并办理固定资产交付使用的转账手续。

竣工决算是体现项目的实际造价和投资效果的文件，是办理交付、动用、验收新增固定资产的依据，是竣工验收报告的重要组成部分。建设单位必须做好竣工决算的编制，办理好财务决算，在全部工程竣工后要认真做好各项账务、物资以及债权、债务的清理结算工作，做到工完账清。

② 竣工资料移交。

这部分内容是组织竣工验收的重要环节，建设单位的竣工验收档案部门负责对所有的技术资料的收集、整理、分类、立卷工作，在正式验收会议上，建设单位向生产或使用单位移交 1~2 套整理完好的技术资料(包括竣工图)。

竣工决算编制说明中的主要内容如下。

◎ 项目建设的依据。

◎ 工程概算及概算修正情况。

◎ 固定资产投资计划下达情况。

◎ 资金来源情况分析。

◎ 投资完成情况及分析。

◎ 验收时间及验收部门。

◎ 交付使用资产情况(接收单位的证明)。

◎ 主要技术经济指标。

◎ 工程遗留问题及处理意见的落实情况。

◎ 验收工作的情况说明。

◎ 竣工技术资料。

③ 工程档案的收集和编制要求。

工程档案为项目的永久性技术文件，是建设单位使用、维护、改造、扩建的重要依据，也是对建设项目进行复查的依据。在项目竣工后，项目经理必须按规定向建设单位移交档案资料。

因此，项目经理所在的技术部门自承包合同签订后，就应派专人收集、整理和管理工程的档案资料，不得丢失。

综合布线系统工程的主要档案资料：首先要了解工程建设的全部内容，弄清其全过程，掌握项目从发生、发展、完成的全部过程，并以图、文、声、像的形式进行归档。

应当归档的文件，包括项目的提出、调研、可行性研究、评估、决策、计划、勘测、设计、施工、测试、竣工环节中形成的文件材料。

其中，竣工图技术资料是工程使用单位长期保存的技术档案，因此必须做到准确、完整、真实，必须符合长期保存的归档要求。

竣工图必须做到如下几点。

(1) 必须与竣工的工程实际情况完全符合。
(2) 必须保证绘制质量，做到规格统一，字迹清晰，符合归档要求。
(3) 必须经过施工单位主要技术负责人的审核、签字确认。

3. 工程竣工

(1) 工程检验项目及内容。

① 检验要求。

综合布线系统工程的验收包括建筑物、建筑群与住宅小区几个部分的内容验收，但每一个单项工程应根据所包括的范围和性质编制相应的检验项目和内容，不要完全照搬。

② 检验内容。

检验的具体项目和内容见表 7.20。

表 7.20 综合布线系统工程的检验项目及内容

阶 段	验收项目	验收内容	验收方式
施工前检查	环境要求	土建施工情况：地面、墙面、门电源插座及接地装置 土建工艺：机房面积、预留孔洞；施工电源；活动地板敷设	施工前检验
	器材检验	外观检查 规格、品种、数量 电缆电气性能抽样测试 光缆特性测试	施工前检验
	安全、防火	消防器材 危险物品的堆放 预留孔洞防火措施	施工前检验

续表

阶　段	验收项目	验收内容	验收方式
设备安装	设备机架	规格、形式、外观 安装垂直度、水平度 油漆不得脱落，标志完整齐全 各种螺丝必须紧固 防震加固措施 接地措施	随工检验
设备安装	信息插座	规格、位置、质量 各种螺丝必须紧固 标志齐全 安装符合工艺要求 屏蔽层可靠接地	随工检验
设备安装	电缆桥架及槽道安装	安装位置正确 安装符合工艺要求 接地	随工检验
电、光缆布放(楼内)	线缆布放	线缆规格路由、位置 符合布放线缆工艺要求 接地	随工检验
电、光缆布放(楼间)	架空线缆	吊线规格、架设位置、装设规格 吊线垂度 线缆规格 卡、挂间隔 缆线的引入符合工艺要求	随工检验
电、光缆布放(楼间)	管道线缆	使用管孔孔位 线缆规格；缆线走向 线缆防护设施的设置质量	隐蔽工程签证
电、光缆布放(楼间)	埋式线缆	线缆规格 敷设位置、深度 线缆防护设施的设置质量 回土夯实质量	隐蔽工程签证
电、光缆布放(楼间)	隧道线缆	线缆规格 安装位置、路由 土建设计符合工艺要求	隐蔽工程签证
电、光缆布放(楼间)	其他	通信线路与其他设施的间隔 进线室安装及施工质量	隐蔽工程签证

续表

阶　段	验收项目	验收内容	验收方式
线缆端接	信息插座 配线模块 光纤插座 各类跳线	符合工艺要求	随工检验
系统测试	工程电气 性能测试	连接图 长度 衰减 近端串扰 设计中特殊规定的测试内容	竣工检验
	光纤特性测试	类型(单模或多模) 衰减 反射	
工程总验收	系统接地	符合设计要求	
	工程技术文件	清点、交接技术文件	
	工程验收评价	考核工程质量、确认验收结果	

(2) 验收报告的格式。

① 正式验收。

施工单位在自验的基础上，确认工程全部符合竣工验收之日的前 10 天，向建设单位发送《竣工验收通知书》，通知书的主要内容格式如下：

> ×××(建设单位名称)
> 　　由我单位承建的×××工程，定于＿＿＿＿年＿＿＿＿月＿＿＿＿日竣工，进行竣工验收。请贵单位在接到本通知书后，约请和组织有关单位和人员，于＿＿＿＿年＿＿＿＿月＿＿＿＿日前来验收，并做完竣工验收工作。
>
> 　　　　　　　　　　　　　　　　　　　　　　(施工单位名称)
> 　　　　　　　　　　　　　　　　　　　　　　　年　月　日

签发《竣工验收证明书》，办理工程移交。

在建设单位验收完毕并确认工程符合竣工标准和合同条款规定的要求以后，即应向施工单位签发《竣工验收证明书》，其格式见表 7.21。

② 文档检验。

文档的内容和要求。综合布线系统工程的竣工技术资料应体现在工程的招标投标阶段，以及工程的初步设计、施工图设计及阶段设计的过程中。文档主要体现如下内容。

◎ 安装工程量。

◎ 工程说明。

◎ 设备、器材明细表。

◎ 竣工图纸。

◎ 测试记录。
◎ 工程变更、检查记录及施工过程中变更设计或采取的相关措施。
◎ 随工验收记录。
◎ 隐蔽工程签证。
◎ 工程决算。

表 7.21 竣工验收证明书

施工单位名称：

工程名称		工程地点	
工程范围		建筑面积	
工程造价			
开工日期	年　月　日	竣工日期	年　月　日
计划工作日		实际工作日	
验收意见			
建设单位验收人			
建筑单位主管(签字)	监理单位主管(签字)		施工单位主管(签字)
(公章)	(公章)		(公章)

③ 文档的格式。

对于规模较大的综合布线工程，可采用专用的计算机软件进行文档的制作与管理，对测试的记录也可自己制作表格。

7.4.2 综合布线工程环境与设备检验

1. 环境检验

(1) 如果交接间安装有源设备(集线器、交换机等设备)，设备间安装有计算机、交换机、传输等设备时，建筑物的环境条件应按上述系统设备安装工艺设计要求进行检查。

交接间、设备间安装设备所需要的交流供电系统和接地装置及预埋的暗管、线槽应由工艺设计提出要求，如程控交换机及计算机房都有相应规范规定。在土建工程中，通信设备直流供电系统及 UPS 供电系统应另立项目实施，并由工艺设计者按各系统要求进行设计。设备供电系统均按工艺设计要求进行验收。

(2) 应对交接间、设备间、工作区的建筑和环境条件进行检查，检查内容如下。

① 交接间、设备间、工作区土建工程已全部竣工。房屋地面平整、光洁，门的高度和宽度应不妨碍设备和器材的搬运，门锁和钥匙齐全。

② 房屋预埋地槽、暗管及孔洞和竖井的位置、数量、尺寸均应符合设计要求。

③ 在敷设活动地板的场所，活动地板防静电措施的接地应符合设计要求。

④ 交接间、设备间应提供 220V 单相带地电源插座。

⑤ 交接间、设备间应提供可靠的接地装置；设置接地体时，检查接地电阻值及接地装置，应符合设计要求。

⑥ 交接间、设备间的面积、通风及环境温度、湿度应符合设计要求。

2. 器材检验

(1) 器材检验一般要求如下。

① 工程所用线缆器材的形式、规格、数量、质量在施工前应进行检查，无出厂检验证明材料或与设计不符者，不得在工程中使用。特别是使用国外器件时，应有出厂检验证明及商检证书。

② 经检验的器材应做好记录，对不合格的器件应单独存放，以备核查与处理。

③ 工程中使用的线缆、器材应与订货合同或封存的报验产品在规格、型号、等级上相符。

④ 备品、备件及各类资料应齐全。

(2) 型材、管材与铁件的检验要求如下。

① 各种型材的材质、规格、型号应符合设计文件的规定，表面应光滑、平整，不得变形、断裂。预埋金属线槽、过线盒、接线盒及桥架表面涂覆或镀层均匀完整，不得变形、损坏。

② 管材采用钢管(在潮湿处应用热镀锌钢管，干燥处可用冷镀锌钢管)、硬质聚氯乙烯管时，其管身应光滑无伤痕，管孔无变形，孔径、壁厚应符合设计要求。

③ 管道采用水泥管块时，应按通信管道工程施工及验收中相关的规定进行检验。

④ 各种铁件的材质、规格均应符合质量标准，不得有歪斜、扭曲、飞刺、断裂或者破损。

⑤ 铁件的表面处理和镀层应均匀完整、表面光洁，无脱落、气泡等缺陷。

(3) 线缆的检验要求如下。

① 工程使用的对绞电缆和光缆型号、规格应符合设计的规定和合同要求。

② 电缆所附标志、标签内容应齐全、清晰。对绞电缆识别标记包括电缆标志和标签。

电缆标志：在电缆的护套上约以 1m 的间隔标明生产厂厂名或代号及电缆型号，必要时，还要标明生产年份。

标签：应在每根成品电缆所附的标签或在产品的包装外给出下列信息。

◎ 电缆型号。

◎ 生产厂厂名或专用标志。

◎ 制造年份。

◎ 电缆的长度。

③ 电缆的外护套应该完好无损，电缆应附有出厂质量检验合格证。如果用户要求，应附有本批量电缆的技术指标。

④ 电缆的电气性能抽验应从本批量电缆的任意 3 盘中各截出 100m 长度，加上工程中所选用的接插件，进行抽样测试，并做测试记录。

对绞电缆生产厂家一般以 305m、500m 和 1000m 配盘。在本批量对绞电缆中的 3 盘电缆中截出 100m 长度，加上工程采购的接插件进行电缆链路电气性能的抽样测试，结果应符合工程按基本链路连接方式所测的系统指标要求。有的工程，如社区网络对绞电缆，应按特定长度配长，中间不应有接头，一般可使用现场电缆测试仪对电缆的长度、衰减、近端串扰等技术指标进行测试。

对于光纤链路，在必要时，也可用相应的光缆测试仪对每根光缆按光纤链路进行衰减和长度测试。

⑤ 光缆开盘后，应先检查光缆外表有无损伤，光缆端头封装是否良好。

⑥ 综合布线系统工程采用 62.5μm/125μm 或 50μm/125μm 多模渐变折射率光缆和单模光缆时，应检查光缆合格证及检验测试数据。在必要时，可测试光纤衰减和光纤长度，测试要求如下。

◎ 衰减测试：宜采用光纤测试仪进行测试。测试结果如超出标准或与出厂测试数值相差太大，应用光功率计测试，并加以比较，断定是测试误差还是光纤本身衰减过大。

◎ 长度测试：要求对每根光纤进行测试，测试结果应一致，如果在同一盘光缆中光纤长度差异较大，则应从另一端进行测试，或者做通光检查，以判定是否有断纤现象存在。

⑦ 光纤接插软线(光跳线)检验应符合下列规定。

◎ 光纤接插软线两端的活动连接器(活接头)端面应装配有合适的保护盖帽。

◎ 每根光纤接插软线中光纤的类型应有明显的标记，选用时应符合设计要求。

(4) 接插件的检验要求如下。

① 配线模块和信息插座及其他接插件的部件应完整，检查塑料材质是否完好。

② 保安单元过压、过流保护各项指标应符合有关规定。

③ 光纤插座的连接器使用形式和数量、位置应与设计相符。

④ 光纤插座面板应有表示发送(TX)或接收(RX)的明显标志。

(5) 配线设备的使用应符合下列规定。

① 光、电缆交接设备的型号、规格应符合设计要求。

② 光、电缆交接设备的编排及标志名称应与设计相符。各类标志名称应统一，位置正确，标志清晰。

(6) 有关对绞电缆的电气性能、机械特性，光缆传输性能及接插件的具体技术指标，应符合设计及标准要求。

3. 设备安装检验

综合布线系统交接间内的配线柜或配线设备与布线电缆的连接如图 7.23 所示。

(1) 机柜、机架的安装要求如下。

① 机柜、机架安装完毕后，垂直偏差应不大于 3mm。机柜、机架安装位置应符合设计要求。

② 机柜、机架上的各种零件不得脱落或碰坏，漆面如有脱落，应予以补漆，各种标志应完整、清晰。

③ 机柜、机架的安装应牢固，如有抗震要求时，应按施工图的抗震设计进行加固。

(2) 各类配线部件的安装要求如下。

① 各部件应完整，安装到位，标志齐全。

② 安装螺丝必须拧紧，面板应保持在一个平面上。

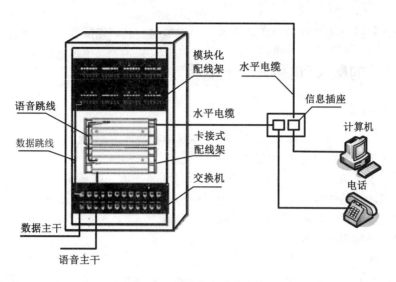

图 7.23 机柜中电缆的连接

(3) 8 位模块式插座的安装要求如下。

① 安装在活动地板或地面上,应固定在接线盒内,插座面板采用直立和水平等形式,接线盒盖可开启,并应具有防水、防尘、抗压功能。接线盒盖面板应与地面齐平。安装在墙体上,宜高出地面 300mm,如地面采用活动地板时,应加上活动地板内的净高尺寸。

② 对于 8 位模块式通用插座、多用户信息插座或集合点配线模块,安装位置应符合设计要求。

③ 对于 8 位模块式通用插座底座盒的固定方法,应按施工现场条件而定,宜采用预置扩张螺钉固定等方式。

④ 固定螺丝须拧紧,不应产生松动现象。

⑤ 各种插座面板应有标识,以颜色、图形、文字表示所接终端设备的类型。

(4) 电缆桥架及线槽的安装要求如下。

① 桥架及线槽的安装位置应符合施工图规定,左右偏差不应超过 50mm。

② 桥架及线槽水平度每米偏差不应超过 2mm。

③ 垂直桥架及线槽应与地面保持垂直,并无倾斜现象,垂直度偏差不应超过 3mm。

④ 线槽截断处及两线槽拼接处应平滑、无毛刺。

⑤ 吊架和支架安装应保持垂直,整齐牢固,无歪斜现象。

⑥ 金属桥架及线槽节与节间应接触良好,安装牢固。

(5) 安装机柜、机架、配线设备屏蔽层及金属钢管、线槽使用的接地体应符合设计要求,并应保持良好的电气连接。

(6) 安装机架面板,架前应留有 1.5m 空间,机架背面离墙距离应大于 0.5m,以便于安装和施工。

(7) 壁挂式机框底距地面宜为 300~800mm。

(8) 配线设备机架的安装要求如下。

① 采用下走线方式时,架底位置应与电缆上线孔相对应。

② 各直列垂直倾斜误差不应大于 3mm,底座水平误差每平方米不应大于 2mm。

③ 接线端子的各种标志应齐全。

④ 交接箱或暗线箱宜暗设在墙体内。预留墙洞安装，箱底高出地面宜为500mm。

7.4.3 线缆的敷设和保护方式检验

1. 线缆的敷设

(1) 综合布线子系统与建筑物内的线缆敷设通道对应关系如下。

① 配线子系统对应于水平线缆通道。

② 干线子系统对应于主干线缆通道，交接间之间的线缆通道，交接间与设备间、设备间与进线室之间的线缆通道。

③ 建筑群子系统对应于建筑物间的线缆通道。

(2) 线缆一般应按下列要求敷设。

① 线缆的型号、规格应与设计规定相符。

② 线缆的布放应自然平直，不得产生扭绞、打圈接头等现象，不应受到外力的挤压和损伤。

③ 线缆两端应贴有标签，应标明编号，标签书写应清晰、端正和正确。标签应选用不易损坏的材料。

④ 线缆终接后，应有余量。交接间、设备间对绞电缆预留长度宜为0.5～1.0m。

⑤ 线缆的弯曲半径应符合下列规定。

◎ 非屏蔽4对对绞电缆的弯曲半径应至少为电缆外径的4倍。

◎ 屏蔽4对对绞电缆的弯曲半径应至少为电缆外径的6～10倍。

◎ 主干对绞电缆的弯曲半径应至少为电缆外径的10倍。

◎ 光缆的弯曲半径应至少为光缆外径的15倍。在施工过程中，应至少为20倍。

⑥ 线缆布放。在牵引过程中，吊挂线缆的支点相隔间距不应大于1.5m。

⑦ 布放线缆的牵引力应小于线缆允许张力的80%，对光缆瞬间最大的牵引力不应超过光缆允许的张力。在以牵引方式敷设光缆时，主要牵引力应加在光缆的加强芯上。

⑧ 在线缆布放过程中，为避免受力和扭曲，应制作合格的牵引端头。如采用机械牵引，应根据线缆牵引的长度、布放环境、牵引张力等因素，选用集中牵引或分散牵引等方法。

⑨ 布放光缆时，光缆盘转动应与光缆布放同步，光缆牵引的速度一般为15m/min。光缆出盘处要保持松弛的弧度，并留有缓冲的余量，又不宜过多，以免光缆出现背扣。

⑩ 电源线、综合布线系统线缆应分隔布放。线缆间的最小净距应符合设计要求和规定。

对智能建筑物内线缆通道较为拥挤的部位，综合布线系统与大楼弱电系统合用一个金属线槽布放线缆时，各系统的线束间应使用金属板隔开，电源线与传输高频率线缆间的位置应尽量远离。一般情况下，各系统的线缆应布放在各自的金属线槽中，金属线槽应可靠地就近接地。各系统线缆间距应符合设计要求。

(3) 综合布线系统电缆、光缆与电力线及其他管线的间距应符合建筑物内线缆的敷设要求，建筑群区域内电缆、光缆与各种设施之间的间距应符合《本地网通信线路工程验收规范》(YD 5051-97)执行建筑物内电缆、光缆暗管敷设与其他管线最小净距的规定。

(4) 在暗管或线槽中线缆敷设完毕后,宜在通道两端出口处用填充材料进行封堵。

(5) 预埋线槽和暗管敷设线缆应符合下列规定。

① 敷设线槽的两端宜用标志表示出编号和长度等内容。

② 敷设暗管宜采用钢管或阻燃硬质 PVC 管。布放多层屏蔽电缆、扁平线缆和大对数主干电缆或主干光缆时,直线管道的管径利用率应为 50%～60%,弯管道应为 40%～50%,暗管布放 4 对对绞电缆或 4 芯以下光缆时,管道的截面利用率应为 25%～30%。

③ 预埋线槽宜采用金属线槽,线槽的截面利用率不应超过 50%。

④ 在暗管中布放不同线缆时,管径和截面利用率可用以下公式进行计算。

穿放线缆的暗管管径利用率的计算公式:

$$管径利用率 = d/D$$

其中:d——线缆的外径。

D——管孔的内径。

穿放线缆的暗管截面利用率的计算公式:

$$截面利用率 = M_1/M$$

其中:M_1——暗管直径的截面积。

M——穿放在暗管中的双绞线电缆的总截面积。

在暗管中布放的电缆为屏蔽电缆(具有总屏蔽和线对屏蔽层)或扁平型线缆(可为两根非屏蔽 4 对对绞电缆或两根屏蔽 4 对对绞电缆组合,一根 4 对对绞电缆和一根多芯光缆组合及其他类型的组合),主干电缆为 25 对以上,主干光缆为 12 芯以上时,宜采用管径利用率公式进行计算,以选用合适规格的暗管。

在暗管中布放的对绞电缆采用非屏蔽或总屏蔽 4 对对绞电缆及 4 芯以下光缆时,为了保证线对的扭绞状态,避免线缆受到挤压,宜采用管截面利用率公式进行计算,选用合适规格的暗管。

(6) 光缆与电缆同管敷设时,应在暗管内预置塑料子管,将光缆敷设在子管内,使光缆和电缆分开布放,钢管的内径应为光缆外径的 1.5 倍。

(7) 设置电缆桥架和线槽敷设线缆时应符合下列规定。

① 电线缆槽、桥架宜高出地面 2.2m 以上,线槽和桥架顶部距楼板不宜小于 300mm;在过梁或其他障碍物处,不宜小于 50mm。

② 槽内线缆布放应顺直,尽量不交叉,在线缆进出线槽部位、转弯处应绑扎固定,其水平部分线缆可以不绑扎。垂直线槽布放线缆应每间隔 1.5m 固定在线缆支架上。

③ 电缆桥架内线缆垂直敷设时,在线缆的上端和每间隔 1.5m 处,应固定在桥架的支架上;水平敷设时,在线缆的首、尾、转弯及每间隔 5～10m 处进行固定。

④ 在水平、垂直桥架和垂直线槽中敷设线缆时,应对线缆进行绑扎。对绞电缆、光缆及其他信号电缆应根据线缆的类别、数量、缆径、芯数分束绑扎。绑扎间距不宜大于 1.5m,间距应均匀,松紧适度。

⑤ 楼内光缆宜在金属线槽中敷设,桥架敷设时,应在绑扎固定段加装垫套。

(8) 采用吊顶支撑柱作为线槽在顶棚内敷设线缆时,每根支撑柱所辖范围内的线缆可以不设置线槽进行布放,但应分束绑扎。线缆护套应阻燃,线缆选用应符合设计要求。

(9) 建筑群子系统采用架空、管道、直埋、墙壁及暗管敷设电缆、光缆的施工技术要

2. 建筑综合布线工程线缆的保护方式检验

水平子系统线缆敷设保护应符合下列要求。

(1) 预埋金属线槽保护的要求如下。

① 在建筑物中预埋线槽，宜按单层设置，每一路由预埋线槽不应超过 3 根，线槽截面高度不宜超过 25mm，总宽度不宜超过 300mm。

② 线槽直埋长度超过 30m 或在线槽路由交叉、转弯时，宜设置过线盒，以便于布放线缆和维修。

③ 过线盒盖应能开启，并与地面齐平，盒盖处应具备防水功能。

④ 过线盒和接线盒盒盖应能抗压。

⑤ 从金属线槽至信息插座接线盒间的线缆宜采用金属软管敷设。

(2) 预埋暗管保护的要求如下。

① 预埋在墙体中间暗管的最大管径不宜超过 50mm，楼板中暗管的最大管径不宜超过 5mm。

② 直线布管每 30m 处应设置过线盒装置。

③ 暗管的转弯角度应大于 90°，在路径上，每根暗管的转弯角不得多于两个，并不应有 S 弯出现。有弯头的管段长度超过 20m 时，应设置管线过线盒装置，在有两个弯时不超过 15m，超过时应设置过线盒。

④ 暗管转弯的曲率半径不应小于该管外径的 6 倍，如暗管外径大于 50mm，则不应小于 10 倍。

⑤ 暗管管口应光滑，并加护口保护，管口伸出部位宜为 25～50mm。

(3) 网络地板线缆敷设保护的要求如下。

① 线槽之间应连通。

② 线槽盖板应可开启，并采用金属材料。

③ 主线槽的宽度由网络地板盖板的宽度决定，一般宜在 200mm 左右，支线槽宽度不宜小于 15mm。

④ 地板块应抗压、抗冲击和阻燃。

(4) 设置线缆桥架和线线缆槽保护的要求如下。

① 桥架水平敷设时，支撑间距一般为 1.5～3m，垂直敷设时，固定在建筑物构体上的间距宜小于 2m，距地 1.8m 以下部分应加金属盖板保护。

② 金属线槽敷设时，在下列情况下需设置支架或吊架。

◎ 线槽接头处。

◎ 每间距 3m 处。

◎ 离开线槽两端出口 0.5m 处。

◎ 转弯处。

③ 塑料线槽槽底固定点间距一般宜为 1m。

(5) 在活动地板下敷设线缆时，活动地板内净空应为 150～300mm。

(6) 采用公用立柱作为顶棚支撑柱时，可在立柱中布放线缆。立柱支撑点宜避开沟槽和线槽位置，支撑应牢固。立柱中，电力线和综合布线线缆合一布放时，中间应由金属板隔开，间距应符合设计要求。

(7) 在工作区的信息点位置和线缆敷设方式未定的情况下，或在工作区采用地毯下布放线缆时，在工作区应设置交接箱，每个交接箱的服务面积约为 80m²。信息插座安装于桌旁，距地面尺寸可为 300mm 或 1200mm。

(8) 金属线槽接地应符合设计要求。

(9) 金属线槽、线缆桥架穿过墙体或楼板时，应有防火措施。

(10) 干线子系统线缆敷设保护方式应符合下列要求。

① 线缆不得布放在电梯或供水、供气、供暖管道竖井中，亦不应布放在强电竖井中。
② 干线通道间应沟通，不能有隔挡。
③ 建筑群子系统线缆敷设保护方式应符合设计要求。
④ 光缆应装于保护箱内。

3. 线缆终接检验

(1) 线缆终接应符合下列要求。

① 线缆在终接前，必须核对线缆标识内容是否正确。
② 线缆中间不允许有接头。
③ 线缆终接处必须牢固，接触良好。
④ 线缆终接应符合设计和施工操作规程。
⑤ 对绞电缆与插接件连接应认准线号、线位色标，不得颠倒和错接。

(2) 对绞电缆芯线终接应符合下列要求。

① 终接时，每对对绞线应保持扭绞状态，扭绞松开长度对于五类线不应大于 13mm。
② 对绞线在与 8 位模块式通用插座相连时，必须按色标和线对顺序进行卡接。插座类型、色标和编号应符合规定。
③ 屏蔽对绞电缆的屏蔽层与接插件终接处屏蔽罩必须可靠接触，线缆屏蔽层应与接插件屏蔽罩 360° 圆周接触，接触长度不宜小于 10mm。

(3) 光缆芯线终接应符合下列要求。

① 采用光纤连接盒对光纤进行连接、保护，在连接盒中，光纤的弯曲半径应符合安装工艺要求。
② 光纤熔接处应加以保护和固定，使用连接器以便于光纤的跳接。
③ 光纤连接盒面板应有标志。
④ 光纤连接损耗值应符合标准规定。

(4) 各类跳线的终接应符合下列要求。

① 各类跳线线缆和接插件应接触良好、接线准确、标志齐全。
② 各类跳线的长度应符合设计要求，一般对绞电缆跳线不应超过 5m，光缆跳线不应超过 10m。

复习思考题

(1) 电缆认证测试的标准有哪些？
(2) 什么是双绞电缆的认证测试和验证测试？

(3) 电缆链路有几种？如何区分？
(4) 什么是近端串扰(音)(NEXT)？
(5) 什么是远端串扰(音)比(ACR)？
(6) 什么是基本链路测试？什么是通(信)道链路测试？
(7) 为什么光缆链路要进行双向测试？
(8) 为什么测试线缆前要对测试仪进行校准？
(9) 如何进行综合布线系统验收？
(10) 简述工程检验项目与内容。
(11) 简述线缆测试仪的选择。

第8章 综合布线案例

8.1 智能社区宽带网络系统设计方案

8.1.1 用户需求分析

(1) 家庭智能化系统。

近年来,随着国民经济的发展,人们的生活水平和自身素质也在不断提高,信息化社会的新要求正在日益逼近,这势必引起人们在家庭住房需求概念上的彻底变革,即从以往追求居住的物理空间和豪华的装修,向着享受现代化精神内涵与浪漫生活情趣的方向发展,追求更高的层次和境界。

智能化家庭所提供的服务,让人们足不出户就可以进行电子购物,网上医疗诊断,进入电子图书馆,点播 VOD 家庭影院,甚至在数千里之外遥控家里的空调设备,进行温度调节和家庭电器控制,以及照明的亮度调整。当家庭中发生安全报警(包括盗警、火警、煤气泄漏以及疾病紧急呼救等)时,在外的家庭成员可以在接到报警信息后,通过电话线路查询和确认家中的安全状况。

(2) 社区网络系统。

随着计算机技术和网络技术的发展,家庭计算机的普及,"上网"已经成为人们的常用语,各种信息网、服务网已经成为现代人们生活中必不可少的重要内容。社区网络服务中心是智能社区的大脑、信息交换中转站,高速的社区网络中心是社区住户步入信息社会,享受网络世界的重要保证。

社区内的高速计算机网,能为千家万户提供上网服务。家用计算机除可以管理家庭各种电器设备外,同时可利用内部网与社区的其他住户在网上进行交流、娱乐,还可在管理中心查询数据。社区网络面向住户开放公共信息网、社会服务网,并提供国际互联网等服务,使住户生活更方便,实现"人在屋中坐,便知天下事"的功能,且具有家庭办公室的作用。

(3) 社区 CATV 系统。

看电视是千家万户不可缺少的一项娱乐活动。电视节目的来源也是多种多样的,有卫星电视、有线电视、共用天线电视、社区自办电视等。通过智能综合布线实现的电视系统使住户共同面对一个"电视台",即社区综合电视网。

本系统布线简单,节目众多,且转换方便,通过增加用户终端设备,能够实现可寻址自动播放系统(VOD)。信号来源主要有共用天线系统、卫星电视信号、自办电视节目信号、共用天线系统的调频广播节目转播、当地有线电视光纤网络节目等。

(4) 社区设备自控(BAS)系统。

现代智能社区免不了有许多公共设施或设备,如水泵、发电机组、供冷、供热、照明、通风、电梯等。而这些设备本身既是管理监测的难点,又往往都是耗能大户。因此,如何便利生活,又通过科学手段加强对社区各种公共设备(施)的管理,降低管理成本,提高管理效率，创造舒适的生活环境，是社区物业的重要内容之一。传统管理缺乏科学性，物管人员劳动强度大，管理档次低，而社区设备控制管理系统的实现是社区公共设施智能管理水平的体现，也是社区物业硬件上档次的表现，同时也是住户的需要。系统让物业管理人员无须亲临现场，一切都可由系统自动完成。

如水压降低，监测系统自动通知水泵开启；停电时，发电机组自动开始工作；住宅楼集中供冷、热时，外界温度发生变化，中央空调机组将自动随之变化；社区路灯和楼道灯管理系统由控制中心控制器分别确定开关时间，而楼道灯是否开启则由声控开关完成，这样，可以确保照明设备白天不亮，而晚上有人在楼道中行走时，楼道灯会自动开启。

(5) 社区安全防范及报警系统。

社区安全防范报警系统是智能社区实现安全管理的重要系统，主要包括电视监控、防盗报警、求救求助、煤气泄漏报警、消防报警等。社区管理极为重要的内容是确保住户的安全。人人都可能出现一些意想不到情况，需要进行求助，现代居住的格局，邻里常年不来往已是常事，家庭生活的隐秘性、封闭性越来越强。因此，社区安全防范及报警系统就可为社区住户的安全提供必要的保障。

安全防范报警系统的特点如下。

◎ 中央控制系统必须提供与社区网络系统的连接。

◎ 中央控制系统必须与市内110、社区音响系统联动。

◎ 系统误报率小于0.1%。

◎ 社区电视监控：在社区的出入口、周界、车库，以及重要场所设置监视点。所有摄像点的设置，要求做到可对社区实施全方位的监视布控，并有助于社区的物业管理。

◎ 防盗报警：在社区每一住户内，安装防盗报警装置。当住户家中无人时，可把家庭内的防盗报警系统设置为布防状态；当窃贼闯入时，报警系统自动发出警报，并向社区安保中心报警。

◎ 巡更、周界报警系统：在中心区的围墙上设置主动红外对射式探测器，防止罪犯从围墙翻入社区作案，保证社区内居民的生活安全；在社区内设置电子巡更系统，让保安人员定时、定点在社区内进行巡视，以弥补其他技防手段的不足，及时发现可疑情况，防患于未然。

◎ 出入口控制系统：对社区的车辆出入口、楼宇出入口进行监视与控制，社区住户与物业管理人员及保安人员配备不同级别的IC智能卡，对出入社区人员进行身份鉴别、确认，以及出入信息登记，提供住户出入社区信息的登记与查询功能。

◎ 消防紧急报警：在社区的各个楼栋内安装消防栓启动按钮，当有火灾发生时，住户可按下此按钮，通知物业管理中心，同时，系统自动启动背景音响系统中的紧急程序，停止播放背景音乐，插播告警信息。

◎ 煤气泄漏报警：当室内煤气超过正常标准时，煤气泄漏报警启动，通知管理中心，并可关闭煤气阀门，启动排气装置。

(6) 社区对讲系统。

社区对讲系统是社区管理中心或来访者与用户直接通话的一种快捷通信方式。该系统有助于实现下列功能的沟通。

◎ 来访客人、朋友的通行。

◎ 紧急呼救的情况询问。
◎ 紧急事件、公共信息的通知。
◎ 车辆移动及邮件通知。
◎ 其他情况的通话。

对讲系统可以在户内、户外、控制中心安装上摄像机，实现可视对讲。系统安全可靠、不占用住户的电话线路，同时，住户可将自家的对讲系统设成免打扰，这样，可以不接收来自中心的询问。紧急情况时，在按下紧急按钮后，对讲自动开启，恢复与中心的联系。系统有呼叫应答键、关闭键、免打扰键、控制器、对讲器，并通过专线与中心的对讲控制台相连。线路如有破坏，中心的计算机上会有指示，保证线路安全通畅。系统分为两种：一种是独立单元式，适用于少量住户的区域；另一种是中心集中式，适用于多栋楼宇的区域，并可由计算机记录数据，便于查询。

(7) 社区智能抄表系统。

对于传统方式的住户来说，水、电、气抄表给物业管理和用户带来了极大的不便，误差大、时效性差、统计计算工作量大，且带有人为的随意性，尤其用户咨询时极不方便，不仅让物业管理人员头痛，用户也不满意，甚至经常导致物业管理者与住户之间产生矛盾。智能抄表系统的推出，可以很好地解决传统抄表方式带来的问题。该系统可以节省时间、节省人力物力，提高工作效率，降低物业管理成本，让用户能及时了解用水、电、气的情况，真正实现了物业管理为用户着想的愿望，准确、及时地将住户和物业管理部门所需的三表数值反映到中央控制中心。

(8) 社区物业管理系统。

社区物业管理系统是社区管理实现规范化、科学化、程序化的重要系统。该系统主要内容有如下几种。

◎ 居民信息管理。
◎ 社区管线信息管理。
◎ 物业收费自动化系统。
◎ 设备运行状态信息管理及调控。

(9) 社区停车库管理系统。

机动车是现代社会的重要交通工具，随着人们生活水平的提高，私人拥有车辆对现代社区来说已很普遍，因此，社区停车管理越来越迫切地成为摆在社区管理者面前的课题。社区车辆管理系统可以成为得力助手，它能将社区车辆按时间、顺序、内外单位、价格等不同因素分门别类地管理，给停车用户提供停车方便，使车辆更加安全，也使社区车辆管理更加完善和规范。车辆管理系统由出入读卡器、自动开门机、探测器、控制器等设备组成。这种系统是社区车辆管理停车场车辆管理的理想系统。

(10) 增值服务系统。

社区增值服务系统实际是利用社区网络通信系统实现的各种服务，具体内容如下。

① 满足社区居民对信息发布、交流与沟通的需求，以及通过 Internet 和 Intranet 进行网络娱乐活动，获取远程服务，满足如远程医疗、远程教育、远程咨询、远程购物、远程阅读等各种需求。

② 为社区物业管理公司进行社区信息系统管理提供快捷、多样的方式和方法，保证管理人员能够及时了解社区内的状况，并能够做出迅速的响应或回复。另外，可以为社区

居民提供周到、全面的信息服务，或者实现社区服务的信息化。

③ 为社区居民和社区物业管理公司之间快速、充分的信息交流提供可靠的保证。

④ 视频点播业务(VOD)。

◎ Internet 访问服务以及相应的计费服务。

◎ 个人主页服务允许社区居民在社区的 Web 服务器上发布个人主页。

◎ 其他服务。包括网络域名服务；用户求助、咨询服务；网络聊天服务；休闲讨论组(论坛)服务；网络电子公告牌(BBS)服务；公共信息服务；远程医疗服务；远程教育服务；远程购物服务；远程游戏服务等。

总之，随着宽带应用越来越普及，尤其是 IPTV、在线娱乐、高清图像传输和 VOD 等网络新型业务应用的兴起，人们对带宽的需求越来越强烈。在北美，每个用户的带宽需求在 3~5 年内将达到 70~100Mb/s。在如此高的带宽需求下，传统的技术将无法胜任，因此，需要更高带宽和高稳定性的宽带接入技术。

8.1.2 宽带接入方式比较

1. 概述

传统的小区宽带接入技术可分为以下几种：DDN(Digital Data Network)、Cable Modem、ADSL(Asymmetric Digital Subscriber Line)、DSL(Digital Subscriber Line)、VDSL(Very High Speed Digital Subscriber Line)、ISDN(Integrated Services Digital Network)等。这些方式大都基于数据、图像、电话等综合业务，来实现数据的处理和传输，无法满足用户对高速度、高效率、高容量的网络的追求。因此，基于光纤 FTTx 接入技术的应用显得尤为重要。

目前，所采用的光纤接入技术有 FTTx+LAN、无源光网络 PON 技术、EPON(Ethernet Passive Optical Network)、APON(ATM PON)、GPON(Gigabit-Capable PON)等。

2. 接入方式比较

(1) DDN 接入技术。

数字数据网(Digital Data Network，DDN)是利用数字信道传输数据信号的数据传输网，它的传输媒介有光缆、数字微波、卫星信道以及用户端可用的普通电缆和双绞线。利用数字信道传输数据信号与传统的模拟信道相比，具有传输质量高、速度快、带宽利用率高等一系列优点。DDN 向用户提供的是半永久性的数字连接，并且没有复杂的软件处理，因此延时较短，克服了分组网中传输延时大且不固定的缺点；DDN 采用交叉连接装置，可根据用户需要，在约定的时间内接通所需带宽的线路，信道容量的分配和接续在计算机控制下进行，具有极大的灵活性，使用户可以开通种类繁多的信息业务，传输任何应用信息。

DDN 技术是点对点连接技术。由于它采用基于连接的技术和数据纠错算法，所以产品的性能非常稳定，是早期宽带的主要接入方式。由于 DDN 采用时基同步技术，可以对几条 DDN 线路进行合并，所以能够提供更大的带宽：

$$最大带宽 = N \times 2\text{Mb/s} \quad (其中 N 为合并的线路数量)$$

由于 DDN 技术的特殊性，它提供的服务比较昂贵，所以早期只有少量的用户采用。现在由于其他技术的发展，而 DDN 设备的技术发展比较慢，以及性价比的原因，目前也只有较少的用户采用这种技术进行宽带接入。

(2) 基于 Cable Modem 的宽带接入技术。

电缆调制解调器又名线缆调制解调器，英文名称是 Cable Modem，它是近几年随着网络应用的扩大而发展起来的，主要用于有线电视网的数据传输。

Cable Modem 与以往的 Modem 在原理上都是对数据进行调制后，在 Cable(电缆)的一个频率范围内传输，接收时进行解调，传输原理与普通 Modem 基本相同。而不同之处在于，它是通过有线电视 CATV 的媒介传输频带进行调制解调的。而普通 Modem 是在用户与数字程控交换机之间的传输，并且是独立的，即用户独占通信介质。Cable Modem 属于共享介质系统，其他空闲频段仍然可用于有线电视信号的传输。

Cable Modem 彻底解决了由于声音图像的传输而引起的阻塞，其速率已达 10Mb/s 以上，下行速率则更高。一般从 42M～750MHz 的电视频道中分离出一条 6MHz 的信道用于下行传送数据。通常，下行数据采用 64QAM(正交调幅)调制方式，最高速率可达 27Mb/s；如果采用 256QAM(正交调幅)，最高速率可达 36Mb/s。上行数据一般通过 5M～42MHz 的一段频谱进行传送，为了有效抑制上行噪音积累，一般选用 QPSK 调制。QPSK 比 64QAM 更适应噪音环境，但速率较低，上行速率最高为 10Mb/s。Cable Modem 本身不单纯是调制解调器，它集 Modem、调谐器、加密/解密设备、桥接器、网络接口卡、SNMP 代理和以太网集线器的功能于一身，无须拨号上网，可永久连接，在接入服务商的设备与用户的 Modem 之间，建立了一个 VLAN(虚拟专网)连接。大多数的 Cable Modem 提供一个标准的 10BaseT 以太网接口，同用户的 PC 设备或局域网集线器连接。基于 Cable Modem 的 Internet 接入如图 8.1 所示。

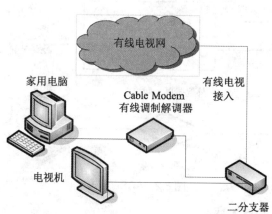

图 8.1 基于 Cable Modem 的 Internet 接入

从图 8.1 可以看出，从用户有线电视室内接线盒处，连接一个有线电视二分支器。二分支器的一个输出端口与电视机相连，可以正常收看电视；二分支器的另一个输出端口与 Cable Modem 的 Cable TV 口相连，计算机的网卡通过双绞线(UTP)与 Cable Modem 的 RJ-45 口相连。

目前，基于 Cable Modem 的技术主要在广电领域得到应用，目的是希望利用现有的有线电视线路，节省大量的线缆和施工费用。Cable Modem 的宽带接入技术是一种总线型的，并且是不对称的接入技术。

(3) 基于 XDSL 的宽带接入技术。

所谓 XDSL 技术，是指一系列基于 DSL 技术的网络接入。传统拨号上网方式采用模拟传输技术，因此，使用普通调制解调器接收数据的速率最多为 56kb/s(在使用 ISDN 的条件下，可以接收到最高速率为 128kb/s 的信号，ISDN 可以被看作是 DSL 的初级阶段)。XDSL 不要求对数字数据进行模拟转换，数字信号仍作为数字信号直接传送到计算机，这使得电信公司可以将更大的带宽用于为用户传输数据。同时，还可以将信号分离开，将一部分带宽用于传输模拟信号，这样，就可以在一条线路上同时使用电话和计算机了。

DSL 传输方式是不对称传输，其下行速率(b/s)和上行速率(b/s)是不同的。至于最大传输距离，典型应用中，在使用电话线时，需要的分线器为 2M/4M/5km，如果使用放大器，可达 12km。T1/E1 专线、无线机站的互连采用的编码方式与线路质量有关，多用于高速的 LAN 互连、因特网接入，以及视频会议等。

实际上，基于 XDSL 的宽带接入技术的产品，基本原理都非常相似，电信部门把它作为目前可以充分利用的现有设备和线路的主要手段。同时，它的主要技术指标能够满足一般的网络需求，所以，XDSL 技术可以作为一个廉价的宽带接入方式，可以提供低速对称接入，也可以提供高速不对称接入服务。它的出发点与广电的 Cable Modem 技术相似，主要是希望节省人工费用，实际上，ADSL 节省的费用比 Cable Modem 要明显，因为它无须对线路进行改造。它的主要问题是距离的限制非常明显，随着电信公司把大量的模块布置于贴近用户社区，基于对称的 VDSL 技术，将是一个主流的发展方向。ADSL 也是一个低成本的宽带解决方案。ADSL 接入如图 8.2 所示。

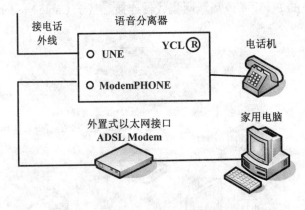

图 8.2　ADSL 接入

(4) 基于光纤的宽带接入技术。

基于光纤的宽带接入技术根据光纤深入用户的程度，可细分为光纤到小区/路边(FTTC)、光纤到驻地(FTTP)、光纤到楼(FTTB)、光纤到用户(FTTH)、光纤到办公室(FTTO)、光纤到交接箱(FTTCab)或光纤到服务区(FTTSA)等几种应用类型。在这些光接入网中，光纤到户(FTTH)是一种与未来网络基础设置和相关电信运营业务转型息息相关的战略应用型技术，也是 FTTx 最终的发展目标。

另外，FTTB+LAN(局域网)技术是指采用光纤作为数据传输链路，同时采用基于 LAN(局域网)的技术作为用户的接入。

FTTB+LAN 技术是把以太网技术用在宽带 Internet 技术中，目前主要采用快速以太网技术和城域网技术来实现。实际上，它是城域网络的衍生和拓展。

基于 FTTB+LAN 方式的宽带接入方式如图 8.3 所示。

从图 8.3 可以看出，FTTB+LAN 的宽带接入方式是一个典型的基于 802.3x 系列协议的快速以太网，它连接电信的城域网。用户社区是一个小型的局域网，到每个用户端的网络速度为 100Mb/s，用户通过快速以太网络交换技术，可以共享光纤出口。随着高速以太网络的成本不断降低及性能的不断提高，可以提供 100Mb/s 或 1000Mb/s(用户端需使用六类双绞线)的快速网络到用户端，而不用更换线路或其他设备，系统的性能及可维护性能都非常好。它是一种非常高效率的系统，是目前宽带接入技术的主流产品及技术。

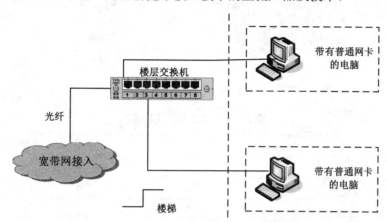

图 8.3 基于 FTTB+LAN 方式的宽带接入方式

用光纤实现用户接入网络主要有两种拓扑形式。

一种是点对点的拓扑(Point to Point，P2P)，用光纤直接连接到用户，从局端或是远端机房到每个用户都用一根独立的光纤，这种点到点的传输方式可以使得每个用户的实际上行带宽和下行带宽达到 100Mb/s，甚至可以达到 1000Mb/s。它虽有利于宽带的扩展，但光纤和光学器件等耗材的成本相对较高。

另外一种是使用点对多点拓扑方式(P2MP)的无源光网络(PON)，即用无源器件 Splitter(光分路器)将光信号进行分支，使用一根光纤为多个用户提供通信服务。在这一点上，采用点到多点的方案，将光信号分路广播给各用户终端设备 ONU/T，大大地降低了光收发器的数量和光纤用量，降低了中心局所需的机架空间，与此同时，节省了光缆资源以及其他建置成本，在成本投入上有着明显的优势。因此，PON 已经成为当前 FTTH 应用的热门技术。在实际应用中，PON 主要包括 BPON(APON)、EPON、GPON。

(5) 基于 802.11 的无线局域网络宽带接入技术。

无线局域网络(Wireless Local Area Networks，WLAN)是相当便利的数据传输系统，它利用射频(Radio Frequency，RF)技术，弥补双绞铜线(Coaxial)所构成的局域网络的空白，使得无线局域网络能利用简单的存取架构，让用户通过它实现"信息随身化、便利走天下"的理想境界。它是基于 802.11 系列协议提供网络传输及服务的。

基于 802.11 系列协议技术的无线宽带接入技术目前已经非常成熟，它可以提供各种网络接口。系统结构如图 8.4 所示。

从图 8.4 中可以看出，基于 802.11 的宽带接入技术是以太网网络接入技术的补充。目前，无线产品能够提供的网络接入速度见表 8.1。

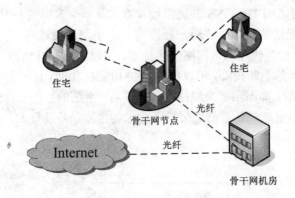

图 8.4 基于 802.11 的无线宽带接入方式

表 8.1 无线接入协议与速度

协 议	速度(Mb/s)
802.11a(工作频率 5GHz)	54
802.11b(工作频率 2.4GHz)	11
802.11g(工作频率 2.4GHz)	22
802.11n(工作频率 2.4GHz 和 5GHz)	300

(6) 总结。

通过以上分析，几种宽带技术是互为补充和在特定环境下可以选择的技术。不过，从技术发展和用户对资源需求不断增长的角度看，那些能提供高度扩展和提供更高速度的产品及技术将得到大量采用。在将来的宽带接入技术发展过程中，材料成本及人工成本将占很大的比例。以上几种接入产品及接入技术的比较见表 8.2。

表 8.2 宽带接入技术的比较

	FTTx	Cable Modem	ADSL
频带(上行)	10～100Mb/s(独享)	10Mb/s(多用户分享)	64～640Mb/s
频带(下行)	10～100Mb/s(独享)	38Mb/s(多用户共享)	1.5～8Mb/s
最高速度	1000Mb/s 以上	300Mb/s	
接入方式	光纤到楼网线入户	光纤到社区同轴入户	普通电话线
质量	高	较高	较高
安装	方便	不方便	方便
维修	方便	不方便	不方便
技术	数字宽带技术	模拟宽带技术	非对称数字技术
稳定性	稳定	随节目多少波动	较稳定
高速访问	支持	支持	支持
视频点播	支持	支持	支持
远程医疗家教	支持	不支持	支持
采用 VPN 联网	支持	不支持	支持

8.1.3 FTTx+LAN 的接入方案

近些年来，互联网的普及和信息化程度的提高，使人们对信息的依赖越来越强，计算机和存储技术的快速发展，消除了用户终端和内容提供者之间的瓶颈，由传统的电话网承载数据业务已不能满足宽带数据的多种应用，用户对网络，特别是接入网络的带宽和质量提出了更高的要求。与传统语音业务不同的是，数据应用用户占据的地位更加显著，业务的需求也更加多样化。

目前的宽带数据网络中，IP 作为数据业务的主要形式，其业务实现的灵活性、低成本，尤其是丰富的应用支持，都已使 IP 技术成为网络发展的方向。IP 城域网由于在传输容量、路由及业务等方面拥有独特的优势，成为面向用户接入的主要数据传输网络。

1. FTTC+LAN 接入

FTTC+LAN 接入方式是为智能化社区提供的以太网接入方案，它不同于普通的局域网，是一种有服务质量保证、可管理、智能化的以太网。

FTTC+LAN 接入方式如图 8.5 所示。

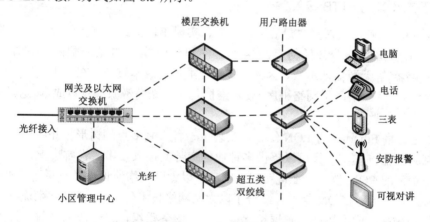

图 8.5 FTTC+LAN 接入方式

这种接入方式的网络设计采用三级结构：社区中心配置社区业务网关和处理能力较强、容量较大的以太网交换机，以及相应的社区信息中心、管理中心和其他应用平台。上级接口采用光纤接口，接入城域网的汇接层。社区内建议采用 100Mb/s 或 1000Mb/s 光纤到楼，楼内可根据需要配置相应规格的以太网交换机。采用超五类双绞线入户，用户端可连接家用路由器设备，以供连接相应的设备。

FTTC+LAN 方式建网成本较低，网络升级方便，能够最佳地支持多种协议和应用软件。此方式要求社区线路进行完全改造，适用于有综合布线的社区和新建社区。

楼内以太网交换机的上连接口建议采用光口，而不是电口，再增配光电转换器，就可以提高网络速度，节省设备空间，增强可靠性及提升网络的性能。

三级网络结构使用户流量带宽分级汇聚收敛，相对二级星形网络，可以使流量分布及整个网络的设备组合更加合理，进而降低建网的成本。

社区用户之间的安全性和保密性，可通过端口物理隔离或 VLAN 划分等方式来实现。

社区中心的业务网关，即低端的宽带接入服务器，对社区接入用户实现认证、授权、计费，对接入链路实施流量控制，并且方便地开展社区业务和高速 Internet 等公众业务，实现可管理、可控制的差别服务。

社区以太网通过业务网关接入公网。业务网关与 BAS 配合使用，可以减少对 BAS 的压力，灵活实现多 ISP、多业务动态选择的功能。社区用户接入业务的计费和管理可以完全委托公网 ISP 实现，同时，在本地保留计费信息，实现二次计费。所谓的"管理外包"，不仅可以降低社区网络的投资，而且把相对专业的管理交给专业人员，能够获得更好的服务效果。特别是对于电信投资建设的信息化社区，这种建网方式可以有效地控制社区内部用户的业务功能，且能够集中进行管理。利用业务网关，能够方便地实现本地业务服务，社区通过增加服务器，可使社区经营者对内部用户采取更灵活的用户策略。

路由器、交换机构成了智能社区以太网，而社区业务网关的引入，很好地解决了社区内部用户的安全性、服务质量、计费等一系列敏感问题。因而，采用业务网关构筑 LAN 用户的社区，是一种电信级别的宽带 LAN 社区解决方案，能够为社区网络经营者和最终用户提供电信级别的接入服务和网络管理维护，从而体现电信方面雄厚的技术优势和用户至上的服务意识。

2. 基于 EPON 的 FTTB 接入

目前，PON 是解决接入网"最后一公里"、实现 FTTx 最具优势的技术。当前业界的"无源"，主要指的是不含任何有源电子器件和电源模块的光分配网(ODN)，全部由 Splitter(光分路器)等无源器件组成，因此，其管理维护的成本较低，在很大程度上可以节省局端的光模块和光纤，节省了网络机房、设备维护及大量光缆资源等建设成本。这是 PON 在接入网发展中最具吸引力的一面。

EPON 通过将 Ethernet 与 PON 结合，实现了一种点到多点的树形拓扑结构，该方案拥有无源光网络传输方式，并且可以提供多种业务宽带的接入技术。在实现上，该技术在物理层上采用相应的 PON 技术，在链路层上则基于以太网网络协议，并且采用了 PON 的以太网网络接入。因此，EPON 是一种综合了以太网网络技术优点和 PON 技术优点，具有灵活快速、带宽极高、成本较低和扩展性优良特点的服务重组，已经成为当前光接入网领域中的热门技术。

目前，EPON 技术已经趋于成熟，主要体现在以下几个方面：经过各权威标准化组织、设备和运营商等的共同努力，当前的 EPON 技术已经相对成熟稳定。在中国电信运营商的主导和推进下，EPON 系统和相应的芯片已经完成了相应的互通测试。并且，在产业规划和发展上，当前的 EPON 产业链也在不断地发展和成熟，相关的软件、硬件的建设成本也在进一步下降，形成了较好的、合理的市场竞争格局，达到了规模化商用水平。

网络构建时，EPON 系统可以通过网络侧的 OLT 和 ODN 以及用户侧的 ONU 组成，如图 8.6 所示。

EPON 系统可能包括相应的 FTTB 相关应用。根据实际工程经验，ODN 的通道衰减全程可以达到 26dB(具体需要看实施的环境)。分光比的减小，会增大相应的覆盖范围，最大可以达到 20km。因此在设计过程中可以计算投入实施的无源光分配网络中最远的终端信道衰减，并且通过相应的最坏值法，核算其信道衰减。

在组网方式上，可以有一级分光和二级分光。前者应用于商务楼、小区比较集中的地区，后者则广泛应用于住宅小区比较匮乏的地区。普通的 PON 系统保护可以采用全保护、馈线光纤保护等。

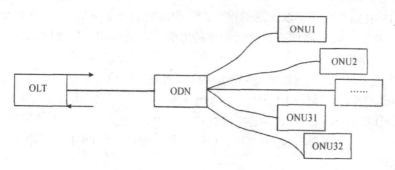

图 8.6　基于 EPON 的 FTTB 接入

OLT 的设计原则主要考虑汇聚和传送作用。一般可以提供不少于 32 个 PON 口，并且采用 GE 上连电路。最新的技术可以实现 10GE 接口。具体的配置需要结合端局当前小区的数量以及规模。OLT 的设备节点设置可以在城域网一级汇聚节点中选择，并且根据实际场景确定相应的覆盖范围。光分路器的设置原则可以根据相应的光分路比进行，主要考虑光路的信道衰减以及用户的带宽需求。光分路器原则上级联不应该超过两级，并且基于 EPON 的接入最好在一级和二级的分路比乘积上小于 32。

ONU 设计原则主要采用本地供电，优先采用物业提供的防护系统。对于语音业务，可以实现相应的 IP 电话，或者在 ONU 内集成相应的 IAD(综合接入设备)。当然，后者费用相对昂贵。

保障断电语音业务可以根据需要配置相应的断电保护模块。ONU 可以实现跨楼道实施，这种需求常见于设备数量有限而楼道有线路可以利用的情形。选型方面则主要考虑实际安装率，参照楼道住户数的 60%对 ONU 的型号进行选择。线路设计上，主要考虑住户数量，以及实际的光缆芯数，安装则按照 100%或者 30%的冗余实施。

8.1.4　"三网融合"的光纤入户

"三网融合"是指现有的电信网络、计算机网络及广播电视网络的相互融合。承载着"三网融合"重任的光纤传输和接入网技术的光纤网络是如何走进千家万户的呢？

1. PON 系统及技术原理

PON(无源光网络)是指采用无源光分/合路器或光耦合器分配/汇聚各 ONU(光网络单元)信号的光接入网。

PON 系统：由光线路终端 OLT、光分配网 ODN、光网络单元 ONU 组成的信号传输系统，简称 PON 系统。目前，主流 PON 综合接入系统根据采用的技术，分为 EPON(以太网无源光网络)和 GPON(吉比特无源光网络)。

以太网无源光网络(Ethernet Passive Optical Network，EPON)是一种新型的光纤接入网技术，相当于以太网中的二层交换机，它采用点到多点的结构、无源光纤传输，基于高速以太网平台和 TDM(Time Division Multiplexing)时分复用，MAC(Media Access Control)媒体访问控制方式，提供多种综合业务的宽带接入技术。

EPON 采用了 IEEE 802.3ah 标准，标准中定义了 EPON 的物理层、MPCP(多点控制协议)、OAM(运行管理维护)等相关内容。物理层采用了 PON 技术，在链路层使用以太网协议，利用 PON 的拓扑结构实现了以太网的接入。因此，它综合了 PON 技术和以太网技术的优点：低成本，高带宽，扩展性强，灵活快速的服务重组，与现有以太网的兼容性，方便管理等。

EPON 系统采用 WDM 技术，实现了单纤双向对称传输，带宽为 1.25GHz。下行使用 1480～1500nm 波长，上行使用 1260～1360nm 波长。下行采用广播方式传送，并通过 LLID(数据链路标识)来区分各 ONU 的数据。上行通过 TDMA 方式，由 OLT 统筹管理 ONU 发送上行信号的时刻，发出时隙分配帧。ONT 根据时隙分配帧，在 OLT 分配给它的时隙中发送自己的上行信号。

EPON 网络中，OLT 支持不同的分光比，也就是说，一个 PON 口可支持数量不等的用户。当了解了 EPON 网络上下行的数据传输方式后，也就揭开了它的神秘面纱。

EPON 采用下行广播发送、上行时分复用的数据传输方式，解决了网络数据分发与汇聚的核心问题。为了有序接收各种不同 ONU 的上行数据，以及平衡和 ONU 数据的上行带宽，EPON 系统还采用突发控制、测距、DBA 等关键技术。

PON 的技术优势主要体现在相对成本低、维护简单、容易扩展、易于升级上。

PON 结构在传输途中不需要电源，没有电子部件，因此容易敷设，基本不用维护，节省了大量长期运营成本和管理成本。

首先，无源光网络是纯介质网络，彻底避免了电磁干扰和雷电影响，极适合在自然条件恶劣的地区使用；其次，PON 系统对局端资源占用很少，系统初期投入低，扩展容易，投资回报率高；最后，能提供非常高的带宽。

EPON 目前可以提供上下行对称的 1.25Gb/s 的带宽，并且随着以太网技术的发展，可以升级到 10Gb/s。GPON 则能提供高达 2.5Gb/s 的带宽。

2. 接入网核心 OLT 设备

OLT 位于 EPON 系统的局端一侧，负责 EPON 系统语音、数据及视频业务与终端用户的连接，汇聚外部业务，协调远端 ONU。OLT 的作用是为光接入网提供网络侧与业务节点之间的接口，分配和控制信道的连接，并有实时监控、管理及维护功能。OLT 经一个或多个 ODN 与用户侧的 ONU 通信。

OLT 可以位于交换局内，也可以位于远端。具体功能如下。

(1) 向 ONU(光网络单元)以广播方式发送以太网数据。
(2) 发起并控制测距过程，并记录测距信息。
(3) 为 ONU 分配带宽，即控制 ONU 发送数据的起始时间和发送窗口大小。

OLT 是一个多业务提供平台，同时支持 IP 业务和传统的 TDM 业务。对于不同型号的 OLT，其业务单板的技术参数也不同。以 EPBA 单板为例，其每板支持 4 个 EPON 端口；支持 1000Base-PX10/PX20 光模块；支持最远 20km 的传输距离；支持最大分光比 1：64，即一个 EPON 端口可同时支持 64 个 ONU。

3. 用户家里的新成员——ONU 设备

ONU 的作用是为光接入网提供用户侧接口，负责用户业务接入，处于 ODN 的用户侧。

其主要功能是终结来自 ODN 的光信号、处理光信号并为用户提供业务接口。

ONU 设备有多种类型，按不同的应用场景，大致可分为 5 种类型，分别为 SFU、HGU、MDU、SBU 和 MTU。根据使用情况，主要用到了前三种类型的 ONU，下面逐一进行介绍。

(1) SFU(单住户单元)型 ONU：主要用于单独家庭用户，仅支持宽带接入终端功能，具有 1 或 4 个以太网接口，提供以太网/IP 业务，可以支持 VoIP 业务(内置 IAD)或 CATV 业务，主要应用于 FTTH 的场合(可与家庭网关配合使用，以提供更强的业务能力)。

(2) HGU(家庭网关单元)型 ONU：主要用于单独家庭用户，具有家庭网关功能，相当于带 EPON 上连接口的家庭网关，具有 4 个以太网接口、1 个 WLAN 接口和至少 1 个 USB 接口，提供以太网/IP 业务，可以支持 VoIP 业务(内置 IAD)或 CATV 业务，支持 TR-069 远程管理。主要应用于 FTTH 的场合。

(3) MDU(多住户单元)型 ONU：主要用于多个住宅用户，具有宽带接入终端功能，具有多个(至少 8 个)用户侧接口(包括以太网接口、ADSL2+接口或 VDSL2 接口)，提供以太网/IP 业务、可以支持 VoIP 业务(内置 IAD)或 CATV 业务，主要应用于 FTTB/FTTC/FTTCab(光纤到交接箱)的场合。

总之，使用光纤入户技术时，需要综合考虑安全稳定性、传输速度、投资收益、施工进度、后期升级维护等多方面的因素。

8.1.5　宽带社区综合布线组成

1. 宽带社区综合布线概述

随着生活工作的现代化，智能化楼宇、智能化社区内需要的应用系统及设备越来越多，最基本的有通信系统(计算机、电话、电传、传真)、闭路电视系统(有线电视、卫星电视、自办电视等)、公共设备监测控制系统(路灯、楼道灯、社区发电机组、变配电设备、自备水箱等)、报警系统(求助、求救、防盗、消防、监控)、自动化管理系统(抄表、对讲、门禁)、计算机网络系统(交换设备、路由设备、ATM)。面对如此多的系统，如果不采用统一、综合的方式实现，而采取各自规划、各自施工的方法，既会造成管理上的混乱，也会给今后的维护带来极大的困难。

智能社区的综合布线系统将是一种很好的解决这个问题的方法。智能社区综合布线系统是社区管理、生活、通信智能化的神经系统，它以控制、通信、计算机管理为内容，以综合布线为基础，实现社区的控制管理整体智能化。系统的功能实现可以充分灵活地利用每根"神经"，使系统的集中管理水平达到最合理的利用和实施状态。

智能社区综合布线系统以 ISO 11801、TIA/EIA 568 国际综合布线标准和中国国家标准《综合布线系统工程设计规范》(GB 50311-2017)为依据，是在充分考虑社区内各项控制管理系统的应用，结合智能社区具体实际的一套合理的布线系统。该布线系统既具有规范性，又具有灵活性及实用性。智能社区的布线系统主干可采用地埋、暗敷或架空等方式，楼内主干及水平布线子系统可采用暗敷(新建筑物)或明敷方式。

布线系统一般采用标准模块化接插件，以便与设备实现最便利的插接。布线系统设备包括光纤、屏蔽/非屏蔽线缆、控制/电源线缆、接插件、信息模块、配线架、19 英寸标准机柜、配线箱等。

2. 宽带社区综合布线的组成

为实现社区管理的自动化、通信自动化、控制自动化，保证社区内各类信息传送准确、快捷、安全，最基本的设施就是社区综合布线系统。形象地讲，综合布线系统是智能社区的神经系统。实现这个系统的实质，是将社区中的计算机系统、电话系统、自控系统、监控系统、保安防盗报警系统、电力系统整合成一个体系结构完整、设备接口规范、布线施工统一、管理协调方便的体系。

与建筑物综合布线系统相同，宽带社区的综合布线系统由以下几个部分组成。

(1) 工作区布线子系统。

工作区布线子系统，是由终端设备及连接到信息插座之间的连线(或软线)和适配器构成的，其中包括装配软线、适配器以及连接各种设备所需的专用连接线。在某些终端设备与信息插座(TO)连接时，可能需要特定的设备。为把连接设备的传输特点与非屏蔽双绞线布线系统的传输特点匹配起来，如模拟监控系统，通常需要适配器来连接设备。

(2) 水平配线子系统。

水平配线子系统由连接各工作区的信息插座至各楼层配线架之间的线缆构成。它将各用户区引至管理子系统。

(3) 垂直干线子系统。

垂直干线子系统由连接主设备间至各楼层配线架之间的线缆构成，一般采用光纤及大对数铜缆，将主设备间与楼层配线间用星形结构连接起来。

(4) 管理子系统。

管理子系统分布在各楼层的配线间内，管理各层或各配线区的水平布线。

(5) 设备间子系统。

设备间子系统由主配线架及部分跳线组成，通过用户程控交换机、计算机主机及网络设备连接到相应的干缆，对整个社区内的信息网络系统进行统一的配置与管理。

(6) 建筑群子系统。

建筑群子系统将一个建筑物中的电缆延伸到建筑群外的一些建筑物中的通信设备和装置上。

(7) 有线电视。

有线电视是人们日常生活中不可缺少的一种信息来源媒介，其布线系统目前已基本上实现光纤入户，而对绞电缆或 75Ω 同轴电缆连接电视的方式，在智能社区中仍属于综合布线系统中的一部分。

3. 宽带社区部分布线应用

(1) 网络是智能社区的信息传输通道，是社区内应用较普遍的一个系统，也是社区内最重要的一个应用系统。现以局域网布线为例，说明智能社区各系统的拓扑结构，如图 8.7 所示。

(2) 社区安全防范报警系统是智能社区实现安全管理的重要系统，主要包括防盗报警、煤气泄漏报警、消防报警等。

(3) 可视对讲系统支持来访者与住户之间的可视对讲、大门保安与住户之间的语音对讲。

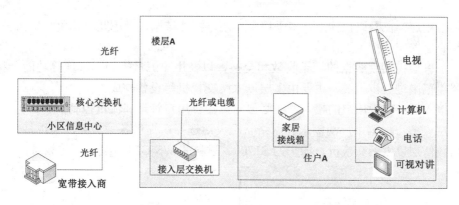

图 8.7 局域网络系统布线的拓扑结构

(4) 三表抄表系统是智能化社区物业管理中的一项重要工作,过去主要由物业人员上门抄表,因为它涉及与住户的亲身接触,所以经常与住户发生一些不愉快的事情。三表抄表系统的应用可避免这一问题。

(5) 有线电视是人们日常生活中不可缺少的一种信息来源媒介,它的布线系统仍然使用 75Ω 的同轴电缆,在智能社区中仍属于综合布线系统中的一部分。

4. 智能社区的布线产品

智能社区的主要布线产品,有室内外光缆、4 对双绞线、大对数铜缆、铜缆配线架、光缆配线架、信息插座模块及同轴电缆等。部分产品如图 8.8 所示。

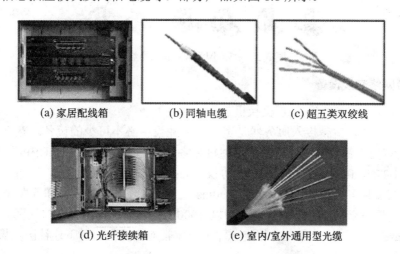

图 8.8 智能宽带小区的部分布线产品

8.1.6 宽带网络交换设备系统

1. 宽带社区的网络结构

依据网络结构,宽带社区网可分为核心层、汇聚层、接入层,如图 8.9 所示。

(1) 核心层:主要实现数据的高速转发,要求大容量、高可靠性,由网关、防火墙及高速路由交换机、宽带接入服务器、视频服务器及应用服务器等设备构成。

该层实现业务流量的高速疏通和转接,与上一级的数据骨干网、业务网、ATM 骨干网等数据网络相连。在网络设计上,多采用星形网络拓扑结构,考虑冗余、负载均衡等策略,以保证核心层的安全稳定工作。

(2) 汇聚层:实现数据的汇聚收敛和交换,以及用户流量控制、管理等功能,将核心节点的覆盖范围进一步扩展。主要由多层以太网交换机等设备构成。

(3) 接入层:实现用户的接入,在必要时,提供用户管理和流量控制。

接入层设备可根据用户的需求和网络状况灵活选择,提供各种服务,实现最佳连接。可以采用较低层以太网交换机,如华为 S1700、思科的 WS-C2918 交换机等设备。

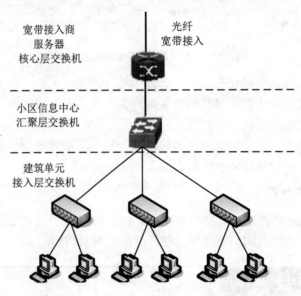

图 8.9　宽带小区网络的拓扑结构

2. 宽带网络交换设备

(1) 宽带接入服务器(核心层交换机)。

在宽带网络中,宽带接入服务器是宽带网络建设中必不可少的设备。宽带接入服务器 BAS 支持所有的宽带数据协议,支持各种封装格式,支持静态、RIP、OSPF、BGP-4 路由协议,支持 L2TP、IPSec、GRE 等 VPN 协议,支持标准的 Radius 协议,既可以在本地实现用户认证授权,也可以在远程 ISP 处的 Radius 服务器实现认证、授权和计费。

宽带接入服务器能与宽带业务提供商以 1000Base-LX 连接,并能与社区的汇聚层交换机以 1000Base-LX 或 100Base-SX 相连,即上连宽带业务提供商,下连社区汇聚层交换机。

(2) 汇聚层交换机。

汇聚层交换机应能实现数据的汇聚收敛和交换,以及用户流量控制、管理等功能,并能以 1000Base-LX 或 100Base-SX 上连社区内的核心交换机,以 100Base-SX 或 100Base-T、100Base-TX 连接接入层交换机。汇聚层交换机一般在比较大的社区内使用,并把社区内的楼群分成不同的社区域,发挥其数据的汇聚收敛和交换,以及用户流量控制、管理等功能。

(3) 接入层交换机。

接入层交换机的主要功能是实现用户的接入。其上行可以通过光缆或铜缆直接与核心层交换机相连(用户较少的社区),也可以通过光缆或铜缆与汇聚层交换机相连(用户较多的社区),一般接入层交换机都带有 24 个 10/100/1000Mb/s 快速以太网自适应接口,对于某些用户较集中的社区(如高层住宅社区)，接入层交换机必须是可堆叠的，并能完全满足现有的各种高速业务数据传输。

8.2 家居布线系统设计方案

8.2.1 为什么需要家居布线系统

1. 智能家居概述

目前，通常可以把智能家居定义为一个过程或者一个系统，它是利用先进的计算机技术、网络通信技术、综合布线技术，将与家居生活有关的各种子系统有机地结合在一起，通过统筹管理，让家居生活更加舒适、安全、有效。

与普通家居相比，智能家居不仅具有传统的居住功能，而且能提供舒适安全、高品位且宜人的家庭生活空间，由原来的被动静止结构，转变为能提供全方位信息交换功能的结构，可帮助家庭与外部保持信息交流畅通，优化人们的生活方式，帮助人们有效地安排时间，增强家居生活的安全性、舒适性，甚至可以为各种能源费用节约资金。

要将互不相连的子系统协调起来，就必须有一个兼容性强的中央家居处理平台，接收并处理控制设施发出的信息，然后传送信号给希望控制的家电或者其他家居子系统。可以将中央处理平台形象地理解为一个交通警察，它的职能就是在家庭智能局域网中，引导和规划家居子系统中的各种信号，有了它，就可以通过键盘、触摸屏、电话，或者手持无线遥控设备与家居子系统进行快速的沟通。中央家居处理平台还必须具有良好的扩展性能，以满足用户在使用过程中不断增长的需求点。

首先，电脑具备非常强大的网络接入功能，可谓是首屈一指的网络终端。在宽带互联网时代，融入网络是智能家居系统运作不可缺少的前提条件。有线电视与宽带电信接入FTTx+LAN 技术越来越普及，电脑能够非常有效地利用这些宽带接入技术，高速连接广域网和社区局域网，实现上网无须拨号，24 小时在线，让家庭与瞬息万变的网络世界时刻保持密切联系。并且可在家中远程连接公司大型数据库，提取或传送必要的信息。

可以通过电脑的视频功能，与同事及客户面对面地沟通，保持密切联系；工作之余，还可通过电脑快速下载高清晰度的影片，享受视频和音频点播等功能，以及远程医疗、远程教育、网络购物等丰富多彩的宽带网络应用。

其次，用电脑运行智能家居管理软件，能提供很多控制特性，例如允许通过简单的操作定时控制设备，灵活地规划和更改控制流程，实现组合控制和条件控制；通过清晰明了的智能家居管理界面，用户可以非常容易地对电视机、空调等多种设备集中进行单功能控制或者组合控制，由于所有的控制均为可自行定义，所以组合控制流程可以根据实际需要自由地加以调整和改变。用户还可以自行设定家居安全系统的触发条件和设备动作，即使出差旅行在外，距家千里之遥，一样能通过电脑实时实景地监控家居的安全情况，解除了后顾之忧。

此外，以家用电脑为基础的智能家居系统具有优秀的兼容性和扩展性，各种高速接口能兼容照明、娱乐、安全、电话通信等多种系统，用户可以根据住宅或者经济需要定制智能家居，轻松添加新的子系统。由于智能家居系统可以为人们提供更加轻松、更加有序、

综合布线

更加高效的现代生活方式，因此，在 21 世纪的现在和未来，将是人们生活中不可缺少的一个组成部分。

2. 智能家居的基本功能

国家建设部住宅产业化办公室对于住宅社区智能化的基本概念是这样叙述的："住宅社区智能化是利用 4C(计算机、通信与网络、自控、IC 卡)技术，通过有效的传输网络，将多元信息服务与管理、物业管理与安防、住宅智能化进行系统集成，为住宅社区的服务与管理提供高技术的智能化手段，以期实现快捷高效的超值服务与管理，提供安全舒适的家居环境。"

根据对数字社区和家庭自动化技术的长期跟踪开发与市场调研，结合目前家庭应用的实际情况，有关人士提出了一个智能家居系统的基本概念，即通过综合采用先进的计算机、通信和控制技术，建立一个由家庭安全防护系统、网络服务系统和家庭自动化系统组成的家庭综合服务与管理集成系统，从而实现全面的安全防护，提供拥有便利的通信网络以及舒适的居住环境的家庭住宅。

智能家居最终的目的，是让家庭更舒适、更方便、更安全、更环保。随着人类应用需求和住宅智能化的不断发展，今天的智能家居系统将拥有更加丰富的内容，系统配置也越来越复杂。智能家居的基本功能包括网络接入系统、防盗报警系统、消防报警系统、电视对讲门禁系统、煤气泄漏探测系统、远程抄表(水表、电表、煤气表)系统、紧急求助系统、远程医疗诊断及护理系统、室内电器自动控制管理及开发系统、集中供冷供热系统、网上购物系统、语音与传真(电子邮件)服务系统、网上教育系统、股票操作系统、视频点播系统、付费电视系统、有线电视系统等。

智能家居一般要求有三大功能单元：第一，要求有一个家庭布线系统，这同房子的其他管道系统一样重要；第二，必须有一个兼容性强的智能家居中央处理平台(家庭信息平台)；第三，真正的智能家庭生活至少需要三种网络的支持，即宽带互联网、家庭互联网和家庭控制网络。其中，宽带互联网接入是家庭对外的桥梁，与外界的沟通和互动都是通过它来实现的。家庭互联网建立在信息家电的基础上，是一个较低速度的，与互联网能很好连接的网络。智能家居信息处理平台是智能家居的心脏，也可以将其形象地理解为一个交通警察，有了它，用户就可以与家居子系统进行快速沟通。选择配置合适的中央处理平台，对日后智能家居的使用功能非常重要。

目前，已经出现的智能家居家庭信息处理平台根据需求大致分为两类家庭智能化建设的需求，一是现代人对信息的大量需求，二是对居住舒适性、安全性的需求。在智能家居系统规划中，智能家居系统遵循的总体规划原则应该是"以人为本"，也可以说是以管理和服务为本，这是贯穿整个系统规划的中心思想。智能家居的功能大致可分为以下几种。

(1) 家庭安防：安全是居民对智能家居的首要要求，家庭安防因此成为智能家居的首要组成部分。家庭安防报警有红外报警、门窗磁报警、紧急求助报警、燃气泄漏报警、火灾报警等。当家庭智能终端处于布防状态时，红外探头如果探测到家中有人走动，就会自动报警，通过蜂鸣器和语音实现本地报警；与此同时，报警信息会抵达物业管理中心，还可以自动拨号到主人的手机或电话上。

(2) 可视对讲：通过集成和显示技术，家庭智能终端上集成了可视对讲功能，无须另外设置室内分机，即可实现可视对讲的功能。

(3) 远程抄表：水、电、气表的远程自动抄收计费是物业管理的一个重要部分，实现三表自动抄表计费解决了入户抄表的低效率、干扰性和不安全问题。

(4) 网络家电：网络家电是智能家居集成系统的重要组成和支持部分，代表着家庭智能化的发展方向。通过统一的家电联网接口，将网络家电与家庭智能终端相连，组成网络家电系统，实现家用电器的远程监控、故障远程诊断等功能。

(5) 家庭网络：它是智能家庭局域网的核心部分，主要完成家庭内部网络各种不同通信协议之间的转换和信息共享，以及同外部通信网络之间的数据交换功能，同时，负责家庭智能设备的管理和控制，例如照明灯、咖啡炉、空调、热水器、电脑设备、保安系统、暖气及冷气系统、视频、通信及音响系统等。

可以预见，未来的智能家居可以提供以下功能。
◎ 收发和保存信息。
◎ 管理个人或家庭的经济情况。
◎ 管理家庭的通信需求。
◎ 管理电源和设备的使用。
◎ 提供安全和可靠的环境。
◎ 无须维护的运行。
◎ 简单的操作。
◎ 可根据个人或家庭生活方式定制。

3. 家居布线系统

智能家居布线系统是让综合布线系统更加完善、更加巧妙地为居家服务的一种系统。居住在智能家居内的人，都需要安全、便利、舒适、节能、娱乐等，希望集成音频/视频、计算功能、通信功能、自动化/控制/安全技术，并将所有不同的设备应用和功能互连于一个单一的布线中，使生活更为便利及灵活。

(1) 家居布线标准。

TIA/EIA TR-41 委员会与美国国家标准协会(ANSI)于 1991 年 5 月制定出第一个 ANSI/TIA/EIA 570 家居布线标准。1998 年 9 月，TIA/EIA 协会正式修订及更新家居布线标准，将之前的标准重新修订为 ANSI/TIA/EIA 570A 家居电信布线标准。在新标准中，主要做出以下技术更改。

① 标准不涉及商业大楼。
② 基本规范将跟从 TIA 手册中所更新的内容及标准。
③ 定出家居布线的等级。
④ 认可的接口包括光缆、同轴电缆、五类及六类非屏蔽双绞电缆(UTP)。
⑤ 链路长度，由插座到配线箱之间的距离不可超出 90m，信道长度不可超出 100m(包括主干布线在内)。
⑥ 包括固定装置布线，如对讲机、火警感应器等。
⑦ 信息插座或插头只适用于 T568 标准的接线方法及使用 4 对 UTP 电缆端接 8 位模块或插头。

(2) 目的及范围。

ANSI/TIA/EIA 570A 要求给出新一代的家居布线与现今及将来的电信服务。标准提出有关布线的新等级,并建立一个布线介质的基本规范及标准,主要应用于支持语音、数据、影像、视频、多媒体、家居自动系统、环境管理、保安、音频、电视、探头、警报及对讲机等服务。标准主要涉及新建筑、更新/增加设备、单一住宅及建筑群等。

① 标准范围。

ANSI/TIA/EIA 570A 标准将现今的综合大楼布线标准及有关的管道、空间的标准适用于建筑群,并且可支持将不同种类的电信技术应用于不同的家居环境中。标准中主要包括室内家居布线及室内主干布线。

② 家居布线等级。

等级系统的建立,有助于选择适合每个家庭单元不同服务的布线基础结构。表 8.3 和表 8.4 列出了可选择的家居布线基础结构,主要满足家居自动化、安全性的布线需求。

表8.3 各等级支持的典型家居服务

服 务	等级 1	等级 2
电话	支持	支持
电视	支持	支持
数据	支持	支持
多媒体	不支持	支持

表8.4 各等级认可的家居传输介质

布 线	等级 1	等级 2
4 对非屏蔽双绞线	三类(建议使用五类电缆)	支持
75Ω 同轴电缆	支持	支持
光缆	不支持	支持

等级 1:等级 1 提供可满足电信服务最低要求的通用布线系统,该等级提供电话、CATV 和数据服务。等级 1 主要采用双绞线及使用星形拓扑方法连接,等级 1 布线的最低要求为一根 4 对非屏蔽双绞线(UTP),并必须满足或超出 ANSI/TIA/EIA 568A 规定的三类电缆传输特性要求,以及一根 75Ω 同轴电缆(Coaxial),并必须满足或超出 SCTE IPS-SP-001 的要求(建议安装五类非屏蔽双 UTP),以方便升级到等级 2。

等级 2:等级 2 提供可满足基础、高级和多媒体电信服务的通用布线系统,该等级可支持当前和正在发展的电信服务。等级 2 布线的最低要求为一或二根 4 对非屏蔽双绞线(UTP),必须满足或超出 ANSI/TIA/EIA 568A 规定的五类电缆传输特性要求,以及一或二根 75Ω 同轴电缆(Coaxial),并必须满足或超出 SCTE IPS-SP-001 的要求。可选择光缆,并必须满足或超出 ANSI/ICEA S-87-640 的传输特性要求。

8.2.2 家居多媒体配线系统的组成

家居多媒体配线系统是为了适应现代家庭信息化、舒适化和安全化的发展而设计开发的。家居多媒体配线系统产品充分考虑了我国城市居民的居住习惯,结合国外产品的优点,将住宅中的电话、电脑、电视机、安防监控设备及网络家电的各种信号线,按进户线和室内线统一归类至家居多媒体配线系统，实现集中管理，以自如地改变室内信号线的配置，完成对进户信号线的分配、跳接及管理，是各种信息家电的通信桥梁。标准型产品如图 8.10 所示，性能见表 8.5。

图 8.10　标准型多媒体家居配线箱

表 8.5　标准型产品的性能

名　称	产品描述
电源模块	输入 220V，输出 7.5V(单输出或多输出)
电视模块	1 进 8 出或 1 进 4 出
电话模块	1 进 8 出或 1 进 4 出
多功能宽带路由器模块	1 个 WAN 口，8 个 LAN 口；或 1 个 WAN 口，4 个 LAN 口
网络交换模块	10Mb/s、100Mb/s，8 口或 4 口

家居多媒体配线系统由配线箱、电话模块、多功能宽带路由器模块、网络交换模块、电视模块、电源模块等组成。下面仍以国产产品为例，介绍家居多媒体配线系统的组成。

标准型共有 5 个连接模块位置，用户可根据自己的实际需要进行组合。通过连接模块种类的增加或减少，可达到增加或减少相应功能的目的。下面分别介绍连接模块的结构与应用方法。

(1) 电源模块。

如图 8.11 所示为家居多媒体配线系统的高频电源模块，它是 220V 的输入，输出可提供 7.5V 的直流电，并可提供单组 7.5V 输出或提供多组 7.5V 输出，为配线系统中的路由模块、网络交换模块、电话交换机模块等设备提供电源。

图 8.11　电源模块(7.5V 单输出或多输出)

(2) 路由器模块。

如图 8.12 所示为家居多媒体配线系统中 10/100Mb/s 的 8 口路由器模块，可提供 8 个 LAN 口和 1 个 WAN 口，可供 8 台计算机或网络设备同时使用。它通过连接到各个房间的室内双绞线布线系统连接计算机或其他网络设备,组成家庭网络系统。

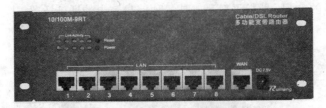

图 8.12　8 口路由器模块

(3) 交换机模块。

如图 8.13 所示为家居多媒体配线系统中 10/100Mb/s 的 8 口交换机模块,提供 7 个 10/100 Mb/s 自适应高速网络端口和 1 个上联端口,可与路由器模块配合使用,以便组成更大的家庭网络系统。

图 8.13　8 口交换机模块

(4) 电话模块。

如图 8.14 所示为家居多媒体配线系统中的电话模块,是由 2 个输入和 8 个输出的 RJ-11 组成的,其内部可分为独立的两组,第一组由前 5 个 RJ-11 接口组成,第二组由后 5 个 RJ-11 接口组成,两组之间相互独立,互不连通。此模块可以同时完成两路信号进、四路信号出的功能。当用户没有安装电话交换机时,可通过此模块接入两路外线,实现对电话的分别管理。

图 8.14　2 进 8 出的电话模块

(5) 有线电视模块。

如图 8.15 所示为家居多媒体配线系统中的有线电视模块,是由一个 1 进 8 出专业级射频分配器构成的,每个模块可连接 8 路有线电视信号,并能确保每路电视输出信号画面清晰。

图 8.15　1 进 8 出的有线电视模块

8.2.3 家用路由器的配置

1. 概述

随着网络技术的发展，家庭成员上网的需求也在不断变化，而仅有单线接入的 ADSL 或 FTTx-LAN，已不能满足家庭成员同时上网的要求，如果重新申请一条线路，会增加家庭的开销。路由器是解决这一问题的最好办法。目前，市场上的产品较多，基本上都能满足家庭成员上网的需求。无线路由器就是一款不错的选择。如图 8.16 所示为家庭常用的一款无线路由器。

图 8.16　TP-Link 无线路由器

无线路由器的前面板上依次排列着 PWR(电源)、SYS(系统)、WLAN(无线)、1～4 LAN(局域网)及 WAN(广域网)灯；在后面板上，分别是 1 个 WAN 口和 4 个 LAN 口。WAN 是用来连接互联网的，LAN 口则用来连接计算机网卡。

无线路由器指示灯的状态见表 8.6。用网线将这些端口连接好，然后接通电源，就可以对无线路由器进行配置了。

表 8.6　无线路由器指示灯的状态

名　称	指示灯的状态
PWR(电源指示灯)	常灭，表示未接通电源； 常亮，表示已加电
SYS(系统状态指示灯)	常灭，表示设备正在初始化； 闪烁，表示工作正常
WLAN(无线状态指示灯)	常灭，表示未启用无线功能； 闪烁，表示已经启用无线功能
1～4LAN(局域网状态指示灯)	常灭，端口未连接设备； 闪烁，端口正在传输数据； 常亮，端口已连接设备
WAN(广域网状态指示灯)	常灭，端口未连接设备； 闪烁，端口正在传输数据； 常亮，端口已连接设备
WPS(一键安全设定指示灯)	绿色闪烁，正在安全连接； 绿色常亮，安全连接成功； 红色闪烁，安全连接失败

网线连接好之后，在 IE 地址栏中输入 IP 地址"192.168.1.1"(或者路由器产品说明书中规定的网址)并按 Enter 键，就会弹出登录窗口，如图 8.17 所示，输入用户名 admin 和密码 admin 之后，就可以进入配置界面了。一般来说，用户密码及 IP 地址会在路由器的底部标

签上标出。

对于第一次配置的新手而言，无线路由器提供了很方便的设置向导，只要几步，就可以方便地完成无线路由器的配置。下面仅对 DHCP、WAN、LAN 及无线设置做基本介绍。

2. DHCP 服务

单击配置界面左侧的"DHCP 服务"，出现如图 8.18 所示的配置界面。而在实际应用中，很多用户的无线路由器 DHCP 服务是启动的，这样，无线网卡就无须设置 IP 地址、网关及 DNS 服务器等信息。从 DHCP 服务的工作原理可以看出，客户端开机会向路由器发出请求 IP 地址的信息，上网过程中，路由器和无线网卡之间还会因为 IP 地址续约频繁通信，这无疑会影响无线网络的通信性能。为此，建议用户关闭 DHCP 服务。

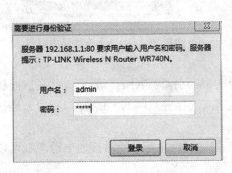

图 8.17　用户登录界面　　　　　图 8.18　DHCP 配置界面

设置完成后单击"保存"按钮保存设置。

3. WAN 口参数的设置

单击配置界面左侧的"网络参数"，在下拉菜单中选择"WAN 口设置"，出现如图 8.19 所示的配置界面。

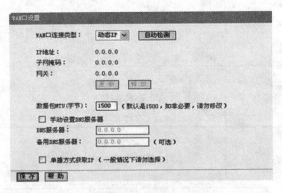

图 8.19　WAN 配置界面

在"WAN 口连接类型"选项中，有三种选项，即固定 IP、动态 IP、PPPoE 虚拟拨号。如果是拨号上网，那么就选 PPPoE，会出现如图 8.20 所示的配置界面。

PPPoE 配置选项较多，设置好上网账号和上网口令后，还可以对连接模式进行选择，有按需连接、自动连接、定时连接、手动连接等，这就要根据用户自身情况进行设置。如果是包月上网的，就可以选择自动连接，否则选择按需连接或手动连接，然后单击"连接"

按钮即可。

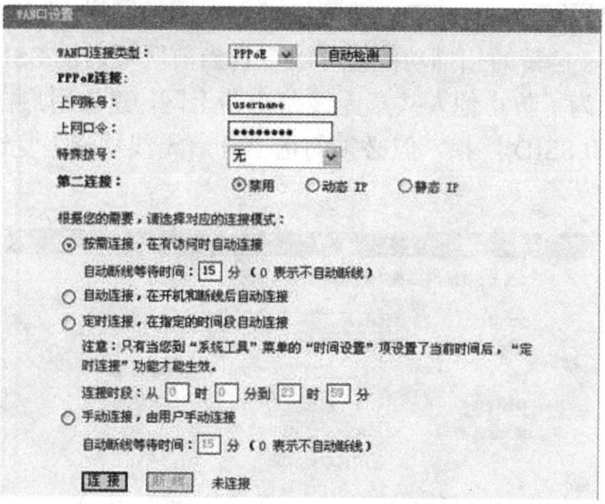

图 8.20 选 PPPoE 配置界面

4. LAN 口参数的设置

单击配置界面左侧的"网络参数",在下拉菜单中选择"LAN 口设置",出现如图 8.21 所示的配置界面。

图 8.21 LAN 口配置界面

在无线路由器的网络参数设置中,必须对 LAN 口、WAN 口两个接口的参数进行设置。在实际应用中,很多用户只对 WAN 口进行了设置,LAN 口的设置保持无线路由器的默认状态。要想让无线路由器保持高效稳定的工作状态,除对无线路由器进行必要的设置外,还要进行必要的安全防范。用户购买无线路由器的目的就是为了方便自己。如果无线路由器是一个公开的网络接入点,则其他用户都可以共享。这种情况下,用户的网络速度就会不稳定。为了无线路由器的安全,用户必须更改无线路由器的默认 LAN 设置。一般无线路由器的默认 LAN 口地址是 192.168.1.1,为了防止他人入侵,应把 LAN 地址改成 192.168.1.xxx,子网掩码不做任何更改。LAN 口地址设置完毕后,单击"保存"按钮,会弹出重新启动对话框。重新启动后,就完成了 LAN 口的设置。

5. 无线参数的设置

单击配置界面左侧的"无线参数",出现如图 8.22 所示的"无线网络基本设置"对话框。无线网络参数的设置优劣,直接影响无线上网的质量。从表面看,无线路由器中的无线参数设置无非是设置一个 SSID 号,但在实际应用中,诸如信道、无线加密等设置项目,不仅会影响无线上网的速度,还会影响无线上网的安全性。

SSID(Service Set Identifier)也可以写为 ESSID，用来区分不同的网络，最多可以有 32 个字符。无线网卡设置了不同的 SSID，就可以进入不同的网络。SSID 通常由无线路由器广播出来，通过 Windows 自带的扫描功能，可以查看当前区域内的 SSID。无线路由器出厂时已经配置了 SSID 号，为了防止他人共享无线路由器上网，建议用户自己设置一个 SSID 号，并定期更改，同时关闭 SSID 广播，但必须勾选"开启无线功能"复选框，否则无线网络无法使用。

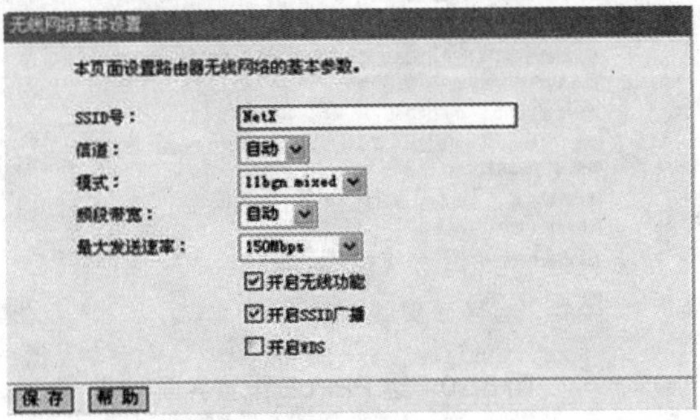

图 8.22 "无线网络基本设置"对话框

如图 8.23 所示是"无线网络安全设置"对话框。

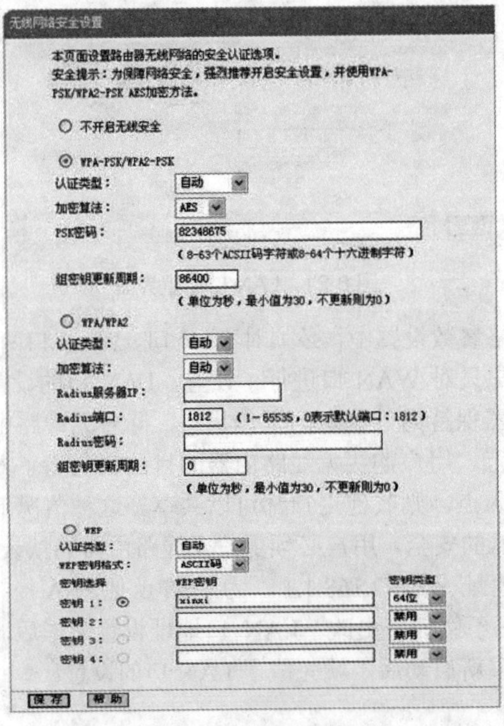

图 8.23 "无线网络安全设置"对话框

在对话框中，要对无线网络进行加密，以保证无线网络的安全性。其加密模式有 WEP、WAP/WAP2、WAP-PSK/WAP2-PSK，这里应注意的是，802.11n 模式是不支持 WEP 加密的，若选择 WEP 加密方式，则无线路由器会自动跳转到 802.11g 模式下工作。在一般环境下使用 WPA-PSK/WPA2-PSK 加密模式就可以了，不但安全可靠，而且短语式密码也便于记忆。

有两种比较常用的无线网络的安全设置方法，一种是通过密钥的安全认证，另一种是通过无线网卡 MAC 地址过滤。

密钥认证适合容纳的电脑数量多、网络比较大的无线网络，只要在无线宽带路由器端设置一次密钥，以后，在每台加入这个无线网络的电脑上输入密钥，就可以加入了。

无线网络 MAC 地址过滤设置是为了防止未授权的用户接入无线网络，用户可以根据设置，限制或者允许某些 MAC 地址的 PC 访问无线网络。相比之下，MAC 地址过滤比数据加密更有效，而且不影响无线网络的传输性能。要想准确获得接入无线路由器 PC 的 MAC 地址，可以通过状态栏查看接入该无线路由器所有机器的 MAC 地址。

如图 8.24 所示是"无线网络 MAC 地址过滤设置"对话框。

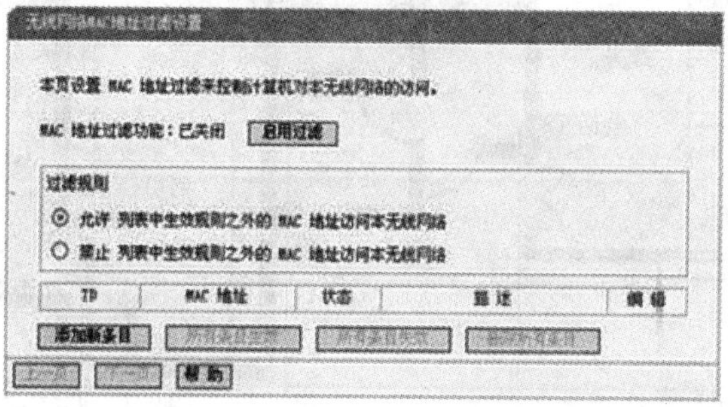

图 8.24 "无线网络 MAC 地址过滤设置"对话框

到此为止，基本网络参数都已经设置完成了。我们可以通过单击配置界面左侧的"运行状态"按钮查看无线网络的运行状态，如图 8.25 所示。

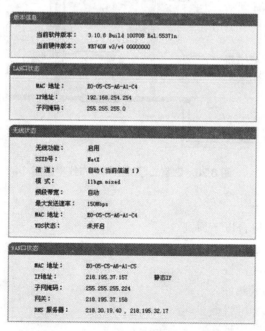

图 8.25 查看无线网络的运行状态

8.2.4 家居布线设计与安装

目前，人们的生活已随着科技的发展而日新月异，传统上的只有电视和电话服务的住宅已经不能满足住户日益增长的需求。智能家居系统除了要实现传统的电视和电话功能外，还要能够通过 FTTX+LAN 等连接方式接入 Internet，使住户享受足不出户便能查看银行账户余额、进行网上购物等多项服务，在物业管理上能实现自动抄表、保安自动报警等功能。

下面以四室二厅二卫为例，阐述家居布线系统的设计及安装。四室二厅二卫住宅布线平面图如图 8.26 所示。

图 8.26 四室二厅二卫住宅布线平面图

1. 系统设计

(1) 系统的设计应符合以下原则。
- ◎ 具有可行性和适应性。
- ◎ 具有实用性和经济性。
- ◎ 具有先进性和成熟性。
- ◎ 具有开放性和标准性。
- ◎ 具有可靠性和稳定性。
- ◎ 具有安全性和保密性。

◎ 具有可扩展性和易维护性。
(2) 系统应符合以下标准。
① ANSI/TIA/EIA 568A 住宅布线标准。
② CECS 119:2000 城市住宅建筑综合布线系统工程设计规范。
(3) 系统设计。
① 家居布线系统的组成。

与建筑物综合布线系统相比,家居布线系统仅涉及工作区子系统、水平子系统、配线管理子系统及接入系统(干线)4 个部分,而接入部分包括网络接入(安防、抄表、报警等)、语音接入、有线电视接入等。

② 四居室布线工程概况。

该四居室由一个主卧室及两个辅卧室、一个书房、两个卫生间、一个客厅、一个餐厅、一个厨房及一个储藏室组成,建筑面积约 180m^2。根据家居布线标准及住户的要求,共设计各种信息点 22 个,其中,数据信息点 5 个,语音信息点 8 个,有线电视信息点 4 个,音视频信息点 4 个,配线管理系统设在大门入口处。

③ 各子系统的设计。

工作区子系统

根据四居室的建筑平面图,其主卧室及辅卧室每间房屋设置语音信息点 1 个、数据信息点 1 个、有线电视信息点 1 个、音视频信息点 1 个,书房设置语音信息点 1 个、数据信息点 1 个,客厅设置语音信息点 1 个、数据信息点 1 个、有线电视信息点 1 个、音视频信息点 1 个,厨房及两个卫生间各设置语音信息点 1 个。信息点的安装方式全部采用暗敷。用户的终端设备根据设备类型的不同采用相应的连线连接。所有的信息插座、面板和配线管理系统模块都应有标记,并标明不同特性的应用及物理位置。

水平子系统

水平子系统的线缆有两种,一种是超五类非屏蔽双绞线(UTP),它可以支持 100Mb/s 传输速率,并能够传输语音信号及视频信号;另一种是 75Ω 的同轴电缆,目前电视网采用光纤宽带接入后,很少再用同轴电缆。本设计全部采用国产某公司的超五类非屏蔽双绞线及信息模块,同轴电缆采用国产优质 75Ω 同轴电缆。

双绞线用线量计算:平均水平长度约 20m,用户点为 13 个(不包括有线电视及音视频),共计双绞线用线量为 260m。

同轴电缆用线量计算:平均水平长度约 15m,用户点为 8 个,共计同轴电缆用线量为 120m。

配线管理子系统

配线管理子系统采用国产"居家通"配线管理系统,采用两块增强型语音/数据模块,一块有线电视模块,一块音视频模块,一台 100Mb/s 的 8 口交换机和 1 台 3 拖 8 的语音交换机,用于连接网络、语音、有线电线及音视频设备。

接入系统

接入系统有 1~2 根 4 对双绞线,3 对电话中继线,1 根有线电视接入线,以便通过 4 对双绞线连接社区的宽带网络系统,通过电话中继线连接电信服务商,通过同轴电缆连接有线电视台,实现智能家居的功能。家居内的安防、报警、可视对讲、抄表系统等功能完全可以通过家居网络来实现。

④ 四居室布线系统的逻辑图。

四室二厅二卫布线系统的逻辑图如图 8.27 所示。

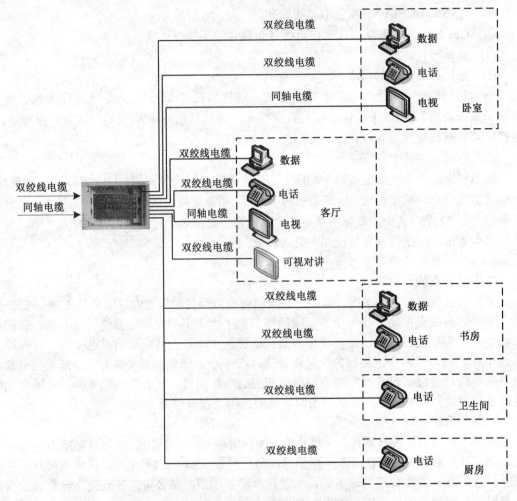

图 8.27　四室二厅二卫布线系统的逻辑图

⑤ 材料清单。

四室二厅二卫布线系统的材料清单见表 8.7。

表 8.7　四室二厅二卫布线系统的材料清单

序号	名　称	型　号	单位	数量
1	非屏蔽 4 对双绞线	1061004CSL	米	260
2	75Ω 同轴电缆	75Ω-7	米	120
3	信息模块	M100	个	21
4	单孔面板	86 系列	个	21
5	家居配线箱	Cp	套	1
6	PVC 管	15	米	100
7	暗埋盒	86 系列	个	21

2. 系统安装

(1) 工作区子系统的安装。

根据信息点的功能及位置的不同，选用相应的信息插座及安装位置。一般采用墙面或地埋插座，以暗敷的方式安装。信息插座应在距地平线 300mm 处暗敷。安装要求与建筑物综合布线系统相同，并应符合智能家居布线的相关标准。

(2) 水平子系统的安装。

水平子系统线缆包括 4 对双绞线及同轴电缆，居室内所有类型的线缆必须采用钢管或 PVC 管进行保护，并以暗敷方式安装，线缆在安装过程中应平直，不得产生扭绞、打结现象，不应有挤压和损伤，并且应有冗余。家居配线管理系统处线缆预留 1m，信息插座处预留 0.3m，以便系统的连接。线缆布放完成后，必须进行检测，以确保线缆的电气性能指标及编号的正确性，符合智能家居布线的相关标准。

(3) 多媒体配线系统的安装。

多媒体配线系统以暗敷方式安装在大门内墙面上，安装高度为距地平线 1.5m 处。配线系统中的各种功能模块的接线方式应符合相关标准。接入线缆应引入多媒体配线系统箱内，以便连接相应的应用系统。

总体来说，家居布线系统的设计安装与建筑物综合布线系统有相似之处，也有不同之处。在设计安装家居布线系统时，应特别注意各种应用系统的特性及用户需求。只有这样才能设计安装出一套合理的、适用的家居布线系统，并且要符合住宅布线标准，即符合 ANSI/TIA/EIA 568A 标准。

8.3 NB-IoT 物联网安防在智能家居中的应用

NB-IoT，即窄带物联网(Narrow Band Internet of Things)是物联网技术的重大突破，具有低功耗、低成本、高覆盖、强连接四大优势，填补了此前无法进行长距离、大规模、广泛部署的技术空白，成为未来物联网发展的重要方向。

截至 2020 年 2 月底，国内三大运营商的 NB-IoT 连接数突破 1 亿。作为专门面向物联网的蜂窝通信技术，NB-IoT 已进入加快建设阶段。

那么，NB-IoT 赋能家庭安防，将给我们的生活带来哪些影响？

基于 NB-IoT 技术，整合大数据、人工智能、云平台、移动互联网等领先技术，将 NB-IoT 智慧感知设备接入精华隆云平台，实现实时远程监测、大数据存储、AI 分析、智能预警报警、智能联动、场景控制等先进功能，让安全防护从"事后追溯"被动防御向"实时监控""事前预防"主动预警转变，提高家庭安全风险防范能力。

如图 8.28 所示为精华隆云公司家庭安防方案，其精华隆云平台可与第三方平台对接，如社区、消防平台等，实现资源与信息共享和业务协同，在提高社区信息化管理水平的同时，让人民群众享受全方位的高端信息化服务。

精华隆 NB-IoT 家庭方案以住宅为平台，通过各类 NB-IoT 智慧传感设备，如烟雾探测器、燃气探测器、红外探测器、门磁开关等，从家庭安全、消防、老人看护、紧急救助、资产安全 5 大场景出发，构建智慧家庭安防系统，实现家庭生活更加安全、智能、健康与便利，如图 8.29 所示。

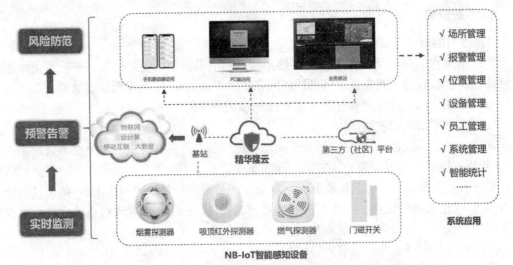

图 8.28 精华隆公司家庭安防方案

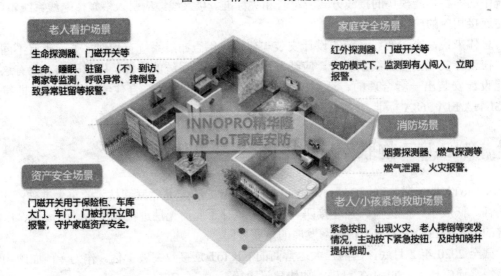

图 8.29 精华隆公司家庭安防五大场景

1. 家庭安全场景

通过在玄关、门窗等出入口部署红外探测器、门磁开关，在布防模式下，监测到有人入侵，立即启动报警系统，并可联动视频监控拍下入侵者作为证据。

2. 消防场景

数据统计，2019年居民住宅火灾10.45万起，超过全年火灾总数的44.8%，全年共造成1045人死亡，火灾成为家庭安全隐患"重灾区"，在厨房部署烟感、燃气探测器成为家庭防火重要措施之一。

此外，为防吸烟、用火不当造成火灾，在客厅、卧室、书房、餐厅等全场景部署烟雾探测器，发现火灾立即报警，尽可能把火灾消灭在萌芽中。

3. 资产安全场景

在保险柜、收藏室、车库等存放贵重物品房间部署门磁开关，门被打开立即报警，保障家庭资产安全。

4. 老人看护场景

每个家庭都有老人需要照顾，独居老人在中国占比很大一部分。老人面临的安全问题越来越多，健康状况、摔倒无人知晓、走失几天没回家，等等，子女无从知晓。

生命探测器、门磁开关可以实时监测老人呼吸、睡眠等健康状况，出现呼吸异常、摔倒导致长时间驻留、出门未回家等，系统会发送告警信息通知子女或监护人，及时关注老人健康安全。

5. 紧急救助场景

在客厅、卧室、浴室、餐厅等全场景部署紧急按钮，出现火灾、老人摔倒等突发情况无法自救时，可主动按下紧急按钮寻求帮助。

NB-IoT家庭安防方案优势主要有以下几点。

① 安装简单，即装即用，部署快，有效克服传统安防设备布线难、维护成本高、无法与社区物业交互等缺点。

② 相比BLE(蓝牙低能耗)与Wi-Fi，NB-IoT传感设备无须网关或路由器，感知层节点可以直接与运营商基站进行数据通信，直连蜂窝网，保障物联网终端及数据安全。

③ NB-IoT消防传感设备自带蜂鸣器，除了远程报警提醒用户，同时具有现场报警功能。

④ 采用高性能、低功耗光电传感元件，超长续航，无须频繁更换电池，因而可有效降低维护成本。

⑤ 电量不足，自动通知提醒，及时更换电池，保障设备正常运行。

复习思考题

(1) 宽带的定义是什么？
(2) 宽带接入方式有几种？
(3) 简述FTTx+LAN的宽带接入技术。
(4) 基于802.11的无线接入协议有几种？各标准带宽是多少？
(5) 宽带智能社区的功能有哪些？
(6) 家庭智能化系统有哪些常用功能？
(7) 宽带社区综合布线由哪些子系统组成？
(8) 简述宽带社区的网络结构。
(9) 简述家居布线的设计等级。
(10) 家居布线的标准是什么？
(11) 简述无线路由器的设置。
(12) 如何进行家居布线设计？
(13) 如何设计三室二厅一卫家居布线系统？

第 9 章　综合布线常见问题解答

9.1　综合布线实施过程中应注意的问题

建筑物的综合布线是一个较为复杂的工程，工程质量的好坏直接影响网络链路的性能。在工程的实施过程中，需要注意以下几点。

(1) 必须提前对综合布线系统进行设计，与土建、消防、空调、照明等安装工程互相配合好，以免产生不必要的施工冲突。

(2) 在条件允许的情况下，弱电应走自己的弱电井，减少电磁干扰；楼层配线间和主机房应尽量安排得大一些，以备发展和维修所需。对于网络，物理层的铺设至关重要，因为它是基础。

(3) 尽量多布一些点，采用双孔面板(一个语音一个数据；或两个数据，一个作语音用)，与电源配合好，在信息点附近布置电源点。由于综合布线一般来说是一次性到位的工程，线布好了，更改布线比较麻烦，而随着社会的发展，通信设备也会越来越多，所以应多布一些点。

(4) 在综合布线系统中，有很多忌讳。例如，双绞线如果断开，是不可以直接连接在一起的；拉力不可过大；对于非屏蔽线缆，弯曲半径至少为线缆外径的 4 倍；千万不要混用特性阻抗不同的电缆等，否则这些因素都会导致特性阻抗的改变，在验收测试中，则表现为回波损耗测试参数较低。

(5) 综合布线的兼容性强，但不要过于理想化，把一些较为专用的线路、网络也集成到综合布线上。一般综合布线把电话网、计算机网、楼宇自控网集成到一起已经足够了。

(6) 随着网络设备的飞速发展，在选择方案时，应尽量开阔一些。水平采用超五类或六类以上，保证数据和语音可以互换；垂直采用光纤，加大对数线缆；对于一些点较多的建筑，应用光纤做数据备份，而不是用电缆。

(7) 由于光产品的价格不断下调，大开间布线应考虑多布一些光点，这有利于网络建设。

(8) 铺设暗敷管时，要采用直径较大的管子，并留有余量。敷设光缆时，要特别注意转弯半径，转弯半径过小会导致链路严重损耗；仔细检查每一条光缆，特别是光接点的面板盒，有的面板盒深度不够，光接点做好以后，面板没装到盒上时是好的，装上去以后测试就不行了，原因是装上去后光缆转角半径太小，造成严重损耗。

(9) 随着光熔接设备的降价，对于有条件的地方，可以考虑放弃传统的 ST、SC 头的制作方法，采用尾纤与光纤相熔接的做法更能够保证光路的质量。

(10) 不要片面追求布线产品的品牌，近年来，国内的一些厂家生产的非屏蔽线、光缆、模块等网络设备性能已经达到了行业标准，价格上具有较大的优势，所以可以考虑用我们自己的产品。

以上几点是在工程中经常遇到的问题。其实，综合布线不是一个难以理解的项目，只要懂得它的原理，多多对比产品性能，就一定能做出价廉物美的系统。

9.2 五类电缆布线中常见的问题

(1) 我们经常听到多少"类"或多少"等级"的布线系统，那么，什么是布线系统的"等级"和"类"呢？

答：对于布线来说，人们平时谈几类线比较多，谈布线等级较少。按标准规定，电缆布线系统划分为a、b、c、d、e、f几个等级，a级最低，f级最高。等级的划分规定了每一对线缆所能支持的传输带宽，如d级表示系统的每一对线能支持的传输带宽为100MHz，e级表示布线系统的每一对线能支持的传输带宽是250MHz。

"类"的含义是指某一类布线新产品所能支持的布线等级。按标准规定，三类布线新产品支持c级及c级以下布线系统的应用，五类布线新产品和超五类布线新产品支持d级及d级以下布线系统的应用。如今市场上五类布线和超五类布线应用非常广泛，国际标准规定的五类双绞线的频率带宽是100MHz，在这样的带宽上，可以实现100Mb/s的快速以太网和155Mb/s的ATM传输。对于六类(e级)线标准，规定的双绞线的频率带宽是250MHz。光纤布线系统没有等级之分，其分类只有单模和多模两种。

(2) 在布线工程中，线缆带宽(Hz)与数据速率(b/s)的关系是什么？

答：在布线工程中，线缆频率带宽(Hz)与数据速率(b/s)是两个截然不同的概念。Hz代表单位时间内线路中电信号的振荡次数，如五类双绞线的频率带宽为100MHz；而b/s衡量的是单位时间内线路传输的二进制码的数量。网络系统中的编码方式建立了Hz与b/s之间的联系。计算机的数据必须经过编码后以载波的方式在线路上传送，使得在有限的频率带宽上可以高速地传输数据，如IEEE曾经利用一种被称为cap64的编码方式，在五类双绞线上进行了622Mb/s的数据传输试验。

(3) 水平线缆的长度计算公式是什么意思？

答：水平线缆的长度计算公式为$C=[0.55(L+S)+T]$(米)。

L为配线架连接最远信息点的距离。

S为配线架连接最近信息点的距离。

T为端接容差，如$T=6$，可根据需要调整。

这个公式只算出了平均每根线缆的长度C，然后可用305除以C，得到一箱线缆可以布几个点(余数只舍不入)；再用楼层总点数除以这个值，可以得到此楼层所需的线缆箱数(因为材料表中的线缆单位是箱而不是米)。

(4) 综合布线中，是否可以用双绞线传输有线电视信号？

答：在加有视频转换器的情况下，传输视频信号没有问题，传输有线电视也可以做到，但不实用，因为没有同轴的带宽大，导致频道较少。具体做法如通过Avaya 380B视频适配器，综合布线系统可支持PAL/NTSC制式的基带视频信号，可支持视频会议系统和基带监视系统的视频信号。通过Avaya 381A视频适配器，综合布线系统可传输模拟和数字RGB原色视频信号，可用于接驳RGB监视设备。

(5) 在实际测量的过程中，为什么会出现回波损耗异常的现象？分析这种现象所造成的影响是什么？

答：所谓回波损耗，指的是信号在电缆上从发出端到接收端传播的过程中，其能量的损失。通常，造成这种现象的原因有以下三个方面：电缆生产厂商生产过程的变化；电缆的连接头不好；在实际安装过程中，安装工艺有问题。影响是：从电缆另一端发来经过衰减的信号被误以为是接收信号，会造成网络锁死的现象。

(6) DSP4000 在认证电缆品质的过程中，出现三对线正常而有一对线长度异常的原因是什么？

答：如果在实际测量过程中出现这种现象，可以首先选取一段被证实质量良好的其他品牌线缆，按照标准对其进行测量，如果测试过程一切顺利，没有出现情况异常的现象，则证明仪器没有问题，而是线缆出现了问题。说明线缆生产工艺和质量不过关，但具体原因不明。

(7) 楼层的机柜应该用模块式配线架还是用 110 型架？

答：两种都可以，但模块式配线架美观、方便管理。110 型架在日常管理时，如跳线等，没有模块式配线架方便。如果工程允许，建议还是用模块式配线架。

(8) 电气性能测试报告中的 Margin(余量)是什么意思？

答：在工程结束时，施工安装方应该给甲方递交一份每个点的电气性能测试报告，在测试报告中，会对此信息点做出 PASS(合格)或者 FAIL(失败)的评价，并且会有具体的测试报告内容。不过，经常有甲方(或用户)提出：报告中虽然 PASS 了，可是报告中显示最高只能跑到 35Mb/s 或 67Mb/s 等，因此对施工安装方提出质疑。这里涉及对测试原理的理解问题。测试仪器在测试衰减(Attenuation)、近端串扰(Near-end Crosstalk)等参数时，不仅要对每个线对进行测试，而且要对每个线对在 0～100MHz 范围内取频率点进行测试(具体采样频率步长在测试规范中有规定)，在采样频率点测试出来是具体的数值(Value)，它与规范中的规定值(Limit)之间有一个差值，不同的频率点有不同的差值，当所有的测试数值均不超过规定值(Limit)时，就表示符合标准，可以用 PASS 总结，这时取所有差值中的最小值，即 Margin(余量)所在的频率点在报告中显示出来，这个频率点不一定正好在 100 MHz。因此，在报告中显示出来的是 0～100MHz 范围中余量最小(差)的频率点，而不是测试值最差的频率点。因此报告中显示 PASS 时，就表示此信息点到管理间配线架组成的系统达到五类 100MHz 或六类 200MHz。

(9) 综合布线中，集合点是如何使用的？

答：大开间办公室在现代建筑中越来越多，在其内部装修未确定的情况下，使用集合点(Avaya 称为区域布线法)非常方便。集合点可以是一组墙挂式的 110 配架，也可以是多端口的墙面安装盒，当室内装修好后，再从集合点引线到各个工作区。使用集合点的另一个好处是：对于写字间，不同的房间可能会出租给不同的公司，且各个公司都需要自己的内部局域网。对集合点稍加改造，可以使之成为一个 IDF(中介配线架)，公司内部无须另外布线，就可以实现内部局域网。

至于集合点是否对传输性有影响，按 TIA/EIA 568 标准，超五类系统和六类系统在整个链路中最多可支持 4 个连接，而在一般的工程中，不采用集合点只有两个连接(配线架、模块)，增加一个集合点也就三个连接，完全没问题。而 Avaya 的六类系统(Giga SPEEXL)最多支持 6 个连接，无论链路长短，至少有 6～8dB 的余量。所以在采用集合点时，更应该考虑的是施工环境和用户需求，而不必担心性能，除非所选的产品只允许两个连接，这时才必须进行测试。

(10) 岛上别墅联网如何实现？(具体情况：公司是一家旅游公司，在一个岛上办了一家度假村，在岛的四周建了一些别墅，别墅之间的距离有些不足 100m，但有些远超出 100m，公司有大量的业务要上网联系，岛与外界只有电话与 220V 的电源线)

答：FTTH+LAN 方式。建议在岛上通过光纤主干将各别墅连接到设备间，上网可选择微波、卫星方式，具体选择带宽要根据费用预算情况决定。

(11) 画布线图有哪些好的软件？

答：一般用 AutoCAD 画施工图，用 Visio 画示意图或拓扑图。

(12) 综合布线工程结束前，测试验收报告应包括哪些内容？

答：根据 GB 50312-2007 综合布线系统工程验收规范中的一些规定，工程竣工后，施工单位应在工程验收以前，将工程竣工技术资料交给建设单位。

综合布线系统工程的竣工技术资料应包括以下内容。

① 安装工程量。
② 工程说明。
③ 设备、器材明细表。
④ 竣工图纸为施工中更改后的施工设计图。
⑤ 测试记录(宜采用中文表示)。
⑥ 工程变更、检查记录及施工过程中需更改设计或采取相关措施的记录，以及与设计、施工等单位的洽商记录。
⑦ 随工验收记录。
⑧ 隐蔽工程签证。
⑨ 工程决算。

竣工技术文件要保证质量，做到外观整洁，内容齐全，数据准确。

(13) 在工程中常用 568B 接线标准，但为何跳线却常为 568A 接线标准？两者混合使用有无问题？

答：每个厂家遵循的标准不同，对于 568B 和 568A 来说，两者没有本质的区别，仅仅是线序有差异。对于基础的管理来说，两种标准的线缆最好不要混用，但是对于线缆特性来说没有问题。

(14) 在综合布线中，语音部分用普通的两芯电话线可以吗？一般语音部分布线用 8 芯的双绞线是不是浪费？什么线可以布放语音部分？

答：用普通两芯的电话线进行设计施工就不称其为综合布线了，而是布放普通电话线。GB 50311-2007 综合布线工程设计规范中规定，无论是语音还是数据，都得用五类、超五类线缆或更高类别的线缆。

(15) 屏蔽五类线和非屏蔽五类线的水晶头是一样的吗？

答：不一样。屏蔽五类线与屏蔽模块、屏蔽配线架和屏蔽跳线等组成的屏蔽布线系统中使用的是屏蔽水晶头，外面有一层屏蔽层。

(16) STP、UTP、SFTP、FTP、SSTP 和 SUTP 等，各自代表什么电缆？

答：STP 为分对屏蔽数据电缆，UTP 为非屏蔽双绞线数据电缆，SFTP 为丝网、薄膜屏蔽双绞线数据电缆，FTP 为薄膜屏蔽双绞线数据电缆，SSTP 为丝网、分对屏蔽数据电缆，SUTP 为丝网屏蔽双绞线数据电缆。

GB 50311-2007 新版国标引用了 ISO/IEC 11801-2002 中对屏蔽结构的定义，使用"/"

作为 4 对芯线总体屏蔽与每对芯线单独屏蔽的分隔符，使用 U、S、F 三个字母分别对应非屏蔽、丝网屏蔽和铝箔屏蔽，通过分隔符与字母的组合，形成了对屏蔽结构的真实描写。

例如，非屏蔽结构为 U/UTP，当前最常见的 4 种屏蔽结构分别为 F/UTP(铝箔总屏蔽)、U/FTP(铝箔线对屏蔽)、SF/UTP(丝网+铝箔总屏蔽)和 S/FTP(丝网总屏蔽+铝箔线对屏蔽)。

(17) 在布线中，用于标记和管理线缆的附件一般都用什么？

答：在 TIA/EIA 606 标准中，对标识的位置和材料有明确的要求，但目前，国内还没有相应的标准。部分电信部门已经在做自己的行业标准。

在布线系统中，标识线缆建议使用乙烯或尼龙布材料的标签(比较柔软便于弯曲)。机架、配线架和设备建议使用聚酯或纸质标签。打印方式可选择热转移、针式打印、激光打印和喷墨打印。

根据所选择的打印方式和标签材质的不同，费用也不一样。

(18) 综合布线工程有没有像建筑工程那样的劳动定额标准？

答：有的，即《建筑与建筑综合布线系统预算定额》和《通信建设工程预算定额》。

(19) 在综合布线中，"1U"是怎样规定的？

答：1U=1.75ft=4.445cm，即 0.625ft×2+0.5ft 通用孔距，2m 高的机柜共有 45 个 U。

(20) 监控系统一般用什么线缆？可否与综合布线在同一管道中走线？

答：消防系统必须单独布线。中华人民共和国国家标准《火灾自动报警系统施工及验收规范》(GB 50166-92)第 2.2.4 条规定，不同系统、不同电压等级、不同电流类别的线路，不应穿在同一管内或线槽的同一槽孔内。

(21) 标准里面允许的最短链路是多少？

答：标准里没有最短链路的限制。标准适用于 100m 长度内的应用。

在 ANSI/TIA/EIA 568-B.1 中有一个指导性条文：合并应该至少距离电信设备间 15m。这样做的目的是为了减少因连接器间距离太近，互相产生影响。这个建议是基于一个信道中短连接 4 个连接器的最坏情况来考虑的。

9.3 超五类、六类布线中常见的问题

(1) 一根超五类线接两个信息点(均为电脑点)是否符合标准？

答：熟悉 AMP 产品的业内人士都知道，AMP 曾经推出过 ACO 通信插座系统，可以支持一线两用：两个语音应用或两个网络应用。但没有一个国际标准支持这种应用。随着线缆价格的降低，这种应用也淡出了历史舞台。Tyco/AMP 新的 Catalog 中已没有这类产品的介绍。也就是说，选用优秀的产品、良好的设计，可以保证一根线缆支持两种相同的应用，但没有标准支持上述应用。六类及以上更不会有这种现象了，因为没有空余的线对。

(2) 一根超五类线接两个不同应用的信息点(一部电话、一台电脑)是否可以？

答：不行。

(3) 六类线替换超五类线来传输数据，传输距离能增加吗？增加多少？

答：不能，六类线支持的网络传输距离还是 100m。

(4) 为什么需要六类布线？目前是否有应用需要 200MHz 的带宽？

答：一般意义上的信噪比采用布线系统特定的性能参数后，便成为衰减串扰比，英文

缩写为 ACR。布线系统的衰减随频率增加，即信号强度随频率减小，串扰增加，两条曲线有交叉点，此点 ACR=0 或信噪比等于 0，在此频率以下 ACR＞0。此 ACR=0 点确定了有用传输频率的上限，此频率点定义了布线系统的传输带宽。

带宽与数据传输速率就好似高速公路与高速交通。两倍的带宽就好似给高速公路多增加一倍的车道。根据以往及未来的预测显示，平均每 18 个月数据传输速率就增加一倍。当前基于 1Gb/s 的应用需求已将超五类布线系统推到了极限。而多媒体应用逐渐普及，快速数据传输的要求增长，衍生出许多新的应用，而这一切正是得益于六类布线系统提供的高带宽。

(5) 超五类布线系统和六类布线系统有何不同？

答：超五类布线系统和六类布线系统的最大区别在于传输性能和可利用的带宽范围。六类布线系统从超五类布线系统的 100MHz 扩展到 200MHz，还包括更好的插入损耗、近端串扰、回波损耗和等效远端串扰值。这些改进提供了高的信噪比，能够满足当前和未来高速数据的传输要求。

(6) 六类会替代超五类吗？

答：是的。分析家预言及独立调查指出，80%～90%的新安装布线系统将选择六类。六类布线系统可以向下兼容超五类布线系统，这一事实也很容易说服客户在他们的网络安装中选择六类，原来在超五类布线系统上的应用完全可以在六类布线系统上运行。

(7) 六类布线系统相比超五类布线系统有何特点？

答：由于六类布线系统提高了传输性能，且有更高的抗外界噪声干扰性，所以在当前环境下，运行在六类上的网络系统比运行在超五类上的网络系统可靠性更高，出现错误更少。

(8) 什么时候应该选择安装六类布线系统，而不是超五类布线系统？

答：作为一个将来可被验证的观点，安装更好的布线系统是最合适的。这是因为可能很难替换已安装在墙内、地板下或其他操作人员无法进入的空间的线缆。

一个基本原理是：布线系统在建筑物中至少要运行 10 年，这其中需要 4～5 代的设备更新换代。如果将来设备运行更高的传输速率，那么它将需要更好的布线系统，这时就需要更换整个布线系统，耗资太大，因此最好在超五类布线系统的费用上增加 20%的额外费用，提前安装六类布线系统。

(9) 什么是六类的"阻抗匹配"？如果产品都达到了标准，还要求阻抗吗？

答：标准没有阻抗匹配方面的要求。它们更多地是指线缆、连接器、跳线的回波损耗要求。所以即使产品都达到了要求，也还要考虑阻抗匹配。

(10) 家居布线市场是否有六类布线案例？

答：有的。六类布线在家居布线市场相当活跃，它可在更严重的 B 类 EMC 电磁干扰情况下，支持更高速率的互联网访问。比起超五类布线系统，六类布线系统有更好的平衡性能，使得其更易满足 EMC 要求。同样，家庭多媒体应用的增长也需要更高的数据传输速率，而六类布线系统可以更容易、更有效地支持它们。

(11) 为什么要选择六类布线系统而不是直接用光纤？

答：当然可以用光纤，但全光纤布线系统费用很昂贵。基本上，价格决定了用户的选择，一个光纤布线系统加上光纤收发设备的价格是一个六类铜缆布线系统加上铜缆网络传输设备的两倍。铜缆布线系统安装工艺简单，只需要简单的工艺和基本安装技术。另外，在制定中的 IEEE 802.3af 标准中，铜缆支持 DTE(Data Terminal Equipment)功率标准。

(12) "铜缆上传输 10G" 的技术是什么意思？

答：2003 年 1 月中旬，六类布线联盟出版了一份讨论通过双绞线布线系统来传输 10Gb/s 以太网的 IEEE 可能性方案，同时成立一个 10GBase-T 小组，这个研究小组将评估通过双缆水平布线系统在 100m 的长度范围内达到 10Gb/s 数据传输速率的可能性。研究面临的关键问题是：需要在什么样的铜缆上传输 10Gb/s。

Category 5e / Class D 线缆支持 10G 的可能性非常小，目前 Category 5e / Class D 线缆传输 1000Base-T(千兆以太网)只使用了 5 种编码电平，要在此线上传输 10G，就需要更多的编码电平，如此多的电平是完全无法识别的。而 Category 6/Class E 线缆至少支持 250MHz 的带宽，所以更适合用来支持 10G 技术。

(13) 六类布线安装操作的要点是什么？

答：在 TIA 和 ISO 的六类规范中，都没有列出新的安装技术操作规程。不同之处在于，因为六类布线对性能的要求非常高，所以要求安装质量更高。负责任的制造商都会强烈建议严格按照布线标准中规定的或者制造商提供的安装规程进行安装操作。

在布线当中，最常遇见的问题就是在布线过程中线缆受到的拉力。布线时，线缆受到的拉力不能超过线缆制造商所规定的最大可承受拉力。拉力过大，会使线缆内的扭绞线对层数发生变化，严重影响线缆的抗噪声(NEXT、FEXT 等)能力，从而导致线对扭绞松开，甚至可能对导体造成破坏。

再就是，当把线缆从缠线轮上拉出来时，要注意防止线缆扭结。如果线缆扭结，应被更换。否则就算安装工程师把扭结的线拉直，这段线缆在测试时仍会被检测出来。即使通过，也会存在隐患，而随着隐患数量的增加，也会引起六类性能余量降到最低程度，从而出现故障。

再一个值得注意的是线缆弯曲的半径。在布线过程中，应避免线缆弯曲过大，因为这样会改变线缆内线对的层空间。在拉力过大时，扭绞着的线对会松开，从而形成失配阻抗，使回损性能不达标。另外，线缆内 4 个线对的层之间的关系也可能发生变化，从而导致抗噪声能力下降。所以，建议线缆弯曲半径不小于所安装线缆直径的 4 倍。这表示，对于典型的六类线缆来说，弯曲半径需要大于 25mm。这类问题大都发生在配线柜部分，而这个问题通常不会被人发现，就是最细心的安装人员也有可能发生这类问题。因此，制造商建议使用合适并且合理的理线架。

除此以外，线缆弯曲的半径还有不同的(更严格的)约束。一般在安装时，最小的线缆弯曲半径是线缆直径的 8 倍。实际上，这意味着在后箱内允许有 25mm 弯曲半径，而引导线缆的导管最小弯曲半径是 50mm。

还有值得注意的，就是线缆要避免束得过紧，以免压迫线缆。这个问题主要发生在有许多束缚和捆绑线缆的场合，位于外围的线缆受到的压力比线束里面的大。压力过大，会使线缆内的扭绞线对变形，从而影响线缆的一些性能，主要表现为回损成为主要的故障。如有多处的束缚和捆绑，就会将回损的影响积累起来，最后都表现在总损耗上。在配线柜里也要特别注意这一点，因为配线柜里面的线缆较多，为了保持线缆整齐，有可能会把线缆束得太紧。另外，在接插件的后面也容易发生这类问题。解决这个问题的最好方法是使用线缆钩或环。这种装置不会压迫线缆，而且它们也很容易拆下来。但这一方法也容易使线缆受到破坏。

每束线缆的线缆数量在布线当中也很重要。当线缆平行敷设一段距离时，线缆束内不同线缆的线对如果具有相同的扭绞率，它们之间则会产生较大的电容耦合，使交叉串扰急剧增加。这种现象称作外部交叉串扰，但至今在任何布线标准中都没有列出，或者给出准确定义。降低外部交叉串扰不良影响的最好方法是减少平行布线的长度，随机安装线缆束。

线缆外皮的去除也有讲究。而在 TIA 或 ISO 布线标准中，都没有说明需去除的外皮长度。一般应尽可能少地去除外皮，这可确保线缆内的扭绞率和扭绞层数。若在 IDC 卡线块处去除的外皮较长，将会影响六类布线系统的 NEXT 和 FEXT 性能。线缆制造商计算出线对的扭绞率，若随意修改它，会降低线缆性能。尽管 ISO 和 TIA 的超五类布线标准规定了线对没有扭绞的长度范围(13mm)，但这并不适用于六类。现在，我们建议最好是听从制造商的建议。在端接处，如线对和接触导体处于错误的顺序，最好扭绞一下，以保证与 IDC 正确对准。这样做，可确保线缆里的线对扭绞率和层数，保证传输性能的优异。在 IDC 的线对扭绞松开过多，会削弱六类布线系统的 NEXT 和 FEXT 性能。

(14) 六类布线施工时，应该注意哪些事项？

答：① 由于六类线缆的外径要比一般的五类线粗，为避免线缆的缠绕(特别是在弯头处)，在管线设计时，一定要注意管径的填充度，一般内径 20mm 的线管以放两根六类线为宜。

② 桥架设计合理，保证合适的线缆弯曲半径。上下左右绕过其他线槽时，转弯坡度要平缓，重点注意两端线缆下垂受力后是否还能在不压损线缆的前提下盖上盖板。

③ 放线过程中主要注意对拉力的控制，对于带卷轴包装的线缆，建议两头至少各安排一名工人，把卷轴套在自制的拉线杆上，放线端的工人先从卷轴箱内预拉出一部分线缆，供合作者在管线另一端抽取，预拉出的线不能过多，要避免多根线在场地上缠结环绕。

④ 拉线工序结束后，两端留出的冗余线缆要整理和保护好，盘线时，要顺着原来的旋转方向，线圈直径不要太小。有可能的话，用废线头固定在桥架、吊顶上或纸箱内，做好标注，提醒其他人员勿动勿踩。

⑤ 在整理、绑扎、安置线缆时，冗余线缆不要太长，不要让线缆叠加受力，线圈应顺势盘整，固定扎绳不要勒得过紧。

⑥ 在整个施工期间，工艺流程要及时通报，大楼的各工种工程负责人之间要及时沟通，发现问题马上通知甲方，在其他后续工种开始前，及时完成本工种的任务。

(15) 使用 DSP4000 测量六类线时，是否能认证当频率在 350MHz 下该线缆的电气特性如何？

答：六类线在当前国际上没有统一的标准，只有一个草案标准。在该草案中规定，当线缆的频率达到 250MHz 的情况下，且一切参数符合标准时，则默认为是六类线。Fluke 公司的电缆测试仪 DSP4000 最高可以测量到 350MHz 的频率，但是，它只给出在 250MHz 这一频率范围内的与国际草案标准规定比较的测试结果，在 250M～350MHz 这一频率范围内，它可以给出具体的测量参数，但由于缺少参照点和固定的标准比较，因此不具有认证能力。

(16) 布线中的回波损耗与短链路问题。

答：当在布线系统上执行测试时，实际上是使用一系列测试参数来测试系统。这些参数决定着测试的系统能否满足相应类别的性能要求，这种要求即 TIA 定义的标准规范，包括 PSACR、PSNEXT、PSFEXT 和衰减等。回波损耗是其中一个参数，它是指发射器上反射回来的信号量与发送的原始信号之比。

① 回波损耗的重要性。

六类测试是检验系统在全双工传输环境或千兆位以太网应用中使用情况的测试。回波损耗是一个重要参数，可能会导致这类网络发生错误。全双工网络可以同时收发信息，因此，尽管没有任何发送方的信号需要接收，但大的反射信号可能会被看成需要接收的信号，这种效应会导致误码的产生。所以，回波损耗是六类测试中一个严格的参数，也是不太容易通过测试的一个参数。

② 短链路问题。

导致回波损耗的主要原因，是电缆和端接插座触点针脚之间的阻抗不匹配。这种情况不可能完全消除，因为不可能存在100%的匹配。同时，短的电缆长度提高了这一损耗效应，因为没有足够长的电缆来衰减这一回波信号。相比长电缆而言，短电缆在发射器一边收到回波信号的概率要高些。

最近，"短链路(Short Link)"在六类布线系统中的应用变得非常普遍，如在IDC中，它给应用工程师和布线安装人员带来了更多困难。根据TIA/EIA标准，把"短链路"定义为连接器之间小于或等于15m的水平电缆链路。短链路问题则定义为当两个连接器之间的水平电缆距离短于标准时，第二个连接器的NEXT和回波损耗效应没有被完全衰减。TIA/EIA指示这一距离小于或等于15m。

③ 短链路解决方案。

这是需要记住的重要指导原则，因为其他因素可能已经降低了链路抗干扰余量，如端接技术和电缆管理方法差等因素。一般来说，较长的电缆长度会由于电缆本身的较大衰减而降低这些负面效应。但是，较短的电缆长度，即短链路，则不能降低这些效应。此外，六类链路的允许规范余量一般要较超五类链路低，因此，其对误差的允许余量更少，要求更严格。

一般来说，建议设计人员避免在六类布线系统中应用短链路，以保持最大的参数净空余量。实现这一目标的方式之一，是允许"松散余量"电缆走线，即多走长距离电缆，以使每个走线电缆长度超过15m。

9.4 网线短了或者中间断了能接吗

综合布线在实际项目中经常会出现这样的情况，网线短了或者中间断了，安装标准不允许直接接续，应重新布线，但费时费事，比较损耗成本和人工。那么有无应急处理解决的办法呢？下面介绍4种应急处理方法及其优缺点。

(1) 缠绕接法

网线传输的也是电信号，所以网线可以像电线一样用手工接。最原始、最简单、最粗暴的连接方式：将网线中的8芯线分别剥线，每一芯线拧结实就好，两根相同线序的网线相互缠绕在一起，并通过绝缘胶布进行缠绕。

缺点：损耗和干扰会比较大，所以缠绕接法也是稳定性最不好的一种延长方式。只适合应急或临时检测时使用，不适合长期使用。

(2) 接线子法

网线使用时间长了，难免会发生折断或者被老鼠咬断等情况，如果断了，可以使用接线子将 8 芯网线连接起来，它是宽带维护使用比较多的一种连接方式，常用于网线被老鼠咬断、局域延长的场景；易于实现，仅仅需要将网线两端插入转接子并固定即可，百兆网络可以只连接 1、2、3、6 四芯铜线，千兆则需要将 8 根网线都连接起来。

注意事项：将需要延长的网线两端剥开，露出 3～5cm，注意网线的颜色区别，连接时需对应，不可乱连。

(3) 连接头法

也可以使用网线连接头连接：把不够长的网线一端做好水晶头，直接插到连接器上；再用水晶头连接另一条网线。使用连接头解决网线不够长的方法简单，成本也不高，可以说连接头方法是最简单也是比较实用的方法。

(4) 焊接法

焊接法，其实与缠绕接法比较类似，网线不够长，理论上也可以用传统的方法焊接。把网线中的 8 芯线分别焊接，颜色一定要匹配。相比网线连接头这个方法而言，焊接技术要求高，而且要有专业的焊接工具。这种方法不建议使用：一是因为一般人不会随身携带焊接工具；二是因为操作麻烦，对焊接工艺要求比较高；三是效果一般。

9.5 光缆布线中常见的问题

(1) 室内 6 芯多模光纤作为主干时，每芯光纤能带多少个信息插座？有限制吗？如何计算？

答：假定光纤按 500MHz/km 的带宽计算，如果主干按 300m 计算，则有 1.6GHz 的带宽。如果 10Mb/s 到桌面，可有 160 个用户；如果 100Mb/s 到桌面，则有 16 个用户。实际上，网络还有一个并发问题，一般按 20%计算，将上述数据乘 5 即可。

真正的应用还与交换机有关，按上述方法，即按常用 568 接线标准计算，可以保证光缆传输的顺畅。

(2) 什么是猪尾线？

答：一端有接头，一端无接头的光纤，称为 Pigtails(猪尾线)，也就是常说的尾纤，主要用于光纤熔接，无接头端为熔接端。

(3) 为什么需要使用 DSP-FTA430S 光缆测试适配器测试单模光缆？

答：DSP-FTA430S 光缆测试适配器是专门为测试单模光缆和单模波长设计的。它包括 1310nm 和 1550nm 的激光光源，是建筑物内以及校园网中单模光缆网络的标准传输光源。FTA430S 使用单模光缆作为内部发射光缆，从而提供了测试仪器和测试连接单模光缆之间光缆至光缆的正确连接。使用与网络应用类型相同的激光光源来测试光缆链路，就排除了光缆不匹配以及相应的损耗，也排除了测试结果不稳定的情况。

(4) 为什么不可以使用已有的 1300nm LED 光源测试 1310nm 的单模光缆？

答：如果使用 1300nm LED 光源测试 1310nm 的单模光缆，光线就是从缆芯为 62.5μm 的光缆发射至缆芯为 8.0μm 的光缆，其结果是在光缆与光缆的连接处造成极大的损耗。进入单模光缆的光能量足够进行损耗测量，但是，只能测试距离很短的光缆链路。更重要的是，如果只是在 1300nm 波长上测量单模光缆的损耗，非常重要的 1550nm 的参数就被漏掉了。测试单模光缆时，应该在该光缆链路可能工作的所有波长上进行正确的测试。如果使用上面提到的 LED 光源测试单模光缆，只能获得该光缆链路在 1300nm 波长上的性能。因为单模光缆在其使用的整个寿命期间,可能会用到 1550nm 的波长,测试双波长就变得很重要。在 1550nm 波长上测试非常重要,因为对损耗来说,光缆弯曲对 1550nm 波长的影响比 1310nm 大很多。

(5) 因为不能使用已有的 LED 光源测试 1310nm 单模光缆,那么,是否可以使用 DSP-FTA440S 千兆网光缆测试适配器测试 1310nm 的单模光缆?

答:这同样将导致不匹配的问题。因为 DSP-FTA440S 千兆网测试适配器是为多模光缆测试而设计的,支持的是 50.0μm 光缆,而单模光缆是 8.0μm。使用 FTA440S 集中式的激光光源,一点点不匹配都可能造成光缆接收端全部光能量的损失。简而言之,不使用激光光源测试单模光缆,其结果是不能通过,但实际的网络应用可能是没有问题的。

(6) 有了 LED 多模测试仪,为什么还需要 DSP-FTA440S 千兆网多模光缆测试适配器呢?

答:运行在多模光缆上的千兆以太网使用的光源称作 VCSEL(Vertical Cavity Surface Emitting Laser)光源,使用的是 850nm 波长。它比传统的激光光源效益更好,与 LED 相比,VCSEL 可以提供更宽的带宽。VCSEL 光源的光能量更加集中在光缆的缆芯部分,而 LED 光源的能量散布在整个光缆上,距离越远,光能量就越向缆芯以外扩散,损耗就越大。所以,当使用 LED 测试仪测试运行千兆网的多模光缆时,就会出现比实际使用 VCSEL 光源大很多的功率损耗。对损耗指标要求非常苛刻的千兆以太网来说,对 LED 光源进行光缆链路测试时,可能会得到测试不通过的结果,而实际的光缆链路可能是可以正常工作的。出现这种情况,可能会导致浪费大量的时间和金钱去查找"根本不是问题的问题"。当使用基于 VCSEL 的 DSP-FTA440S 测试光缆链路时,就可以确定实际运行的网络的真正损耗是多少。

(7) 是否可以使用千兆网多模光缆测试适配器(FTA440S)测试 62.5μm 或 50.0μm 光缆链路?

答:可以。DSP-FTA440S 光缆测试适配器包含 50.0μm 内部发射光缆,所以测试 50.0μm 的光缆链路非常好。使用它也可以测试 62.5μm 的光缆链路,因为光能量是从细的光缆(50.0μm)发射至粗的光缆(62.5μm),所有的能量都将捕获。对 850nm 和 1300nm 光纤来说,道理是同样的。

(8) 测试连接光缆的尺寸和类型是否重要?

答:测试连接光缆应该总是与被测光缆链路相匹配。不匹配的测试连接光缆会由于光缆与光缆的连接问题而导致损耗测量值不准确。

9.6 机房机柜理线应注意的问题

机柜内的水平双绞线位于机柜的后侧。过去这些双绞线是不进行整理的,或进行简单的绑扎后就立即上配线架。从机柜的背后看去,水平双绞线如瀑布一样垂荡下来,或由数根尼龙扎带随意绑扎在机柜的两侧,虽然施工工艺及层层把关有把握实现每根线都能够通过性能测试,但美观性和维护性极差。

根据国标,垂直桥架内的线缆每隔 1.5m 应绑扎一次(防止线缆因重量产生拉力,造成线缆变形),而对水平桥架内的线缆并没有要求。终端面板、机柜、配线架、配线箱按照标准必须做到两底角平行,因此,布线系统的美观就主要集中在机房内的线缆部分。机房内的线缆往往会进入机柜配线架或者壁挂配线架。

在机柜正面，生产厂商已经制造出了各种造型的配线架、跳线管理器等部件，其正面的美观已经不成问题。而机柜后侧的美观，往往不为人们所注意，工程完工后不敢让人参观机柜的内部。

在机房内，每根线从进入机房开始，直到配线架的模块为止，都应做到横平竖直，不交叉。并按电子设备排线的要求，在每个弯角处都要固定线缆，保证线缆在弯角处有一定的转弯半径，同时做到横平竖直。

这就提出了机房、机柜理线问题。理线这一名词，可以在许多施工人员口中听到，但其含义却各不一样，其原因在于理线的工艺手法不一样。

目前常见的理线工艺手法有瀑布造型、逆向理线和正向理线三类，有各自的优、缺点。下面简单分析比较，以便结合实际采用。

(1) 瀑布造型是一种比较古老的布线造型，现在有时还能看到其踪影。它采用了"花果山水帘洞"的艺术形象，从配线架的模块上直接将双绞线垂荡下来，分布整齐时有一种很漂亮的层次感(每层 24～48 根双绞线)。这种造型的优点是节省理线人工。缺点则比较多，如安装网络设备时容易破坏造型，甚至出现不易将网络设备安装到位的现象；每根双绞线的重量全部变成拉力，作用在模块的后侧。如果在端接点之前没有对双绞线进行绑扎，那么这一拉力有可能会在数月、数年后将模块与双绞线分离，引起断线故障；如果该配线架中的某一个模块需要重新端接，维护人员只能探入"水帘"内进行施工，有时会身披数十根双绞线，而且因双向没有光源，造成端接时看不清。

(2) 逆向理线是在配线架的模块端接完毕，并通过测试后，再进行理线。其方法是从模块开始向机柜外理线，同时，桥架内也进行理线。这样做的优点是理线在测试后，不会因某根双绞线测试通不过而造成重新理线，缺点是由于两端(进线口和配线架)已经固定，在机房内的某一处必然会出现大量的乱线(一般在机柜的底部)。逆向理线一般为人工理线，凭借肉眼和双手完成理线。逆向理线的优点是测试已经完成，不必担心机柜后侧的线缆长度。缺点是线缆的两端已经固定，线缆之间会产生大量的交叉，想将其理整齐十分费力，而且在两个固定端之间必然有一处的双绞线是散乱的，这一处往往在地板下(采取下方进线时)或天花板上(采取上方进线时)。

(3) 正向理线是在配线架端接前进行理线。它从机房的进线口开始，将线缆逐段整理，直到配线架的模块处为止，理线后再进行端接和测试。正向理线所要达到的目标是：自机房(或机房网络区)的进线口至配线机柜的水平双绞线以每个 16/24/32/48 口配线架为单位，形成一束束的水平双绞线线束，每束线内所有的双绞线全部平行(在短距离内的双绞线平行所产生的线间串扰不会影响总体性能)；在机柜内，每束双绞线顺势弯曲后，敷设到各配线架的后侧，整个过程仍然保持线束内双绞线全程平行。

在每个模块后侧，从线束底部将该模块所对应的双绞线抽出，核对无误后固定在模块后的托线架上或穿入配线架的模块孔内。

正向理线的优点是可以保证机房内线缆在每点都整齐，且不会出现线缆交叉。而缺点是如果线缆本身在穿线时已经损坏，需要重新理线。因此，正向理线的前提是对线缆和穿线的质量有足够的把握。

正向理线的优点是线缆在机房(主机房的网络区或弱电间)中自进线口至配线架之间全

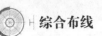

部整齐、平行,十分美观。缺点是施工人员要对自己的施工质量有着充分的把握,只有在不会重新端接的基础上,才能进行正向理线施工。这里基于目前的布线工程公司已经能够把握工程质量的现实,推荐采用正向理线工艺。

9.7 布线从业人员的心得体会

网络综合布线作为信息化建设的基础设施,规范化的施工和高质量的维护必须被高度重视。下面给出工作中一个从业人员的几点体会。

(1) 要有扎实的理论基础做指导。

人们常常说"师傅领进门,修行在个人",在刚开始接触布线工作的时候,一般只知道大致情况,在具体的工作过程中,一定要结合实际进一步阅读综合布线方面的专业图书,从理论上给自己补充相关的知识,理论结合实际才能比较公正和客观,这样,在实际工作中,沟通交流才能更加畅通无阻。

(2) 要有明辨是非的能力。

作为监理,在具体的项目施工过程中,甲方和乙方经常会有不同的看法和判断施工规范的标准。这时,需要我们具有明辨是非的能力。有时完全可以借助于监理的专业知识。然而,公司方和施工队也可以提供反馈意见。多向同行咨询请教,也是避免犯错和获得进步的捷径。当然,在听取意见的同时,不能全盘照收,必须多方听取和比较,做出客观公正的判断。

(3) 要有不断学习、观察和总结的能力。

必须对新技术、新材料和新方案保持敏锐的观察和准备,及时采用性价比合适的超前的方案。网络布线的技术、材料和新方案更新速度很快,我们要时刻掌握行业的主流技术和材料工艺,要合理、科学地选择主流技术和材料方案,避免一味追求新技术和新材料、新方案或者采用即将淘汰和无法适应应用升级的老技术、老材料和老方案。

(4) 要亲力亲为。

在具体的布线项目实施过程中,必须积极负责、亲力亲为,加强现场查看和监督工作,避免造成施工不规范或者不符合要求甚至返工的情况发生。否则,等到验收的时候再去发现这些问题,轻则需要返工,重则造成工期的延误,影响信息化项目的进度,甚至造成无法弥补的缺憾。特别是当工程管理不规范,施工队频繁更换人员的时候,更要时时提醒乙方项目经理,处处监督其施工的规范性。

(5) 要有持之以恒的耐心和细致的记录。

在日常的维护工作中,必须按照标准的工作流程办事,而且要持之以恒,严格按照流程的每一步,踏踏实实地做到位。综合布线从设计、施工、验收到日常维护,各阶段必须要有各种图纸和详细的记录。在实际工作中,日常的维护记录工作尤其是容易被忽略的。特别是新增和删除信息点的记录,一定要及时准确,要真实地反映到图纸上,以免造成将来维护的困难。

(6) 要有高度的责任感和认真负责的态度。

态度决定一切,只要尽心尽责,就不必害怕工作中出现失误,相信每一个失误都是一笔宝贵的财富和经验,必将对以后的工作和其他项目有借鉴作用。唯有对每一项工作都抱以高度重视和认真负责的态度,才能把工作做好。

参 考 文 献

[1] 杜思深. 综合布线[M]. 北京：清华大学出版社，2006.
[2] 杜思深. 综合布线[M]. 2版. 北京：清华大学出版社，2010.
[3] 杜思深. 综合布线[M]. 3版. 北京：清华大学出版社，2017.
[4] 《综合布线系统工程设计规范》(GB 50311-2016).
[5] 《综合布线系统工程验收规范》(GB 50312-2016).
[6] 千家综合布线网：http://www.cabling-system.com.